梦的解析

［奥］西格蒙德·弗洛伊德　著

朱更生　译

中国科学技术出版社
·北京·

图书在版编目（CIP）数据

梦的解析 /（奥）西格蒙德·弗洛伊德著；朱更生译 . -- 北京：中国科学技术出版社，2024.6
ISBN 978-7-5236-0228-7

Ⅰ. ①梦… Ⅱ. ①西… ②朱… Ⅲ. ①梦－精神分析 Ⅳ. ① B845.1

中国国家版本馆 CIP 数据核字（2023）第 075376 号

策划编辑	周少敏　胡　怡
责任编辑	胡　怡
封面设计	黄　琳
正文设计	中文天地　张　珊
责任校对	焦　宁　张晓莉
责任印制	马宇晨

出　　版	中国科学技术出版社
发　　行	中国科学技术出版社有限公司销售中心
地　　址	北京市海淀区中关村南大街 16 号
邮　　编	100081
发行电话	010-62173865
传　　真	010-62173081
网　　址	http://www.cspbooks.com.cn
开　　本	710mm×1000mm　1/16
字　　数	455 千字
印　　张	35
版　　次	2024 年 6 月第 1 版
印　　次	2024 年 6 月第 1 次印刷
印　　刷	北京世纪恒宇印刷有限公司
书　　号	ISBN 978-7-5236-0228-7/B・170
定　　价	89.00 元

（凡购买本社图书，如有缺页、倒页、脱页者，本社销售中心负责调换）

第一版序言

我在此尝试对解梦做一个说明，相信并没有逾越神经病理学的范围。因为在心理测验时，梦被证明是一系列异常心理现象的首个环节，出于实际原因，在这些现象的其他环节中，癔症恐怖症、强迫观念和妄想想象必定会让医生潜心研究。我们将看到，梦不会有资格获得类似的实际意义，但作为一种范例，其理论价值更加重大，而不会解释梦意象如何形成的人，要试图理解恐怖症、强迫观念与妄想并理解其在治疗上的影响，将会是徒劳。

但我们的主题要将其重要性归功于同一关联，这种关联也要对这本著作的缺陷负责。在这样的阐述中，将会出现大量线索中断之处，这些中断之处正是梦的形成问题与更广泛的精神病理学问题之间的许多接触点。这些问题在此无法处理，如果时间和力量够用，又能获得其他材料的话，以后的研究可致力于这些问题。

我用以论证解梦的材料很有特点，这些特点也给我出版本书造成困难。本书会让人明白，所有在文献中讲述过的或者有待从陌生人处收集的梦为什么对于我的解梦毫无帮助。我只能选择自己的梦和我的那些在接受精神分析治疗的患者的梦。此处，梦的过程决定于由神经质性格混合而引起的一种不受欢迎的并发症，这一情况阻止我使用那些患者的梦作为材料。与讲述我自己的梦相连、不可分离的是，我给他人窥视的自己精神生活的隐私超出了我所能够乐见的程度，超出了一名自然研究者而非诗人的作者的正常需要。这很尴尬，但不可避免。为了不必放弃论证我的一般心理结论，我宁愿这样做。当然，我还是不能抵御诱惑，即通过省略和替代的方式来减少泄密。只要发生这种事，就肯定不利于我所用例证的价值。我只能期望这本著作的读者会为我的困境设身处地地着想，对我予以宽容。此外，如果有人发现自己在我讲述的梦中以某种方式被涉及，但愿他不会反对我在梦生活中有思想自由的权利。

第二版序言

这本难读的书在出版后不满10年就需要出第二版,我不把它归功于我在第一版序言中提及的专业人士的兴趣。我的精神病学同事似乎不曾费力摆脱起初的诧异,这种诧异能够激起我对梦的新见解。而职业哲学家就习惯于把梦生活的问题当作意识状态的附件而用若干类似的语句来论述。他们显然没有注意到,我们对梦的研究能得出各种必定会改变心理学学说的结论。学术书评的态度只能使人预料到我这本著作将湮没无闻;小批较正直的支持者依照我把精神分析用于医疗中的表现,按我的范例解梦,为的是在治疗神经机能病患者时利用这些解析。这些支持者也不会使本书的第一版售罄。所以我觉得自己应当感谢广大有教养者和有求知欲者,他们的关注要求我在9年之后重新着手这项困难的,但在很多方面都是基础性的工作。

我很高兴地发现本书内容鲜有可改之处。我在一些地方插入新材料,由于我经验增多而在新版中添加新的细节,在少数几点上尝试修改。关于梦及其解析,以及关于由此可以导出的心理原理的一切本质事物却依旧未变,至少在主观上它们通过了时间的检验。有谁了解我的其他著作(关于精神神经机能病的病因与机制),就会知道,我从未把不成熟之作冒充为成熟之作,始终努力根据我认识的进展而稍微改动我的说法。在梦生活领域,我可以止步于我最初的陈述。我在从事神经机能病研究的长年工作中，曾多次动摇过，在某些问题上感到困惑。在这些时刻，往往是解梦让我重获自信。我的众多学术对手如果恰恰不愿紧跟我的梦研究领域，就表现出更加求稳的本能。

本书的材料大部分是因得到结论而贬值或过时的自己的梦，我借助这些梦来阐明解梦的规律。在修订时，这种材料证明了一种坚持的能力，这种能力反对作重大的改动。因为对我而言，本书还有另一种主观意义，在本书完成后，我才能够理解这种意义。本书对我表明，它是我自我分析的一部分，是我对我父亲之死的反应，也就是对一个人生活中最重大的事件、最惨重的损失的反应。我认清这一点后，觉得自己无法抹去这种影响的痕迹①。借助何种材料体验梦的重要性及解梦，对读者而言，都是无关紧要的。

当我发现无法把不可避免的注释插入原来的上下文时，就用方括号将这些注释括起来并说明添加的年月②。

1908 年夏，于贝希特斯加登

---

① ［弗洛伊德的父亲于 1896 年去世。在弗洛伊德 1896 年致弗利斯的信中可以找到对当时让他激动的感情的提示（弗洛伊德,《精神分析起源》，第 50 封信）。］

② ［1914 年附注］这些注释在后续版本中［从第四版起］又省略了。

第三版序言

　　本书的第一版和第二版之间隔了9年的时光,而刚过了一年多,人们又觉得需要第三版了。我可以对这种变化感到高兴,但如果我以前不愿承认,读者对我著作的冷落是著作无价值的证明,那现在也不能把读者显露出来的兴趣当作著作优秀的证明。

　　学术认识的进步也使《梦的解析》受到影响。我于1899年写下它时,《性学三论》尚未面世,而对精神神经机能病复杂形式的分析也尚在初始阶段。解梦应是一种辅助手段,以促成对神经机能病的精神分析。此后,对神经机能病的理解加深,反作用于我们的梦的观点。解梦的学说本身朝着一个方向继续发展,本书第一版对这个方向强调得还不够。我通过自身的经验与威廉·斯特克尔及他人的著作,学会了更正确地评价梦中(或不如说无意识思维中)象征的广泛性和重要性。

　　因此,这些年来许多值得重视的材料已经积累起来。我试着通过大量插入文本与加入脚注的方式来顾及这些更新。如果这些补充现在偶尔会突破阐述的框架,或者如果确实并非在各处都成功地把先前的文本提升到我们当今知识的水平,那么我请求读者谅解本书的这些缺陷,因为它们只是我们的知识当前加速发展的结果与迹象。我也斗胆预言,如果会有再版的需要,《梦的解析》以后的版次会朝着哪些方向偏离本版。以后的版次想必一方面将更密切地结合文学创作、神话、语言惯用法与民间创作的丰富素材；另一方面，可能要更深入地探讨梦与神经症、精神疾病的关系。

奥托·兰克先生在选择附注时给我提供了宝贵的帮助，独力完成了校样的复校。我感谢他和其他许多人的帮助和更正。

1911年春，于维也纳

第四版序言

去年（1913年），亚·A.布里尔博士在纽约出版了本书的英译本。

奥托·兰克博士此次不仅完成了校对，而且还提供了两篇独立的稿件。

1914年6月，于维也纳

第五版序言

即使在世界大战期间，人们对《梦的解析》的兴趣也不曾减弱，在战争结束之前，就有必要出新版。在这一新版中，却不能完全顾及自1914年以来的新文献，只要新文献是外文的，就根本不为我和兰克博士所知。

《梦的解析》的匈牙利文译本由荷洛斯博士和费伦齐博士完成，即将出版。在我于1916—1917年发表的《精神分析引论》（维也纳，H.海勒出版社）中，包含11次讲座的核心部分，用于阐述梦，这种阐述力求更简易，意在建立与神经症更密切的联系。这种阐述在整体上具有《梦的解析》的概要的性质，但在某些要点上更为详细深入。

彻底改写本书将把它提升到我们当今精神分析观点的水平，但为此将毁掉其历史特性，我下不了决心。我认为，本书在生存了将近20年后，已经完成了它的任务。

1918年7月，于布达佩斯—斯泰布鲁克

第六版序言

由于目前书业所处的困境，人们对本书新版的需求为时已久，这一新版出得晚了许多。所以前一版首次未作任何改动便付印了，只有参考书目由奥托·兰克博士继续充实。

"本书经历了将近 20 年，已完成其任务"的这一猜测没有得到证实。我其实该说，它该履行新任务了。如果先前的关键在于对梦的本质做一些解释，则现在变得同样重要的是，对付这些解释所遭受的顽固误解。

1921 年 4 月，于维也纳

第八版序言

位于维也纳的国际精神分析出版社操办了我的《全集》的发行，时间在本书上一版（即第七版，1922年）与现今的新版之间。在《全集》中，首版的复原文本构成第 2 卷，所有日后的补充都汇集在第 3 卷中。在同一段时间里出版的译本都以本书的单行本为依据，如 L. 梅耶尔逊 1926 年的法文译本题为《梦的科学》，约翰·兰德奎斯特 1927 年的瑞典文译本《梦的解析》。路易斯·洛佩斯—巴列斯特罗斯—德特里斯的西班牙文译本出版于 1922 年，这个译本放在《科学作品全集》的第 6 卷和第 7 卷中。我于 1918 年就认为匈牙利文译本即将来临，但至今都还没有出版[①]。

现在的《梦的解析》修订版中，我也基本上把这部著作当作历史文献来处理，只在解释与深化我自己的意见之处加以改动。与这种态度相关，我最终放弃把自《梦的解析》第一版以来关于梦的问题的文献收入本书，并删除了先前版本的相应段落。同样被删除的还有奥托·兰克为先前版本贡献的两篇文章《梦与文学创作》和《梦与神话》。

1929 年 12 月，于维也纳

---

① ［匈牙利文译本出版于 1934 年。除了这些序言中提及的译本外，弗洛伊德在世时，1913 年出版了俄文版，1934 年出版了日文版，1938 年出版了捷克文版。］

英文第三（修订）版序言[①]

1909年，G. 斯坦利·荷尔邀请我前往位于伍斯特的克拉克大学做首次关于精神分析的讲座[②]。同年，布里尔博士出版了他翻译的我的著作的首个译本，紧接着是其他各个译本。如果精神分析如今在美国理性生活中扮演重要角色，或者如果将来确实如此，这种结果的一大部分应归功于布里尔博士的这项活动和其他活动。

他的《梦的解析》的首个译本问世于1911年。自那时起，世界上发生了许多事，我们对神经症的观点改变了许多。本书连同它出版时震惊世界的对心理学的新贡献在本质上保持不变。甚至根据我目前的判断，它包含着我有幸所能发现的全部内容中最有价值的部分。像这样的顿悟一生却注定只有一次。

1931年3月15日，于维也纳

[①] ［在迄今为止出版的德文版中找不到此序言，没有德文原文。此处刊登的文本未经改动，取自1932年英文版。］

[②] ［《论精神分析》，1910年。］

目　录

第一章　有关梦的问题的学术文献 / 1

　　一、梦与清醒状态的关系 / 7

　　二、梦的材料——梦中记忆 / 11

　　三、梦的刺激和来源 / 21

　　四、为何苏醒后会遗忘梦？ / 39

　　五、梦的显著心理特征 / 44

　　六、梦中的道德感 / 60

　　七、梦理论与梦的功能 / 68

　　八、梦与精神病的关系 / 80

　　1909 年补充 / 84

　　1914 年补充 / 86

第二章　解梦的方法：对一个梦例的分析 / 87

第三章　梦是欲望的满足 / 111

第四章　梦的伪装 / 123

第五章　梦的材料与来源 / 149

　　一、梦中近事与无关紧要之事 / 152

二、作为梦来源的幼儿期材料 / 172

三、躯体性的梦来源 / 200

四、典型的梦 / 218

第六章　梦的工作 / 249

一、压缩工作 / 252

二、移置工作 / 275

三、梦的表现手段 / 279

四、关于表现力的考虑 / 303

五、梦的象征表现：其他典型的梦 / 313

六、一些梦例——梦中的计算与言语 / 361

七、荒谬的梦——梦中的理智活动 / 378

八、梦中的情感 / 408

九、润饰工作 / 432

第七章　梦过程的心理学 / 449

一、对梦的遗忘 / 453

二、回归作用 / 471

三、欲望的满足 / 485

四、梦中惊醒——梦的功能——焦虑梦 / 505

五、初级过程与次级过程——压抑 / 516

六、潜意识与意识——现实 / 534

第一章

有关梦的问题的学术文献

第一章　有关梦的问题的学术文献

在下文中，我会证明有一种能够解梦的心理技巧，在应用此种操作方法时，任何梦都被证明是具有意义的精神结构，且与清醒时的内心活动中的某一点具有特殊联系。我还将尝试阐明那些使梦变得扑朔迷离的过程，我还将从那些过程中推断精神力量的性质，梦正是来自这些精神力量的共同作用或相互作用。在此之后，我的阐述就会中止，因为做梦的问题必将融入更广泛的问题，必须借助别的材料来解决这些问题。

我先概览先前诸位著作者的功绩及学术界中梦的问题的现状，因为在论述过程中，我将不会常有契机回到这一点上来。因为尽管有几千年的努力，对梦的科学理解仍鲜有进展。这一点被著作者们公认，所以列举各种意见就显得多余。我在写作本书时参考了很多著作，在那些著作里，可以找到许多对我们的主题有启发性的评论与极有意思的材料，但很少（甚至完全没有）涉及梦的本质或最终解开梦的谜团。当然，对于仅受过普通教育的非专业人士来说，这方面的知识就知道得更少了。

在人类的原始时代，梦在原始民族那里可能得到何种理解？梦对原始民族关于世界和心灵观念的形成可能发生何种影响？这是具有高度趣味性的主题，但由于我不准备探讨这方面的问题，只好不情愿地把它排除了。我提请读者们参考卢波克爵士、斯宾塞①、泰勒②等人的知名著作，我只补充说，在我们完成呈现在眼前的"解梦"任务后，我们才能领会这些问题与推测。

---

①　赫伯特·斯宾塞（1820—1903年），英国哲学家、教育家、社会学家和心理学家，早期进化论者。——译注

②　爱德华·伯内特·泰勒（1831—1917年），英国人类学家、文化人类学创始人。——译注

3

// 梦的解析

史前对梦的见解的余音显然是古典时期各民族评价梦的根据[1]。在他们那里的假设是，梦与他们所相信的超自然世界有联系，会从诸神与魔鬼方面得到启示。此外，他们不禁想到，对做梦者而言，梦会有某种重要的目的，通常要对做梦者预示未来。然而，梦在内容与印象上的迥异却使人难以对它做统一的理解，因此有必要根据梦的价值与可靠性做形形色色的区分与分类。在古典时期的各个哲学家那里，对梦的评价当然并非不依赖一般说来他们愿意承认的占卜术的地位。

在亚里士多德两部探讨梦的著作里，梦已经成为心理学的客体。我们听说，梦并非神赐，没有神性，却可能具有魔性，因为自然的确有魔力，而非神性。也就是说，梦并非源于超自然的启示，而是产生于与神性有亲缘的人的精神规律。梦被界定成睡眠者只要睡眠就有的心灵活动[2]。

亚里士多德了解梦生活的若干特点，如梦把睡眠期间出现的小刺激重新解释成大事（"人们梦到自己蹈火而行，非常灼热，很可能此时身体的某个关节有了轻微的升温[3]"）。他从这种特性中得出结论，即梦很可能把白天未曾注意到的体内变化的先兆透露给医生[4]。

众所周知，亚里士多德之前的古人认为梦不是正在做梦的心灵的产物，而是来自神灵的灵感。而我们会发现有两种对立的思潮在影响着历史上不同时代对梦生活的解释。一种认为梦是真实的、宝贵的，可向睡

---

[1] ［1914年附注］以下所述根据毕克森叔茨的学术研究（《古典时期的梦与解梦》，柏林，1868年）。

[2] ［《论解梦》，第2章，由H.本德尔德译，1855—1897年，第73页。还有《论梦与解梦》，第3章，出处同上，第69页。］

[3] ［《论解梦》，第1章，出处同上，第72页。］

[4] ［1911年，此段作为脚注附上，1914年被收入文本。］

眠者发出警告，或者预示未来；一种认为梦是空洞的、虚无的，意图把睡眠者引入歧途或使他陷入沉沦。

格鲁佩（《希腊神话与宗教史》，1906年，第2卷，第930页）复述了依据麦克·罗比乌斯①与［出自达尔狄斯的］阿尔特米多鲁斯②的一种划分："人们把梦分成两类。一类应该只受当前或往昔的影响，对未来却无关紧要。它包括失眠，直接再现已有的想象或其对立物，如饥饿或解饿，也包括幻象，幻想般地扩展已有的想象，如梦魇。另一类却被视为决定未来。属于这一类的有：① 在梦中接受的直接预言（神的回话、神示）；② 对未来事件的预报（梦幻）；③ 象征性的、需要解释的梦。该理论历经许多个世纪得以保存。"

与这种对梦的易变估价相关的是"解梦"的任务③。因为人们一般期待梦有重要的启迪，但并非直接理解所有梦，无法知道一个特定的费解的梦是否确实预示着重要之事，启发人们努力用一种明晰又具有重要意义的内容来代替梦的费解内容。在古典后期，出自达尔狄斯的阿尔特米多鲁斯被视为解梦的最大权威，其内容详尽的著作《详梦》必定把内容相同的散失的著作补偿给我们④。

---

① 约公元400年前后的拉丁作家、语法学家与哲学家。——译注
② 公元2世纪罗马帝国占卜家。——译注
③ ［本段于1914年添加。］
④ ［1914年附注］中世纪解梦的进一步发展见狄甫根（《中世纪作为医学—自然科学问题的梦与解梦》，1912年）、法尔斯特尔和哥特哈德（《中世纪梦书》，1912年）等人的特别研究。述及犹太人解梦的有阿尔莫利、阿姆拉姆和洛温格尔（《犹太文献中的梦书》，1908年）以及新近顾及精神分析观点的劳埃尔（《在塔木德与拉比文献评价中梦的本质》，1913年）。详细叙述阿拉伯解梦认识的有德莱克斯尔（《艾哈迈德的梦书：对一篇校勘文本的序言与验证》，1909年）、施瓦茨和传教士特芬克德伊，研究日本解梦认识的有三浦（《论日本的解梦》，1906年）与井藁（《日本的解梦》，1902年），研究中国解梦认识的有塞克（《关于梦的中国观点》，1909—1910年），研究印度解梦认识的有涅格列恩。

// 梦的解析

在近代科学出现之前，古人对梦的见解必定与其普遍的世界观完全一致，其世界观惯常作为现实投射到外界，但这只在内心生活中有现实性。这种对梦的见解仅考虑早晨醒来后梦中记忆留给心灵的主要印象，因为在这种回忆中，梦装扮成陌生之事，仿佛源自另一个世界，跟其余的心理内容相反。此外，如果认为关于梦的超自然来源的学说在我们的时代缺乏拥护者，那就错了。只要以前扩展的超自然领域的剩余部分未被自然科学的解释占领，所有虔信派与神秘主义作家就占据了它们。除了他们以外，我们还看到一些感觉敏锐、对一切冒险离奇之事反感的人，在宗教上，他们信仰超人精神力量的存在与介入，试图将其宗教信仰依托在睡梦现象的不可解释性上（哈夫纳，《睡眠与做梦》，1887年）。某些哲学家学派（如谢林的追随者）重视梦生活①，这是梦在古典时期没有争议地具有神性的一种清晰余音。关于梦的预知性、预示未来的力量，探讨也未结束。不管致力于科学方法的思想家们如何强烈地驳回此类说法，尝试对积累的有关梦的材料做出心理学解释，只能是心有余而力不足。

要撰写我们对睡梦问题的科学认识的历史之所以如此困难，是因为尽管这种认识在某些方面富于价值，但在这种认识中，却没有沿着某些方向有进展，没有形成可靠结果的基础。下一个研究者本来可以在此基础上继续建设，而每个新的著作者都可以说是从源头再度着手同样的问题。如果我想遵循著作者们的时间顺序，摘录报告各个著作者对做梦问题表达过的观点，那我就得放弃勾画梦的知识的现状的明了全貌。因此我宁可把描述与主题而非与著作者相连，我会尽量利用文献中涉及的解

---

① ［弗里德里希·谢林是19世纪流行于德国的泛神论"自然哲学"的主要代表——弗洛伊德常常回到梦的神秘意义这个问题上。尤其参见《讲座新系列》，第30次讲座］。

决睡梦问题的材料。

　　由于梦的文献散见于各处，又与其他许多学科交织在一起，所以只要我的描述中没有丢失基本事实和重要观点，我就不得不请我的读者满足于此。

　　直到不久前，多数著作者都发现自己有理由在同一关联中论述睡眠与做梦，通常也要补充对相似情形的评价，这些情形延展到精神病理学中。著作者们还补充与梦类似的事件，诸如幻觉、幻视等。而在最近的著作中，表现出的追求是，保持对主题的限制，比如把出自梦生活领域的一个单独问题作为对象。我愿把这种变化看成一种信念的流露，即在如此模糊的事物中，只能通过一系列细节研究求得解释并取得一致的结果。我在此能够提供的不过是这样一种细节研究，别无他物，而且特别具有心理学性质。我鲜有契机致力于睡眠问题，因为该问题本质上是一个生理学问题，虽然在睡眠状态的特性中必定同时包含了针对心理系统的机能条件的变化。也就是说，涉及睡眠的文献在此不在考虑之列。

　　对睡梦现象本身的学术兴趣使我们提出以下各个问题。这些问题可以是独立的，在某些情况下也有一定的重叠之处。

一、梦与清醒状态的关系

　　一个人刚从梦中醒来，往往会有一种质朴的想法，认为梦虽然并非源自另一个世界，但是使自己神游了另一个世界。我们要感谢年老的生理学家布尔达赫[①]对睡梦现象详细而细腻的描写，他用一个常说的句

[①] 卡尔·弗里德里希·布尔达赫（1776—1847年），德国生理学家。——译注

子表达了这种信念（《作为经验科学的生理学》，1838年，第499页）："……白天的生活中有辛勤与享受，有喜悦与痛楚，在梦中不会再现。相反，做梦意在让我们摆脱它们。即使我们整个心灵被某件事塞满，即便深切的痛楚撕裂我们的内心，或者一项任务占用了我们全部的精神力量，梦要么给我们全然异样之事，要么只把现实中的个别要素结合起来，或者梦只表现主要的情调并象征现实。"费希特①（《心理学：关于人自觉精神的学说》，1864年，第1卷，第541页）以同样的语言谈到这些"补充的梦"并称它们是精神自愈性质的神秘恩惠之一②。在有理由被各方尊重的关于梦的本性与形成的研究中，斯顿培尔也在相似意义上发表意见（《梦的本性与形成》，1887年，第16页）："有谁做梦，就背离了清醒意识的世界……"又说（出处同上，第17页）："在梦中，就清醒意识有秩序的内容及其正常状态而言，记忆差不多完全消失了……"他又说道（出处同上，第19页）："心灵在梦中几乎没有回忆，而与清醒状态的常规内容和过程完全隔绝……"

绝大多数著作者却对梦与清醒状态的关系持相反的见解。哈夫纳说（《睡眠与做梦》，1887年，第245页）："首先，梦延续清醒状态。我们的梦始终衔接着不久前曾在意识中的想象。如果我们仔细观察，几乎总会发现梦在前日的经历中有线索可寻。"韦安特（《梦的形成》，1893年，第6页）反驳上面引述的布尔达赫的说法："因为似乎可以经常在绝大多数梦里观察到，它们恰恰把我们带回习惯的生活，而非让我们摆脱它。"莫里用一种简明扼要的方式说："我们梦见我们所见、所言、所愿

---

① 伊曼努埃尔·哈特曼（海尔曼）·费希特（1796—1879年），德国哲学家，约翰·戈特利布·费希特（1762—1814年）之子，思辨有神论代表。——译注

② ［此句于1914年添加。］

或所作所为。"杰森在其1855年出版的心理学著作(《试论心理学的学术根据》,第530页)中说得更详细:"梦的内容或多或少始终取决于做梦者的个性,取决于他的年龄、性别、地位、教育程度、惯常的生活方式,以及取决于整个过去生活的事件与经验。"

哲学家J. G. E. 马斯(《试论热情》第1卷,第168页与第173页)最不模棱两可地对此问题表态[①]:"我们最炽热的热情指向我们最常梦见的那些事物,经验证实了我们的这种说法。由此看出,我们的热情必定影响我们梦的产生。好胜者(或许只在其想象中)梦见争得的或者尚待争得的桂冠,而热恋中的人在梦中为了心上人所希望的东西奔忙……潜藏于心的感官欲望与厌恶一旦被唤醒,就将由一些与之有联系的观念结合而成梦,或者这些观念介入已有的梦。"(由温特施泰因告知,《梦中欲望满足的两个例证》,1912年)

关于梦境对生活的依赖性,古代也有相同的观点。拉德斯托克(《睡眠与梦》,1879年,第134页)告诉我们,薛西斯[②]在远征希腊之前被众人劝阻,却一再被梦激励做此事。年老而聪明的波斯解梦者阿尔班达就中肯地告诉他,梦大多包含人清醒时就思考之事。

在卢克莱修[③]的教喻诗《物性论》中,可以找到这样的话:"不管我们热心追求什么,不管往事如何萦绕在我们心头,心灵总是潜心于追求的对象,而且经常出现在我们的梦中。法学家撰写法律并实施诉讼;统帅们运筹帷幄,投身血战……"[④]

---

① [此段于1914年添加。]
② 约公元前519—前465年,波斯阿契美尼德王朝国王(公元前485—前465年在任)。——译注
③ 古罗马诗人和哲学家。——译注
④ 由K. L. 冯·克内贝尔译成德文,1831年,第二版,第142页。

9

西塞罗[①]（《论占卜》）与许多年以后莫里的意思很相似："……那时灵魂中翻腾特别激烈的是我们醒着时想过、干过的那些事的残余。"[②]

关于梦生活与清醒状态关系的这两种观点的矛盾似乎确实不可解决。因此，我想起了 F. W. 希尔德布朗特的阐述（《梦及其用于生活》，1875 年，第 8 页以下），他认为，梦的特性除了用"一系列［三种］相当矛盾的对比之外"外根本无法做别的描写。"构成第一个对比的是，一方面，梦与现实生活极端离析或隔绝，而另一方面，梦与现实不断互相伸入与依赖。梦是与清醒地经历的现实彻底分离之事，可以说，是一种自身密封的存在，被一条无法逾越的鸿沟与现实生活隔开。梦使我们脱离现实，抹去我们对现实的正常回忆，把我们置于另一个世界，置于一段与现实生活截然不同的生活中……"希尔德布朗特随后详尽阐明，我们整个存在连同生存形式如何随着入睡"如同在一扇不可见的升降门后面"消失。一个人可以在梦里航行前往圣赫勒拿岛，为的是与被囚禁的拿破仑达成一笔摩泽尔葡萄酒交易。他将受到这位前皇帝最亲切的接待，当他醒来，这个有趣的幻觉被打破，他不免觉得很遗憾。现在，我们把梦境与现实比较一下。这个做梦的人从未是葡萄酒商，也从未想成为葡萄酒商。他从未航行过，如果去航行，恐怕也不会把圣赫勒拿岛作为目的地。对拿破仑，他绝不抱有同情之意，而是怀有爱国主义的深仇大恨。而且拿破仑死在岛上时，做梦者还未出生，与拿破仑谈不上有任何个人关系。所以，梦中经历似乎是在两个完美相配又相互延续的生活阶段之间插入的陌生之事。

[①] 公元前 106—前 43 年，罗马演说家、雄辩家、政治家、作家、哲学家、古典学者。——译注

[②] G.H. 莫泽译成德文，1828 年，《论占卜》，第 2 篇，第 67 页。

希尔德布朗特继续说（出处同上，第10页）："然而，与此对立的说法也可以是完全正确的。我的意思是，与这种隔绝或离析携手而行的还有最密切的关系。我们甚至可以说，不管梦见什么，梦总是取材于现实，来源于对现实进行思考的理性生活……无论梦有多奇特，其实还是不能脱离现实世界。而梦中最精深、最滑稽的结构所借用的材料总是要么来自感性世界中在我们眼前出现之事，要么在我们清醒的思路中已经以某种方式找到其位置。换言之，梦来源于我们外部或内部的已有经验。"

二、梦的材料——梦中记忆

组成梦境的一切材料或多或少源自我们所经历之事，也就是在梦中被再现、回忆——我们认为这至少可以被看作没有争议的事实。不过，如果认为可以毫不费力地看出梦境与现实的这种联系，那就错了。相反，我们必须注意寻找这种联系，而且大量梦例可以长期得不到解释。原因在于梦的记忆功能表现出一些特性，尽管这些特性普遍得到注意，它们迄今为止还是难以得到解释。深入考察这些特性是值得的。

首先发生的是，在梦境中出现一种材料，人们在清醒时就不承认它属于自己的知识与经历。人们清楚地回忆起梦见过相关之事，但回忆不起来自己是否经历过这些事或何时经历过。因此，人们一直不清楚梦汲取了何种源泉，于是可能试着相信，梦有独立生成的能力。直到很长时间后，一种新经历引起了我们对先前已经忘掉的事情的回忆，进而揭示梦的来源。于是，人们就得承认，在梦里知道、回忆的事，超出了我们清醒时的记忆①。

德尔贝夫根据自己的睡梦经验讲述了一个令人印象特别深刻的例子。他在梦中见到他的宅院被雪覆盖，发现两只小蜥蜴半僵地埋在雪下，他这位动物之友拾起它们，把它们焐热，并将它们放回原来居住的断壁残垣里的小洞里。此外，他给它们塞了长在墙上的小蕨类的几片叶子，据他所知，它们很喜欢这种蕨类。在梦里，他了解了植物的名字：*Asplenium ruta muralis*。梦继续进行，在其他一些情节后又回到蜥蜴身上。让德尔贝夫吃惊的是，梦中出现了两个新的小蜥蜴，它们正大吃剩余的蕨叶。于是，他把目光转到旷野上，看见第5、第6只蜥蜴走上通往墙上孔洞的路。最终，整条道路布满蜥蜴，都朝同一方向移动。

德尔贝夫在清醒时只知道少量拉丁文植物名，不包含 *Asplenium*。令他大为吃惊的是，他确切地知道叫这种名字的蕨类确实存在，*Asplenium ruta muraria* 是其正确的名称，梦中将此名称稍作变形，这很难说是一种巧合。但对德尔贝夫来说仍然莫名其妙的是，他在梦里是从何得知 *Asplenium* 这个名字的？

这个梦发生于1862年，16年后，这名哲学家在他探望的一个朋友处看见一本带有干花的小纪念册，在瑞士某些地区，这些花作为纪念品被出售给异乡人。一种回忆涌上他的心头，他打开植物标本，在其中发现了他梦里的 *Asplenium*，并认出了所附拉丁文名字是他自己的笔迹。现在可以建立关联了。这位朋友的妹妹于1860年——做蜥蜴梦的两年前，在结婚旅行时拜访了德尔贝夫。她当时把给她哥哥的这本纪念册带在身边，而德尔贝夫在一名植物学家口授下，不厌其烦地给每种植物标

---

① ［1914年附注］瓦希德还声称，常常被注意到的是，在梦里说外语比醒着时更流利、更纯正。

本加写拉丁文名字。

这个例子值得被记下来，还因为德尔贝夫又幸运地发现了这个梦的另一部分被遗忘的来源。1877年的一天，有一册旧画报落到他手里，他看见其中画着整队蜥蜴，就像他1862年梦见的那样。这本画册的年份是1861年，而德尔贝夫记得，从杂志出版时起，他就属于其订户之列。

梦支配清醒时不可企及的回忆，这是一个值得注意且具有理论价值的事实，使我想通过讲述别的"记忆增强的"梦来加强对它的注意。莫里讲述道，有段时间，他白天经常想到Mussidum一词。他知道，那是一个法国城市名，别的一无所知。一天夜里，他梦见与某个人闲聊，此人说他来自Mussidum，对莫里提出的这座城市在何处的问题，给出的回答是：Mussidum是法国多尔多涅省的一座县城。醒来后，莫里不相信梦里所说，地理词典却告诉他，情况完全正确。此事例证实了梦知道得更多，却未追踪到这种学识被遗忘的缘由。

杰森讲述了（《试论心理学的学术根据》，1855年，第551页）一个更早的类似情况的梦："属于此类情况的还有老斯卡利杰尔的梦（海宁斯，《论梦与夜游者》，1784年，第300页），他写了一首诗称赞维罗纳的名人，有一个自称布鲁尼奥卢斯的人在他梦中出现，抱怨被遗忘了。尽管斯卡利杰尔想不起来曾经听说过此人，他还是为此人作了诗。而老斯卡利杰尔的儿子后来在维罗纳获悉，以前确实有个叫布鲁尼奥卢斯的人，作为批评家而出名。"

德埃尔韦·德圣德尼侯爵讲述了一个记忆增强的梦[1]，此梦的特性异常突出，在随后的一个梦里完成对起初未被认清的记忆的验明（据瓦

---

[1] ［此段和下一段于1914年添加。］

希德）："我有一次梦见一名有着金黄色头发的少妇，我看见她与我妹妹闲聊，她给我妹妹看她的刺绣品。在梦里，她让我觉得很面熟，我甚至以为见过她多次。苏醒后，这张脸还鲜活地在我眼前，我却完全无法认出它。我再次入睡，又出现同样的梦象。在这个新的梦里，我与金发贵妇攀谈，问她我是否有幸曾在某处遇见过她。'当然'，贵妇答道，'难道您不记得波尔尼克海滨浴场了吗？'我马上又醒过来，知道自己肯定会想起与这张动人的梦中脸庞相联系的细节。"

同一作者（在瓦希德处）谈到一名他熟悉的音乐家一次在梦里听到一段陌生的旋律。若干年后，这名音乐家才发现这段旋律被记在一本旧乐曲集里，但他依旧不记得以前是否看过这本集子。

据说，迈尔斯［《记忆增强的梦》，1892年，《心灵研究会公报》，第8卷，第362页］已经发表过此类记忆增强梦的汇编，可惜我没能得到这个材料。

我认为，每个研究梦的人都会发现一个相当寻常的现象，即梦为知识与记忆作证，清醒时未曾想过这些知识与记忆。我以后会报告对神经质患者的精神分析工作，我每周要多次用患者的梦向他们证明，使他们相信自己对梦中的引语、污言秽语等非常熟悉，尽管他们在清醒状态时忘却了，他们却在梦里使用它们。我还想在此讲述一个单纯的记忆增强的梦例，因为在此梦例中，可以很容易找到只有梦可以接近的认识的来源。

一位患者在一个较长的梦中梦见，他在一家餐馆点了一道 Kontuszówka。他跟我讲述之后便问我 Kontuszówka 是什么，他说从未听说过这个名字。我回答说，Kontuszówka 是一种波兰烧酒，并且说他在梦里不可能虚构这种酒，因为我早已从招贴板上的广告上知道了这个名字。

此人起先不愿意相信我。若干天后，他去了一家餐馆，他在一个街角注意到招贴板上有这种酒名，而他几个月来，白天必定至少两次经过此街角。

我本人在一些梦里体验到①，就揭示梦的各要素的来源而言，人们依旧非常强烈地依赖偶然事件。比如在我撰写本书之前的岁月里，一幅构造相当简单的教堂塔楼的图景总是萦绕在脑际，我想不起来见过这座教堂塔楼。后来我突然在萨尔茨堡与赖兴哈尔之间的一个小站上认出它，而且完全肯定就是它。那是19世纪90年代后期，而我在1886年首次经过这条铁路。后面几年里，我已经在深入研究梦，某处奇怪场所的梦象经常重现，简直使我感到厌烦。在我的左边，我看见一个阴暗的房间，有若干荒谬的砂岩雕像从里面闪现出来。我不愿真正相信的一丝记忆告诉我，这是啤酒馆的入口。我却没有弄清楚这幅梦象意味着什么，又来自何处。1907年，我偶然前往帕多瓦。我很遗憾，自1895年以来，没能再度游览该地。我在这座美丽大学城的首次访问令人失望，我没能参观麦多拉·德尔竞技场教堂中乔托的壁画。我被通知当天小教堂关门，只好中途折回了。12年后，第二次访问时，我想着补偿自己，就首先寻找前往竞技场教堂的道路。我沿着通往教堂的路走去，在我的左侧，很可能在我于1895年折回之处，我发现了自己在梦里频繁见到的地方，连同包含在其中的砂岩雕像。这个地方确实是一个餐厅花园的入口。

梦中再现的材料来源之一——有时是在清醒的思维活动中记不起来、未被使用的——乃是童年生活。我只列举几个著作者，他们注意到

---

① ［该段于1909年添加。］

并且强调这一点：

希尔德布朗特（《梦及其用于生活》，1875年，第23页）表示："已经明确得到承认的是，睡梦有时以奇妙的再现力把出自遥远时光的非常久远的甚至已经被遗忘的事情忠实地送回我们的心灵中。"

斯顿培尔（《梦的本性与形成》，1877年，第40页）表示："如果注意到，梦有时从最深的湮没中把童年经历中的地点、事情和人物完好无损、栩栩如生地挖掘出来，这个见解就变得更加明确了。这种梦内容并不限于这样的经验，即它们在产生时赢得鲜活的意识或与强烈的心理价值相连，后来在梦中作为真正的回忆重现，苏醒的意识对这些回忆感到高兴。更确切地说，睡梦记忆的深度也包含童年时期的那些人物、物体、地点和事件的形象。这些形象可以不具备精神价值，也可以一点也不生动，或者早就失去了这两种情况，因而无论在梦里还是在苏醒后都显得奇怪而陌生。"

沃尔克特（《梦幻想》，1875年，第119页）表示："尤其值得注意的是，童年与少年记忆多么容易入梦。梦不断地提醒我们回想起早就不再想起之事和早就对我们失去了重要性之事。"

众所周知，童年材料大多是有意识的记忆力的空白之处，梦控制童年材料，提供契机形成有趣的记忆增强的梦。下面我再举几个例子。

莫里讲述道，他孩提时，经常从其故乡摩埃前往附近的特里波特，其父在那里主持建造一座桥梁。一天夜里，他梦见自己在特里波特，又在城里的街道上玩耍。一个穿着制服的男人走近他。莫里问其名字，他自我介绍他叫C，是守桥人。醒来后，莫里仍怀疑记忆的真实性，就问自他童年时起就在他身边的一名女仆，能否记起叫这个名字的一个男人。女仆回答："当然，他是令尊当时所造桥的看守人。"

第一章　有关梦的问题的学术文献

莫里又举了一个例子，同样很好地证实了梦中出现的童年回忆很可靠。他说有一位 F 先生，孩提时在蒙特布里森长大。此人在外出 25 年后，决定访问家乡并拜访多年未见的家族老友。启程前夜，他梦见自己在目的地，在蒙特布里森附近偶遇一位从外貌上看他不认识的先生，这位先生告诉他，自己是 T 先生，是他父亲的朋友。做梦者知道，他孩提时认识叫这个名字的一位先生，清醒时却再也记不起这位先生的外貌。若干天后，做梦者真正抵达目的地，发现了梦中不熟悉的那个地点，邂逅了一位先生，他马上认出这就是梦里的 T 先生，只是真人比梦象所显示的老多了。

我可以在此讲述自己的一个梦，其中能够回忆的印象由一种关系来代替。我在一个梦里看见一个人，我在梦里知道，那是我家乡的医生。他的脸不清晰，形象却与我的一名中学老师的形象混合起来，我如今还偶尔遇见这名老师。醒后我想不出是什么将这两人联系起来。但我向母亲询问那些我童年岁月中的医生时，我获悉这名医生是独眼，而那名中学老师也是独眼，后者的形象覆盖了梦中医生的形象。我已有 38 年没见过那名医生了，而据我所知，我在清醒状态时从未想到过他[①]，尽管我下巴上的一块疤可能让我想起他提供的帮助。

若干著作者声称，在多数梦里出现的一些元素来自做梦的前几天，听上去好像会创造出一种均势来对抗梦生活中童年印象过大的作用。罗伯特（《被解释成自然必然性的梦》，1886 年，第 46 页）甚至表示，平

[①] ［该句的最后部分于 1909 年添加，包含在 1922 年以前的所有版本中，此后却被删去。后面涉及的同一人如果是暗指这句话略去的末尾也说得过去。造成伤疤的事件在弗洛伊德假的自传病史中及在下文中有所描述。此梦还在弗洛伊德 1916—1917 年第 13 次讲座中提及（第 1 卷，第 206 页）。］

17

常的梦一般只涉及刚过去的时日。我们却会发现，由罗伯特构建的梦的理论命令似的要求一种对最久远印象的抑制与对最近印象的前移。但罗伯特所表达的事实是合理的，我在自己的研究中能证实这一点。一名美国作者纳尔逊（《梦研究》，1888年，第380页及下页）以为，在梦里，最常见到做梦前一天或前三天的印象，似乎做梦前一天的印象还不够淡薄和遥远。

若干著作者不想探讨梦境与清醒状态的密切关联，引起他们注意的是，使清醒思维深入思考的印象被日间脑力劳动挤到旁边后，才在梦中出现。比如，亲人死亡之后，人们心中充满悲哀，但通常还梦不到死者（据德拉格）。

梦中记忆的第三个特性最值得注意、最令人费解，表现在梦对所再现材料的选择上，不像在清醒时只保留最有意义的材料，而是相反也保留最无关紧要、最不值得记忆的材料。我将举出几个著作者，他们在这方面强烈地表达了惊讶。

希尔德布朗特（《梦及其用于生活》，1875年，第11页）表示："最值得注意之事是，梦的组成部分通常不取自深刻的大事件，不取自前一天中强大的驱动性兴趣，而是取自次要的附加物，可以说取自最近度过的或远在身后的往昔中的那些无价值的琐事。家庭中亲人死亡令我们悲痛欲绝，深夜不能入睡，这时的记忆反而模糊不清。直到清晨醒来，这件事以使人忧郁的威力回到我们的记忆中。我们偶遇一个陌生人，从他身边走过后，再也没有片刻想起他，而他额头上的疣却在我们的梦里起作用……"

斯顿培尔（《梦的本性与形成》，1877年，第39页）表示："……分析梦时会发现，梦的一些组成部分虽然确实源自前一两天的经历，但对清醒的意识而言，这些经历琐碎、无价值，或者在发生后即被遗忘。此类经历包括偶然听到的别人的言论、漫不经心地看到的行为、对事物或人瞬息即逝的感知、读物中的零星片段，等等。"

哈夫洛克·霭理士①（《成梦素材》，1899年，第727页）表示："清醒状态的深切情绪、深思熟虑的问题通常不会立即在梦的意识中呈现。至于刚刚发生的事情，在梦中再现的也多为微不足道的琐碎事件，或已经被遗忘了的印象。最为清醒的精神活动是睡得最深沉的活动。"

宾茨（《论梦》，1878年，第44—45页）恰恰以有争论的梦里记忆的特性为契机，道出他不满于自己支持过的对梦的解释："而自然的梦给我们提出类似的疑问。为何我们总是并非梦见最近度过的日子里的记忆印象，而是经常沉入没有任何可辨认动机、远在我们身后、几乎消失的往昔？为何在梦里，意识如此频繁地接受无关紧要的回忆印象，而那些对经验最为敏感的脑细胞多处于缄默、僵硬的状态，要等到清醒后才被激活呢？"

很容易看出，睡梦记忆特别偏爱日间经历中无关紧要的因而未被注意之事，这种偏爱多半会导致人们错误估计梦对日间生活的依赖，或者至少使我们难以用个别梦例证明这种依赖性。所以可能的是，玛丽·惠顿·卡尔金斯小姐②（《梦的统计》，1839年，第315页）在对她和同事们的梦做统计时，发现有11%的梦与日间生活的关系不明显。很可能希尔德布朗特的论断有道理（《梦及其用于生活》，1875年，第12页及下页），即如果我们把时间和精力充分用在探究所有梦象的来历上，这些梦象就会在生物起源学上被我们解释清楚。他称此为"一项极其辛

---

① 1859—1939年，英国散文家、医生。——译注
② 1863—1930年，美国心理学家。——译注

19

苦、吃力不讨好的事务。因为它要使我们在记忆仓库最偏僻的角落里搜寻出各种精神上毫无价值的事物，让早就消逝的时光中各种完全不令人感兴趣的因素从发生后立即被遗忘了的事物中重见天日"。我却还是不禁遗憾，这位感觉敏锐的著作者因为这个不利的开端而不敢继续走下去，这条途径本该直接把他引向解梦的中心。

梦中记忆的特性肯定对任何一般记忆理论都非常重要。它表明，"在精神上曾经拥有的任何印象绝不会完全消失"（肖尔茨，《睡眠与梦》，1887年，第34页）。或者，如德尔贝夫所表述的，"每个印象，甚至最微不足道的印象也会留下一个不易变的痕迹，它会随时再现"。精神生活中的许多病理学现象同样促使我们下此结论。我们以后还会提及的某些梦的理论企图通过部分遗忘我们日间熟悉之事来解释梦的荒谬性与不连贯性。如果我们记得刚才提及的梦中记忆的非凡能力，我们就会感受到这些理论中所包含的矛盾性质了。

人们也许会把做梦现象完成归结为记忆现象，假定梦是夜间也不休息的再现活动的表现，这种再现活动就是目的本身。像皮尔泽那样的报告（《论梦中的某种规律性》，1899年）可能与此相符，根据那些报告，可以证明做梦时间与睡梦内容之间的固定关系——在深度睡眠时，梦再现出自久远时光的印象。将近早晨时，梦却再现最近的印象。但由于梦处理有待回忆的材料的方式不同，这样一种见解一开始就几乎不成立。斯顿培尔［《梦的本性与形成》，1877年，第18页］不无道理地指出，梦中经历不会重复出现。梦可能对此提供开端，但未出现随后的环节。梦改变模样登场，或者代替它现身的是另一个完全陌生的环节。梦只带来再现的碎片。只要有可能做理论上的利用，这很可能是通则。然而出现了例外，在这些例外中，就像我们的回忆在清醒时能做到的，一个梦同样完整地重复一次经历。德尔贝夫谈到他的一个大学同事在一次危险的乘车出行时，像是由于奇迹才逃脱一场事故，他在梦里再度经历了这次出行，其中的细节无一遗漏。卡尔金斯小姐提及（《梦的统计》，1893年）两个梦，它们以准确再现前一日的经历为内容，而我本人将在以后找机会讲述我已经熟悉的一个梦例，梦中未作变动地重现一次童年的经历①。

三、梦的刺激和来源

对梦的刺激和来源该做何理解？可以通过引用民间说法"梦产生于消化不良"得到说明。这句话背后隐藏了一种理论，即把梦领会成睡眠受干扰的后果。如果不是有什么干扰之事在睡眠中发生，就不会有梦，而梦是对这种干扰的反应。

在著作者们的阐述中，关于梦的诱因的探讨占据了很大一部分篇幅。梦成为生物学研究对象后，问题才会产生，这理所当然。古人认为梦是神灵的启示，他们无须寻找梦的刺激源头：梦源自神意或魔力，梦的内容源自神意或魔力的知识和意图。然而，科学随即面临这样的问题：对做梦的刺激是单一的还是多重的？进而引出考虑：对梦因的解释归于心理学还是归于生理学？多数著作者似乎一致认为，睡眠障碍的原因，亦即梦的来源可能多种多样，躯体刺激和心理兴奋同样都可以成为

---

① ［1909年附注］后来的经验使我们知道，日间无关紧要和不重要的活动在梦中重复出现，绝非罕见的事，如打点行装、在厨房烹调菜肴等。在这种梦里，做梦者本人强调的却不是回忆性质，而是"现实"性质。"我日间确实做了这一切。"［在第五章前两段再度提及该段和前一段里探讨的主题。］

梦的激发者。然而，作为梦的形成因素孰先孰后，在梦的形成上哪种因素更加重要，观点就大有分歧了。

说起梦的来源，有下列四类，它们也被用于划分梦：① 外部（客观的）感觉刺激；② 内部（主观的）感觉刺激；③ 内部（机体的）躯体刺激；④ 纯粹精神刺激。

（一）外部感觉刺激

哲学家斯顿培尔关于梦的著作已经多次被我们用作梦问题的指南。他的儿子报告了对一位患者的观察［《内科疾病的特殊病理学与疗法教科书》，1883—1884年，第2卷］，这位患者患有皮肤一般感觉缺失症，若干高级感官陷入麻痹。如果把此人身上少数尚开放的感官门户与外界隔绝，他就陷入睡眠。当我们想入睡时，惯于追求一种情境，与斯顿培尔实验中的那种相似。我们锁上最重要的感觉门户——眼睛，试图挡住来自其他知觉的任何刺激，或者不使作用于这些知觉的刺激作任何改变。尽管我们的努力从未完全成功，我们随后还是入睡了。我们既不能使刺激完全远离自己的感觉，亦无法完全消除我们感觉的兴奋性。较强的刺激随时可以唤醒我们。这向我们证明，"心灵即使在睡眠时也与体外世界保持持续的联系"。我们在睡眠期间得到的感觉刺激很可能成为梦的来源。

此类刺激大量存在，包括适于睡眠状态的刺激、不得不允许的不可避免的刺激和偶然的足以唤醒睡眠的刺激。可能是射入眼睛的较强的光线、耳朵听到的嘈杂声，或者一种刺激鼻黏膜的强烈气味。我们可能在睡眠中因无意的活动而裸露身体某部分，这样就会感到寒冷，或者因姿势变化而给我们带来压和触的感觉。可能是蚊虫叮我们，或者一次夜间小事故可能同时冲击若干知觉。观察者专心收集了大批梦，其中在苏

第一章　有关梦的问题的学术文献

醒时察觉到的刺激与一部分梦境如此广泛地一致，可以看出刺激是梦的来源。

我在此引用杰森(《试论心理学的学术根据》，1855年，第527页及下页)搜集的此类溯源于客观的(或多或少是偶然的)感觉刺激的梦："任何被模糊察觉到的嘈杂声都唤起相应的梦象，雷声滚滚使我们置身于一场战役中，雄鸡打鸣可能变为一个人的惊叫，一扇门嘎吱作响可能引起强盗闯入的梦。夜里，如果我们的被子掉了，我们可能会梦见自己赤身走来走去或落水。如果我们斜躺在床上，脚离开床沿，我们可能会梦见自己立于可怕的悬崖边上或坠入深渊。如果我们的头偶然到了枕头下，我们可能会梦到有一块巨石悬在我们上面，正要把我们砸得粉碎。精液聚积可以产生肉欲的梦，局部疼痛会引起受到虐待、被攻击或身体遭到伤害的想法……"

"迈耶(《梦游试析》，1758年，第33页)有一次梦见，他被一些人袭击，他们把他直挺挺地仰面放倒在地，在他脚的拇趾和二趾之间钉上了一根桩子。这时，他醒了过来，发现有一根秸秆夹在他脚趾之间。根据亨宁斯的说法(《论梦与梦游者》，1784年，第258页)，迈耶另外有一次把衬衫紧紧缠在脖子上，他梦见自己被绞死。霍夫鲍尔[《心灵的自然概论》，1796年，第146页]在青年时代梦见从一堵高墙落下，醒来时发现床架散了，而他确实掉到了地板上……格雷戈里报告，他有一次上床时把一瓶热水放在脚边，因而在梦里爬上了埃特纳火山顶，他在那里发现地面的高温几乎无法忍受。另外一个人在头上放了发泡膏后，梦见自己被一群印第安人剥去头皮。还有一个人穿着湿衬衫睡觉，梦见自己被拖过一条小河。一位患者在睡眠时痛风发作，梦见自己在宗教法庭中忍受刑讯的折磨(麦克尼什，《睡眠的基本原理》，1835年，第

// 梦的解析

40 页）。"

如果成功地在一名睡眠者身上通过按计划安排感觉刺激而使之产生与刺激相应的梦，就可以加强刺激与梦境之间有相似性这一论点。据麦克尼什所说［在上述引文中，杰森引证《试论心理学的学术根据》，1855 年，第 529 页）］，吉龙·多·布萨连鸠早就做过此类试验。"他让其膝盖不盖东西，夜里就梦见自己坐在一辆邮车上旅行。他注意到，旅行者会很清楚地知道，在邮车里，夜里膝盖会有多冷。另一次，他让后脑勺裸露着，就梦见他出席一个户外的宗教仪式。因为在他生活的乡间，人们习惯于将头蒙上，只有在举行宗教仪式时例外。"

莫里通报了对自己引发的梦的新观察（一系列其他实验没有带来成果）。

① 在嘴唇和鼻尖上用羽毛给他刺痒——他梦见一次可怕的刑讯；一副沥青制的面具放到他脸上，随后被揭掉，皮肤就一同脱落。

② 用镊子磨剪刀——他听见钟响，然后是鸣警钟，把他带回 1848 年革命的日子。

③ 让他闻科隆香水——他梦见自己在开罗的约翰·玛丽·玛林娜的店铺中。接着是难以置信的奇遇，他无法复述。

④ 轻轻捏他的颈项——他梦见医生给他上芥末膏药，想到孩提时给他治疗过的一名医生。

⑤ 把一块热铁挨近他的脸——他梦见"司炉①"潜入宅子，把住户的脚塞进炭盆，强迫住户交钱。随后是阿布朗泰斯公爵夫人露面，他在梦里是她的秘书。

---

① ［法国大革命时］旺代省的强盗团体叫司炉，他们使用这种酷刑。

⑥ 把一滴水滴到他额头上——他梦到自己在意大利，猛出汗，喝着奥维托白酒。

⑦ 烛光透过一张红纸不断照射他的脸部——他梦见天气恶劣、非常炎热，然后是一场他曾经在英吉利海峡上遭受过的海上风暴。

通过实验产生梦的其他尝试可见德埃尔韦、韦安特（《梦的形成》，1893年）等人的报告。

许多著作者都"注意到梦那种引人注目的能力，把来自感官世界的突现印象交织到梦的结构中，使得这些印象在梦的产物中逐渐形成似乎预先安排好了的灾难"（希尔德布朗特，《梦及其用于生活》，1875年，第36页）。这名著作者讲述道："我在少年时代，为了有规律地在限定的早晨的时间起床，习惯于用闹钟把自己叫醒。可能有成百次，我遇到的情况是，这种器械的声音如此适合臆想有关联的长梦，似乎整个梦导向一个事件，在合乎逻辑而不可避免的高潮时达到预定的结局。"[出处同上，第37页]

现在我引用三个不同方面的这类闹钟梦。

沃尔克特（《梦幻想》，1875年，第108页及下页）叙述道："一名作曲家曾经梦到他在教课，正想给学生说明什么。他讲完以后，转向一名男童问道：'你懂我的意思了吗？'这名男童像着了魔似的狂叫：'哦，是的！'他怒不可遏地斥责男童。可全班就喊起来了：'喔，是！'然后是：'哇，是！'最后是：'失火了！'这时他被街上真正的救火的叫喊惊醒了。"

在拉德斯托克的书里，加尼耶报告，拿破仑一世在车上睡着时做梦，被定时炸弹的爆炸声惊醒，他梦见再次越过塔格利蒙托河并遭到奥地利人的连续炮击，最后他惊醒大喊："我们中计了！"

// 梦的解析

莫里做过一个著名的梦：他患着病，在房间里躺在床上，他母亲坐在旁边。他梦见革命时期的恐怖统治，目睹了令人毛骨悚然的凶杀场景，最后自己被传唤出庭。在那里，他见到了罗伯斯庇尔、马拉、富奇丁维勒和那个可怕时代的所有悲剧性英雄。他被他们审问，在一些记不清的事件之后，他被判处死刑。随后，他由望不到边际的人群陪着，被带到刑场。他登上断头台，刽子手把他缚在木板上，木板翻倒，断头刀落下，他感到自己的头与躯干分离，在极度恐惧中醒来——发现床头板掉了下来，真的像断头刀一样击中他的颈椎。

这个梦引起了勒洛林与埃柯尔在《哲学评论》上的一场有趣的讨论：在觉察到刺激与苏醒之间的短暂时段里，做梦者是否可能或如何压缩如此丰富的梦境？

这类例子使人觉得睡眠期间的客观感觉刺激是梦的源头中得到最好确证的。它们也是在非专业人士的认识中唯一起作用的。如果问一个对梦的文献一无所知的受过教育者梦是如何形成的，他的回答无疑会引用一个梦例，并用醒后的客观感觉刺激来解释梦。但科学研究不应止步于此。从这种观察中可以继续提出问题，即睡眠期间作用于知觉的刺激在梦里并非以真正的形态出现，而是由与它有关系的某种其他想象来代表。但梦的刺激与引发的梦之间的关系，按莫里的话说"却是既非唯一亦非排他的一种关系"。我们读了希尔德布朗特的三个闹钟梦（《梦及其用于生活》，1875年，第37页及下页），就会提出问题：为何同样的刺激引出如此迥异的梦，而且为何恰恰引起这些梦？

"我梦见在一个春天的早晨去散步，溜达着穿过正在变绿的田地，来到邻村。在那里，我看见居民们穿着节日服装，腋下夹着圣歌集涌向教堂。对！的确是周日，而晨祷马上就要开始。我决定参加这次晨祷，但在此之前，因为我有些激动，就决定在环绕教堂的公墓里让自己冷静下来。我在这里读着不同的墓志铭时，听到敲钟人登上钟楼，我看见钟楼高处的小型村钟，它将给出礼拜开始的信号。有好一会儿，它一动不动地挂在那里，然后开始摆动。突然，它的敲击声嘹亮而刺耳地响起，使我从睡梦中醒来。原来是闹钟的声音。

"下面是第二个梦。那是晴朗的冬日，街道被深雪覆盖。我已跟人约好乘雪车参加宴会，但不得不等了很久，直到有人报信说雪车停在门前了。接着，我在做上车前的准备——铺上皮毡，取出脚套筒。我终于坐在我的位置上了。但出发之前又有些耽搁，直到缰绳对等候的马匹发出明显的信号。现在这些马匹拉动起来，强力振动的铃铛开始奏出熟悉的音乐。铃声是如此激烈，瞬间撕破了我的梦网。原来又是尖厉的闹铃声。

"现在是第三个例子。我看见一名厨娘拿着几十只摞起的盘子沿着走廊缓步走向餐室。我觉得她怀里的那堆瓷器处于要失去平衡的危险中。'留神，'我告诫道，'东西快掉到地上了。'当然不会缺了必不可少的矛盾：她已经习惯了诸如此类的事，而我还用担忧的目光看着她向前走去的身影。果然不出我所料，她在门槛上绊了一下，易碎的餐具落下，噼里啪啦摔成碎片，四散在地面上。可是，我很快发觉，这没完没了的声音不是瓷器摔碎的声音，而是一种铃声。等我醒来才辨别出来，只是闹钟到了规定时间响铃了。"

为何心灵在睡梦中会错误估计客观感官刺激的性质，斯顿培尔（《梦的本性与形成》，1877年，第103页）和冯特（《生理心理学基本特征》，1874年，95页及下页）对此疑问的答复几乎是一样的：在睡眠时，心灵是在有利于形成错觉的情况下对侵入的刺激作出判断的。如果

// 梦的解析

一种感官印象足够强烈、清晰、持久，而且有足够的时间供我们考虑，这种印象就会被我们认识并正确解释，然后被划归所属的一组记忆中。如果这些条件得不到满足，我们就会错误估计印象所起源的事物，形成错觉。"如果某人在旷野散步，模糊地看到一个遥远的物体，他最初可能认为这是一匹马。"留神细看，可能会认为是一头在休憩的奶牛，最终才明确认出是一群坐着的人。心灵在睡眠中通过外部刺激而接受的印象就具有类似的不确定性质。心灵根据这些印象构成错觉，通过印象唤醒数量或大或小的记忆意象，印象通过记忆意象得到其心理上的价值。与意象有关的许多组记忆中，哪一组被唤起？可能发生的联想中哪些在此时生效？按斯顿培尔的说法，这些问题都无法确定，只能听凭心灵生活恣意妄为。

我们在此面临选择。我们可以承认确实无法继续追踪成梦的规律性，因而放弃探索是否还有其他因素决定对感觉印象引起的错觉所做的解释。或者我们可以猜测，作为梦的来源，在睡眠中攻击性的客观感觉刺激只起微不足道的作用，而其他因素决定着选择有待唤醒的记忆意象。我在此意图上详细地讲述过莫里通过实验制造的梦，实际上，如果检验这些梦，我们不禁会说，按来源看，所做实验其实只涵盖了梦的因素之一，而其余的梦境似乎是无关的，其细节非常明确，无须单独引入符合实验的元素予以解释。如果人们获悉，塑造梦的客观印象偶尔在梦中得到最特别、最怪僻的解释，人们甚至开始怀疑错觉理论，怀疑客观印象塑造梦的威力。比如西蒙讲述了一个梦，他在梦中看见巨人坐在桌旁，清晰地听到他们在咀嚼时上下相碰的颌骨制造的可怕的咯咯声。他醒来时，听见在他窗前疾驰而过的马蹄声。我想在没有著作者帮助的情况下大致解释如下：此处马蹄的噪声必定唤醒了来自《格列佛游记》的回忆范围的想象——巨人国的巨人和有理性的马。难道这样一组不寻常记忆的选择不会由客观刺激之外的其他动机推动吗[①]？

（二）内部感觉刺激

尽管有各种异议，人们还是不得不承认，客观感官刺激在睡眠期间作为梦的激发者的角色肯定没有争议，而如果这些刺激的性质与频度还不足以解释所有梦象，则表明要去寻找产生类似作用的梦的其他来源。除了外部感觉刺激外，还需要感觉器官中的内部（主观的）刺激，我不知道这个说法是从何时开始的，但事实是，在梦病因学所有较新的描述中均或多或少地明显涉及这一点。冯特（《生理心理学基本特征》，1874年，第363页）说："此外，我相信，在梦的错觉中，扮演重要角色的是我们在清醒状态时熟悉的那些主观的视力感受、听力感受，如在模糊视野中看到一片光，耳中听到铃响或嗡嗡声，其中尤其重要的是视网膜的主观兴奋性。这就解释了梦的那种奇怪倾向，即要把多数类似或完全一致的客体展现到我们眼前。我们看见无数鸟、蝴蝶、鱼、五彩珍珠和花等，这是进入模糊视野的发光粉尘呈现了离奇的形态。而梦以同样多的单幅图景代表构成发光粉尘的众多光点，由于它们灵活多变，这些单幅图景被看作正在游动的物体。梦中容易看见多种多样动物形象的原因也可能在此，这些动物形象的多种形式容易接近主观发光意象的特别形式。"

作为梦象的来源，主观的感觉刺激显然有优先权，它们不像客观感觉刺激那样依赖外部偶然性。每当有所需要，它们就可以供解释之

---

① ［1911年附注］梦中巨人让人猜测，某些梦境涉及做梦者童年的一个场景。

［1925年附注］上面指向来自《格列佛游记》的记忆，是一种解释不该如何的极好例证。解梦者不该随心所欲而把对做梦者的联想置于一旁。

用。它们落后于客观感觉刺激的一点是，它们不像客观感觉刺激那样可以进行观察或实验，而是很难或者根本不可能证实。主观的感觉刺激有激发梦的神秘力量，为此提供主要证据的是所谓"睡前幻觉"，约翰内斯·缪勒（《论神奇的视力现象》，1826年）称之为"幻视现象"。这常常是相当鲜活、多变的图景，在入睡期在许多人身上完全有规律地出现，也可能在睁眼后继续存在一会儿。莫里很容易产生这些现象，他曾进行了详尽考察，声称它们与梦象有关联，甚至不如说有同一性，正如约翰内斯·缪勒已经做过的那样［出处同上，第49页及下页］。莫里说，就其形成而言，需要某种心灵的被动性，即一种注意力紧张的减退。为了产生睡前幻觉（假使一个人有了必要的事先安排），只需陷入这种昏睡状态片刻就够了。此后，一个人或许又醒来，直到这种多次重复的游戏以入睡告终。根据莫里的说法，如果在这种体验后不久就苏醒，就经常成功地在梦里证明同样的图景，它们作为睡前幻觉在入睡前浮现出来。比如莫里有一次在即将入睡时看见有着扭曲表情与奇怪发型的一系列荒谬人物，他们在入睡期纠缠他，他苏醒后记起梦见过他们。另外一次，因为他强迫自己节食，正在忍受饥饿感，在睡前幻觉中看见一只碗，一只握着叉子的手从碗里叉取食物。在梦中，他身处丰盛的宴席，听见用膳者使用叉子发出的噪声。另外一次，他在入睡时眼睛受刺激、发痛，在睡前幻觉中看到一些微型字体，他不得不大为努力地一一辨认。一小时后，他从睡眠中被唤醒，记起一个梦，其中出现一本打开的书，字体很小，他不得不费力地去读。

与这些图景一样出现于睡前幻觉中的可能还有词语、文字等的幻听，随后在梦中出现，仿佛是歌剧中即将听到的序曲。

在与约翰内斯·缪勒和莫里相同的道路上，有新近的睡前幻觉观察者乔治·特朗布尔·莱德①（《视觉梦心理学论稿》，1892年）。他通过练习做到，逐渐入睡二至五分钟后，能够不睁眼而突然挣脱睡眠，于是就有机会把刚刚消失的视网膜感觉与回忆中残存的梦象相比较。他保证，每次都可以看出两者之间的一种紧密关系，因为视网膜上自动接受的发光点与线条仿佛带来精神上察觉到的梦意象的轮廓图或示意图。比如有一个梦，他在其中看见面前有印得清晰的字行，他一边读一边细看它们，与这样一个梦相对应的是把视网膜中的发光点编排成平行线。用他的话来说就是，他在梦中读过的印得清楚的纸页逐渐褪成一个物体，在他清醒的意识看来，就像通过一张纸上的小孔看到实实在在印刷过的纸页，因为太远只偶尔看到一些文字，而且非常暗淡。莱德并没有低估这个现象的中心［大脑］部分，他认为，发生在我们身上的视觉梦几乎很少没有视网膜兴奋所提供的材料的参与。这一点尤其适用于在黑暗房间中入睡不久后的梦，而对早晨临近苏醒的梦而言，在亮堂起来的房间里刺入眼睛的客观光线是刺激源。视网膜上自动发亮的兴奋的不断移动和变化的特性正好符合我们的梦在我们面前展示的不断运动的意象。如果赋予莱德的观察以意义，就不会低估这些主观刺激源在梦中所起的作用，因为众所周知，视觉意象构成我们梦的主要组成部分。除听觉以外的其他感觉区域的贡献比较微小而且不稳定。

（三）内部机体的躯体刺激

如果我们正想不在机体之外，而在机体之内寻找梦的来源，就必定想起，我们几乎所有的内脏在健康状态时很少给我们提供它们存在的消息。当它们处于所谓兴奋状态或者有病时，就成为我们主要痛苦感受

---

① 1842—1920年，美国心理学家。——译注

的一个来源，这个来源必定被等同于来自外部的疼痛刺激或感受。例如斯顿培尔（《梦的本性与形成》，1877年，第107页）谈到了人们早已熟悉的一种体验："比起清醒时来，心灵在睡眠中获得对躯体方面深刻、广泛得多的感受意识，它被迫接受某些刺激的印象并让它们对自己起作用，这些刺激的印象源自身体的各部分与躯体内部变化，心灵在清醒时对它们一无所知。"亚里士多德就宣称很可能做梦者在梦中会被提醒注意正在开始的疾病状态，而清醒时对这些疾病状态尚无觉察（由于梦让印象得到放大，见上）。一些医生作者肯定不相信梦的预言力量，但就预示疾病而言，他们承认梦的这种意义（参见M.西蒙，1888年，第31页，以及许多其他作者[①]）。

关于梦的诊断作用，新近似乎也不乏例证。比如，蒂谢根据阿蒂格的博士论文报告了一名43岁的妇女的故事，她的身体表面看来完全健康，但几年来一直受梦魇侵袭。医学检查发现她有初期心脏病，她最终死于该病。

在一大批梦例中，内部器官的问题显然是梦的激发者。焦虑梦在心肺病患者身上出现已为人们所公认，许多著作者已着重指出了这种关

[①] ［1914年附注］除了梦的这种诊断作用（如在希波克拉底处），必定还有梦在古典时期的治疗意义。

希腊有占梦者，寻求痊愈的患者常去探访他们。患者进入阿波罗或阿斯克勒庇俄斯的庙。在那里，患者经受若干仪式，沐浴、按摩、熏香，这样就处于一种兴奋状态，然后躺在庙里献祭的公羊皮上。于是，患者入睡，梦见治疗的方法。这些治疗方法以自然形态或以象征和图景出现，术士们就解释这些象征与图景。

关于希腊人治疗的梦的其他情况，见莱曼（《从最古老时代至今的迷信与巫术》，1908年，第1卷，第74页）、鲍珂—莱勒克、赫尔曼（《希腊人的礼拜古物教科书》，1858年，§41，第263页以下，还有《希腊私人古物教科书》，1882年，§38，第356页）、博丁格（《医学史文集》，1795年，第163页以下）、劳埃德（《古代的磁力与催眠术》，1877年）、多林格（《异教与基督教》，1857年，第130页）。

系，我只列举下列参考文献：拉德斯托克［《睡眠与梦》，1879 年，第 70 页］，斯皮塔［《人类心灵的睡眠状态与梦状态》，1882 年，第 241 页及下页］，莫里、M. 西蒙、蒂谢的著作。蒂谢甚至认为，患病的器官给梦境打上了表示特性的印记。心脏病患者的梦通常很短，以惊醒结束。在这些梦的内容中，总是有恐怖和死亡情境。肺病患者梦见窒息、拥挤、逃跑的情景，他们经受的噩梦的数量引人注目，伯尔纳（《焦虑梦、其成因与预防》，1855 年）还可以通过俯卧、掩住口鼻的实验引起噩梦。遇有消化障碍时，梦包含与享受或讨厌食物有关的想象。最后，对个人的经验而言，性兴奋对梦境的影响是人们熟知的体验，为器官刺激激发梦的理论提供了最强有力的支持。

如果钻研梦的文献，就会注意到个别著作者（莫里、韦安特，《梦的形成》，1893 年）因为自身病况对梦境的影响而被引向研究梦问题。

虽然这些事实确认无疑，但对于研究梦的来源来说，并不如我们以为的那样重要。梦是健康的人日常出现的现象——或许是每人每晚都会出现的现象，这种现象显然不把器质性病症算作不可或缺的条件。对我们而言，关键的并不是特殊的梦源自何处，而是对正常人的寻常梦而言，刺激源会是什么。

而现在只需再走一步，就会出现一个梦的来源，比先前任何一个梦来源都丰富，而且无论如何都看不出会枯竭。如果我们能够确定身体内部在患病状态下会变成梦刺激的来源，如果我们承认，离开外部世界的心灵在睡眠状态中能够对躯体内部投注较大的注意力，就显然会认为，内部器官在能引起兴奋（多少能转化为梦象的兴奋）而到达睡眠的心灵之前无须先患病。我们清醒时模糊地只按其性质作为一般肌体觉来察觉之事，依照医学上的看法，这是所有机体系统各司其职的结果，在夜里会产生有力的影响，通过不同组成部分发生作用，从而变成了激发梦想象的最强大同时也是最寻常的来源。感觉刺激根据哪些规律转化成梦想象，这种调查就省去了。

我们在此谈到的成梦的理论是所有医学著作者最为赞同的。掩盖着我们认识存在核心（蒂谢称之为"内脏的本性"）的模糊性与梦来源的模糊性太相符了，无法不把它们联系起来。植物性机体觉与梦内容相符合，这种想法对医生还有别的吸引力，因为它有利于用单一的病因来说明具有共同表象的梦与精神障碍；又因为一般机体觉的变化和刺激与精神病的来源也大致相符。因而，如果躯体刺激理论可以追溯到不止一个独立的渊源，就不足为奇了。

对一系列著作者而言，哲学家叔本华于1851年阐明的思路是权威性的。我们的理智把由外部击中它的印象重铸成时间、空间与因果关系的形式，由此在我们身上形成世界观。出自机体内部的刺激由交感神经系统而来，在日间至多对我们的情绪表现出一种无意识的影响。但夜间，如果日间印象停止抵制性作用，那些从内部钻上来的印象却能够引起注意——就像日间的噪声使小溪的流水声无法被听到，我们在夜间却能听见溪水潺潺流动。但理智执行其独有的功能时，对这些刺激的反应会有什么不同呢？它就会把刺激改型成充满空间与时间的形态，这些形态在因果关系的主线上活动，这样就形成了梦［参见叔本华，《试论见鬼与相关之事》，1862年，第1卷，第249页以下］。施尔纳（《梦的寿命》，1861年）还有在他之后的沃尔克特（《梦幻想》，1875年）就尝试更详细地探究躯体刺激与梦象之间的关系，对这种关系的评价，我们留到关于梦理论的章节。

在一项实施得特别合理的调查中，精神病学家克劳斯［《精神错乱中的知觉》，1859 年，第 255 页］从同样的因素即受制于机体的感受中导出梦的形成及谵妄[1]和妄想的形成。如果不把机体的任何部位看成梦或者妄想的出发点，几乎是不可想象的事。受制于机体的感受可以分为两类：① 构成一般心境的感觉（功能正常感觉）；② 植物性机体主系统固有的特殊感觉。后者又可以分为五组：a. 肌肉的感觉；b. 呼吸的感觉；c. 胃的感觉；d. 性感觉；e. 外周感觉。

克劳斯猜测基于躯体刺激形成梦象的过程如下：被激醒的感受根据某种联想规律唤醒一个与其相近的想象，跟它结合成一个有机的产物，意识对这个产物却表现得异于平常。因为意识并不注意感受本身，而是把注意力完全转投到伴随的想象上，这同时是为何这个真相会长期被错误估计的原因［出处同上，第 233 页及下页］。克劳斯用一个特别的术语描述此过程：感受转为梦象的"超具体化"［出处同上，第 246 页］。

器质性躯体刺激对成梦的影响如今几乎被普遍接受，但是对于支配这一关系的规律的看法则各不相同，而且往往含糊其词。在躯体刺激理论的基础上产生了解梦的特殊任务，要把梦境溯源至引起梦的器质性刺激，而如果不承认由施尔纳（《梦的寿命》，1861 年）找到的解释规则，就常常面临尴尬的事实，即只能在梦境中看出器质性刺激的存在。

但对不同的梦的形式的解释却变得相当一致，人们把这些梦的形式称为"典型的"梦，因为它们在许多人身上以非常相似的内容重复出现。其中为人所熟知的如从高处落下、牙齿脱落、飞翔及因裸体或穿着糟糕而感到窘迫。最后一种梦应该就是因为睡眠中觉察到甩掉了被子以致光身躺着。牙齿脱落的梦溯源于"牙齿刺激"，这种牙齿兴奋不一定

---

[1] ［可能是"幻觉"。］

达到病变状态。依斯顿培尔［《梦的本性与形成》，1877年，第119页］看来，飞翔的梦是胸部在丧失皮肤感觉时，心灵为了解释由肺部翕张发出的刺激而发现的一种合适的意象。正是这种肺部翕张引起与飞翔密切相关的感觉。从高处落下的梦的诱因应该在于，在丧失皮肤压觉时，一条手臂从身体垂下，或者松弛的膝盖突然伸展，由此又意识到皮肤压力的感觉，这种从无意识到有意识的转变在精神上便以下落的梦表现出来（斯顿培尔，出处同上，第118页）。这些可信的解释的弱点显然在于，它们没有进一步的证据，他们可以不断地让某类机体觉从心灵知觉中消失或出现，直到确立对解释有利的局面。我以后还会有机会再讨论典型的梦及其形成的问题。

M. 西蒙尝试过从对一系列相似梦的比较中导出若干规则，适用于感官刺激对确定其相应的梦的效果的影响。他认为某个感官系统通常参与情感的表达，如果这个感官系统在睡眠中由于某个其他契机而处于通常只由情绪引起的兴奋状态，此时产生的梦就含有适应这种情感的想象。

另一条规则是：如果一个感官系统在睡眠中处于活动、兴奋或者障碍之中，则梦所产生的想象必定与那个感官所履行的感官功能有关。

通过实验证明躯体刺激理论对于梦的形成的效果，穆利·沃尔德做到了。他的实验内容包括改变睡眠者肢体的位置，把梦的效果与肢体的改变做比较。他的实验结果如下：

① 肢体在梦里的姿势大致符合现实中的姿势，如果梦见肢体处于静止状态，则实际情况也是如此。

② 如果梦见肢体在运动，则运动过程中出现的某种姿势与肢体的实际姿势相符合。

③梦者自己的肢体姿势在梦中可以转移到他人身上。

④也可能梦见动作受阻。

⑤处于特殊姿势的肢体可能在梦里作为动物或怪物出现，在此情况下，二者之间可形成某种类比。

⑥梦中肢体的姿势可能激起与此肢体有某种关系的思想，例如当使用手指时就梦见数字。

基于上述结果，我推断出：即使是躯体刺激理论也不能完全消除导致梦象的决定作用的随意性[①]。

（四）精神刺激源

我们发现，当我们讨论梦与清醒状态的关系和梦的材料时，古今大部分梦研究者的观点都是，人们梦见他们日间所从事之事与醒着时让他们感兴趣之事。这种从清醒状态延续至睡眠的兴趣不仅是把梦与生活连接起来的心理纽带，而且也给我们提供了一个不可低估的梦的来源，除了睡眠中变得有意思之物（睡眠期间起作用的刺激）之外，这个梦的来源应足以解释一切梦象的来源。我们却也听说了对上述主张的异议，即梦把睡眠者从日间兴趣上拉走，日间最让我们感动的事物只有在对清醒状态失去现实性的刺激时，我们才梦见它们。所以，在分析梦生活时，每走一步如果不加上"经常""通常""大多"这类限定词，或者不对例外的有效性做准备，就无法列出普遍规则。

如果清醒时的兴趣连同内外部睡眠刺激足以囊括梦的原因，则我们必定能够令人满意地解释梦的所有因素的来历，梦的来源之谜就会被解开。我们还剩下的任务是，划清各个梦里心理与躯体的梦刺激的部分。

---

① ［1914年补充］关于此后在两卷书（《论梦》，1910年与1912年）中公布的该研究者的梦记录的详情后文将进一步讨论。

现实中，从来没有什么梦获得这样一种全面的解释，而每个尝试过此事的人都会发现，梦的某些组成部分（通常是很大一部分）的来源简直无处寻觅。要人们根据这些可靠的论断来期待，人人都会在梦中继续从事其事务，日间兴趣作为心理上的梦来源显然传不了那么远。

我们还没有发现梦的其他心理刺激源。也就是说，从想象图景中导出对梦而言最典型的材料时，所有在文献中存在的梦的解释（以后要提及的施尔纳的解释例外）都留下一大块空缺。在这种尴尬中，多数著作者显示出的倾向是，尽可能缩小难以对付的精神因素对梦的激发作用。他们虽然区分神经刺激梦与联想梦，后者只在［对业已经历的材料的］再现中找到其来源（冯特《生理心理学基本特征》，1874年，第657页及下页），但这并不能排除"是否任何梦的产生都不受某种身体刺激的激发"这个疑问（沃尔克特《梦幻想》，1875年，第127页）。连纯粹的联想梦的特征也失灵了："在真正的联想梦中，不存在此种［来源于身体刺激的］核心问题。就连梦的核心本身也不过是松散地结合在一起。本来被理性与常识释放的想象活力在此也不再因那些相对重要的身体刺激或精神刺激而结合在一起，就这样听凭自己横冲直撞、洒脱不拘地翩翩飞舞"（沃尔克特，出处同上，第118页）。冯特尝试（《生理心理学基本特征》，1874年，第656—657页）缩小梦刺激里面的心理部分，他阐明，人们"可能不公地把梦的幻想看成纯粹的幻觉。很可能多数梦想象其实是错觉，因为它们都来源于睡眠中从未停息过的微弱感觉印象"（第359页及以下）。韦安特吸取了这种观点并将其一般化（《梦的形成》，1893年，第17页）。针对所有梦想象，他声称"它们最直接的起因是感觉刺激，后来再现性联想才与此相连"。蒂谢更进一步对心理刺激源进行限制，他说："完全起源于心理的梦不存在。"又说："我们梦的思维来自外部……"

那些像著名哲学家冯特一样采取中间立场的著作者不忘说明，在多数梦里，躯体性刺激与未知或被识别为日间兴趣的梦的心理诱因共同起作用。

我们以后会获悉，通过揭示一个出乎意料的心理刺激源，可以解开成梦之谜。对于并非源自心灵生活的成梦刺激在梦的形成中受到过高评价，我们不该觉得奇怪。这类刺激不仅可以轻松地被找到，甚至可以通过实验证实；对成梦的躯体性见解也完全符合如今在精神病学中占统治地位的思潮。大脑对机体的统治虽然得到最着重的强调，然而只要指出心灵生活不依赖明显的机体变化或心灵生活，其表现是自发的，就会使精神病学家害怕，似乎承认这一切必定会把人带回自然哲学和形而上学的时代。精神病学家的怀疑仿佛把精神置于监护之下，就要求精神的任何激动都不透露其自身能力。不过，这种举止足以证明他们对身体与心灵之间的因果联系的可靠性缺乏信任。在研究时，精神可以被认定为一种现象的首要诱因，一种更深刻的探究有朝一日会进一步发现精神事件有其机体根据。但如果我们目前的知识还不能超越对精神的理解，就没有理由否认精神的存在①。

四、为何苏醒后会遗忘梦？

众所周知，梦在早晨醒后便"化为乌有"。当然，梦能被回忆起来，因为我们的确只是从苏醒后对梦的回忆中了解它。但我们常常感到，我

---

① ［此段的主题会在第五章第三节再度被提及。］

们只是不完整地忆起梦，而夜间梦的内容更丰富。我们可以观察到，早晨还鲜活的梦的回忆在白天会消逝，只留下一些片段。我们常常知道自己做了梦，但不知道梦见了什么；我们都知道梦容易被遗忘，也知道夜间做过梦的人，早晨无论对做梦的内容还是对是否做梦都一无所知，这种荒诞性是不足为怪的。另一方面，出现的情况是，梦在记忆中展现出非同寻常的持久性。我曾经分析过我的患者 25 年前或更早时做的梦。我能够忆起自己 37 年前做过的一个梦，对它至今还记忆犹新。这一切相当值得注意，而至今不能理解。

斯顿培尔最为详尽地论述了对梦的遗忘〔《梦的本性与形成》，1877 年，第 79 页及下页〕。这种遗忘显然是个错综复杂的现象，因为斯顿培尔并非把它归因于一个原因，而是一系列原因。

首先，就遗忘梦而言，在清醒状态中招致遗忘的所有原因都起作用。作为清醒者，我们惯于即刻遗忘无数感受与知觉，因为它们太弱或因为与之相连的心灵兴奋程度太小。在许多梦象上，情况与此相同。这些梦象被遗忘，因为它们太弱，而其近旁较强的意象被忆起。然而，强度本身并不是决定梦象是否被记住的唯一因素。斯顿培尔〔《梦的本性与形成》，1877 年，第 82 页〕也像别的作者（卡尔金斯，《梦的统计》，1893 年，第 312 页）一样承认，人们常常遗忘那些非常生动的梦象，而保持在记忆中的许多梦象中，有许多影影绰绰、知觉较弱的意象。另外，人们在清醒时容易遗忘只发生过一次之事，而较好地记住能够重复觉察之事。但大多数梦象却是一次性经历[①]，这也是一切梦被遗忘的主要原因。梦被遗忘的第三个原因更加重要。为了让感受、想象、意念等

[①] 周期性再现的梦被反复注意到，参见沙巴内的文集。

达到某种记忆值，有必要不让它们保持零散，而是建立适当的联系与结合。如果我们把一首小诗分解成词句，把这些词句打乱，就很难记住诗。"一句话很有条理并且顺序恰当，就会有助于另一句话，共同组成有意义的整体，就容易在回忆中长久地固定下来。我们一般难以记住无意义的内容，就像难以记住混乱无章之事一样。"［斯顿培尔《梦的本性与形成》，1877年，第83页］梦在多数情况下缺乏易懂性与条理性。梦的组成部分本身缺乏易被记忆的性质，它们多数很快分散成碎片而被忘掉。然而，与这些论述并非完全相称的是，拉德斯托克（《睡眠与梦》，1879年，第168页）认为最容易回忆的正是那些最奇特的梦。

就遗忘梦而言，斯顿培尔［《梦的本性与形成》，1877年，第82页及下页］觉得更卓有成效的是其他因素，它们由梦与清醒状态的关系导出。就清醒意识而言，梦的易遗忘性显然只是先前提及的事实的相应物，这个事实是，梦（几乎）从未从清醒状态中吸取有条理的回忆，而只是从清醒状态中吸取那些细节，梦让那些细节脱离习惯的心理联系，在那些联系中，细节在清醒时得到回忆。梦的构成在充满心灵的精神联系中无立足之地。心灵缺乏一切对回忆的帮助。"以此方式，梦的产物仿佛从我们心灵生活的底部起来，在心理空间漂浮，像天空中的一朵云，复苏的气息迅速吹散了它"（《梦的本性与形成》，1877年，第87页）。随着苏醒，五光十色的感官世界立即占据了全部注意力，在这种力量面前，极少有梦象能够顶住。这些梦象让位于新的一天的印象，就像星辰的光辉让位于阳光。

最后，应当记住，多数人对梦不感兴趣也导致了梦的遗忘。比如一个研究者有一段时间对梦感兴趣，在此期间就会比平时做更多梦，这可能意味着他更容易、更频繁地记住自己的梦。

博纳泰利［《梦》，1880年］还援引了波拉特利在斯顿培尔的理由之外增添的另外两个遗忘梦的理由，它们可能已经包含在斯顿培尔的理由里面，即：① 睡眠与清醒之间一般肌体觉的变动不利于二者的相互再现；② 对清醒意识而言，梦中对想象材料的其他安排使梦变得无法解释。

正如斯顿培尔［《梦的本性与形成》，1877年，第6页］本人强调的，尽管上述种种理由容易造成梦的遗忘，但更加值得注意的是，有如此多的梦还是在回忆中得到保留。著作者们继续努力，要用规律来表达对梦的回忆，这些努力等于承认我们对梦的某些问题仍然困惑不解。对梦的回忆的特性新近得到了应有的重视，如早晨人们认为遗忘了的梦，日间出于一种知觉的诱因而能够得到回忆，这种知觉偶然触及确实被遗忘了的梦的内容（拉德斯托克，《睡眠与梦》，1879年）。对梦的整个回忆却遭受异议，这种异议总是企图最大限度地降低回忆的价值。既然我们的回忆略去了这么多梦的内容，人们自然不免怀疑，对梦中剩余内容的记忆是否会受到歪曲。

斯顿培尔就道出了对梦的再现准确性的怀疑（《梦的本性与形成》，1877年，第119页）："因此，清醒的意识很容易不由自主地把某些东西插入对梦的回忆中——我们以为梦到了一些事情，实际上并没有梦到。"

杰森特别坚决地表示（《试论心理学的学术根据》，1855年，第547页）："此外，在探究并解释连贯的合乎逻辑的梦时，看来应把迄今甚少注意的情况考虑在内，即此时几乎总是在真相上磕磕绊绊，因为如果我们把一个曾有过的梦唤回记忆中，我们无意中就填补了梦象的空缺。实际上很少或从未有一个梦连贯得像我们在回忆中觉得的那样。连最热爱真相的人也几乎不可能不做任何添加,没有任何润饰地讲述一个曾有过的怪梦。人心有一种要在关联中发现一切的强烈倾向,使人们在回忆一个相当不连贯的梦时不由自主地补足关联上的缺陷。"

埃格尔的一些话虽然是他自己的意见,但听上去几乎像杰森的话的翻版:"……对梦的观察有其特殊困难,而避免这类错误的唯一方法是毫不拖延地把刚刚经历与注意之事写到纸上。否则,梦很快会全部或部分被遗忘。全部遗忘不严重,可部分遗忘靠不住。因为如果随后开始陈述未被遗忘之事,就容易从想象中补充回忆所提供的无条理、不连贯的碎片……我们无意中成了艺术家,而多次重复的故事影响着作者本人的信仰,于是他诚心诚意地为故事提供了一个自以为是的适当而可靠的结局。"

斯皮塔(《人类心灵的睡眠状态与梦状态》,1882年,第338页)也有类似的看法,他认为,我们在复述一个梦时,如果不把松散的成分说成有条理的内容是不罢休的。"把并列关系说成前后有序的关系或因果关系,也就是把缺乏条理的梦说成有逻辑联系的过程。"

记忆的可靠性只能靠客观证据进行检验,而梦无法验证,因为梦是我们自身的经历,而且我们的回忆是它的唯一来源。那就我们对梦的回忆而言,还剩下什么价值呢[①]?

---

① [此段中提出的问题在第七章第一节中继续得到关注。]

五、梦的显著心理特征

我们把假定梦是我们自身心灵活动的产物作为对梦的科学研究的出发点。不过，我们觉得完成的梦是陌生之事，我们不愿承认自己是梦的创作者，使得我们往往把"我梦见"说成"我有一个梦"。何来这种梦的"心灵陌生"？根据我们对梦的来源的探讨，我们认为，这种陌生性不受制于进入梦境中的材料，因为这种材料绝大部分为梦生活与清醒生活所共有。我们可以自问，产生这种印象的心理过程在梦中是否可以不发生变化？所以我们试图对梦作心理学刻画。

无人比古斯塔夫·西奥多·费希纳[①]在其《心理物理学原理》一节的论述中更强调梦生活与清醒生活的本质差异并用于更广泛的结论（《心理物理学原理》，1889年，第2卷，第520—521页）。他认为，"无论简单地把自觉的心灵生活压到主要阈限之下"，还是把注意力从外界影响移开，均不足以解释与清醒生活恰恰相反的梦生活的特征。他猜测，梦的活动场所异于清醒的想象状态的活动场所。"如果睡眠与清醒期间心理物理活动的场所是同一个，那么在我看来，梦可能只是在一种较低强度上保持对清醒观念生活的延续，还必定分享清醒想象状态的材料与形式。但情况完全不同。"

费希纳所说的心灵活动的这种场所变化指什么，一直未说清楚；据我所知，也无其他人对他的话刨根问底。如果把他的话作解剖学的解释，从而假定这话指的是生理学上的大脑机能定位，甚至是大脑皮层的

[①] 1801—1887年，德国物理学家、心理学家、哲学家。——译注

组织学分层，我认为没有这种可能性。如果这话是指由若干相继连通的系统构成的一种精神机构，或许这种想法有朝一日会被证明富于机巧且富有成果[①]。

其他著作者满足于强调梦生活更为明确的某些心理学特性，而且满足于把这些特征作为更广泛的解释的出发点。

说得不无道理的是，梦生活的一种主要特性在入睡状态中就已经出现，可以称作导入睡眠的现象。按施莱尔马赫[②]（《心理学》，1862年，第351页）的说法，清醒生活的特征是思维活动以概念而非以意象展开。梦则主要以意象来思考，并且人们可以观察到，随着睡眠的临近，自主活动变得越来越困难，不自主观念呈现出来，而且均属于意象这一类。我们自觉的概念活动软弱无能以及与这种抽象状态相联系的意象的出现，这是两个特征，它们对梦而言保持不变，而我们在对梦作精神分析时必须承认它们为梦生活的本质特征。我们已经知道这些意象——入睡前幻觉——在内容上也是与梦象一致的[③]。

梦偏重以视觉表象来思考，但并没有排他性。梦也以听觉表象并在较小程度上以其他知觉的印象来工作。许多事也在梦中得到思考或想象（很可能也以言语的残余形式表现出来），完全像平素在清醒时一样。就梦而言，典型的却还只是那些梦内容中表现得像意象的元素，也就是

---

① ［此思想将在第七章第二节中得到进一步讨论。］
② 弗里德里希·丹尼尔·恩斯特·施莱尔马赫（1768—1834年），德国神学家、哲学家与教育家。——译注
③ ［1911年附注］海·西尔伯勒借助良好的例证表明，在瞌睡状态，甚至抽象的意念也转化成直观形象的意象，以表达同一思想（《关于引起并观察某些象征性幻觉现象的一种方法的报告》，1909年）。［1925年附注］我将有机会在另一方面再来谈论这个发现。

说，它们的活动更类似于知觉甚于记忆表现。精神病学家熟知关于幻觉本质的讨论，跳过这些讨论，我们可以用所有内行著作者的话说，梦产生幻觉，用幻觉代替思想。在这方面，视觉想象与声学想象无异。得到说明的是，如果一个人入睡时脑中充满一连串音符的记忆，在陷入睡眠时，记忆就会转变成同样音调的幻觉。如果这个人又醒过来——在入睡过程中这两种状态可以不止一次地交替出现——幻觉又马上给较轻微并且性质不同的回忆想象让位。

想象转为幻觉并非梦对一个与它相应的清醒思想的唯一偏离。梦用这些意象布置了一个情境，这些意象代表着实际发生的一个事件。如斯皮塔（《人类心灵的睡眠状态与梦状态》，1882年，第145页）所表述的那样，梦把一个想法戏剧化了。做梦时通常（例外情况需要特别解释）并非臆想思考，而是臆想经历，也就是我们尽信无疑地接受幻觉，梦生活的这个特性就可以完全理解了。有人批评说，我们什么也未经历过，而只是以奇特的形式在思考，换句话说，在做梦，这种批评只有在我们清醒时才起作用。这种特性把真正的睡梦从白日梦中剔出来，白日梦与现实是从不混淆的。

布尔达赫（《作为经验科学的生理学》，1838年，第502页及下页）把迄今为止得到观照的梦生活的性质概括如下："属于梦的本质标志的有：① 我们心灵的主观活动以客观形式表现出来，感知力仿佛把想象的产物看成感觉印象了……② 梦意味着自我权威结束了。因而入睡在一定程度上为自我带来了被动性……与睡眠伴生的意象只有在自我力量减轻时才能产生。"

现在关键在于尝试解释心灵对梦幻觉的信任，这些幻觉在某种自我权威性活动停止后才可能出现。斯顿培尔（《梦的本性与形成》，

1877年）阐述道，心灵此时行为正确且符合其机制。梦要素绝非单纯的想象，而是心灵真正与实际的经历，正如它们在清醒时通过知觉的中介而出现（出处同上，第34页）。心灵醒着时以言语图像和语言来想象并思考，而在梦中用实际的感受意象来想象并思考（出处同上，第35页）。此外，梦还具有空间意识，就像在清醒时一样，感受与意象被置于一个外部空间（出处同上，第36页）。所以必须承认，心灵在梦中面对其意象和知觉时所处位置与醒着时相同（出处同上，第43页）。如果心灵此时仍然迷路，是因为它在睡眠状态时缺乏标准，只有这种标准能够区分来自外部和内部的感官知觉。心灵无法让其意象经受检验，只有这些检验会证明这些意象的客观现实性。心灵还忽略那些任意交换的意象与那些缺乏任意性元素的意象之间的差异。心灵迷路，因为它无法把因果规律应用于梦境上（出处同上，第50—51页）。简而言之，心灵摒弃外部世界，也是导致它相信主观梦世界的原因。

在做了部分不一致的心理学解释后，德尔贝夫得出了同一结论。我们相信梦象的现实性，因为我们在睡眠中没有其他印象可比较，因为我们与外界脱节。但我们之所以相信幻觉的真实性，绝非因为我们在睡眠中失去了做检验的可能性。梦可以对我们表明，我们触摸到了看到的玫瑰，而我们此时还是在做梦。据德尔贝夫的说法，除了——而这只在实际的一般性中——苏醒这个事实，没有无懈可击的标准来判断某事是梦还是清醒的现实。如果我苏醒时注意到我脱衣躺在床上，我就把入睡与苏醒之间经历的一切宣布为错觉。我在睡眠期间把梦象看作真实的，是因为我有一个无法麻痹的思维习惯，即假设有一个能与自我对照的客观

// 梦的解析

世界存在^①。

因此，与外部世界脱离似乎就被视为造成梦生活最显著特征的决定性因素。值得援引的是布尔达赫很久以前说过的一些有深刻意义的话，阐明了睡眠的心灵与外界的关系，但也让我们提防对上述结论做出过高评价。布尔达赫说："睡眠只在此条件下发生，即心灵并非受感官刺激激发……但睡眠的真正先决条件并不是感觉刺激要减少到心灵对它们毫无兴趣的地步^②。"某些感官印象对于安慰心灵是必需的，就像磨坊主只有听见其磨盘咯吱作响才能入睡，而习惯于点夜灯以应对突发情况的人在黑暗中无法入睡。(《作为经验科学的生理学》，1838年，第482页）

"心灵在睡眠中与外界隔离，并从自身的边缘撤回。然而关联并未完全中断。如果我们不是在睡眠中，而是苏醒后才有听觉和感觉，则根本不可能被唤醒。感觉的延续更多由此得到证明，即唤醒我们的并非总

---

① 用变态条件来解释梦活动，这种变态条件造成的后果必定是，在平素完好无损的心灵结构的功能上异常地引入一项条件，哈夫纳（《睡眠与做梦》，1887年，第243页）像德尔贝夫那样做了一种类似的尝试，却以有所不同的语言描述了这种条件。据他说，梦的首个标志是无地点与无时间，即想象脱离了个人在地点与时间顺序中应有的位置。与此标志相关的是梦的第二个特性，即把幻觉、想象和幻想的组合与外部知觉相混淆。"因为较高级精神力量的整体——尤其是概念形成、判断与推论为一方面，而自由的自决为另一方面——与感性幻象相连并随时以它们为基础，所以这些活动参与了梦想象的无规律行列。我说'参与'是因为本来我们的判断力就像我们的意志力，在睡眠中不以任何方式交替。根据活动看来，我们与在清醒状态时同样感觉敏锐与自由。人即使在梦中也不可能违背本身的思维规律，例如，他不可能把相同的事情看成相反的，等等。他在梦中也只能渴求他认为的好事。但在对思维与意愿规律的这种应用中，把一种想象与另一种想象相混淆就在梦中误导了人的精神。所以出现的情况是，我们在梦中可因造成巨大矛盾而问心有愧，而另一方面，我们能够完成最敏锐的判断，形成最符合逻辑的推断，做出最有德行、最神圣的决定。缺乏方向性是梦中想象变化不定的全部秘密所在，我们的想象借此活动，而缺乏批判性反思以及缺乏与他人的相互理解是梦中我们的判断、希望与欲望放肆无度的主要根源。"［关于"现实性检验"问题，后文将进行探讨。］

② ［1914年附注］参阅"无兴趣"一文，克拉帕雷德在其中发现了入眠的机理。

是印象的单纯感官强度,而是它的精神联系。一句无关紧要的话唤不醒睡眠者,但如果叫他名字,他就苏醒……可见,心灵在睡眠中分辨感觉……因而,如果一个感觉刺激对某人具有某种重大意义,则刺激的消失也可能使他从睡眠中醒来。所以有人因夜灯熄灭而苏醒,磨坊主因其磨盘停止作响而苏醒,也就是因感觉活动停止而苏醒。这意味着他感觉到这种感觉活动,只是由于活动无关紧要,或者不如说令人心安,所以未干扰他的心灵。"(出处同上,第485—486页)

如果我们想不考虑这些不容轻视的异议,那还得承认,迄今为止得到评价并从对外界的摒弃而导出的梦生活的特性无法完全说明梦的陌生性质。因为在其他情况下,必定可能的是,把梦的幻觉回转成想象,把梦的情境回转成意念,进而完成解梦的任务。事实上,这些正是我们在醒后做的事情。我们从回忆中再现梦。无论我们这种再译工作是全部还是部分成功,梦都丝毫不少地保持其捉摸不定的状态。

著作者们也都毫无疑虑地假定,清醒时的想象材料在梦中发生其他更深刻的变化。斯顿培尔曾指出其中一种变化如下(《梦的本性与形成》,1877年,第27—28页):"随着感性活动直觉的停止和正常生命意识的停止,心灵也失去了感情、渴望、兴趣、价值判断和各种活动赖以生长的土壤。在清醒时,那些精神状况、感情、兴趣、价值判断附着于回忆意象,遭受一种难以言喻的压力,它们与意象的联系因此解除,对清醒状态的物、人、地点、事情与行为的知觉印象各自大量再现,但这些知觉印象没有一个带有本身的精神价值。这些意象由于失去了价值,因而在心灵中随意漂浮……"

剥夺意象的精神价值可溯源于对外界的回避,按斯顿培尔的说法,这种剥夺在创造印象陌生性方面起着主要作用,从而使梦在我们的回忆中与真实生活中变得不大相同。

我们已经知道，入睡导致放弃一种心灵活动，即放弃对想象过程的任意引导。所以，我们自然会想到，睡眠状态的作用可以扩展到心灵的全部官能。有些官能似乎已完全停止活动，其余官能是否不受干扰地继续运行？是否能在此情况下发挥正常作用？现在值得考虑。出现的观点是，可能用睡眠状态中心理的较低效率来解释梦的特性，而梦给我们清醒的判断留下的印象就迎合这样一种见解。梦不连贯，无条件地接受荒唐的矛盾，允许不可能之事，把我们日间富有影响的知识置于一旁，显示出我们在伦理与道德上的迟钝。有谁在醒着时举止会如梦在其情境中所展示的那样，我们会认为此人很荒唐；有谁在醒着时像在梦境中出现的那样说话或大谈梦中发生的事情，他就会给我们留下笨蛋的印象。因此，当我们说到梦中的心理活动是低下的，尤其是说到较高的智力功能在梦中被抵消或至少严重受损时，这些话也不无道理。

关于梦的这种意见，著作者们表示了不同寻常的一致性（例外情况将在别处谈到），这些论断直接导向对梦生活的一种特定理论或解释。我认为是时候用我汇集的若干著作者——哲学家与医生——关于梦的心理性质的说法来代替我刚才的概述：

根据勒穆瓦纳的说法，梦象的无条理性是梦的唯一本质特征。

莫里赞同此人的说法，说："没有梦绝对合情合理，梦总是包含一些无条理、荒谬之处。"

斯皮塔援引［《人类心灵的睡眠状态与梦状态》，1882年，第193页］黑格尔的说法："梦缺乏一切客观理智的关联。"

杜加斯说："梦是精神、情绪和心理的无政府状态，是各种功能自身的巧妙游戏；梦无控制、无目的地再现；在梦中，心灵变成了一架精神自动机。"

甚至连沃尔克特(《梦幻想》,1875年,第14页)也承认"清醒时通过中心自我的逻辑力量结合在一起的想象状态也放松、分解、混乱了。"根据他的学说,睡眠期间的心理活动绝非无目的。

没有人比西塞罗(《论占卜》)更严厉地谴责梦中出现的想象联系的荒谬性:"想不出还有什么想象的事比我们的梦更荒谬、更复杂、更异常。"

费希纳(《心理物理学原理》,1889年,第2卷,第522页)说:"似乎是把一个明智者大脑中的心理活动移入一个蠢材的大脑中。"

拉德斯托克(《睡眠与梦》,1879年,第145页)说:"事实上似乎不可能的是,在这种放纵的活动中认清固定的规律。在摆脱了明智的、引导清醒想象过程的意志与注意力的严格控制后,梦在放纵游戏里把一切都搅得光怪陆离。"

布尔德布朗特(《梦及其用于生活》,1875年,第45页)说:"比如在理智推论上,做梦者可以做出多么奇异的跳跃!他又是多么镇静地看到最熟悉的经验定律颠三倒四!对他而言,在事情变得过度荒唐而导致苏醒之前,他能在自然与社会的秩序中忍受何等可笑的矛盾!我们可以心安理得地算出 3×3=20;根本不让我们惊奇的是,一条狗给我们背诵一节诗;一名死者拔脚走向坟墓;一块岩石在水上漂浮;我们负有使命,郑重地去拜访伯恩伯格公爵领地,或者到列支敦士登公国去观察它的海军舰队;或者我们在战役前夕被查理十二世[①]在波尔塔瓦附近征募为志愿兵。"

---

① 1682—1718年,瑞典国王(1697—1718年在任)。——译注

// 梦的解析

宾茨（《论梦》，1878年，第33页）提示由这些印象中得出的梦理论："在10个梦中，至少有9个内容荒谬的梦。我们在这些梦里把彼此毫无关系的人与事挂钩。接下来梦就像万花筒中那样千变万化，可能比先前更无意义、更放纵。这样，未完全睡眠的大脑不停地玩着这种游戏，直到我们苏醒，手伸向额头，自问我们是否还拥有理性想象与思维的能力。"

莫里为梦象与清醒时意念的关系找到了一个对医生而言印象十分深刻的比喻："这些想象在清醒者身上常常刺激意志，就智力而言，这些想象的产生符合在舞蹈症和瘫痪症中看见的运动范围内发生的某些动作……"

重复其他作者援引莫里关于各项较高心灵功能的话，就没有必要了。

照斯顿培尔（《梦的本性与形成》，1877年，第26页）看来，在梦中——自然此时还没有出现明显的荒谬性——基于各种关系和联系的心灵的全部逻辑都退居其次。依斯皮塔（《人类心灵的睡眠状态与梦状态》，1882年，第148页）看来，在梦中，想象好像完全摆脱了因果律。拉德斯托克（《睡眠与梦》，1879年，第153—154页）和其他一些著作者坚决主张梦所特有的在判断与结论上的弱点。按约德尔的说法（《心理学教科书》，1896年，第123页），梦里没有批评，不会通过全体意识的内容纠正一系列知觉。同一著作者表示："各类意识活动在梦中出现，但表现为不完整、受阻、彼此隔离的形式。"施特里克和其他许多人用梦中的事实遗忘和想象之间符合逻辑的关系的消失来解释梦的内容与醒时常识的矛盾，等等（《对意识的研究》，1879年，第98页）。

那些通常对梦里心理成果的判断持不赞同态度的著作者们却承认心

灵活动有某种残余留给梦。冯特明确承认这一点,其学说对这一领域的许多其他作者产生了决定性的影响。人们可以询问梦中表现出来的正常心灵活动残余的种类与性质。现在得到普遍承认的是,尽管梦的一部分荒谬性应由这种梦生活的易忘性来解释,再现力、记忆在梦中受干扰最小,与清醒生活的同一功能相比较,它确实显示出一定程度的优越性。按斯皮塔的说法,心灵的情感生活不受睡眠侵袭,而且指导梦的进程。他所说的"情感"是"构成人类最内在主观本质的各种感情的稳定集合"(《人类心灵睡眠状态与梦状态》,1882年,第84页及下页)。

肖尔茨(《睡眠与梦》,1887年,第37页)把梦的材料所经受的"寓意性新解"看成梦中表现出来的心灵活动之一。西贝克也断言梦中心灵有一种对一切感知"扩大解释"的功能(《心灵的梦生活》,1877年,第11页)。就梦而言,有一项特别困难的工作是评断所谓最高心理机能即意识的机能。因为我们只是通过意识知道梦,意识无疑在梦中持续不已;不过,斯皮塔认为(《人类心灵睡眠状态与梦状态》,1882年,第84—85页),在梦中持续不断的只有意识,而不是自我意识。德尔贝夫承认,他无法把握这种区分。

支配着观念顺序的联想法也适用于梦象,甚至其统治地位在梦中更纯粹、更强烈地表现出来。斯顿培尔(《梦的本性与形成》,1877年,第70页)说:"梦的进程似乎不是遵从纯观念的法则,就是遵照与观念相伴而生的感觉刺激的法则,这就是说,思维、常识、美学品位与道德判断此时无能为力。"

我在此复述那些著作者们的观点,他们设想梦的形成方式如下:睡眠中起作用的感觉刺激来源不同,我已列举过[参见第三节],这些感觉刺激的总和在心灵中首先唤起一些想象,显示为幻觉(在冯特看来更准确地说是错觉，因其来源于外部与内部的刺激）。这些幻觉按已知的联想法相连，根据同样的规律引起一系列观念（或意象）。全部材料就由心灵中正在发生作用的组织和思维功能尽最大可能进行再加工（参见冯特，《生理心理学基本特征》，1874年，第658页，韦安特《梦的形成》，1893年）。只是尚未成功地看清那些动机，它们决定按这条或那条联想法激发并非源自外界的意象。

但反复得到说明的是，把梦想象相连的联想具有很特别的性质，并且不同于在清醒思维中活动的联想。比如沃尔克特（《梦幻想》，1875年，第15页）说："在梦中，联想似乎依靠偶然的相似性和几乎不可察觉的联结胡乱地起作用。所有梦都贯穿着此类漫不经心、不受拘束的联想。"莫里最注重想象联系的这种特征，这种特征使他有可能把梦生活与某些精神障碍做更密切的类比。他承认"谵妄"的两种主要特征：① 精神动作是自发的，也可以说是自动的；② 观念的联想不正常且无规律。由莫里本人说了两个极好的梦例，其中字音的相似性促成梦想象的联系。他有一次梦见前往耶路撒冷或麦加作了一次朝圣之旅（Pélerinage），经历许多奇遇后，他发现自己正在拜访化学家佩尔蒂埃（Pelletier），在一场谈话后，化学家给了他一把铁锹（Pelle），而这把铁锹在紧接着的一段梦里成了一把砍刀（出处同上，第137页）。另一次，他在梦中行走于公路上，在里程碑上读取公里数（kilometres）。此后，他身处一个调料贩处，后者有台大秤，而一个男人把公斤秤砣（kilogramme）放到秤盘上，以称量莫里的体重；然后，调料贩告诉他："您不在巴黎，而是在吉洛洛（Gilolo）岛上。"接着，出现若干景象，他在其中看见一种洛贝利亚花朵（Lobelia），然后，他见到洛佩兹（Lopez）将军，他不久前读到过其死讯。最后，当他在玩一局洛陀

（lotto）游戏时，他醒了（出处同上，第126页）①。

然而，我们无疑会发现，这种对梦的心理功效的轻视不会没有其他方面的矛盾，虽然这方面的矛盾似乎并不简单。例如，斯皮塔（《人类心灵的睡眠状态与梦状态》，1882年，第118页）这位梦生活的蔑视者坚决认为在清醒时占统治地位的相同心理学规律也驾驭梦。另外，杜加斯宣称，"梦既非不合理，亦非纯粹无理性"，只要两人不试图把他们的主张与他们描写的梦里的无政府状态和机能瓦解结合起来，这些主张就没有多大意义。但对其他人而言，似乎这种可能性会受阻，即梦的荒唐或许并非无条理，或许只是像丹麦王子的荒唐之举一样是伪装，从他的行为中就可以推演出这种敏锐的判断。这些著作者想必避免按照表象判断，或者梦给他们提供的表象是另外一种样子。

所以，哈夫洛克·霭理士（《成梦素材》，1899年，第721页）不愿意耽于梦在表面上的荒谬性，而把梦说成"具有大量情感与不完整思想的一个无序世界"，对这个世界的研究可能教我们了解精神生活的原始发展阶段。

詹·萨利（《作为革命的梦》，1893年，第362页）以一种铺陈更远、更深究的方式持有同样的见解②。由于没有任何一个心理学家像他一样确信梦被遮蔽的深意，他的格言就更加值得重视。"现在，我们的梦是保存这些连续的（早期）人格的一种手段。睡着时，我们回到看待和感觉事物的旧途径，回到长久以前支配我们的冲动与活动。"

思想家德尔贝夫声称（他的不足之处在于没有举出不利于矛盾性

---

① ［1909年附注］在后面，我们会容易理解此类梦的意义，这些梦中充满具有相同起始字母与相似开头音的话语。

② ［此段于1914年添加。］

材料的证据）："睡眠时，除了知觉外，精神、智力、想象、记忆、意志和道德的所有官能本质上都未受触动。只是，它们专注于想象和活动之事的对象。做梦者是一名演员，随意扮演疯子和哲学家、刽子手与受刑者、侏儒与巨人、魔鬼与天使。"最坚决地否认梦里心理功效的似乎是德理文侯爵，莫里与他激烈论战，我虽然做了一切努力但无法获得德理文侯爵的著作①。莫里说："德理文侯爵赋予睡眠期间理智的行动和注意以完全自由，而他似乎认为睡眠不过是感觉的闭合，不过是与外界的隔绝。除了视觉方式，睡着的人几乎无异于在阻塞其感觉时允许其思想漫游的人。于是，在普通思想与睡眠者思想之间全部的差异就是，在后者那里，观念有客观与可见的形态，就外表看来，类似于由外部对象决定的感觉，而回忆也似乎变成了当前的事件。"

莫里补充道："有一项更重要的差异在于，睡眠者的心理官能不提供其在清醒状态时所保持的平衡。"

瓦希德对德理文的著作做了比较清晰的叙述②，这名著作者以如下方式对梦的表面不连贯性发表意见："梦中表象是观念的一份复本。关键是观念，视觉只是附件。确认了这一点，就有必要知道如何去追寻观念的顺序，如何分析梦的构成，梦的不连贯性也就迎刃而解。最古怪的现象也就变得简单而完全符合逻辑了……如果知道如何分析梦，即使是最奇怪的梦，也会得到最符合逻辑的解释。"③

约翰·斯塔克（《与新旧梦理论相关的梦实验》，1913 年，第 243 页）提醒人们注意，我不熟悉的一名老著作者沃尔夫·戴维森于 1799

---

① ［出自这位著名汉学家之手的这部著作是匿名出版的。］
② ［此段与下一段于 1914 年添加。］
③ ［实际上这并非德理文侯爵的原文摘引，而是瓦希德的改写。］

年对梦的不连贯性做了类似的解释(《试论睡眠》,第 136 页):"我们梦中想象的奇怪跳跃的所有根据都在于联想法则,只是这些联系有时十分模糊地在心灵中发生,以致我们的观念似乎产生了跳跃,而实际上并不存在这种现象。"

由此可见,对于梦作为一种心理产物而言,梦的文献表明有极不相同的估价,其范围很广,从我们已熟知的对梦的最深的贬抑,经过其价值尚不明显的暗示,直到高度估价,认为梦的功能远超清醒生活的一切功能。正如我们所知,希尔德布朗特在三对矛盾中勾画了梦生活的心理学特征,在第三对矛盾中概括了这一价值范围的两个极端(《梦及其用于生活》,1875 年,第 19 页及下页):"那是一种对比,一方面是精神生活的增强和提高,往往能达到高超的水平;另一方面是精神生活的败坏和衰弱,往往低至不属于人类的水平。关于前者,很少有人能够否认,在梦的天才创造与活动中偶尔显露出一种情感的深度与真挚,一种温柔的感受,一种直觉的清晰性,一种观察的细腻性,一种机智的敏捷性,凡此种种都是我们在清醒生活中不敢企求的。梦有一种神奇的诗意,一种出色的寓意,一种无与伦比的幽默,一种滑稽的讽刺。梦用一种特有的唯心论来看世界,常常本着对以世界现象为基础的本质的深思熟虑的理解而扩大世界现象的效应。梦以真正天国的光辉把尘世之美、以至高的庄严把崇高之事、以最恐怖的形态把可怕之事、以强烈得无法描述的诙谐把可笑之事置于我们眼前。而有时我们苏醒后,这些体验中的某一个还如此完整,会让我们觉得,现实的世界尚未并且永远不会给我们带来同样的景象。"

我们可能会问,上文所引证的贬抑的言论和热情的称赞是否说的是同一回事?是不是一些人忽略了无意义的梦,而另外一些人忽略了有深意而感觉细腻的梦呢？而如果两类梦都出现，梦可证实两种评价，那寻求梦的心理学特性岂不是显得多余吗？对心灵生活从最低的贬抑直到在清醒时都罕见的赞扬，还不足以说明梦中一切都有可能发生吗？尽管这种解决之道如此方便，它仍然遭到反对，这是因为所有梦研究者的努力似乎都以一种信念为基础，即存在一种在其本质特征上普遍有效的梦的特性，这种特性必定会帮助摆脱那些矛盾。

无可争辩的是，在过去的理智年代，梦的心理功效得到更为亲切的承认，因为哲学而非精密的自然科学主宰着人的心灵。例如舒伯特[①]（《梦的象征》，1814年，第20页及下页）说梦是精神从外部自然力量中获得的解放，是心灵脱离感官桎梏而生的感情，还有更年轻的费希特（《心理学：关于人自觉精神的学说》，1864年，第1卷，第143页及下页）[②]以及其他人的类似判断，都说梦是精神生活提升到了一个更高的境界，我们今天似乎很难理解；现在也只有神秘主义者和假虔诚者才重复这种说法[③]。自然科学思维方式的发展对梦的评价也产生了反作用。医生著作者最容易倾向于把梦里的心理活动定调为微不足道的、无价值的，在此领域恰恰不可忽略哲学家和非业内观察家（业余心理学家）的贡献，他们较好地与大众的预期一致，大多坚持梦的心理价值。倾向于轻视梦的心理功效的人在梦病因学上偏爱躯体刺激源；那些相信做梦的

---

① 高特希尔夫·海因里希·冯·舒伯特（1780—1860年），德国医生、自然研究者与哲学家。——译注

② 参见哈夫纳（《睡眠与做梦》，1887年）与斯皮塔（《人类心灵的睡眠状态与梦状态》，1882年，第11页及下页）。

③ ［1914年附注］我想为本书先前版次中忽略少数著作者而表示歉意，富有才智的神秘主义者迪普雷尔是这些著作者之一，他表示，就人而言，通往形而上学的入口是梦，而非清醒生活（《神秘主义哲学》，1885年，第59页）。

第一章　有关梦的问题的学术文献

心灵保持着较大部分清醒功能的人，当然无意反对心灵有导致做梦的独立刺激。

只要加以认真的比较，就不难看出在梦生活的高级官能中，记忆是最引人注目的。我们详细讲述过这种观点的普遍证据（参见第二节）。经常被过去的著作者赞美的梦生活的另一个优越性是，梦生活能够独立跨越时间与地点距离，这种优越性很容易被断定为错觉。如希尔德布朗特（《梦及其用于生活》，1875年，第25页）所说明的那样，这种优越性同样是虚幻的优越性。做梦无视时空，无异于清醒的思维，因为做梦只是一种思维的形式。梦在涉及时间性方面应该还享有另一种优越性，还在别的意义上不依赖时间的经过。像前面报告的莫里被送上断头台处死这样的梦似乎证明，梦能挤入一段相当短暂的时间的知觉内容，远多于我们清醒时的心理活动能够掌握的观念材料。然而这个结论存在各种争议。自勒洛林和埃格尔《论梦的表面持续时间》的文章起，对此展开了一场有趣的讨论，在这个棘手、深奥的问题上很可能尚未达到最终的解释[①]。

梦能够继续日间的智力工作并可得出日间未曾获得的结论，能够解决疑难与问题，在作家与作曲家那里能够成为新灵感的源泉。根据沙巴内所做的大量梦例报告和汇集，这些似乎无可辩驳。但是，事实虽然无可置疑，对其解释仍遭受许多近乎原则性的怀疑[②]。

最后，对梦的预知力也有争议。这里我们遇到的问题是，难以克服的疑虑与顽固重复出现。明智的做法无疑是尽量避免否认相关的事实，

[①]　［1914年附注］这些问题的其他文献和批判性探讨可参见托波沃尔斯卡的博士论文（1900年）。

[②]　［1914年附注］参见哈夫洛克·霭理士的批评（《梦的世界》，1911年，第265页）。

因为就一系列情况而言，一种自然的心理学解释或许近在眼前。

六、梦中的道德感

在我自己对梦进行研究之后，一些动机才可能变得可以理解，出于这些动机，我从梦的心理学题目中分离出分支问题，即清醒时的道德素质与感受是否并在何种程度上延展至梦生活。我们因所有其他内心功效而必定诧异地注意到那些著作者的阐述中的同一种矛盾，这种矛盾在此也使我们吃惊。一些人坚定地保证，梦对道德要求一无所知，就像其他人坚定地保证，即使在梦生活中，人的道德天性也得以保持。

引证对梦的普遍体验似乎使前一种论断的正确性摆脱了怀疑。杰森说（《试论心理学的学术根据》，1855年，第553页）："人在睡眠中也不会变得更好、更有德行，不如说良知似乎在梦中沉默，人们感受不到同情，会毫不在乎且不后悔地犯最重的罪，如盗窃、谋杀与故意杀人。"

拉德斯托克（《睡眠与梦》，1879年，第146页）说："应顾及的是，联想在梦中展开，想象相互联系，而思维、理智、审美品位与伦理判断此时无能为力，道德判断至为软弱，而道德上的冷漠占上风。"

沃尔克特（《梦幻想》，1875年，第23页）说："正如人人所知的，梦中在性关系上特别放纵。正如做梦者本人极其无耻且丧失任何道德感和判断力一样，他也看见其他所有人，甚至最受尊敬的人正在做某件事，他清醒时哪怕只是在意念里也会害怕把他们与这些行为扯到一起。"

与此相对立的是叔本华的言论［《试论见鬼和与此相关之事》，1862年，第1卷，第245页］，即任何人在梦中的言行都完全与其性格相应。

K. P. 费歇尔①声称，主观感情与渴望，或者情感与热情在梦生活中自由表现，人的道德特性在其梦中反映出来。

哈夫纳（《睡眠与做梦》，1887年，第251页）说："除去罕见的例外……有德行的人即使在梦中也是有德行的，他会顶住诱惑，与憎恨、忌妒、恼怒和所有恶习绝缘；邪恶之人在做梦时通常也会发现他清醒时所见过的情景。"

肖尔茨（《睡眠与梦》，1887年，第36页）说："梦中有真相，尽管戴着各种高贵或贬抑的面具，我们还是重新认出自我……诚实的人即使在梦中也不会犯损害名誉之罪，如果确实有此情况，则他会惊愕于做了违反本性的事。罗马皇帝让人处决他的一名臣仆，因为后者梦见他让人砍掉皇帝的头。如果一个人醒后必做梦中之事，则皇帝的行为就是正当的了。对在我们内心深处没有立足之地的事，我们常说：'我即使在梦中也想不到此事'。"

与此相反，柏拉图认为，那些人只在梦中想起其他人清醒时所做之事，他们是最好的人②。

普法夫③直率地以一句略作改动的谚语说："告诉我你的一些梦，我就能说出你的内心隐秘。"

我已经从希尔德布朗特的小论文中摘引了如此众多的引文，它是我在文献中发现的研究梦问题形式最完美、思想最丰富的文章，恰恰把梦中道德问题置于其关注的中心。希尔德布朗特[《梦及其用于生活》，

---

① 《人类学体系的基本特征》，1850年［第72页及下页］及斯皮塔《人类心灵的睡眠状态与梦状态》，1882年［第188页］。
② ［此句于1914年添加。出处无疑为柏拉图《理想国·国家篇》第9章，第1段。］
③ 《梦生活与根据阿拉伯人、波斯人、希腊人、印度人和埃及人的原则对其的解释》，1868年［第9页］（由斯皮塔引证，《人类心灵的睡眠状态与梦状态》，1882年，第192页）。

// 梦的解析

1875年，第54页］也制定了一个法则：生活越纯洁，梦就越纯洁；生活越不纯洁，梦就越不纯洁。他认为人的道德天性即使在梦中也保留下来。他写道："无论发生多么大的计算错误、多么大的科学法则的颠倒、多么大的年代错误，都不曾使我们心烦意乱或引起我们的怀疑，然而我们绝不会丧失区别是非好坏和善恶的能力。无论多少白天伴随着我们的事务在睡眠中消失殆尽，康德的绝对命令却作为不可分的陪伴者跟随我们，以致我们睡眠时也甩不掉它……但（此事实）却只能由此来解释，即人性的基础、道德本质已经牢固地建立起来，不为变幻无常的扰乱所影响，想象、理智、记忆与其他类似功能在梦中均表现为屈服。"（出处同上，第45页及下页）

在进一步讨论这个问题时，就有值得注意的转变和矛盾在两类著作者中出现。严格说来，对以为人的道德人格在梦里瓦解的所有那些人而言，对非道德梦的兴趣会随着这种解释而结束。要让做梦者为其梦负责，要从其梦中的恶行中推断出其天性中的恶冲动，他们可能同样平静地拒绝这种尝试，就像拒绝从做梦者梦的荒谬性来证明其清醒时智力的无价值一样。对其他人而言，"绝对命令"也延展至梦中，他们会无保留地接受对不道德梦的责任。但愿他们自己这类可鄙的梦不必让他们怀疑平素坚持的对自身道德性的尊重。

但现在看来，无人能够知晓自己善恶到何程度，而且无人能够否认对自身不道德梦的回忆。不管在梦的道德性评判上如何对立，两类著作者都在努力解释不道德梦的来历，于是依据在精神生活的功能中还是在身体对精神生活的影响中寻找不道德梦的起源，就发展出一种新的对立。在承认梦的不道德性有一个特别心理来源这一点上，事实令人信服的威力就让认为梦生活有责任的一方与认为梦生活不负责任的一方重合。

然而，主张道德延伸到梦中的那些著作者却谨防承担对其梦的完全责任。哈夫纳（《睡眠与做梦》，1887年，第250页）说："我们对梦不负责任，因为我们的思维与意愿脱离了基础，在这种基础上，我们的生活才有真实性与现实性……因此，做梦意愿与做梦行动不可能有德行或罪孽。"不过，只要人们间接引起邪恶的梦，就应对它负责。对他来说，在清醒时，尤其在就寝前，要在道德上纯洁其灵魂。

拒绝还是承认对梦的道德内容的责任，在希尔德布朗特处，对这种混合内容所作的分析深刻得多［《梦及其用于生活》，1875年，第48页及下页］。他详述道，梦的戏剧性表现方式把最错综复杂的考虑过程压缩入最小的时段。他也承认梦中想象成分对梦的不正派表象的贬值与混杂都必须除去。之后，他承认，对于是否可以把梦中罪孽与过错的一切责任一笔勾销仍感到犹豫不决。

"如果我们想相当坚决地反驳某一项不公的，特别是涉及我们的意图与信念的谴责，则我们可能使用俗语：我做梦也没梦到过那样的事。然而，一方面我们觉得在梦领域内，我们应当对之负责的思想距我们最遥远，因为这些思想与我们真实的本质只是如此松散地相连，几乎不能被视为我们的思想。但我们恰恰也在此领域觉得有理由明确否认此类思想的存在，则我们还是间接地承认，除非在梦中也把思想包括在内，否则我们的自我辩护也不够全面。而我相信，即使不自觉，我们在此也说了真话。"（出处同上，第49页）

"因为推想不出梦的行为，其最初动机不会以某种方式作为愿望、欲望、冲动而事先穿过清醒者的心灵。"关于这种最初冲动，必须说：梦未曾发明它，只是复制它并扩展它，梦只是以戏剧化的形式处理我们心中已经发现的一点历史材料；梦把使徒的这句话戏剧化了："有谁憎恨其兄弟，他就是杀人犯。"[《约翰》]而人们在苏醒后意识到道德的力量，可能对罪恶梦的整个精巧构思付之一笑，然而对梦原初的构成材料却不能一笑置之。我们觉得做梦者要对梦中的过错负责——并非对整体负责，只是对一定百分比而言。"简而言之，我们在这种难以挑战的意义上理解基督之言：歹念出自心里[《马太福音》]。于是，我们也几乎难以抗拒这种信念，即对梦中所造的每种孽都至少隐约有一种起码的负罪感。"

恶冲动作为诱惑意念在日间穿过我们的心灵，希尔德布朗特就在恶冲动的萌芽与暗示中发现了梦的不道德性的源头，而在道德上重视个性时，他毫不犹豫地把这种不道德因素算在内。如我们所知，那是同一些意念与对这些意念相同的估计，这种估计让虔诚者与圣人任何时候都抱怨说他们是邪恶的罪人[1]。

可能不会有疑问的是，这些对照性的想象不仅在多数人身上出现，也在伦理学以外的领域普遍出现。对这些想象的评判偶尔成为一种不那么严肃的评判。斯皮塔(《人类心灵的睡眠状态与梦状态》，1882年，第194页)援引了A.策勒[《疯子》，1818年，第120—121页]与这方面有关的一些话："心灵很少能如此幸运地得到安排，使它在任何时候都具有完全的威力，不仅有非本质的，而且还有非常滑稽可笑、悖理的想象会一再打断它持续清晰的思路，甚至最伟大的思想家都抱怨过这种梦幻似的、戏弄人的、折磨人的观念群，因为它们干扰了他们最深刻

---

[1] [1914年附注]宗教法庭对我们的问题取何种态度，了解这一点是非常有趣的。在托马斯·卡雷尼亚的《宗教法庭论述》(1659年)中有如下一段话："如果某人在梦中说出异端邪说，审讯官们就该以此为契机调查其生活方式，因为在睡眠中惯常再现某人白天从事之事。"(瑞士，圣厄尔班的厄尼格尔医生提供)

的观察和他们最神圣、最严肃的脑力劳动。"

梦可能让我们间或瞥见我们本性的最深处,这通常是我们在清醒状态时难以做到的。出自希尔德布朗特的这又一条意见使这些对照性意念的心理学地位更加清晰(《梦及其用于生活》,1875年,第55页)。康德在《人类学》中的一段话表露出同样的认识。他认为,梦的存在可能是为了给我们透露隐藏的素质并向我们披露,并非我们是什么样的人,而是如果我们受了不同的教育,我们将成为什么样的人。拉德斯托克(《睡眠与梦》,1879年,第84页)也说,梦常常向我们披露我们不愿承认之事,而我们不公地把梦斥为说谎者和骗子。约翰·爱德华·爱尔特曼[①](《心理学书简》,1852年,第115页)表示:"从未有梦向我披露,该对一个人做何评价,不过,令我大为惊讶的是,有时我从梦中获知我对一个人做何评价以及我对他态度如何。"费希特的意见也相似(《心理学:关于人自觉精神的学说》,1864年,第1卷,第539页):"与在清醒生活中依靠自我观察所能知道的一切相比较,我们梦的性质为我们的整体素质提供了远为真实的反映。"[②]

与我们的道德意识格格不入的某些冲动的出现只类似于我们已经熟悉的梦对其他想象材料的支配,这种想象材料为清醒时所缺乏,或者在清醒时起微不足道的作用。所以贝尼尼说道:"我们压抑了一段时间并且满以为破灭的某些欲望复苏了,早就被埋葬的旧热情得到新生,我们记起我们不再想的事与人。"还有沃尔克特的意见:"那些想象几乎不被觉察地进入清醒意识,或许再也不会被遗忘,这些想象十分频繁地向梦表明它们在心灵中的存在"(《梦幻想》,1875年,第105页)。

---

① 1805—1892年,德国哲学史家、宗教哲学家。——译注
② [最后两句于1914年添加。]

// 梦的解析

在这一方面，据施莱尔马赫看来，入睡总伴随着"不随意观念"或意象的显现。

我们可以把这些观念性材料概括成不随意观念，这种观念性材料出现于不道德与荒谬的梦里，使我们诧异。一项重要的差异在于，不随意观念在道德领域显示出与我们平素感受的对立，而其他观念只让我们觉得异样。迄今为止，我们还不能有更深刻的认识来消除这些差别。

不随意观念显现于梦中有何意义？对清醒的与做梦的心理学的理解而言，这些在道德上不调和的冲动在梦中出现有什么帮助？此处应该录下著作者们的新分歧并再次对他们做不同的分类。不道德冲动即使在清醒时也包含一种威力，但因为抑制而不能付诸行动。他们还认为睡眠中有某种消灭活动的东西，其作用类似于白天的抑制作用，妨碍我们注意到这种冲动的存在。希尔德布朗特及其基本观点的维护者无疑认同这个观点。所以梦可以揭示人真实的本性——虽然不是全部的本性。梦也可以作为一种手段，让我们认识隐藏的内心。希尔德布朗特［《梦及其用于生活》，1875 年，第 56 页］只有从这些前提出发才能给梦指派一个警告者的角色，梦让我们注意我们心灵中隐藏的道德损伤，就像医生们承认梦也能向意识宣布迄今为止未被觉察的身体疾病。斯皮塔必定也采纳了这种观点，他在谈到（例如青春期）侵犯心灵的刺激来源时［《人类心灵的睡眠状态与梦状态》，1882 年，第 193 页及下页］，安慰做梦者说，如果他在清醒时生活作风严格、有德行，罪孽意念一来就努力压抑它们，不让它们成熟并发展为行动，做梦者就做了一切力所能及之事。根据这种见解，我们可以把不随意观念称作日间"受压抑的"想象，因此我们必须把它的出现视为一种真正的精神现象。

在其他著作者看来，上述结论缺乏真正证据。对杰森来说，无论

第一章　有关梦的问题的学术文献

在梦中还是在清醒时，无论在发烧还是其他谵妄情况下，不随意观念都"是得到平息的一种意志活动的特点，而且具有一种为内部冲动所唤起并多少带有机械性质的意象和观念的连续性。"（《试论心理学的学术根据》，1855年，第360页）对做梦者的心灵生活而言，一个不道德的梦证明的无非是此人以某种方式了解了相关想象内容，而绝对证明不了这是他自己的心灵冲动。

另一位著作者莫里似乎也把这种能力归因于梦生活，即把心灵活动按其组成部分来分解，而不是无计划地摧毁它们。他讲述人在其中超脱了道德限制的那些梦："正是我们的冲动在说话并让我们行动，不受我们意识的限制，尽管意识有时会警告我们。我有过错和邪恶的冲动，清醒时，我试着与它们斗争，而我往往获得成功，不屈服于它们。但在我的梦中，我总是屈服于它们，或者不如说，我按它们的指引行动，没有恐惧或悔恨……显然，展现在我思想中并组成梦的那些幻象受到刺激暗示，我能感觉到这种刺激，而且我不在场的意志不会试着排斥它。"

要说梦有一种力量能揭露做梦者的一种确实存在但被压抑或隐藏的不道德倾向，用莫里的话来表达此观点再准确不过了："在一个梦里，一个人完全以赤裸裸和极差的状态自我展现。因为他暂停行使其意志，他变成激情的玩物，清醒时，我们的意识、憎恶与恐惧保护我们免受那些激情的伤害。"在另一处，他找到了恰当的言辞："在一个梦里，首先表露的是人的本能……可以说，人在做梦时回归自然状态；但习得的观念越少涌入其精神，他在梦中就越受相反性质的冲动的影响。"接着他就举例说明他在梦中常常表现的，正是他在自己文章中特别猛烈攻击的那种迷信的牺牲者。

然而，莫里的这种敏锐的思想在梦生活的研究中已失去了价值，因为他不愿意把他正确地观察过的现象中的任何一种看作对心理自动机制的证明。据他看，这种机制在梦中占支配地位，而且被看成精神活动的直接对立面。

施特里克（《对意识的研究》，1879年，第51页）写道："梦并非仅仅由错觉组成。假如一个人在梦中害怕强盗，则强盗虽然是想象的，恐惧却是现实的。"这句话引起了我们的注意，即梦中的情感生发不能像梦的其余内容那样用同一方式做出判断。于是，我们就面临着一个问题，即在梦中心理过程中哪些部分可能是现实的，也就是说哪些部分有资格列入清醒时的心理过程[①]？

七、梦理论与梦的功能

试图从一个视角出发来解释观察到的梦的尽可能多的特性，同时规定梦在一个更广泛的现象领域的地位，关于梦的这样一种研究可以称作梦理论。各种梦理论的不同在于它们把梦的这种或那种特性抬升为本质特性，并把这种特性作为解释和关联的出发点。完全没有必要从理论中导出一种梦的功能（功利主义的或其他的），但我们的期望按习惯集中于目的论，这些期望总会迎合那些与做梦的某种功能有密切关系的理论。

我们已经了解了若干对梦的见解，它们或多或少配得上在此意义上的梦理论这个名字。梦是神赐的，以指导人的行为，古人的这种观点是梦的一种完整理论，为人们提供值得知晓的梦的信息。自从梦成为生物

[①] ［梦中情感问题将在第六章第八节中得到探讨。梦的道德责任问题在后面还会提及。］

学研究的对象，我们了解了更多梦理论，但其中也有一些很不完善。

如果放弃齐全性，按照作为基础的对梦里心理活动的程度和方式的猜测，可以尝试对梦理论作如下较为松散的分类：

① 主张清醒时完整的心理活动会延续到梦中，如德尔贝夫的理论。这时心灵没有睡觉，其结构保持正常，但被带入与清醒时不一致的睡眠状态中，心灵在正常运转时肯定产生不同于清醒时的结果。在这些理论中成问题的是，它们是否能够完全从睡眠状态的条件导出梦与清醒思考的差异？此外，这些理论还缺乏通往梦的功能的可能通道；它们解释不了为何做梦，为什么心灵结构错综复杂的机制在显然不能适应的情况下也继续起作用。要么是无梦睡眠，要么是一遇到干扰性刺激就醒来，这似乎是唯一相宜的反应——此外就谈不上有第三种选择了。

② 与前面的理论相反，此类理论设想梦意味着降低心理活动，放松关联，使要得到的材料贫乏化。依据这些理论，必定产生睡眠的一种截然不同的心理学特性，不同于如德尔贝夫所说的一些特性。根据这类理论，睡眠对心灵具有非常深远的影响，不仅要把心灵与外界隔绝，而且拼命侵入心灵的机制，使这种机制暂时失去作用。如果我可以提出精神病学材料的比喻，那我想说，第一类理论把梦建构得像偏执狂，第二类理论使梦成为智障或精神错乱的样板。

梦生活中，因睡眠而瘫痪的心灵活动只有一小部分表现出来，这种理论是在医生著作者那里并在学术界广受偏爱的。只要假定对释梦有较为普遍的兴趣，大概就可以把这种理论称作占统治地位的梦理论。应该强调，这种理论轻而易举地避免了任何释梦时遇到的障碍，即应付梦中所含矛盾的困难。因为对这种理论而言，梦是一种局部清醒的结果——"一种逐渐的、局部的，同时相当不正常的清醒"，赫尔巴特这样说梦

// 梦的解析

[《心理学作为基于经验、形而上学与数学的新科学》，1892年，第307页]。因此，这种理论可以利用一系列不断增加的觉醒条件，积累而成完全清醒状态，用以说明梦中精神功能作用的一系列效应变化，从通过荒诞性而透露出来的梦的低效，直到充分集中的智力活动。

有些人认为生理学的表述方式不可或缺，而且这种表述方式似乎更有科学性。宾茨的话可以代表这种理论（《论梦》，1878年，第43页）："这种（迟钝的）状况在早晨会逐渐走向终结。在脑蛋白中积存的疲劳材料变得越来越少，越来越多地被分解或被不停飘动的血流冲走。有些地方已经有个别细胞团变得清醒而出众，而周围一切还在迟钝中休憩。这些分散的细胞群的孤立工作出现在我们迷离恍惚的意识面前，而这种工作缺乏对主管联想的大脑其他部分的控制。意象就是这样产生的，它们大多符合并不遥远的往昔中的实际印象，并以一种广泛的不规则的方式接合起来。游离出来的脑细胞数量越来越大，梦的无意义性越来越少。"

把做梦理解成一种不完全的、局部的清醒，在所有现代生理学家和哲学家那里，人们肯定会找到这种见解或受这种见解影响的痕迹。这种见解在莫里那里得到最详细的阐释。这位著作者似乎经常把觉醒状态和睡眠状态想象为从一个解剖部位到另一个解剖部位的转移，每个解剖部位都和一种特定心理功能相联系。我在此却只想略提一下，如果局部清醒的理论得到证实，对这种理论做更精细的改善就会有许多可商榷之处。

在这种对梦生活的见解中，当然不会突出梦的任何功能。不如说，宾茨的表述合乎逻辑地给出对梦的地位与意义的判断（《论梦》，1878年，第35页）："正如我们所见，所有事实都敦促人把梦标记为一个以躯体过程为其特征、在任何情况下都是无用的，甚至在许多情况下是病态的过程……"

宾茨用斜体字强调了"躯体"这个词,这种表达连同与梦的联系可能指向不止一个方向。它首先涉及梦的病因学意思,当宾茨用药品研究梦的实验结果时,他就容易想到梦的病因。原因在于这类梦理论倾向于只让人从身体方面发出做梦的刺激。用最极端的形式来阐述就是:我们一旦排除一切刺激入睡,就没有做梦的需要和理由,直至早晨。那时,通过新的刺激而逐渐被唤醒的过程,才可能反映到做梦现象中。现在却不能成功地让睡眠保持无刺激,就像梅菲斯特抱怨的生命的胚芽那样①,到处有刺激靠近睡眠者,从外部,从内部,甚至从清醒者从未关心过的身体的各部分发起攻击。睡眠就这样被干扰了,心灵的一个角落被唤醒,然后又轮到另一个角落。心灵便在一个短暂时间内在其觉醒部分发生作用,然后再一次欣然入睡。梦是对由刺激引起的睡眠障碍的反应,还是一种多余的偶然反应。

梦是心灵的一项功能,把梦称作躯体过程,还有另一种意义,这是为了否认梦作为一种精神活动过程的尊严。人们往往把做梦比喻为"一个完全不通音乐者的十指在钢琴键盘上滑过"[斯顿培尔,《梦的本性与形成》,1877年,第84页],这个比喻或许最佳地说明,在精密科学的代表者那里,梦功能大多获得何种评价。梦在此观点中成为完全不可解释之事,因为不懂音乐的演奏者的十指怎么会演奏出一段音乐呢?

对于局部清醒理论,早就不乏异议。布尔达赫(《作为经验科学的生理学》,1838年,第508及下页)认为:"如果说,梦是一种局部清醒,则首先无论清醒状态还是睡眠状态均未得到解释;其次,无非是说,心

---

① [在歌德的《浮士德》上部第3幕中。在《文化中的不适》(1930年)第6章的一个脚注中,弗洛伊德逐字引用了这些诗行。]

// 梦的解析

灵的一些力量在梦中活动，而其他力量在休憩。可我们一生当中都在发生这种变化性……"

把梦看作一种躯体过程，这是占统治地位的梦理论，依据它提出的是对梦的一种相当有趣的观点，这种观点1886年才由罗伯特说出，令人信服，因为它善于说明梦的一种功能、一种有益的成果。罗伯特用来作为其理论基础的是我们在考察梦的材料时已观察到的两个事实，也就是人们非常频繁地梦见日间最为无关紧要的印象，以及很少梦见日间最感兴趣的重要事物。罗伯特声称唯一正确的是，人们完全臆想出来的东西绝不会成为梦的激发者，永远只有那些不完善地存在于感官中或匆匆掠过想象的事物才会成为梦的激发者（《被解释成自然必然性的梦》，1886年，第10页）。"因此，人们大多无法对自己解释梦，因为引起梦的就是在消逝的日间没有得到做梦者足够认识的感官印象。"〔出处同上，第19—20页〕一种印象入梦，条件要么是对这种印象的加工受到干扰，要么是这种印象过于微不足道，无权得到加工。

对罗伯特而言，梦构成"一个身体上的排除过程，在其精神的反应现象上得到认识"。〔出处同上，第9页〕梦是从被扼杀在萌芽中的意念中排除的。"一个人若被夺走做梦的能力，就会逐渐变得精神错乱，因为他脑中会集聚大量未完成或未解决的思想和浅浅的印象，在它们的重压下，本应在记忆中同化为一个整体的种种思想无法得到清理。"〔出处同上，第10页〕梦给负担过重的大脑提供安全阀门的服务。梦有治愈、减负的力量（出处同上，第32页）。

如果我们对罗伯特提问"究竟如何通过梦中想象促成心灵的减负"，就误解了罗伯特。著作者显然从梦材料的那两种特性中推论出，睡眠期间，那些无价值的印象的排除，是按某种方式作为一种躯体过程来完成的。而做梦并非特殊的心理过程，只是我们得到的有关清除的信息。此外，清除并非夜间在心灵中发生的唯一事情。罗伯特补充道，除此之外，前一天留下的刺激仍要受到加工处理，"未及消化地留在精神中的思想材料不能排除之事，通过从想象中借用的思想线索连成一个完善的整体，这样就作为一幅无伤大雅的想象绘画列入记忆"（出处同上，第23页）。

在对梦的来源的评价上，罗伯特的理论却与占统治地位的理论呈现鲜明的对立。在后者处，如果不是外部与内部的感官刺激一再唤醒心灵，就根本不会做梦。而根据罗伯特的理论，做梦的驱动力在于心灵本身，在于心灵负担过重，要求减负。而罗伯特完全合乎逻辑地判断，来源于躯体条件的那些原因，作为梦的决定因素，仅起着次要作用。这些原因无论如何不可能促使人做梦。没有一种取自清醒意识的材料会促成梦。得到承认的只是，梦中由心灵深处生发的幻象可能受到神经刺激的影响（出处同上，第48页）。所以，在罗伯特看来，梦还不那么完全依赖身体，梦并非心理过程，在清醒时的心理过程中没有位置，梦是心灵活动系统中一个夜间的身体过程。梦要履行一项功能，即保护心灵活动系统免遭过大压力。换句话说，就是要清理心灵。

在选择梦的材料时，梦的这些特性变得清晰。另一名著作者伊夫·德拉格以梦的这些特性作为他自己理论的依托。他在对相同事物的观点中，通过稍作转变获得影响范围截然不同的最终结果，这是值得我们注意的。

德拉格在失去了他珍爱的亲人之后，在自己身上体会到，我们不会梦见日间全神贯注的事，或者只有当这件事让位于其他兴趣时，才会被梦到。他在其他人那里所做的研究证实了这个事实的普遍真实性。德拉

// 梦的解析

格曾观察一些年轻夫妇做的梦，如果证明属实，德拉格所做的就是妙论："如果他们非常相爱，他们婚前或蜜月期间几乎从未梦见过对方；而如果他们有情欲的梦，他们就会在梦中跟不重要或讨厌的人发生不忠实的瓜葛。"那他们会梦见什么呢？德拉格认定，我们梦里出现的材料由过去几天和先前时光的碎片和残余组成。在我们梦里露面的一切，我们起先可能愿意将其看作梦生活的创造，如果细究，这一切就被证明是未被识别的再现，是"无意识记忆"。但这种想象材料显示出一种共同特性，这种材料源自某些印象，那些印象对我们感官的震动很可能强于对我们精神的震动，或者那些印象出现后，注意力很快又被它们引开了。一种印象越不怎么自觉，同时越强烈，就越有望在下一个梦里发生作用。

正如罗伯特所强调的，基本上有同样两种印象范畴，即次要的印象和未及处理的印象。但德拉格赋予了它们另一种意义，他认为，这些印象会让人做梦，不是因为它们无关紧要，而是因为它们未及处理。次要印象在某种程度上也并非完全未及处理，作为新印象，它们"多方处于紧张状态"，而在梦中得到了放松。比起微弱而几乎不受重视的印象来，更有权要求得到梦中角色的将会是一种强烈印象，对它的处理偶然受阻，或者它被有意遏制。日间因抑制与压抑而积聚的心理能量在夜间成为梦的动力。心理受压抑之事在梦中显露出来[①]。

可惜，德拉格的思路在此处中断。他只能承认梦中独立心理活动有微小作用，这样，他将其梦理论与占统治地位的局部睡眠学说相连："总之，梦是游移不定的思想的产物，没有终点和方向，依次集中于记

---

① ［1909年补充］诗人阿纳托尔·法朗士表达了同样的思想（《红百合》）："我们夜间所见是我们清醒时忽略之事的可怜的残余。梦常常是我们对鄙视之事的报复或对鄙弃的人的谴责。"

忆。这些记忆保留了足够的强度以给自己机会中断通道,在记忆之间建立一种联系,根据大脑当前的工作受睡眠抑制的程度,有时弱而松散,有时强而紧密。"

③ 可以把一种梦的理论作为第三类,这种理论把特殊心理功效的能力与倾向记在做梦的心灵名下,心灵在醒着时根本不能或只能以不完善的方式实施这些功效。这些官能发生作用一般可为做梦提供一种实用主义的功能。早期心理学著作者对形成梦的大多数评价都属于此列。我只援引布尔达赫的一句话就够了,他表示,梦"是心灵的自然活动,不受限于个性的威力,不受自我意识干扰,不受自决的调整,而是感觉中心的自由运行着的活力"(《作为经验科学的生理学》,1838年,第512页)。

布尔达赫和其他人显然把这种自由使用自身力量的狂欢想象为这样一种状态,即心灵在其中恢复精神,积聚新的力量用于日间工作,好像一次休假。布尔达赫[出处同上,第514页]因此赞许地援引诗人诺瓦利斯[①]赞扬梦的支配力量的美妙言辞:"梦是对生活规律性和庸常性的防备,是对受束缚的想象的一种自由恢复。在梦中,想象混淆生活的所有图景,通过儿童的快乐嬉戏中断成人持续的严肃性。没有梦,我们肯定很快就会变老。所以,即使不能把梦看作上苍赐予的礼物,也可以把梦看成一项珍贵的娱乐,是我们走向坟墓的人生旅途上一个友好的陪伴者。"[②]

浦肯野[③]更加透彻地描绘梦的恢复和治愈功能(《清醒、睡眠、梦与

---

① 1772—1801年,德国诗人,本名格奥尔格·菲利普·弗里德里希·弗莱赫尔·冯·哈登贝格。——译注
② [《亨利希·冯·奥弗特尔丁根》(1802年),第1部,第1章。]
③ 约翰内斯·埃万给利斯塔·里特尔·冯·浦肯野,捷克语为扬·埃万给利斯塔·浦肯野(1787—1869年),又译普肯野、普尔基涅、普尔金耶,捷克生理学家、组织学及显微解剖学的创始人之一。——译注

相近状态》，1846年，第456页)："尤其是创造性的梦会促成这些功能。那是轻松的想象游戏，与日间事件无关。心灵不愿延续清醒状态的紧张，而是要解除它们，从它们中恢复。梦首先制造与清醒时的紧张相反的状态。梦通过喜悦治愈悲伤，通过希望与开朗的梦象治愈忧虑，通过爱与友善治愈憎恨，通过勇气与信心治愈恐惧，通过信念与坚定的信仰消除怀疑，通过实现欲望平息徒劳的期待。白天不断重现的许多精神创伤，睡眠会治愈它们，方法是遮住它们，保护它们免遭新的刺激。时间的疗伤作用一定程度上有赖于此。"我们大家都感受到梦有益于精神活动，一般人都不愿意放弃这种想法，即梦是睡眠对人施以善事的途径之一。

由在睡眠状态才能自由展开的一种心灵特别活动来解释梦，这种最独特、最广泛的尝试，是施尔纳1861年所做的。施尔纳的书以沉闷而浮夸的风格写成，具有对所写题材几乎陶醉的热情，如果这种热情不能吸引人，就必定显得令人讨厌。该书使我们在分析梦的内容时遇到困难，即我们甘愿运用更清晰、更简短的描述，哲学家沃尔克特用这种描述给我们阐明施尔纳的学说："从神秘的聚焦物中、从壮丽辉煌的云层中，发出雷电般具有启示意义的闪光——但它们并没有照亮哲学家的道路。"这是施尔纳的门徒对他的著作做的评价[沃尔克特，《梦幻想》，1875年，第29页]。

施尔纳不属于那种允许心灵将其能力不加减少地带入梦生活的著作者。他自己阐明[据沃尔克特，出处同上，第30页]，在梦中，自我的中心、自发能量如何筋疲力尽，如何由于一种离心作用而改变认识、感觉、意愿与想象，这些心灵力量的剩余部分如何没有得到真正的精神特性，而只是得到一种机制的性质。但为此，在梦中，可以被命名为幻想的心灵活动摆脱一切理智统治，进而不受严格尺度的约束，一跃而达到至高无上的地位。虽然梦想象也将最近的清醒记忆作为其建筑材料,建立起与清醒生活十分相似的结构,梦本身不仅表现得有再现性,而且有创造性［出处同上,第 31 页］。梦的特性是赋予梦生活以各种特点。梦表现出偏爱无节制的、夸大的和奇特的内容。同时,梦却通过摆脱碍事的思维范畴而赢得较大的伸缩性、灵活性和多面性。对性情最柔和的情绪刺激、对翻来覆去的情感,梦感觉最敏锐,马上把内心生活塑造成外部的生动形象。梦中的想象缺乏概念性语言能力。梦对于想说之事,就必须直观地描摹,而因为概念在此并不产生削弱性影响,梦就以充分而有力的直观形式来描摹。因此无论梦中语言如何明晰,也就变得累赘、迟钝、不灵巧了。梦中语言的明晰性尤其受到妨碍,这是因为梦语言反感用本来的图景表示一个客体,而宁可选择一幅陌生的图景去表现该客体急于要表达的一个特别属性。这就是想象的象征性活动［出处同上,第 32 页］……非常重要的还有,梦想象并非穷尽对象,而只是粗略地且以最自由的方式仿制对象。其画面因而似乎散发着天才的气息。梦想象却并不止步于单纯放置对象,而是内心被迫或多或少地把梦自我与对象缠绕起来,这样就产生一种行动。例如视觉刺激可以使一个人梦见一些金币散落在街上,做梦者把它们捡起来,高兴地走了［出处同上,第 33 页］。

在施尔纳看来,梦想象借以完成其艺术活动的材料主要是日间非常模糊的器质性躯体刺激。在对梦来源与梦激发者的假设中,施尔纳过分幻想的理论与冯特和其他生理学家或许过于清醒的学说在此完全重合,他们在其他情况下态度彼此针锋相对。但按照生理学理论,心灵对内部躯体刺激的反应因唤醒与这些刺激相称的想象而穷尽,于是,这些想象通过联想的途径招来若干其他想象帮忙。在这个阶段,对梦的心理过程的追踪似乎结束了，而在施尔纳看来，躯体刺激只给了心灵一种材料，心灵能够把这种材料用于自己的幻想意图。对施尔纳而言，梦的形成刚刚开始，他所认为的起点是别人眼里的终点。

人们当然不会觉得梦想象对躯体刺激所做之事合乎目的。梦想象逗弄躯体刺激，以某种形象的象征描绘出已经产生的梦刺激的躯体来源。的确，施尔纳认为，梦想象有一种特定的偏爱的表现，即把有机体表现为一个整体：为一座房屋。沃尔克特［《梦幻想》，1875年，第37页］和其他人在这一点上不同意他的看法。但幸亏梦想象似乎就其表现而言不受制于这种材料。梦想象也可以反过来用一排房屋代表一个单独的器官，如房屋鳞次栉比的长街代表肠道刺激。另外，房屋的各部分也可以代表各个身体部位，如在头痛梦里，天花板（做梦者看见上面布满令人恶心的蟾蜍般的蜘蛛）便代表头部［出处同上，第33及下页］。

除了房屋象征，任何其他物体都可以代表发出梦刺激的身体部位。"所以，呼吸的肺在带着风吼声的熊熊燃烧的炉子中找到象征，心脏在空箱与空篮中找到象征，膀胱在圆形的袋状物或中空的物体中找到象征。男人的性刺激梦让做梦者看到街上有一支单簧管的上部、一支烟斗的嘴口、一张毛皮。单簧管与烟斗构成与男性阴茎接近的形状，毛皮代表阴毛。在女性的性梦中，大腿合拢的狭窄部位可以由狭窄、被房屋包围的院子来象征，女性阴道由光滑柔软、相当狭窄的穿过庭院的小路来象征，做梦者必定漫步小路，或许是要把一封信送给一位先生。"（沃尔克特，出处同上，第34页）尤其重要的是，在一个此类躯体刺激梦的结尾，梦想象往往取下面具，把使人兴奋的器官或其功能显露出来。比如，"牙刺激梦"通常以做梦者梦见把一颗牙齿从嘴里取出来而结束［出处同上，第35页］。

第一章　有关梦的问题的学术文献

梦想象不仅能将注意力集中于让人兴奋的器官的形状，同样也可以把其中包含的物质加以象征化。比如在内脏刺激梦中，梦者穿过污秽的街道，在膀胱刺激梦中出现冒泡的溪流。或者刺激本身、受激的方式、刺激欲求的对象也可得到象征性的表现。再者，梦自我与自身状况的象征也可以表现出具体的关系。比如，倘若我们遇到疼痛刺激，梦者看见自己绝望地跟咬人的狗或疯牛扭打在一起。或者女性做梦者在性梦中看见自己被一个裸身男人追逐［出处同上，第35及下页］。撇开所有可能的丰富论述，有一种象征性想象活动作为每个梦的中心力量继续存在［出处同上，第36页］。沃尔克特在他的著作中曾试图深究这些梦的特性，并为它们在哲学观念体系中寻找一席之地。但是，尽管他写得优美动人，但对于先前未受过任何训练而乐于把握哲学概念模式的人而言，这个任务仍然是非常困难的。

施尔纳的象征性想象不包含任何功利主义的功能。心灵做梦时只与紧密接触的刺激戏耍。人们可以猜想，心灵是在调皮地嬉戏。人们却也可以对我们提问，我们深入研究施尔纳的梦理论是否能够达到任何有益的目的？因为这种理论的任意性和脱离一切研究规则是一目了然的。不加任何考察就谴责施尔纳的学说，这样高傲专横的态度是不可取的。此学说基于某人从其梦中接受的印象，此人给予梦极大的关注，而且对于探究模糊的心灵事物似乎具有一种独特的天赋。另外，这个学说所探索的题材是成千上万年来人们一直认为的难解之谜，其内容与内涵非常丰富，对于梦的解释，严格的科学承认自己贡献不多，无非是与流行的看法完全对立，试图否认客体的内容与意义。最后，我们想诚实地说，好像我们在尝试解释梦时不可能轻易躲开幻象。神经节细胞也难免不是想象的产物。前文有一处引用了一名冷静而严谨的研究者宾茨的话，他描述了苏醒的曙光如何潜入大脑皮质入睡的细胞团,其想象程度——甚至不可能程度——不亚于施尔纳的解释。我希望能够表明,在施尔纳的解释后面隐含着可靠之事,然而只得到模糊的认识,不具有梦理论的普遍特性。施尔纳的梦理论暂时能以其与医学理论的对立让我们大致看清,对梦生活的解释如今还在两个极端之间摇摆不定。

八、梦与精神病的关系

当我们谈到梦与精神障碍的关系时,可以指出三点:① 病因学和临床学的关系,如一个梦表现或引起一种精神病的状态,或者梦后留下精神病状态;② 梦生活在精神病情况下经受的变化;③ 梦与精神病之间的内在关系表明二者本质上有类似之处。斯皮塔[《人类心灵的睡眠状态与梦状态》,1882年,第77及下页和319及下页]、拉德斯托克[《睡眠与梦》,1879年,第217页]、莫里和蒂谢收集的有关文献表明,两组现象之间多种多样的关系在医学的较早时期曾是医学著作者喜爱的一个主题,今天又流行起来。最近,德桑克蒂斯将其注意力转向这类题材[1]。只要略微提及这个重要题目,就会满足我们阐述的兴趣。

对梦与精神病之间的临床学和病因学关系,我想报告如下观察作为范例。霍恩鲍姆报告(参见克劳斯,《精神错乱中的知觉》,1858年,第619页),妄想的首次发作常常起源于一个令人胆怯的或可怕的梦,占统治地位的观念与这个梦有联系。圣德桑克蒂斯带来对偏执狂的类似观察,

---

[1] [1914年补充]后来讲述此类关系的著作者有:费利、伊德勒[《论由梦形成神经错乱》,1862年]、拉塞格、皮雄、雷吉斯、韦斯帕、吉斯勒[《梦生活现象学文集》,1888年与其他著作]、考佐夫斯基[《探问梦与妄想观念的关联》,1901年]、帕尚托尼[《梦作为酒精中毒性谵妄患者身上妄想观念的起源》,1909年]等。

第一章　有关梦的问题的学术文献

在各项观察中把梦解释为"发疯的真正决定性原因"。精神病可能随着起作用的、包含妄想般解释的梦一下子被引发，或者通过尚需与怀疑抗争的后续的梦缓慢发展。在德桑克蒂斯的一个病例中，一个意味深长的梦之后，接着是轻微的癔症发作，随后陷入焦虑性的忧郁状态。费利（蒂谢引证）报告了一个导致癔症性麻痹的梦。在这些例子中，精神障碍最初表现在梦生活上，在梦中首先爆发。在这些例子中，梦被说成精神错乱的病因。但是如果我们说，精神错乱首次出现在梦生活中，在梦中首先得到突破，这何尝不是合理的事实？在其他例子中，梦生活包含病症，或者精神病依旧限于梦生活。例如，托迈尔提醒人注意焦虑梦，它们必须被理解为相当于癫痫发作。阿利森描写了夜间精神病（《梦中精神错乱》）[1868年]（据拉德斯托克，《睡眠与梦》，1879年，第225页），患者在日间看起来完全健康，而夜间常常出现幻觉、暴怒发作，诸如此类。德桑克蒂斯报告了类似的观察（一个酒精中毒患者的梦，类似于妄想狂，出现了指责妻子不忠的声音）。蒂谢报告了许多新近的病例，其中，病理学特性的行为（基于妄想性假定和强迫冲动）从梦中派生出来。吉斯兰描述了一个病例，在此病例中，睡眠被间歇性精神错乱代替。

毫无疑问，有朝一日除了梦心理学之外，梦的精神病理学会让医生们忙碌。

在患精神病后痊愈的病例中，常常尤其明显的是，功能作用在白天表现正常，而梦生活仍处于精神病的影响之下。克劳斯指出，格雷戈里最先提醒人注意有此现象（《精神错乱中的知觉》，1859年，第270页）。马卡里奥（蒂谢引证）说到一个躁狂症患者，此人在痊愈一周后在梦中再度体验到飘忽意念和其疾病的狂热推动力。

对梦生活在慢性精神病患者身上经历的变化，迄今还很少有人进行研究[①]。而梦与精神障碍之间在广泛范围内表现几乎完全一致的内在关系早就得到重视。据莫里说，首先是卡巴尼斯[②]在其《关于身心的报告》（1802年）中指明了这种关系，之后是莱吕、J.莫罗，尤其是哲学家迈内·德·比朗[③]。这种比较肯定还可以追溯到更早。拉德斯托克（《睡眠与梦》，1879年，第217页）用了整整一章节讨论这个问题，其中引证了许多有关梦与精神错乱之间相似性的论述。康德［《试论脑疾》，1764年］说："疯子是清醒状态的做梦者。"克劳斯（《精神错乱中的知觉》，1859年，第270页）说："精神错乱是神志清醒的梦。"叔本华［《试论见鬼和与此相关之事》，1862年，第1卷，第246页］称梦为一次短暂的妄想，而妄想是一个长梦。哈根［《心理学与精神病学》，1846年，第812页］把谵妄描述为不是由睡眠，而是由疾病招致的梦生活。冯特在《生理心理学》中表示［1874年，第662页］："事实上，我们在梦中可能体验在疯人院中碰见的几乎所有印象。"

斯皮塔（《人类心灵的睡眠状态与梦状态》，1882年，第199页）与莫里很相似，列举了构成这种比较的共同性基础的若干不同之点："①取消自我意识或自我意识仍然迟缓，因此对情况性质不了解，从而不能产生惊讶并丧失了道德意识；②感官知觉发生了改变，在梦中有所减少而在精神错乱中大量增加；③想象彼此只按照联想与再现的规律联系，也就是自动形成系列，因而想象（夸张、幻觉）与由此产生的一切之间的关系不成比例；④人格的变化。在某些情况下发生性格特性的变化及颠倒。"

拉德斯托克还补充了一些特征——两种情况中材料之间的相似性

---

① ［弗洛伊德后来自己探究过此问题（《论忌妒、偏执狂与同性恋的一些神经症机制》，1922年，第2章末尾）。］

② 乔治·卡巴尼斯（1757—1808年），法国生理学家、心理学家。——译注

③ 1766—1824年，亦译芒·德·毕朗，法国哲学家、政治家。——译注

（《睡眠与梦》，1879年，第219页）："在视觉、听觉和感觉范围内，产生大量幻觉和错觉。就像在做梦时一样，嗅觉和味觉的成分最少。发烧的患者和做梦者的记忆都可以追溯至遥远的过去；睡眠者与患者回忆的似乎都是清醒者与健康者已经忘却之事。"梦与精神病的相似性只有当伸入较细微的神情，特别是面部表情特征的相似程度时，才能充分被意识到。

"对身心受疾病折磨者，梦提供了现实不给予他之事：健康与幸福。所以即使在精神病患者身上，也出现了关于幸福、伟大、崇高和财富的光明景象，自以为占有财产和想象的欲望得到满足，它们被拒绝或毁灭就是精神错乱的一个心理原因，常常构成谵妄的主要内容。一名妇人失去一个珍爱的孩子，在她的谵妄中体验了做母亲的喜悦；一名遭受了财产损失的男子，自认为异常富有；受骗的姑娘感觉自己被人温柔地爱着。"

拉德斯托克的这一段可以视为对格里辛格①构思精巧的论述（《精神疾病的病理学与疗法》，1861年，第106页）的小结，这一论述极其清晰地揭示了欲望的满足是梦和精神病共同的想象特性。我自己的探究对我证明，此处可以找到梦和精神病的心理学理论的关键所在。

"奇异的联想和判断的弱点刻画了梦和妄想的主要特征。"［拉德斯托克继续说］对冷静的判断而言，本人的精神功能显得无意义，在有些地方能够发现对这些功能的过高评价。精神病的意念飘忽与梦的迅速想象过程相对应。在两者处，都缺乏时间的尺度。梦中有人格分裂，如把自己的认识分到两个人身上，其中外在的自我纠正着真实的自我。这种梦中的人格分裂与已知的幻觉性妄想狂中的人格分裂相类似；做梦者也听到自己的思想由陌生的声音说出来。甚至长期的妄想与刻板重复的病态梦也有相似之处。从谵妄中痊愈后，患者并非罕见地说，对他们而

---

① 威廉·格里辛格（1817—1886年），德国精神病科医生。——译注

言，患病的整段时间像一个不无惬意的梦。他们甚至告诉我们，他们在患病期间偶尔预感到，他们只是囿于一个梦——与在睡眠中的梦一样。

由此看来，不足为奇的是，拉德斯托克和其他许多人认为"精神错乱，即一种异常的病态现象，可以看作周期性再现的正常睡梦状态的加强"（出处同上，第228页）。

克劳斯（《精神错乱中的知觉》，1859年，第270及下页）想用病因学（更确切地说是用刺激源）来说明梦与精神错乱之间比二者外部类似表现更为密切的关系。正如我们所知，按他的说法，两者共同的基本因素是受制于机体的感受、躯体刺激的感觉和由所有器官所提供的功能正常感觉（参见佩斯，莫里引证）。

梦与精神障碍之间有无可否认的一致性，这种一致性是梦生活医学理论的最强大支柱。根据这种理论，梦表现为无益的干扰性过程和一种被贬低的心灵活动的表示。然而，人们不能期待从精神疾病那里得到对梦的最终解释，因为众所周知，我们对精神疾病起源的认识处于不令人满意的状况。但很可能的是，对梦的态度的改变必定影响我们对精神障碍内部机制的看法，而这样我们就可以说，如果我们努力弄清梦的秘密，我们就在着力解释精神病[①]。

1909年补充

在本书第一版和第二版之间这段时期，我没有增加新发表的研究梦问题的文献，对此我需要申辩一下。读者可能觉得这种辩解不那么令人

---

① [在《精神分析引论新编》第29讲（弗洛伊德，1933，第1卷，第458及下页）中可以找到对梦与精神病之间关系的讨论。]

满意，我自己却以为十分果断。由于完成这导言性的一章，我全面叙述早期研究梦的著作者的动机已消耗殆尽。继续这项工作将会让我异乎寻常地费力，而且很少带来益处。因为这九年的时间既没有在实际材料上也没有在观点上给梦问题带来新意或宝贵之事。这段时间出版的大多数著作中依旧未提及我的这部作品。当然在那些所谓"梦研究者"那里，本书得到的重视最少，他们以此给学术人特有的对学新东西的反感提供了一个出色的例子。阿纳托尔·法朗士[①]曾讽刺道"学者不好奇"。如果学术上有报复权，那我可能也有权忽略本书出版以后出现的文献。出现在学术期刊上的少量报道充满不解与误解，我对批评者能回应的无非是建议他们再读一遍本书——或者的确只是建设他们去读读本书！

在那些决定应用精神分析疗法的医生和其他人的著作中，已经发表了大量梦例，并按我的指南做了解释。至于那些超出了只肯定我的观点的著作，我已将其结果记入我的阐述的上下文中。书后的第二份文献目录汇编了本书初版以来的最重要的出版物。圣德桑克蒂斯关于梦的书内容丰富，发表后很快就有德译本，该书与我的《梦的解析》几乎是同时出版的，使得我很少能注意到他，就像这位意大利著作者很少能注意到我一样。我后来不得不遗憾地判断，他的这本煞费苦心的著作在思想上非常贫乏，使得人们根本无法从中预感到我所讨论的问题。

我只能回想起两本著作，它们接近我对梦问题的论述。一名较年轻的哲学家赫尔曼·斯沃博达把威廉·弗利斯[《生命的过程》，1906年][②]发现的生物性周期（23天和28天）扩展到心理事件上。他在自己富于

---

① 1844—1924年，原名蒂波·法朗索瓦，法国作家。——译注
② [在恩斯特·克里斯对弗洛伊德致弗利斯信件的导言第四段中，可以找到对弗利斯的理论和他与斯沃博达的关系的阐述（弗洛伊德，《精神分析肇始》，1950年）。]

高度想象的工作中，尽力用这把钥匙去解开梦之谜，梦的意义这时就会打折扣。他用第一次或不知第几次完成生物周期做梦夜晚的所有记忆的集合来解释梦的内容。该著作者的自述起初让我猜想，他本人并不认真看待自己的理论，但是我的这一推论似乎是错误的①。我会在后文告知对斯沃博达立论的若干观察，但未能做出令人信服的结论。在意想不到之处找到对梦的一种见解，与我的见解的核心完全符合，这一偶然事件让我十分喜悦。从时间上看，这个有关梦的言论不可能受我的著作的影响。我发现只有这位独立思想家与我的梦学说本质上一致，所以我必须为之欢呼。这本包括了与我的梦理论相同内容的著作的第二版于1900年出版，书名为《一名实在主义者的幻想》，作者为"林考伊斯"［第一版于1899年出版］②。

1914年补充

前面的辩解于1909年写就。自那以来，实际情况已经改变了。我的《梦的解析》的贡献在文献中不再被忽视。只是新的形势使我更加不可能继续对前面文献的叙述。《梦的解析》带来了一系列新的思想与问题，现在著作者们以各种不同的方式展开了讨论。在我阐明这些作者们所提及的我自己的观点之前，我还不能阐述这些著作。因而，在我下面的论述过程中，只要我认为是最近文献中有价值的内容，我都将在适当的地方予以考虑。

---

① ［这一句话的目前形式可追溯到1911年；下一句于1911年添加。］
② ［1930年补充］参见《约瑟夫·波佩尔——林考伊斯和梦理论》(1923年)。［弗洛伊德还写过关于梦的第二篇论文（《我与约瑟夫·波佩尔——林考伊斯的切合之处》，1932年）。上文引述的片段在后文的一处脚注中有全文摘引。］

第二章

解梦的方法：
对一个梦例的分析

第二章 解梦的方法：对一个梦例的分析

我给本书选的标题可以表明，在关于梦的见解上，我想继承何种传统。我打算指出，梦是可以解释的。我在上一章讨论的关于解决梦的问题的任何贡献，都不过是实现我的这项特殊任务过程中的附带产品。由于假设梦是可以解释的，立即使我违背了占统治地位的梦学说，甚至与除了施尔纳的梦理论之外的任何梦的理论都是对立的。因为解释一个梦意味着说明其意义，就是说，将某事作为分量十足的、等值的环节插入我们精神活动的链条来代替梦的意义。正如我们已经获悉的，梦的学术理论却不为解梦问题留下空间，因为对这些理论而言，梦根本不是精神活动，而是通过征兆在精神系统上显示出来的躯体过程。传统的世俗意见采取的是另一种不同的态度。这种意见有权不合逻辑地行事，尽管它承认梦令人费解而荒谬，但还是无法断然否认梦的任何意义。基于某种模糊的直觉，我们似乎可以这样假定：梦总有一种意义，即使是一种隐蔽的意义；做梦是为了代替另一种思维过程，关键在于以正确的方式揭示这种替代，以获得梦的隐蔽意义。

所以，自古以来世俗世界就努力解释梦，而且基本上采用了两种本质上不同的方式。第一种方式是把梦境作为整体，试图用另一种容易理解的且在某些方面类似的内容来代替它。这就是象征性解梦，它当然从一开始就因为那些不可理解而又混乱的梦而失败。比如，《圣经》里的约瑟夫给法老解梦，就给非专业人士的做法提供了一个例证。7头肥奶牛被7头瘦奶牛追逐并被吃掉，这象征着埃及大地上要有7个荒年，并且要耗尽7个丰年的盈余。由作家创造的多数人工梦都属于此类象征性解释，因为这些梦以一种伪装再现了由作家表达的思想，这种伪装被认为是与公认的梦的特性相符合的[①]。梦主要关心未来，而且能预卜

[①] ［1909年补充］在作家威廉·詹森的中篇小说《格拉狄克》里，我偶然（转下页）

// 梦的解析

未来——这是曾经判定梦有预言意义的一点残余——这种意见就成为动机，要把通过象征性解释而发现的梦的意义置于将来。当然不可能指导人们如何找到通往此类象征性解释的道路。解释的成功与否取决于奇思妙想和突然间的直觉，因此解梦的可能性要提高到以非凡的天赋大肆发挥其艺术活动的境界①。

另一种流行的解梦方法完全避开了此类要求。人们可以把它称为"译码法"，因为它把梦当作一类密码文字来对待，在这种文字中，每个字符都根据固定的密码译成具有已知意义的另一个字符。比如我梦见过一封信，也梦见过一次葬礼，诸如此类。如果我在"梦书"中查阅，就会发现"信"可以用"烦恼"来翻译，"葬礼"可以用"订婚"来翻译。于是，我把我破译的关键词重新加以结合，然后将其结果用以预示未来。在达尔狄斯的阿特米多鲁斯关于解梦的著作里②，颇有趣地略微

（接上页）发现若干人工梦，塑造得完全正确，解释起来好像它们不是虚构的，而是由真人梦见的。作家在回答我的询问时，坦白承认他对我的梦学说十分陌生。我的研究与作家的创作之间的一致性证明了我的梦理论是正确的（《威·延森的〈格拉迪瓦〉中的妄想与梦》，弗洛伊德，1907年）。

① ［1914年补充］亚里士多德［《梦的预言》，卷2，H.本德尔译成德文，1855—1897年，第74及下页］在此意义上表示，最佳的解梦者是最佳地把握类似性者：因为梦象正如水中的图景，因运动而扭曲，而能够在扭曲的图景中认清真相者最为成功（比克森许茨，《古代的梦与解梦》，1868年，第65页）。

② ［1914年补充］达尔狄斯的阿特米多鲁斯大概生于公元2世纪初，把希腊—罗马世界里最完整、最细致的解梦的著作流传给我们。正如提奥多·甘珀茨（《解梦与巫术》，1866年，第7及下页）所强调的，他注重把解梦建立在观察与经验的基础上，把他的艺术与其他骗术严格分离。根据甘珀茨的描述，他的解梦术原则与魔术一样，是联想原则。梦中的事物意味着心中想到的事情——不用说，是指释梦者心中想到的事情。梦元素可能让解梦者回忆起各种不同的事情，并让不同的人回忆起不同的事情，因此任意性和不确定性就是不可避免的了。我在下面要分析的技巧，在根本上与古典的技巧不同，即让做梦者本人担负起解释工作。它不愿顾及做梦者对相关因素想起什么，而想顾及做梦者对相关因素想起什么。根据传教士特芬克德伊最近的报告，东方的现代解梦者也尽量利用做梦（转下页）

第二章 解梦的方法：对一个梦例的分析

改动这种译码法，通过这种改动，这种方法作为机械翻译的特性在某种程度上得到纠正。他的方法不仅顾及梦境，而且顾及做梦者本人与其生活状况，使得相同的梦元素对富人、已婚者或演说家的意义不同于对穷人、单身者或商人的意义。这一做法的本质就是，解梦工作不集中于梦的整体，而是集中于梦境的各个独立部分，似乎梦是一种地质混合物，其中每一块岩石都需要有特别用途。这种译码法必定是受到不连贯和杂乱无章的梦的启示而发明出来的①。就对该主题的学术处理而言，毋庸置疑，两种流行的解梦方法都无用。象征法在其应用上受限，无法普遍阐述。对译码法来说，关键是"密码"有无价值，即梦书是否可靠，而在这方面缺乏任何保障。人们就不得不同意哲学家和精神病学家们的看

（接上页）者的协助。他讲述美索不达米亚的阿拉伯人中的解梦者："为了准确地解梦，多数能干的解梦者向我们咨询的人了解自己认为最重要的情况以便得到正确的解释……一句话，我们的解梦者不允许任何一点被忽略，在完满的谈话与领会之前不给出人们所渴望的解释。在这些问题中，常常有此类问题围绕对最亲近的家人的详细说明，还有典型的套话：'你梦前或梦后跟你妻子性交了吗？'"［解梦的主要思想在于由其反面来解梦。］

① ［1909年补充］阿尔弗雷德·罗比泽克博士提醒我注意，我们的梦书是东方梦书蹩脚的仿制品，东方梦书大多根据音和音、字和字之间的相似性来解释梦成分。因为这些联系在译成我们的语言时必定消失，我们流行的梦书就会晦涩难解。关于古代东方文化中双关语和文字游戏不同寻常的意义，可以从［著名考古学家］雨果·温克勒的著作中获悉。［1911年补充］古典时期给我们流传下来的解梦最美的例子，基于一种文字游戏。阿特米多鲁斯讲述道［卷4，第24章，由克劳斯翻译，1881年，第255页］："我却觉得阿里斯坦德尔给了马其顿的亚历山大的梦一相当幸福的解释，当时亚历山大围攻泰尔城，久攻不下，因为巨大的时间损失而郁郁不乐。一晚，他梦见半人半羊的森林之神Satyr在他的盾牌上跳舞。当时阿里斯坦德尔正随军出征，侍候在侧。他就把Satyros一词的希腊文原字一分为二，合起来的意思是'泰尔是属于你的'，于是亚历山大加强了攻势，终于成为该城的主人。"此外，梦如此紧密地有赖于语言表达，使得费伦茨［《对梦的精神分析》，1910年］不无道理地注意到，每门语言都有其自己的梦语言。一个梦通常无法译成另一种语言。我认为本书也是如此。［1930年补充］尽管如此，纽约的亚·A.布里尔博士以及他之后的几个人成功完成了《梦的解析》的翻译。

法，跟他们一起把解梦问题当作一项想象中的任务而拒绝考虑①。

不过，我从善如流了。我不得不认识到，在我不常遇到的一些梦例中，古老而顽固的民间通俗看法似乎比现行科学更接近事情的真相。我必须坚持，梦确实有意义，用科学方法解梦是可行的。我以如下途径了解了这种方法：

几年来，我怀着寻求治疗的目的忙于解开某些精神病理（如癔症恐怖症、强迫观念等）的结构。我从约瑟夫·布罗伊尔意义深远的报告中得知，如果这些被视为病征的结构被解开，症状自会消失②。如果可以把这样一种病态观念在患者的精神生活中追溯到它的致病元素，那这种观念也就瓦解了，患者也就摆脱了它。考虑到我们其他治疗努力无能为力以及这类精神障碍的复杂性，我觉得吸引人的是，在由布罗洛伊尔选取的道路上，不顾一切困难，直到求得完满解释。关于这种方法所采取的最终形式以及我的努力所取得的结果，我下次会做详细报告。在这些精神分析研究过程中，我遇到了解梦的问题。患者对一个特定主题不禁产生观念和想法，我要求患者把所有这些观念和想法告诉我。他们对我讲述他们的梦，因此使我联想到，一个梦可能被插入心理联系中，这种联系由病态想法而来，可以在往日回忆中追踪。将梦本身作为症状对待并将解梦作为解除症状的方法，其间只有一步之遥了。

对此就需要给患者做某种心理准备。我们必须力求在患者心中产生两种变化：一是提升其对心理知觉的注意力；二是排除他平时在脑中筛

---

① 当我完成本书的原稿后，我发现了斯顿夫的一部著作（《梦及其解释》，1899年），此书有意证明梦有意义而可解，这与我的观点吻合。然而他是借助寓意性象征来解释，所以他的方法不能保证普遍有效性。

② 布罗伊尔与弗洛伊德（《癔症研究》，1895年）。

第二章 解梦的方法：对一个梦例的分析

选思想时所作的批评。为了他能聚精会神地进行自我观察，他最好取静姿并闭眼①。放弃对察觉到的思考产物的批评，这一点必须对他严格要求。所以要告诉他，精神分析的成功取决于他是否注意并告知他脑中闪过的一切，而绝不因为他觉得不重要或无意义就压制某个观念和思想。他必须对其观念和思想采取不偏不倚的态度。因为在正常事物的过程中，对于自己的梦或强迫观念或其他病症，之所以无法理想地解决，原因恰恰就在于他的批判态度。

在精神分析工作上，我觉察到，沉思者的心理状态与正在观察自己心理过程的人的截然不同。沉思时，心理行动多于聚精会神地自我观察时，沉思时紧张的表情和皱起的眉头与自我观察者的平静的面部表情相反，也证明了这一点。在两种情况下，都必须有注意力的集中②，但沉思者还做批判，这使他觉察到浮现的观念后，就抛弃了一部分观念，迅速中断其他观念，使得他不遵循它们会开辟的思路，而他善于这样对待其他观念，使得它们根本不被意识到，也就是在被觉察之前就被抑制。自我观察者却只有努力压制批判。如果他成功做到这一点，那他就会意识到平素一直无法领会的无数观念。借助这种为自我察觉而新获得的材料，可以完成对病态观念及梦象的解释。这里所说的显然是指建立一种心理状态，它与入睡前的状态（想必也与催眠状态）在心理能量（活动注意力）的分配上具有某种相似性。入睡时，由于某种思考活动（当然还有批评活动）的松弛，不随意观念突显，我们让这种活动影响我们想象的经过。我们惯常认为"疲劳"是这种减弱的理由。不随意观念出现

---

① ［弗洛伊德很快就不再注重闭眼（古老的催眠疗法的一种残余）。］
② ［关于注意力的功能后面还要探讨。］

以后，就转变成视觉与听觉图景（参见上文施莱尔马赫的评论）[1]。在用于分析梦和病态观念的状态中，就有意并且随意放弃这种活动，把节省下来的心理能量（或其中一部分）用来注意跟踪现在出现的非人所愿的意念，它们保留了作为想象的特性（这是与入睡时状态的差异）。这样就使不随意观念成了随意观念。

然而大多数研究发现[2]，心灵要对不随意观念的出现采取这种态度而放弃平素针对它们的批判似乎是很难做到的。不随意观念惯于激起想阻止它们出现的最激烈的抵抗。但如果我们相信伟大的诗人和哲学家席勒[3]，诗的创作必定要求与此相类似的态度。应感谢奥托·兰克发现了席勒与哥尔纳的一封书信，在这封信中，席勒在察觉到他的朋友抱怨自己缺乏创造力时写道："我觉得，你抱怨的根由在于，你的理智把一种强迫加在你的想象上。我将用比喻更具体地表明我的看法。对涌来的思想，如果理智仿佛在门口过于严厉地打量它们，这似乎不是一件好事，而且对心灵的创造力不利。孤立地来看，一个思想可能相当微不足道并相当离奇，但或许因之后到来的一个思想而变得重要，也许它能在与或许显得同样乏味的其他思想的某种联系中扮演相当合宜的一环。理性并不能评判任何思想，除非它将思想长久保留，足以等到这个思想与其他思想联系起来之后再去考察。而我以为，在一个有创造性的头脑处，理智从大门上撤回岗哨，思想杂乱地涌进来，随后理智才综观并打量这

---

[1] ［1919年补充］海·西尔伯勒通过直接观察这种由想象转化成的视像，对解梦作出了重要贡献（《关于引起并观察某些象征性幻觉现象的一种方法的报告》，1909年；《想象与神话》，1910年；《苏醒的象征与一般门槛象征》，1912年）。
[2] ［本段于1909年补充，下一段做了相应修改。］
[3] 约翰·克里斯托弗·弗里德里希·冯·席勒（1759—1805年），德国诗人、哲学家。——译注

第二章 解梦的方法：对一个梦例的分析

一堆思想。你的批判力（或者任凭你把它叫作什么）对于这种短暂无常的放肆行为感到羞耻和惧怕。其实在所有奇特的创造者身上均可找到这种瞬息即逝的妄想，而其或长或短的持续时间把思考的艺术家与做梦者区分开来。你抱怨自己缺乏创造力，正是因为你对自己的想法过早抵制，甄选过严。"（1788年12月1日信）

然而，席勒所称从理智大门上撤回岗哨，使自己置身于不加批判的自我观察状态，都是不难做到的。我的多数患者经初次指导后就做到了这一点。我自己借助于记下我脑中浮现的观念，也完全能做到这一点。至于可以用于减少批判活动和提高自我观察的强度的精神能量则因各人指向具体内容的注意力不同而有相当大的区别。

应用这种做法时的第一步就表明，不得把作为整体的梦，而只能是其内容的各个部分当作注意的客体。如果我问没有经验的患者："你想起些什么与梦有关的事情？"他通常不会把握其精神视野中的任何东西。我必须把梦分成片段放在他面前，于是他把跟每一部分有关的一系列联想提供给我，这些联想可以称为梦的特殊部分的"背景思想"。在这个首要条件中，由我实施的解梦法就已经偏离了流行的、历史上和传说中著名的通过象征来解释的方法，接近第二种方法即译码法，它用的也是分段的而非整体的解释，从一开始就把梦看成复合的性质，看成精神构成物的杂糅体[①]。

我在神经症患者身上做精神分析的过程中，可能已经分析过上千个梦，但我不想在此利用这些材料来介绍解梦的技术和理论。因为这些材料会遭受人们的异议，他们说这些是神经症患者的梦，使人不可能用

---

① ［在后文将探讨解梦的技巧。］

以推断健康人的梦。除此之外，还有另一个缘由迫使我摒弃它们，即这些梦的主题，必然要涉及他们的神经症病史。由此，对每个梦而言，一个超长的介绍和对精神神经症的本质和病因学探究就是必需的。加上这些事物本身十分新鲜和费解，这样就会把注意力从梦问题上引开。我的意图其实在于，在解梦时为阐明更困难的神经症心理学问题完成准备工作①。但如果我放弃我的主要材料，即神经质患者的梦，那我对剩余部分就不能过于挑剔。我所剩下的只不过是偶尔由我相识的健康人讲给我听的梦，以及梦生活文献中援引的其他病例而已。可惜，在所有这些梦中，我都缺乏分析，不经分析，我无法发现梦的意义。我的做法的确不像流行的译码法那样方便，后者根据一种固定密码翻译给定的梦内容。与此相反，我却企图发现，同样的梦内容在不同人身上或在不同的语境中也可能隐含别的意义。所以，我只好分析自己的梦，这些梦丰富而方便，可以说源于一个差不多正常的人，涉及日常生活中多种多样的诱因。对此类"自我分析"的可靠性，人们肯定会对我提出怀疑，说这时肯定不排除随意性。根据我的判断，自我观察时的情况倒比观察别人有利。无论如何，可以进行试验，看看自我分析对解梦起到多大作用。但是，在我自己内心，还有一些别的困难需要克服。如此多地泄露心灵生活中的隐私，难免犹豫不决，同时也不能保证别人不对解释产生曲解。但我认为这些顾虑是可以克服的。德尔贝夫写道："所有心理学家都有义务承认自己的弱点，只要他认为这样有助于解决某个难题。"而我可以设想，读者们起初对我的言行轻率的关心也会很快让位于对阐明这些

---

① ［在第七章第五节中，弗洛伊德已根据他的第一版序言中的纲要，考虑到他评论主题的困难性，他又往往对之置之不顾了。尽管他表明了自己的意图，他仍引用了他的患者的许多病例，而且不止一次地讨论了神经症症状的机制。］

心理问题的兴趣[①]。

因此，我会找出我自己的一个梦，借助它来讲解我的解梦方法。每个这样的梦都需要一个前言。我现在必须请求读者暂时追随我的兴趣，随我沉潜于我生活的细枝末节，因为这样一种转变对于我们发掘梦的隐含意义是必不可少的。

前　言

1895 年夏天，我对一名少妇进行了精神分析治疗，她跟我和我的家人很亲近。人们很容易理解，此类复杂关系可能成为医生，尤其是心理治疗师的许多不愉快情感的来源。医生个人的兴趣越大，其权威就越小。一次失败恐怕就影响了他与患者家属的旧交情。治疗以部分的成功而结束，患者解除了癔症恐惧，但没有消除所有躯体症状。我当时对癔症病史结束的标准还不太清楚，而对患者提出了一个她觉得不可接受的解决办法。由于这种分歧，我们在夏季就中断了治疗。一天，一名较年轻的同事，也是我最亲近的朋友之一来探访我，他拜访了在乡间逗留的我们的患者爱玛及其家庭。我问他觉得爱玛病情如何，得到的回答是："她好些了，但并非很好。"我知道，我的朋友奥托话中有话，或者说这些话的口吻使我感到烦恼。我相信他的话中包含一种指责，比如我对患者许诺太多，不管有理没理，我把臆想的奥托对我的反对归咎于患者家属的影响，我猜测，他们从未赞成过我的治疗。此外，我自己也不清楚我个人的感受，也没有露出任何表情。当天晚上，我就写下爱玛的病史，就像为我辩解，想把它交给 M 医生（当时是我们圈子里的权威医生，也是我的朋友），以便证明自己正确无误。当天夜里（或者不如说

[①] 无论如何，我不愿忽略对上述事物的限制，我几乎从未告知过我得到的对自己的一个梦的完整解释。不过分相信读者的判断力，也许是明智的。

// 梦的解析

是次日凌晨）我就做了下面的梦，我苏醒后立即把它记录下来①。

1895 年 7 月 23—24 日的梦

一个大厅——我们正在接待许多宾客，其中有爱玛。我马上把她拉到一边，仿佛要回答她的信，指责她尚未接受"解决办法"。我告诉她："如果你还感到痛苦，就是你自己的责任。"她答道："你是否知道我现在咽喉、胃和肚子是多么疼，疼得我透不过气了。"我惊恐地望着她。她看上去苍白、浮肿。我想，归根结底，我还是忽视了器质性疾病。我拉她到窗边，看她的咽喉。这时，她像戴着义齿的那些妇女一样表现出抗拒。我想，她倒真的是不需要检查的——后来，她适当地张开了嘴，我在她的喉咙右边发现一大块白②斑。其他地方还有一些广阔的灰白色斑点附着在奇特的鼻内鼻甲骨一样的卷曲结构上。我立即叫来了 M 医生，他重复检查了一遍并证明情况属实……M 医生看上去与平常截然不同，他很苍白，跛行着，下巴上没胡子……我的朋友奥托现在也站在我身边，而我的朋友利奥波德在爱玛的紧身胸衣上叩诊并说："她的胸部左下方有浊音。"他又指出她左肩上一块浸润性病灶（尽管隔着连衣裙，我还是像他一样感觉到了患处）……M 医生说："很显然，这是感染了，但没什么。还会发生痢疾，而毒素会排出。"我们立即知道，感染从何而来。不久前，她觉得不适时，我的朋友奥托给她注射了丙基制剂，丙基……丙酸……三甲胺（这个药名以粗印刷体呈现在我眼前），这类注射不应如此轻率，很可能注射器也不洁净。

这个梦有一点比其他许多梦有利。这个梦显然衔接上一日的一些事件。前言中说得很清楚，我从奥托那里得到的关于爱玛健康状况的消息

---

① ［1914 年补充］这是我深入分析的第一个梦。

② ["白"字在 1942 年版中被删掉了，显然是偶然漏掉的。]

第二章 解梦的方法：对一个梦例的分析

以及我一直写到深夜的病史，即使在我入睡后也让我的心灵活动不已。尽管如此，只读了前言和梦的内容者还不能明白梦意味着什么。我自己也不清楚。我惊异于爱玛在梦中对我主诉的症状，因为与我给她治疗时的症状并不相同。对于注射丙酸这个毫无意义的想法和M医生的安慰之词，我付之一笑。我觉得这个梦临近结束时比开始时更模糊、更紧凑。为了获悉所有这一切的意义，我做了以下深入的分析。

分　析

一个大厅——我们正在接待许多宾客。我们这个夏天住在一座望景楼上，这是毗连卡伦山①的一处丘陵上一座独立的房屋。这座房屋曾作为娱乐场所，因此有高得不同寻常的大厅一样的房间。这个梦也是在贝尔维尤做的，而且在我妻子生日前没几天。白天我妻子表示了期望，她生日时会有一些朋友来我们这儿做客，其中也有爱玛。我的梦就预期了这个情境：是我妻子的生日，我们在大厅里接待许多客人，其中有爱玛。

我指责爱玛尚未接受"解决办法"。我告诉她："如果你还感到痛苦，就是你自己的责任。"我即使在醒着时也可能对她这样说，或者已经这么说了。我当时的意见是（后来认识到是错误的），我的任务限于告知患者其症状的隐含意义，成功与否取决于他们是否接受解决办法，此后我不再对此负责。我感谢这个现在幸运地得到纠正的错误，因为有时我难免有所疏忽，但我仍被认为能把病治好，于是我的日子就好过点了。在我梦中对爱玛说的这句话上，我注意到，我不愿对她仍有的疼痛负责任。如果是爱玛自己的责任，那就不可能是我的责任。该朝这个方

---

① ［卡伦山是紧靠维也纳的一处受人喜爱的游览地。］

向寻找这个梦的意图吗？

爱玛抱怨说，她咽喉、胃和肚子疼痛，痛得她透不过气来。胃痛是爱玛原来就有的症状，但不是很明显；她常常感到恶心想吐。至于咽喉痛和肚子痛以及咽部阻塞感则是她现实的病中没有的症状。令我惊异的是，为何我在梦中选择了这些症状，至今仍找不到原因。

她看上去苍白、浮肿。爱玛总是面色红润。我猜想，梦中有另一个人代替了她。

我惊觉，我还是忽视了器质性疾病。大家不难相信，一名专治神经症的医生总是生怕把其他医生视为器质性的许多症状，习惯上统归于癔症。另一方面，逐渐侵袭我的是一种轻微的怀疑（我不知从何而来），即我的惊恐是否完全真诚。如果爱玛的疼痛果真是器质性的，那我就没有义务治愈这些疼痛：我的治疗确实只负责癔症的疼痛。其实，我倒真的希望我的诊断有误，那样也就可以不必因为治不好病而自责了。

我拉她到窗边，要看她的咽喉。她像戴义齿的妇女那样有些抗拒。我想，她倒真的是不需要检查的。在爱玛身上，我从未有机会检查口腔。梦中的情景让我回忆起不久前对一名家庭女教师所作的检查。她给人以年轻貌美的印象，我让他张开嘴巴时，她却千方百计地掩饰其义齿。这又让我想起其他一些医学检查，想到检查时没有什么秘密可以隐藏——弄得双方都很扫兴。"我想，她倒真的是不需要检查的"，可能起初是对爱玛的恭维，我却猜测还有另一层意思。一个人专心分析时会怀疑自己是否已竭尽所思。爱玛在窗边站立的情景，突然让我忆起另一次经历。爱玛有一名亲密女友，我对她印象很好。我有天晚上在她那里做客，发现她正站在梦中的那个窗口，而其医生也就是那个M医生解释道，她有白喉苔。在我的梦中，M医生和苔的确再现了。现在我想起

第二章 解梦的方法：对一个梦例的分析

来，最近几个月来我有充分理由怀疑这另一名女士也是一位癔症患者。对，是爱玛把这透露给了我。但我对她的状况知道些什么呢？有一点是绝对正确的，即她像梦中的爱玛一样患有癔症喉梗。我在梦里把爱玛和她的朋友调换了。现在我回忆起来，我常常随便猜测，这名女士可能同样需要我替她摆脱病症。我随后却认为这不可能，因为她具有相当矜持的天性。如梦所表明的那样，她会抗拒。另一种解释就是，她不需要检查。直到现在，她确实足够强烈地表示她的身体很结实，可以照顾自己而无须外来帮助。那就只剩下一些特征，我既不能在爱玛身上也无法在其女友身上发现：苍白、浮肿、假牙。假牙使我想起那名家庭女教师；我发现，自己很容易由坏牙产生联想。于是我想起另一名女人，那些特征可能暗示的就是她。她同样不是我的患者，而我也不希望她成为我的患者，因为我发觉，她在我面前很拘束，而我认为她并非顺从的患者。她平时脸色很苍白，有一次她身体特别好的时候，看起来却好像很浮肿①。因此，我就把我的患者爱玛与同样会抗拒治疗的另外两位患者相比较。是什么理由让我在梦中用爱玛来代替她的朋友呢？可能是因为我想把她换掉，另一个人或许在我身上唤起更强烈的同情，或者我认为另一个人更聪明些。我认为爱玛不聪明，因为她不接受我的解决办法。另一个人就会聪明些，也就会更容易让步。于是，她张嘴张得很好，而且讲得比爱玛更多些②。

---

① 一直没有解释的关于躯体疼痛的主诉也可以追溯到这第三个人。提到的这个人无疑是我自己的妻子；肚子疼痛让我回忆起有一次我注意到了她的忸怩不安。我得对自己承认，我在这个梦里没有十分和善地对待爱玛和我妻子，但为了替我辩解，应说明，我是用乖巧而柔顺的患者的标准在衡量她们。

② 我担心，如果要追踪所有隐含的意义，对这一部分的解释还不够深入。如果我想继续对三个女人进行比较，那就离题太远。每个梦至少有一个神秘莫测的中心点，仿佛与未知的事物相连。

// 梦的解析

我在她的咽喉里看见一大块白斑，并有小白斑附着在鼻甲骨上。白斑令我忆起白喉，进而忆起爱玛的女友，此外还令我忆起大约两年前我的长女病重，忆起我在那段艰难时光里的惊恐心情。鼻甲上的小白斑提醒我担心自己的健康状况。我当时常常使用可卡因来减轻鼻部的肿痛。几天前，我听说我的一位女患者学我的做法，招致大面积鼻黏膜坏死。1885年[1]，我开始推荐可卡因，给我带来了严重的指责。1895年[做梦的日期]，我的一位好友因滥用这种药品而加速了其死亡。

我立即叫来M医生，他重新检查了一遍。这仅仅反映了M医生在我们中间所占据的地位。可"立即"一词需要特别解释，让我忆起一桩悲哀的医疗事件。我有一次因继续开方使用当时尚被视为无害的索弗那（双乙磺丙烷），在一位女患者身上引起了严重的中毒，我于是尽快求助于一位资深的同事。我确实记得这场意外，由一个附带情况得到证实。死于中毒的那位女患者跟我的长女同名。我之前从未想到过这一点，现在几乎让我觉得是一种命运的报复。一个人为另一个人所代替好像还包含了另一层意义：这个马蒂尔德代替那个马蒂尔德，以眼还眼，以牙还牙。似乎我在极力寻找每一个机会来谴责自己缺乏医生的职业道德。

M医生面色苍白，下巴上没有胡子，跛行着。面色苍白这一点是正确的，这常常激起其朋友的忧虑。其他两种特征想必属于另外某个人。我想起我居于国外的兄长，他下巴剃得很干净。如果我回忆正确的话，他整体上与梦里的M医生看起来很相像。关于他，几天前传来消息，他因为髋部患关节炎而一瘸一拐。我把两人在梦中混为一人，这肯定有

---

[1]〔这是所有更早的德文版的一处印刷错误。应该是1884年，因为这是弗洛伊德首篇关于可卡因的论文的发表年份。在琼斯的《弗洛伊德传》第1卷第6章中详细描述了与可卡因相关的探究。从那里可以看出，这位好友是指弗赖施尔·冯·马克索夫。后文对这件事做了进一步的间接暗示。〕

第二章 解梦的方法：对一个梦例的分析

缘由。我于是回忆起来，我出于类似的理由而对两人都不满，就是两人最近都拒绝了我对他们的建议。

我的朋友奥托站在女患者身边，而我的朋友利奥波德正在给她做检查，指出她的胸部左下方有浊音。我的朋友利奥波德同样是医生，是奥托的一个亲戚。因为他们从事同样的事业，注定成了竞争者，也不断地要比个高低。我还在一所儿童医院①主持神经科门诊部时，他俩都协助过我好几年。像梦中再现的那些场景，在那里常常发生。我跟奥托辩论对一个病例的诊断时，利奥波德重新检查孩子，对决断带来意想不到的贡献。就像地主管家布拉西格和他的朋友卡尔之间一样，他们之间存在一种类似的性格差异②。奥托因敏捷而突出，利奥波德则缓慢、深思熟虑，但很细致。要是我在梦里把奥托和谨慎的利奥波德对比，显然是为了夸奖利奥波德。这是一个相似的比较，像前面在不顺从的患者爱玛与其较聪明的朋友之间的比较一样。我现在也注意到梦中联想的另一条路线：从患病的儿童到儿童医院——胸部左下方浊音给我的印象是，似乎它符合一个个别病例的所有细节，在此病例中，利奥波德因其细致而使我惊讶。此外，我脑海中还浮现出一种转移性疾病的某种性质，但是这种性质也使我想到要是爱玛就是那个患者该有多好，因为据我观察，爱玛像是有肺结核。

她左肩皮肤上有一块浸润性病灶。我马上知道，这是我自己肩部的风湿病，每当我直到深夜都醒着，它就会发作。梦里的原文听起来也那么模棱两可："我……像他一样感觉到……"指的是在自己身上感觉到。

---

① ［在维也纳的卡索维茨研究所。］

② ［这是一度流行的小说《我当农场管家时》中的两个主要人物。作者为弗里茨·罗伊特（1862—1864年），用梅克伦堡方言写作。］

此外，引起我注意的是，"皮肤上有一块浸润性病灶"这句话听上去多么不同寻常。我们习惯于讲"左上后部浸润性"，这指的是肺部，因此又一次涉及肺结核。

尽管隔着连衣裙。这只是个插入成分。我们为诊所的儿童做检查时，通常会脱掉他们的衣服，这与对成年女性患者进行检查的方式是一种对比。据说有一位出色的临床医师在进行身体检查时从未让患者脱过衣服。别的我就不清楚了，坦白地说，我无意深入分析这一点。

M医生说："很显然，这是感染，但没什么。还会发生痢疾，而毒素会排出。"这句话一开始让我觉得可笑，但像其他部分一样，必须仔细地加以分析。细看起来，这句话还是显出一种意义。梦中我发现患者患的是局部性白喉。从我女儿患病时起，我回忆起关于局部性白喉与白喉的讨论。后者是全身感染，由局部白喉引起。利奥波德通过浊音来验证这样一种全身感染，这种浊音也就让人想到转移性病灶。我似乎想到，恰恰在遇有白喉时，此类转移不会出现。它们更容易令我想起脓血症。

没什么。这似乎是一种安慰。从下面所说看，这句话倒也适合：梦的上半部分内容是患者的疼痛源于严重的器质性疾患。我猜想，我也只想以此推卸责任，即认为心理治疗无法治愈长期的白喉。让我良心不安的是，仅仅为了减轻我的责任，我硬说爱玛有如此严重的疾病，这未免太残酷了。因此我需要保证有个好的结局，而我觉得最好的办法似乎是借M医生的口把安慰的话说出来。这样一来，我对梦又采取了一种超越的态度，这种态度又需要进一步解释。

为何这种安慰如此荒唐？

痢疾：似乎很早就有一种理论，即致病物质可以通过粪便排出。难道我想借此取笑M医生吗？因为他常常做一些古老的解释并提出大家意料不到的想法。关于痢疾，我还想起别的事。几个月前，我接诊了一名年轻男子，其排便不适的症状值得注意。其他同行把他当作"营养不良性贫血"的病例治疗过。而我认识到，问题在于癔症，我不想在他身上尝试我的心理疗法，就劝他去做一次海外旅行。几天前，我收到他发自埃及的一封令人沮丧的信，他在那里又发了一次病，医生诊断为痢疾。我虽然猜测，这一诊断只是无知同行的错误——他被癔症愚弄了。但我还是不免自责，我把患者置于这样的境地：在癔症性的肠道疾患之外，还得了器质性肠道疾患。[在德文中]痢疾（Dysenterie）的发音和白喉（Diphtherie）很相似，后者未在梦中说出来。

对，必定如此，M医生说出了"还会发生痢疾……"这种安慰性的预后，我必定是在取笑他。因为我忆起，他几年前曾经笑着讲过一位同行类似的事。他跟这位同行一起给一位重病患者会诊，觉得有理由告诫过于乐观的另外那个人，他在患者那里发现尿中有蛋白。同行却没有被弄糊涂，而是平静地答道："没什么，那种蛋白会排出去的！"我就不再怀疑，梦的这个部分正是在嘲弄对癔症无知的同行。像是为了证实我的想法，我又出现了一个念头：M医生是否知道他的患者（爱玛的朋友）具有癔症和结核病共同的症状呢？他看出了这种癔症，还是误诊了呢？

但我有何种动机如此恶劣地对待自己的朋友呢？这很简单：M医生像爱玛本人一样不同意我的"解决办法"。我就在此梦里报复了这两人。我用言辞报复爱玛："要是你还感到痛苦，就是你自己的责任。"而报复M医生用的是借他的口说出的无意义的安慰之词。

我们立即知道，感染从何而来。梦中的这种"立即知道"值得注意。因为经由利奥波德才验证了感染，在此之前我们一无所知。

她觉得不适时，我的朋友奥托给她打了一针。奥托确实讲过，他最近

// 梦的解析

在爱玛家时被接入邻近的旅馆，给那里突然觉得不适的某个人打了一针。这些打针的事又令我想起那个可卡因中毒的不幸朋友。我只是建议他在吗啡脱瘾期间内服［即口服］此药品，他却立即给自己打了一针可卡因。

　　注射了丙基制剂、丙基……丙酸。我究竟是怎么想到这些的？那晚我写了病史，随后做了梦。在同一个夜晚，我妻子开了一瓶酒，瓶上商标字样为"Ananas①"，这是我们的朋友奥托所赠。因为他有一个一有机会就送礼物的习惯。但愿有朝一日他能找到一个妻子改变他的这种习惯②。从这瓶酒里冒出一种劣质烧酒味，我拒绝品尝。我妻子的意思是把这瓶酒送给仆人，而我更谨慎，以与人友善的意见禁止此事：他们也不该中毒。劣质烧酒味（戊基……amyl）显然在我身上激起了对丙基（propyl）、甲基（methyl）这一类药物的回忆，梦中的丙基制剂也得到了解释。我却在梦中做了替换：我在闻到戊基后，梦到了丙基，但或许在有机化学中是允许这种替换的。

　　三甲胺（trimethylamin）：对此物质，我在梦中见到了化学分子式，足以证明我的记忆做出了巨大努力，而且分子式用粗体印出，似乎想在这个语境中突出某种特殊重要性。以此类方式让我注意到的三甲胺究竟把我引向何处？引向与另一位朋友的谈话，他几年来知晓我所有正在酝酿的工作，正如我知晓他的一样③。他当时告知我某些有关性过程化学性质的想法，还提到他相信三甲胺就是性代谢的产物之一。这种物质就

---

　　① "Ananas"的发音与我的女患者爱玛姓氏的发音很相似。

　　② ［1909年补充，然而自1925年起又删去］在这一点上，此梦没有被证明是预言。在别的意义上，却带有预言性。因为我的患者"未解决的"胃痛（我不愿负有责任）竟变成了一种严重胆石疾病的预兆。

　　③ ［那是威廉·弗利斯，柏林生物学家兼鼻喉科医生，在《梦的解析》出版前几年对弗洛伊德有很大的影响，在弗洛伊德的文章中，他常常匿名出现。参见弗洛伊德（《精神分析肇始》，1950年）。］

第二章 解梦的方法：对一个梦例的分析

使我想到性欲。就我想治愈的神经疾患的病因而言，这是最为重要的因素。我的患者爱玛是一位年轻的寡妇。如果我要为治疗不成功找一个借口的话，她的寡居正是最好的借口，当然她的朋友们是不喜欢这种说法的。这样一个梦安排得多么奇怪！我在梦中用来代替爱玛的另一位女患者也是一位年轻寡妇。

我开始猜想，为何三甲胺的分子式在梦中特别突出。有如此多重要之事在这一个词里凑到一起：三甲胺不仅暗示性这个强有力的要素，而且也暗指一个人，每当我因自己的观点而觉得孤寂时，就带着满足感回忆起此人对我的赞同。难道在我的生活中扮演如此重要角色的这位朋友，在梦的联想中不该出现？还是该出现的。对于鼻腔及鼻窦疾病，他是一名特别的行家，他唤起了人们对鼻甲与女性性器官的关系的注意（见爱玛喉咙里三个卷曲的形状）。我曾经让他给爱玛检查，她的胃痛是否与鼻腔有关。他自己却患有化脓性鼻炎，这让我很担心。这无疑是暗指脓血症，与梦中转移有关，是隐隐潜入我的脑海的①。

这类注射不应如此轻率。此处，"轻率"这一指责直接针对我的朋友奥托提出。我似乎记得当天下午，他通过话语和表情用同样的态度在反对我，其中有这样的意思：他多么易受影响；他多么粗心地急于下结论！另外，梦中的这句话使我再一次想起我那因急于注射可卡因而死去的朋友。正如所说的，我根本无意注射此药物。轻率地对待那些化学材料，在我对奥托提出的这一指责上，我发觉，我又一次联想到不幸的玛蒂尔德的故事。这也可以用来作为责备我自己的理由。我在此显然是为了证明我有医德而收集例子，但是也说明了事情的相反一面。

很可能注射器也不洁净。这是对奥托的又一项指责，起因却不同。

---

① ［梦的这一部分在后面还将得到进一步分析。］

昨日，我偶遇一位82岁女患者的儿子，我曾经每日得给这位患者注射两次吗啡①。她儿子告诉我她在乡下，而且患了静脉炎。我马上想到，是注射器不洁引起的感染。两年来我没给她造成感染，使我感到自豪。我总是不怕麻烦地使注射器保持洁净。总之，我是很认真的。我由静脉炎想到我妻子，她在一次妊娠中患了血栓。这样，在我的回忆中就出现了三个相似的情境，我妻子、爱玛和逝去的玛蒂尔德，她们的同一性显然使我能在梦中把三人互换。

我现在完成了对这个梦的解释②。在释梦时，对梦内容与其后隐藏的梦意念之间，我很难不受因这种比较而引起的全部观念的牵制。其间，我也明白了梦的"意义"。我发觉一种意图，它由梦来实现，并且必定是做梦的动机。梦满足了若干欲望，它们是由前一晚的事件（奥托的消息、病史记录）引起的。梦的结果就是，我对爱玛尚存的疾患无过失，奥托对此负有责任。现在，奥托关于爱玛未痊愈的意见使我感到恼火，梦为我报复他，把指责转回到他自己身上。梦为我开脱对爱玛的健康状况所负的责任，把这种健康状况追溯到其他因素上——产生了一大串理由。梦构成我所愿的某种事态。梦的内容就是欲望的满足，而梦的动机是一种欲望。

这样一来，梦中情节已大体分明。但在梦的细节中，在欲望满足的视角下，我也可以理解某些事。我不仅因为奥托急于站在另一边反对我而报复他，于是在梦中把他表现为在医疗处理上（打针）粗心大意，而且我还因为发出劣质气味的酒而报复他，我在梦里发现一种集合了两项指责的表达方式：注射丙烯制剂。我还不满足，继续我的报复，我把

---

① ［这名老妇（在弗洛伊德那个时期的著作中多次出现）在后面再次被提及。］
② ［1909年补充］在释梦过程中我没有把梦中的全部细节报告出来，这是可以理解的。

第二章 解梦的方法：对一个梦例的分析

他与其竞争者对比，发现后者更可靠。我似乎是在说："对我而言，他比你更可爱。"奥托却不是我发泄愤怒的唯一对象。我也报复不顺从的患者，我把她与一个更聪明、更柔顺的患者调换。我也不容忍 M 医生的异议，以一种明显的暗示表达他对病例看法的无知（"还会发生痢疾，等等"）。的确，我似乎想把他转换为一个懂得更多的人（给我讲述三甲胺的朋友），正如我把爱玛转换成她的朋友，把奥托转换成利奥波德一样。"给我把这些人弄走！给我用我选的三个人来代替他们！然后我才能摆脱我不愿受到的指责！"在梦里以最详尽的方式对我表现出这些指责是毫无根据的。爱玛的疼痛没有成为我的负担，因为她自己对此有责任，她拒绝接受我的解决办法。爱玛的疼痛与我无关，因为它们具有器质性，根本无法通过一种心理治疗而治愈。爱玛的病痛由其寡居得到令人满意的解释（参见三甲胺），对于这件事，我可什么都改变不了。爱玛的病痛由奥托一次不谨慎地注射一种不适当的物质引起，我绝不会这样注射。爱玛的病痛源自一次不洁注射器的注射，就像我那名老妇人的静脉炎，而我在注射时从未引起任何病患。我发觉，对爱玛病痛的这些解释在减轻我的责任上是一致的，但彼此间不协调，甚至互相矛盾。整个辩护词——此梦并无他意——令人清晰地回忆起一个人的辩护：他被邻居控告归还了用坏了的锅。他辩护说，首先，他把锅完好无损地送还；其次，他借用锅时，上面已经有了一个洞；第三，他从未从邻居处借用过锅。真是说得头头是道，哪怕这三种辩护中只有一种被认定为真的，此人就会被宣告无罪①。

对梦起作用的还有其他主题，与我减轻对爱玛疾病的责任的关系

---

① ［弗洛伊德在其关于诙谐的书中的第 2 章和第 7 章中也讨论了此故事（弗洛伊德，《癔症分析片段》，1905 年，第 4 卷，第 61 页和第 191 页。）］

不大：我女儿的疾病与一位同名女患者的疾病，可卡因的有害性，我那在埃及旅行的患者的疾病，对我妻子、兄弟以及 M 医生的健康的关注，我自己的疾病，我对梦中未出现的患化脓性鼻炎的朋友的担心。不过，如果我把这一切加以考虑，就可以集合为一组观念，可称之为"担心自己和别人的健康——医生的职业良心"。我回忆起当奥托给我带来爱玛身体状况的消息时，我曾隐约有过一种不愉快感。在梦中起作用的这一组思想促使我把这种转瞬即逝的印象转换为词语。似乎奥托会告诉我："你对你的医生职责不够严肃，你不认真，不守信。"这一组思想会为我效劳，以使我能提供证据证明我有高度的职业道德，我对家属、朋友和患者的健康多么挂心。值得注意的是，在这些材料中也有不愉快的回忆，它们支持我朋友奥托的指责而非我的申辩。此材料仿佛不偏不倚，但是在作为梦的依据的这一组较广泛思想与表现为我期望对爱玛的疾病不负责这一有限梦题材之间，显然是有联系的。

我不愿声称我已经完全揭示了梦的意义，我也不想说我的解释是完美无缺的。对这个梦我可能还要花费更多时间，从梦中获取更多信息，探讨由此产生的新问题。我甚至还知道可以从哪些要点去追寻思想线索。但因为我对自己的每个梦总有一些考虑，我就不再继续我的解释工作了。如果有人急于责备我言不尽意，他尽可自己尝试比我更坦率的试验。当前我已满足于一项新获得的认识：如果遵循在此指明的解梦法，就会发现，梦确实有意义，绝非一些著作者所说的是大脑部分活动的表现。完成解释工作后，梦可以被认定为欲望的满足[1]。

---

[1] ［在一封 1900 年 6 月 12 日致弗利斯的信中（弗洛伊德，《精神分析肇始》，1950 年，信函第 137 号），弗洛伊德描述了他后来重访贝尔维尤，即梦中的那座房屋。他写道："你们可曾想到，在这座屋子里将会放上一块大理石板，上面刻着：1895 年 7 月 24 日，在此屋内，西格蒙德·弗洛伊德博士发现了梦的秘密。"当时，我们似乎还没有预料到这一点。］

第三章

梦是欲望的满足

第三章 梦是欲望的满足

当我们通过一条狭路，到达一片高地，大路向不同方向延伸，美景尽收眼底，我们最好能暂停片刻，考虑下一步应该选择什么方向[①]。爬上第一座解梦的顶峰后，我们的境况与此相似。这个突然的发现使我们豁然开朗。梦并不是代替音乐家手指的某种外力在乐曲上乱弹的无节奏鸣响。梦并非无意义，并非荒诞，也不是一部分观念睡去，而另一部分开始苏醒。梦是一种完全有效的心理现象——是欲望的满足。梦可以列入我们可以理解的苏醒时的心灵活动的关联中；一种高度错综复杂的精神活动构建了梦。

但在我们想对此认识感到高兴之时，大量问题在同一瞬间涌向我们。根据解梦的说明，如果梦是欲望的满足，那么用来表示这种欲望满足的引人注目和令人诧异的形式源自何处？在构成我们醒来后记得的显性的梦之前，在梦意念上又发生了哪些变化？这种变化是如何发生的？被加工成梦的材料源自何处？我们在梦意念上能够发觉的某些特性——比如它们相互矛盾（参见借锅的比喻），又是如何引起的？梦能够向我们说明关于我们内心过程的一些新东西吗？梦的内容能够纠正我们日间所持有的意见吗？我建议，把所有这些疑问暂时搁到一旁，继续沿着一条特殊的途径追寻下去。我们已经获悉，梦可以代表欲望的满足。紧接着，我们的兴趣会是，查明这是梦的一个普遍特性还是只是一个特殊的梦（给爱玛打针的梦）的内容。我们的分析以此梦开始，因为即使我们

[①] [1899年8月6日致弗利斯的一封信中（弗洛伊德，《精神分析肇始》，1950年，信函第114号），弗洛伊德在本书第一章开始处有如下描述："全书的计划按照一种漫步的手法，首先进入著作者们的黑暗森林（他们看不见树木），毫无希望，充满歧路。然后是隐蔽的狭路，我引导读者穿过这条狭路——用自己的一个充满轻率言行和戏谑细节的独特梦例——随后我引导读者们突然爬上一片高地，视野突然开阔，于是问道：'你们要继续走哪一条路？'"]

// 梦的解析

有准备，即每个梦都有意义和心理价值，我们还得搁置一种可能性，即此意义并非在每个梦里都是同样的。我们的第一个梦是欲望的满足；另一个梦或许被证明是惧怕的表现；第三个梦可以是一种沉思；第四个梦干脆再现回忆。那还有其他欲望的梦吗？或者除了欲望的梦外就没有其他梦了吗？

很容易指明，梦常常让人不加掩饰地认清欲望满足的特性。可能使人惊奇的是，为何梦的语言没有早得到理解？比如有一种梦，就像做实验一样，只要我高兴，就能唤起它。如果我晚上吃了鳀鱼、橄榄或其他过咸的食物，夜里我就因口渴而醒来。我在醒前往往会做一个内容差不多的梦，即我在喝水。我大口啜饮，觉得可口，那滋味就像干渴的喉咙尝到清泉一般，于是我就醒来，感到真的得喝水了。这个简单的梦的诱因是口渴，我的确在苏醒时感受到了口渴。从这种感受中产生喝水的欲望，而梦对我表明这个欲望实现了。做梦是在执行一项功能——这是不难猜到的。我是个睡眠好手，不习惯被一种躯体需求唤醒。如果我成功地通过我喝水这个梦来平息口渴，那我无须醒来再去喝水。所以这是一种方便的梦。做梦代替了生活中其他地方发生的动作。可惜我无法用一个梦来满足饮水解渴的需要，不能像我对朋友奥托和 M 医生进行报复那样用梦来满足，但是两个梦的意向却是相同的。不久前，我又做了一个稍有改变的同样的梦。我入睡前就口渴，喝空了放在我床边小柜上的一杯水。几小时之后，我又觉得口渴难耐，这一次却是不方便的梦了。为了拿到一些水，我本该起来，给自己取来放在我妻子的小床头柜上的杯子。我就恰如其分地梦见，我妻子正用一个容器给我喝水。这个容器是埃特鲁斯坎人[①]的骨灰坛，我在意大利旅行时把它买回来，此后送人

---

① 亦称"伊特拉斯坎人""伊特鲁里亚人"，意大利古代民族。——译注

第三章　梦是欲望的满足

了。里面的水味道咸得（显然由于骨灰的存在）让我不禁苏醒。可以注意到，在这个梦中，一切都安排得很妥善。因为满足欲望是梦唯一的意图，梦可以完全自私。贪图舒适与顾惜他人确实不能合二为一。骨灰坛的介入很可能又是一种欲望的满足。我很遗憾，不再拥有这个骨灰坛，正如我也接近不了我妻子那一侧的水杯。骨灰坛与我口中越来越咸的味道也是切合的，我知道，这是为了强迫我苏醒①。

在我的青少年岁月里，此类方便的梦很频繁。我向来习惯工作至深夜，对我而言，早点苏醒始终是件难事。因此我常常梦见自己已经起床，站在盥洗台边。一会儿之后，我就明白自己尚未起床，但还是在此期间睡了一会儿。我从一个和我一样贪睡的年轻同事处了解到一个特别有趣的懒散的梦。他住在医院附近的一座公寓里，他吩咐女房东每天早晨要及时唤醒他。但每当女房东执行任务时，总是遇到麻烦。一日早晨，他睡得特别香甜。女房东冲着房间里喊："佩皮先生，请您起床，您得去医院上班了！"于是，他梦见医院里的一个房间，他躺在一张床上，床头挂有一块牌子，上面写着：佩皮先生，医科大学生，22岁。梦里，他对自己说："我已经在医院了，就无须再去那儿了。"于是翻身接着睡。他就是这样不加掩饰地承认了做梦的动机。

再说一个梦例，其刺激同样在睡眠期间起作用：我的一位女患者

---

①　口渴梦的真实性也为韦安特所熟悉，他对此表示（《梦的形成》，1893 年，第 41 页）："口渴的感觉比其他感觉更为真切；它始终制造解渴的想象。梦中表现的解渴的方式多种多样，根据最近记忆的不同而异。在此也有一种普遍现象，即在想象解渴后立即出现失望，对臆想中解渴的无效感到失望。"他却忽略了梦对刺激的反应总是普遍有效的。如果有他人夜间受口渴侵袭，先前没有做梦而苏醒，这并不意味着对我的实验的异议，而表示这些人是比较糟糕的睡眠者。[1914 年补充] 对此参见《以赛亚书》（第 29 章，第 8 节）："就如一名饥饿者梦见他吃饭，但若他醒来，其灵魂仍空虚；或者如一名口渴者梦到他饮水，但他若醒来，又乏又渴。"

// 梦的解析

不得不经受一次不是很成功的颌部手术。按照医生的意思，应该日夜在患病的面颊上戴着冷敷器，她却常常一入睡就把它扔开。一日，医生请我严厉指责她，她又把装置扔到地上了。患者回答："这次我确实无能为力，那是我夜里做梦的结果。梦中，我在歌剧院的一个包厢里，对演出非常感兴趣。但卡尔·迈耶先生却躺在疗养院里，因为颌骨疼痛而大加抱怨。我认为，因为我不疼，所以也不需要这个装置，我就把它扔掉了。"可怜的患者的这个梦使我想到一个人在不快的境地里经常挂在嘴边的一句话："我应该说我能想到比这更好的享受。"梦显示出这种更好的享受。做梦的女人将其疼痛转嫁到卡尔·迈耶先生身上，他是她能够想起来的熟人中最普通的年轻人。

在我从健康人处收集的若干梦例里，同样可以看出欲望的满足。我的一位朋友了解我的梦理论，把它告知其妻，一日，他告诉我："我妻子让我讲给你听，她昨天梦见来了月经。你猜这意味着什么？"当然，我知道，如果已婚妇女梦见来月经，就意味着月经已经停止。我可以料想，在当母亲的辛苦开始之前，她希望还有一段时间享受自由。这是通知她第一次怀孕的巧妙方式。另一位朋友写信告诉我，其妻不久前梦到她在其衬衣前部发现奶渍。这也表明她怀孕了，但不是初次。这位年轻母亲希望第二个孩子比第一个孩子有更多乳汁吃。

一名少妇因护理患传染病的孩子整整几周没有参加社交活动，在孩子痊愈后，她梦见一次社交聚会，都德[1]、布尔热[2]和普雷沃[3]等人身处其中，他们对她都很亲切，让她非常开心。这些作家都酷似他们的画

---

[1] 阿尔丰斯·都德（1840—1897年），法国作家。——译注
[2] 保罗·布尔热（1852—1935年），法国作家。——译注
[3] 马塞尔·普雷沃（1862—1941年），法国作家。——译注

第三章 梦是欲望的满足

像，除了普雷沃，她从未见过他的画像，他看上去与很像那个前一天来清洁病房的消毒员——许久以来踏入病房的首位访客。这个梦可以完备无缺地翻译成：现在该是停止长期护理患者而搞些娱乐的时候了！

这些梦例或许已经能够说明梦仅能解释为欲望的满足，而且在各种情况下，其意义也是一眼能看出的，不加任何掩饰。它们多为短而简单的梦，与混乱纷杂的梦形成鲜明的对比，后者很高程度上把著作者们的注意力吸引到自己身上。但我们还是要停下来花点时间来考察这些简单的梦。我们可以在孩子们身上期待梦的最简单形式，他们的精神活动肯定没有成人的复杂。依我之见，儿童心理学研究有助于对成人心理学的了解，就像研究低等动物的结构和发展有助于研究高等动物的结构和发展一样。只是直到现在，很少有人充分利用儿童心理学来达到这一目的。

幼儿的梦常常[①]是纯粹的欲望满足，因此与成人的梦相比，确实索然无味。它们不提供谜让人解，但在证明梦的深刻本质是欲望的满足上，却有无可估量的价值。在我自己孩子的材料中，我可以收集此类梦的若干例子。

我得感谢1896年夏天我们从奥斯湖出发前往美丽的乡村哈尔斯塔特的一次旅行中所做的两个梦。一个梦是我当时8岁半的女儿的，另一个是我5岁3个月的儿子的。我得先说明，我们在那个夏天住在奥斯湖附近的一座山上，遇到好天气时，我们可以在此饱览达赫施泰因山壮丽的景色。用望远镜可以看清西蒙尼小屋。孩子们常常试着通过望远镜看它——我不知道他们是否看见了。在郊游之前，我给孩子们讲过，哈尔

---

① ［此词于1911年添加。］

斯塔特位于达赫施泰因山脚下。他们很盼望这一天。我们从哈尔斯塔特出发，走进埃契恩山谷①，一路上不断变化的景色让孩子们着迷。但是那个5岁的男孩逐渐变得情绪不好。一有新的山进入视野，他就问："这是达赫施泰因山吗？"对此，我不得不回答："不，只是一座山下的小丘。"此问题重复了几次后，他就完全沉默了，而且拒绝跟我一起走通往瀑布的台阶路。我以为他疲乏了。次日早晨，他却很快乐地走近我，讲道："昨天我梦见我们到了西蒙尼小屋。"这时我理解他了。我说到达赫施泰因山时，他期待在前往哈尔斯塔特远足时会登上山并亲眼看见在望远镜中经常看到的西蒙尼小屋。他后来发觉，别人总是用小丘和瀑布来搪塞自己，他就觉得受骗了，变得无精打采。梦为此补偿了他。我试着获悉梦的细节，但内容却是干巴巴的。他只是说："你得爬六小时的山路。"——这只是他听别人说的。

在这次旅行中，在8岁半的小女孩身上，愿望也变得活跃了——这些愿望只能在梦中得到满足。我们把邻居的12岁男孩带往哈尔斯塔特，他像一个风度翩翩的小绅士，我觉得，他已经有了博得这个女孩欢心的迹象。女孩在次日早晨讲了如下的梦："真奇怪！我梦见埃米尔是我们中的一员，叫你们爸爸妈妈，像我们家的男孩一样在大房间里跟我们一起睡。后来，妈妈走进房间，扔了一把裹着蓝绿纸的大巧克力棒到我们床下。"她的兄弟们显然缺乏解梦的遗传才能，只是像我们的著作者们一样声称：这个梦无意义。但这个女孩却为梦的一部分进行了辩护。而从神经症理论来看，可以获悉她为哪一部分做了辩护。"埃米尔成为我们家庭的一员，这是胡说，但关于巧克力棒的部分就不是了。"这一点

---

① ["埃契恩山谷（Echerntal）"在以前的德文版本中被误说为"埃舍恩山谷（Escherntal）"。]

第三章 梦是欲望的满足

正是我没有弄清楚的,孩子的妈妈对此给我提供了解释。在从火车站回家的路上,孩子们在自动售货机前停下,想要购买包着闪闪发光的锡纸的巧克力棒,根据他们的经验,自动售货机会出售种巧克力棒。妈妈不无道理地认为,这一天他们的愿望已经得到充分的满足,这一愿望就留给梦吧!我忽略了这个小小的场景。我毫不费力地理解了被我女儿排斥的那部分梦。我曾经听到这个彬彬有礼的小客人在路上要求孩子们等"爸爸"和"妈妈"跟上来。小女孩的梦把这种暂时的亲属关系变成一种持续的关系。她的感情还不足以构成超出梦中表现情景的其他伴侣形象,还不过是兄弟般的关系而已。至于为何巧克力棒被扔到床下,不问她当然是不可能知道原因的。

我从我的朋友处获悉另一个梦,与我家儿子的梦很相似。做梦的是一个8岁小姑娘。父亲跟几个孩子步行前往多恩巴赫①,打算探访罗雷尔小屋,中途却折返,因为天太晚了,父亲答应孩子们下次补偿他们。归途中,他们看到指明通向小村庄的道路的牌子。孩子们就要求去小村庄,却不得不出于同样理由被敷衍说改天再去。第二天早晨,这个8岁小姑娘到她爸爸那里得意扬扬地说:"爸爸,昨晚我梦见,你跟我们去了罗雷尔小屋,并去了小村庄。"由于迫不及待,她已预先履行了由爸爸做出的许诺。

还有另外一个同样简洁明了的梦,奥斯湖的美景在我当时3岁3个月的小女儿身上激起了这个梦。她是第一次在湖上乘船,而游湖的时间对她来说过得太快了。在上岸点,她不愿离船,就痛哭。次日早晨,她讲道:"昨天夜里我梦见乘船游湖了。"我们猜想这次梦里游湖的时间一

---

① [位于维也纳附近的丘陵地区。]

// 梦的解析

定比白天长些。

我的长子8岁时已经梦见实现了他的幻想。他梦见和阿喀琉斯坐在一辆车上,而狄俄墨得斯是他们的车夫。不出所料,他前一天兴致勃勃地读了他姐姐送给他的一本希腊神话。

如果儿童说梦话也属于做梦的范围,我可以在下面告知我最近收集的一个梦。我的最小的女儿当时19个月大,一天早晨,她呕吐不已,因而白天一直未进食。在饿了一天的当晚,她在梦里激动地喊道:"安娜·弗洛伊德、草莓、野(草)莓、炒鸡蛋、布丁!"她当时总是习惯先说出自己的名字以表示占有了一些什么东西。菜单中大概包括了她最喜欢吃的一些东西。其中草莓以不同方式出现了两次,是对家中卫生规则的反抗。她无疑没有忽略这一点:她的保姆将她身体不适归咎于过多食用草莓。对于这个让她不快的意见,她就在梦中表示了反对[1]。

我们虽然强调儿童时代没有性欲而感到快乐,但也不要忘记,对童年而言,失望和放弃也是丰富的来源。因而这两大本能都可成为梦的有效刺激[2]。下面是另一个梦例。我22个月大的侄子在我生日时得到任务,要祝贺我,并把一个装着樱桃的小篮子作为礼物献给我,樱桃在这个季节产得不多。他觉得很棘手,因为他不停地念叨:"樱桃在里面。"而且不想把篮子递过来。但他善于补偿自己。他习惯于每天早晨对他妈妈

---

[1] 不久,这个女孩的祖母也做了一个梦,显示了同样的效果,祖孙二人的年龄加起来有70多岁。祖母因肾脏病发作而一天没有进食,后来她就梦见,自己回到美好的少女时代,被邀请出席午宴和晚宴,而且两餐都是精美可口的食物。

[2] [1911年补充]通过更深入地研究儿童的心灵生活,我们了解到,在儿童心理活动中,婴儿期形态的性驱动力扮演足够重要但是被忽视已久的角色,这种研究让我们在一定程度上怀疑童年是否真像成年人推想的那样幸福(参见作者的《性学三论》,1905年)[上文所述却明显与后文某些段落相矛盾]。

第三章　梦是欲望的满足

讲，他梦见了"白衣士兵"——一个穿着大衣的卫队军官，他曾在街上看见过，并很羡慕他。在他忍痛将樱桃送给我的第二天，他醒后高兴地说："那个士兵把樱桃都吃光了[①]！"

动物梦见什么，我不知道。但是我的一个学生提及一句俗语，引起了我的注意，很值得一提。谚语中问："鹅梦见什么？"答曰："梦见玉

[①]　[1911年补充]应当指出，在幼儿身上，几乎经常出现较错综复杂、不怎么容易被看穿的梦。另一方面，即使在成人身上，具有如此简单的婴儿期性质的梦也频繁出现。在我的《对一名5岁男童恐怖症的分析》（1909年）和荣格（《论儿童心灵的冲突》，1910年）的书中有例子显现，四五岁的儿童的梦中可以出现许多意料不到的材料。[1914年补充]对儿童梦的解释还见于冯·胡克—海尔穆特（《分析一个五岁半男孩的梦》，1911年,《儿童梦》，1913年）、普特南（《一个典型的儿童梦》，1912年）、范拉尔特（《儿童梦》，1912年）、施皮尔雷因（《帕特尔·弗罗伊登赖希的梦》，1913年）和陶斯克（《论儿童性心理学》，1913年）；其他还见于比安基耶里、布泽曼（《学童的梦生活》，1909年,《儿童梦经历心理学》，1910年）、多利亚和比安基耶里；尤其见于维格姆（《梦心理学资料文稿》，1909年），他强调这些梦欲望满足的倾向。[1911年补充]另一方面，在成人那里，如果他们被置于不同寻常的生活条件下，幼稚型的梦特别频繁地再度出现。奥托·诺登舍尔德写到在南极洲和他一起过冬的探险队员们（《南极冰雪中的两年》，1904年，第1卷，第336页及下页）："我们的梦清楚地表明了我们内心思想的方向，它们从未比现在更活跃、数量更丰富。甚至平时很少做梦的人，在早晨我们彼此交流出自这个想象世界的最新体验时，也有长长的故事要讲。它们都涉及现在离我们非常远的那个外部世界，却常常切合我们的现状。一个特别典型的梦的内容是，一个伙伴似乎回到了学校课堂内，分给他的任务是，重新刻制专供教学之用的小型印章。吃喝总是我们的梦的主题。我们中的一个人颇有在夜间去赴大型午宴的本领，要是他早晨能够报告，'他参加了有三道主菜的午宴，'就打心眼里喜悦；另一人梦见堆积如山的烟草；还有其他人梦见船扬帆越海而来。还有另一个梦值得提及：邮递员带着邮件而来，详细解释为何邮件让人等了这么长时间，他说他把邮件送错了，经过巨大的努力后才成功地再度得到它们。当然，人在睡眠中忙于尚不可能之事，但我自己所做的或听别人讲的几乎所有梦的最大的特点就是缺乏想象力。如果记下所有这些梦，肯定具有巨大的心理学价值。人们不难理解我们为什么如此渴望睡眠，因为它可能给我们提供一切我们最热切渴望之事。"[1914年补充]根据杜普莱尔（《神秘主义哲学》，1885年，第231页）：芒戈·帕克有一次在非洲旅行中几乎渴死时，不停地梦其故乡多水的山谷与河边草地。在马德堡监狱受饥饿折磨的特伦克也梦见自己被丰盛的膳食围绕。而乔治·贝克（富兰克林首次远征的参加者）由于食物极度匮乏而濒临饿死时，总是不间断地梦见丰富的膳食。

// 梦的解析

米①。"梦是欲望的满足的全部理论都包含在这两句话中②。

我们现在注意到，我们仅仅依靠语言学就可以迅速形成我们关于梦的隐含意义的理论。普通语言中有时不乏对梦的轻视之意（"梦是空谈"这句话似乎就是支持对梦的科学评价）。但总的来说，有关梦的日常口语总是离不开表达欲望满足的快乐。如果人们在现实中发现超出期望之事，就会高兴地叫喊："我做梦也没想到这件事③！"

---

① ［1911年补充］一句由费伦茨［《对梦的精神分析》，1910年］引用的匈牙利谚语说得更完整："猪梦见橡实，鹅梦见玉米。"［1914年补充］一句犹太俗语原话是："鸡梦见什么？梦见小米。"（伯恩斯坦和塞格尔，《犹太俗语和谚语》，1908年，第116页。）

② ［1914年补充］我绝不会认为，在我之前从来没有著作者想到过从一个欲望引出梦（参见下一节开头一段）。凡认为这种说法重要的人都可以追溯到古代生活于托勒密一世统治下的医生希罗菲卢斯。根据比克森许茨（《古代的梦与解梦》，1868年，第33页）的说法，希罗菲卢斯把梦分成三类：神赐的梦；心灵自发的梦；混合性质的寻求欲望满足的梦。在施尔纳收集的例子中，约翰·斯塔克（《与新旧梦理论相关的新的梦实验》，1913年［第248页］）已注意到施尔纳曾将一个梦解释为欲望的满足（《梦的寿命》，1861年，第239页）。施尔纳说："做梦者的想象如此简单明了地满足了她在醒时的欲望，就是因为欲望强烈存于她的情绪中。"她将这个梦归于"心境的梦"一类。此外，他还分出了男女"性欲的梦"，以及"生气的梦"。毫无疑问，施尔纳已经清楚地看出，作为梦的动因，欲望的重要性不亚于白天的任何心理活动，其不足之处在于没有将欲望与梦的本质关联起来。

③ ［弗洛伊德在其《精神分析引论》（1916—1917年）的第8篇中探讨了儿童的梦（包括本章提及的那些梦）与幼稚型的梦。］

第四章

梦的伪装

第四章 梦的伪装

如果我现在提出主张，说满足欲望是每个梦的意义，也就是除了欲望梦不可能有别的梦，那我从一开始就会招致最强烈的反对。人们会反驳我："有些梦被理解为欲望的满足，这并不新鲜，早就被著作者们注意到了［参见拉德斯托克，《睡眠与梦》，1879年，第137—138页；沃尔克特，《梦幻想》，1875年，第110—111页；浦肯野，《清醒、睡眠、梦与相近状态》，1846年，第456页；蒂谢；M. 西蒙，《梦的世界》，1888年，第42页。关于被关押的男爵特伦克的饥饿梦，还有格里辛格的一段话（《心理疾病的病理学与疗法》，1845年，第89页）[1]］。但是说除了欲望满足的梦外，没有其他类型的梦，是一个不公的推断，幸好这种论调并不难被驳回。有很多梦充满痛苦的内容，丝毫没有欲望满足可言。悲观主义哲学家爱德华·冯·哈特曼[2]大概是最反对欲望满足理论的了。他在其《潜意识哲学》（1890年，第2卷，第344页）中表示：'至于梦，则清醒状态的所有烦恼也与它一同进入睡眠状态，唯一不能入梦的是有教养者在一定程度上的科学和艺术生活上的乐趣……'即使是一些不那么悲观的观察者也强调，痛苦与不愉快的梦比愉快的梦更频繁，比如肖尔茨（《睡眠与梦》，1887年，第33页）、沃尔克特（《梦幻想》，1875年，第80页）等人便是。萨拉·威德和弗洛伦斯·哈勒姆两名女士从对其梦的处理中统计出不愉快因素在梦中占优势（《梦意识研究》，1896年，第499页）。她们称57.2%的梦为不愉快的梦，而只有28.6%是愉快的。除了这些把生活中多种多样的痛苦带入睡眠中的梦外，还有焦虑梦，梦中充满极不愉快的情感，直到把我们惊醒为止。儿

---

[1] ［1914年补充］新柏拉图主义者普罗提诺（柏罗丁）说："如果激起欲望，幻想就随之而至，仿佛对我们展示欲望的对象。"（杜普莱尔，《神秘主义哲学》，1885年，第276页。）[《九章集》，第4集，第4篇，第17页。]

[2] 1842—1906年，德国哲学家。——译注

童最容易被此类焦虑梦侵扰（参见德巴克《论梦的幻觉和惊恐》），而你却把儿童的梦描述为不加掩饰的欲望的满足。"

梦是欲望的满足，我们从前一节的例子中获得此定律，而焦虑梦似乎推翻了这个普遍结论，甚至给此定律打上荒诞的烙印。

尽管如此，还是不难反驳这些看来有说服力的异议。只要注意，我们的学说并非基于对显性梦境的评价，而是在于利用解梦工作去揭示隐藏在梦背后的思想。让我们把显性的与隐性的梦境相对照。有的梦的显性内容带有极痛苦的性质，这一点没错。但有人尝试过解这些梦，揭示隐藏在梦背后的思想吗？如果没有，则两种异议都站不住脚：因为毕竟有可能在解梦后，痛苦和焦虑的梦仍然可被证明是欲望的满足[①]。

在学术工作上，经常具有益处的是，如果一个问题的解决办法存在困难，就再选取第二个问题，就像两颗核桃放在一起比单个更容易砸碎一样。所以，我们不仅面临此疑问：痛苦的梦和焦虑的梦怎么会是欲望的满足？从我们迄今为止对梦的探讨中，我们还可以提出第二个疑问：梦的那些被证实为欲望的满足的无关紧要的内容为什么不加掩饰地显示它们的这一意义呢？以详尽讨论过的给爱玛打针那个梦为例，它绝非具有痛苦性质，经过解梦，它可以被认作明显的欲望满足。但究竟为何需要解梦呢？为什么梦不直言它意味着什么？确实，给爱玛打针那个梦起先也没给人留

[①] ［1909年补充］完全难以置信的是，读者与批评者以何种固执不理睬此种考量，不理会对显性与隐性梦境的根本区分。［1914年补充］但文献中记下的意见中没有一项像J. 萨利的论文《作为一场革命的梦》（1893年，第364页）那样符合我的这种立场，我在此处才引用这一段，并无丝毫贬低之意："梦并非像乔叟、莎士比亚和弥尔顿这类权威者所说的那样是十足的胡说。我们夜间幻想的混乱集合体都各有意义并且传递新知。像密码中的某些字母，如果靠近细看，梦中字形就失去其最初看上去的荒谬性，呈现出严肃、明白易懂的信息的一面。如果稍作变形，我们可以说，像翻译出来的碑文一样，梦在其无价值的表面文字之下显露出古老而宝贵的传达痕迹。"（弗洛伊德把最后两句印成字体隔体。）

第四章 梦的伪装

下代表欲望满足的印象。读者不会得到此印象，在我着手分析之前，我自己也没有这种想法。如果我们把这种需要解释的梦的状态称为"梦的伪装"现象，那就可以提出第二个疑问：这种梦的伪装源自何处？

为解决这个问题，可能会遇到若干可能的答案，如我们在睡眠期间不能直接表达梦的思想。只是，对某些梦的分析迫使我们允许给梦的伪装以一种别的解释。我愿意借助我本人的另一个梦来表明这一点，这个梦又会暴露我的一些言行失检之处，但通过详尽阐述此问题，也足够补偿我个人的牺牲了。

前　言

1897年春天，我获悉，我们大学的两名教授推荐我任临时教授。这一消息来得意外，让我极其愉快，表示来自两位杰出人士的认可，就不能再把此事视为个人关系了。我却马上告诉自己，对此不要抱任何期望。过去几年，部里对此类提名置之不理，几个同事比我年长，在功绩上与我不相上下，一直徒劳地等待对他们的任命。我没理由假定，我的境况会好些，我就决定对此事听之任之。我知道，我并非雄心勃勃，即便没有教授头衔，我的事业还是有令人满意的成果。此外，问题根本不在于我宣称葡萄是甜还是酸，因为对我而言，它们无疑悬得过高。

一天晚上，我的一位与我交好的同事[R.]来看我，他的处境一直被我视为前车之鉴。较长时间以来，他是擢升为教授的一名候选人，这种擢升把我们社会中的医生抬升为患者的半神。他不像我一样认命，他已习惯于时不时地去部长的办公室自荐，以推动他的晋升事宜。他在这样一次拜访后到我这里来。他讲道，他这次把上司逼入困境，直率地质问后者，他迟迟不能晋升是否出于教派顾虑[①]。回答是："当然，在目前

[①] ["教派顾虑"这种措辞指19世纪90年代就在维也纳蔓延的反犹太主义。]

// 梦的解析

的情况下，阁下暂时不能晋升，等等。""我至少知道了我现在的处境。"我的朋友结束了他的讲述，它没给我带来什么新消息，却不禁加强了我听天由命的情绪，因为这些同样的教派顾虑也可以用于我的情况。

这次来访后的凌晨，我做了如下的梦。梦的形式也很奇特：由两种思想和两个模糊不清的形象组成，每一种思想后都紧跟着一个形象。我只把梦的前半段放到这儿来，因为另一半与我现在讨论这个梦的目的无关。

① ……我的朋友R是我叔叔——我对他感情深厚。

② 我看见他的脸在我面前有些变样。脸就像拉长了，围绕着脸有一圈黄胡子，特别醒目。

随后跟着两个别的片段，又是一个形象紧跟着一个思想，我就略过不谈了。

我对此梦的解释如下：

我上午想起这个梦时，笑出声来，说："这个梦真是胡闹。"它却挥之不去，整日跟着我，直到我终于在晚上开始自责："如果你的患者之一对解梦会说的无非是：'这是胡闹。'那你就会制止他并猜测，梦的后面隐藏着一段不快的故事，他想避免意识到此故事。同样对待你自己吧。梦是胡闹，你的这种意见只是意味着对解梦的一种内心阻抗，不要让自己就这么搪塞过去！"所以我就开始解梦了。

"R是我叔叔。"这可能意味着什么呢？我只有一位叔叔——约瑟夫叔叔①。在他身上有一段伤心的故事。30多年前，他有一次因利欲熏心被人诱使做了犯法的事，于是被判了刑。我的父亲当时因忧虑而没几

---

① 奇怪的是，在此我的回忆——在清醒时——为了分析的目的而限制自己。我实际上我知道自己有五位叔叔，我喜欢并尊敬其中一位。但眼下，在我克服了对解梦的阻抗后，我告诉自己："我只有一位叔叔，就是梦里指的那个。"

第四章　梦的伪装

天就头发花白，总是说，约瑟夫叔叔从来就不是坏人，但可能是个笨脑瓜，仅此而已。如果我的朋友 R 是我的约瑟夫叔叔，那我借此想说的是：R 是个笨脑瓜。这简直令人难以置信并感到十分不快！但我在梦中见到的是这样一张脸，有着稍长的脸型和黄色的胡须。我叔叔确实有这样一张脸，稍长，被一圈漂亮的黄胡子围绕着。我的朋友 R 有着黑发黑须，但如果黑发开始变白，就会逐渐丧失青春的光泽。他们的黑胡须一根一根地经历令人不快的变色：胡须先是变成红棕色，然后是黄褐色，然后才确定是灰色。我的朋友 R 的胡须现在也处于此阶段——另外，我不快地注意到，我的胡须也是如此。我在梦中看见的脸，同时是我的朋友 R 的脸和我叔叔的脸。就像高尔顿[①]的复合摄影术（他为了弄清家族面孔的相似性，把若干张脸照在同一张底片上）[《人类才能及其发展的研究》，1907 年，第 6 页以下和第 221 页以下]。无疑，我确实以为，我的朋友 R 是笨脑瓜——就像我叔叔约瑟夫。

我还是根本猜不到，我为何目的建立了这种联系，我本该不间断地抗拒这种联系。这种联系并非十分深入，因为我叔叔是罪犯，我的朋友 R 无可指责，只有一次他骑车撞倒了一个男孩而被罚款。难道我指的是这次犯法行为？如果把这一点作为比较就太可笑了。这时我却想起几天前我跟我的另一位同事 N 的一次谈话，而且是关于同一话题。我在街上遇见 N，他也被提名为教授，他知道了我被推荐的消息并为此祝贺我。我断然拒绝："您不该开玩笑，因为您在自己身上体验了这种推荐是怎么回事。"他对此开玩笑似的回答："这也说不定。的确有特别之事不利于我。您不知道有人曾经向法院告发我？我无须使您相信这个案子已经

---

① 弗朗西斯·高尔顿（1822—1911 年），英国自然研究者与作家，查尔斯·达尔文的表弟，优生学的创始人。——译注

// 梦的解析

被驳回了，那是卑鄙的敲诈未遂。我还做了各种努力，使原告免遭惩罚，但或许部长可以利用这件事不任命我，可您是无可指责的。"这样我就抓到了我梦里的罪犯，同时也发现了梦要如何解释以及梦的目的何在。对我来说，我叔叔约瑟夫就代表两位未被任命为教授的同事，一位是笨脑瓜，另一位是罪犯。我现在也知道了他们为何在这种情况下被表现出来。如果对被拖延任命为教授的我的朋友 R 和 N 而言，教派顾忌是决定性的原因，则对我的任命也成问题。但如果我能把两人未被任命的理由推到不涉及我的别的事情上，则对我而言，晋升的希望就不受干扰。我的梦就把我的一位朋友 R 变成笨脑瓜，把另一位朋友 N 变成罪犯。而我两者都不是，我们的共性被取消了，于是，我可以盼望我被任命为教授，逃脱了当局对 R 所下的那种不幸的结论。

我还必须进一步研究对这个梦的解释。就我的感情而言，这个梦尚未得到令人满意的解释。我轻率地贬低两位受尊敬的同事，以给我留出通向教授职位的道路，这使我感到不安。然而，自从我懂得评估梦中陈述的价值后，我对自己的不满就趋于消失了。我会对任何人否认，我真的认为 R 是笨脑瓜，我不相信 N 对那起敲诈事件的描述。我的确也不相信，爱玛因奥托注射丙烯制剂而病危。这两个梦里，所表达的只是我认为可以如此满足我的欲望。我的欲望满足的论点在这个梦里听起来不像在给爱玛打针的梦里那么荒诞。这个梦的构造更巧妙地利用了实际的事实，如一种精心编排的诽谤，使人觉得其中"不无道理"。因为当时有一名专业教授给我的朋友 R 投反对票，而我的朋友 N 无意中给我提供了我所希望的材料。尽管如此，我再重复一遍，此梦让我觉得需要进一步解释。

我现在回想，此梦还包含解梦过程至今未顾及的一部分。我想起来 R 是我叔叔后，在梦里感受到对他的温情。这种感受该放到何处？对

第四章 梦的伪装

我叔叔约瑟夫，我当然从未有过温情。几年来，对我而言，我的朋友R可爱而珍贵。但如果我走到他面前，对他用言辞表达我在梦中的这份温情，那他无疑会感到惊讶。我对他的温情让我觉得不真实和夸张，类似于我对他智慧品质的判断，我通过把他的个性与我叔叔的个性融合起来而表达这种判断，虽然这里的夸张是朝着相反方向的。现在我渐渐明白一个新的事实。梦里的温情不属于隐性梦境，不属于梦背后的思想。它与隐意相反，目的在于对我掩盖对梦的真正解释。很可能恰恰这一点是梦的使命。我记起，我带着何种阻抗开始解梦，我有多想拖延解梦，把梦宣布为纯粹胡说。我从我的精神分析治疗经验中知道，该如何解释这样一种放弃的态度。它没有认识价值，而只有表达情感的价值。如果我的小女儿不喜欢给她的苹果，她尝都不尝就声称，苹果是酸的。如果我的患者像小女儿一样说话，我就知道，在他们身上，关键在于他们想压抑的一个观念。这也适用于我的梦。我不想解梦，因为解梦包含我抗拒之事。完成解梦后，我就会获悉我抗拒什么——那就是断言R是笨脑瓜。我对R感到的温情，不能追溯到隐性梦意念，却可能追溯到我的这种抗拒。如果与隐性梦境相比，我的梦是伪装了的，而且伪装至反面，则梦中明显的温情服务于这种伪装，换言之，伪装在此证明自己是有意的，是一种掩饰的手段。我的梦包含对R的一种诽谤；为了不注意到这种诽谤，入梦的是相反之事，即对他的温情感受。

可能这是一种普遍有效的认识。正如第三章中的例子所显示的，确实有的梦是不加掩饰的欲望满足。在欲望满足无法辨认之处，欲望已经伪装起来，就必定有抵抗这种欲望的一种趋势，而由于这种抵抗，欲望只能伪装自己。对来自内心精神生活的这种事件，我想从社会生活中寻找对应物。社会生活中，何处找得到与这种精神活动相类似的伪装现象呢？只

// 梦的解析

有当两人相处,其中一人具有某种权力,第二个人因此权力而必须顾忌时,才出现这种情况。这第二个人就伪装其心理活动,或者我们也可以说,他伪装自己。我日日所行之礼仪,大部分是这样一种伪装;如果我为读者解我的梦,就被迫这样伪装。连诗人也抱怨过这种伪装的必要性:

  能贯通的最高真理,
  却不能告诉学生①。

政论家如果要说一些关于当局的令人不愉快的事实,也会遇到类似的困难。如果他直言不讳,当局就会压制他们的言论;如果这些言论是口头发表的,则当局事后会对他加以制裁;如果他想将这些言论印刷出版,则当局会事先予以查禁。政论家忌惮这种审查,所以他在表达言论时必须缓和语气或改变表达方式。根据审查的宽严和敏感程度,他需要约束一下攻击的形式,有时要用暗示来代替直接的言论,有时必须进行看似无伤大雅的伪装,以免受到制裁。例如,他可以用其他国家的两个官员激烈争辩的形式来表达,而明眼人一看就知道这是暗指本国的官员。审查制度越严格,掩饰的方法就越多,而使读者们体会真正意思的手段也就越高明②。

---

  ① [歌德的《浮士德》第1部第4场中的梅菲斯特的两句话。弗洛伊德很喜欢引用,他在后文又引用一次。在他晚年,他也在获颁歌德奖之际把它应用于歌德本人(弗洛伊德,《在法兰克福歌德故居的讲话》,1930年,第10卷,第296页)。]
  ② [1919年补充]博士海·冯·胡克—海尔穆特女士于1915年报告了一个梦,或许没有任何别的梦比它更适合为我选择的术语辩解。此例中,梦的伪装以与信件检查相同的手段来工作,即删去它觉得令人反感之处。信件检查通过涂抹而使这些地方难以辨认,梦的审查通过令人费解的嘟囔来代替它们。
  为了理解这个梦,应该告知,做梦的女人是一名声望颇高、受过良好教育的(转下页)

第四章 梦的伪装

审查现象与梦伪装现象之间如此细致入微地一致，这种一致给了我们权利，要为两者假设类似条件。我们就可以在一个人身上假定两种精神力量（倾向或系统），作为梦形态的创作者，其中之一构成通过梦得到表达的欲望，而另一种对此梦作审查并通过这种审查强迫欲望进行伪装。问题只是，行使审查的这第二种动因力量究竟是什么性质。如果我们回想起来，梦的隐性意念在分析之前未被意识到，起因于它们的显性梦境却被回忆成有意识的，我们自然有理由假定，第二种动因的特权就是让梦的隐性意念进入意识。不通过第二种动因，第一个系统的任何观念似乎都无法到达意识，而第二个种动因不行使其权利，不在争取意识

（接上页）女士，50岁左右，是大约12年前去世的一名高级军官的遗孀，儿子们都已成年，做梦时，他的一个儿子在战场上。

现在是关于"爱役（Liebesdienste）"的梦。"她走进第一军医院并告诉大门口的岗哨，她得跟主治医师谈谈（她说了个她不熟悉的名字），因为她想在医院里帮忙。这时她强调'帮忙'一词，士官马上注意到，事关'爱役'。因为她是老年妇女，他稍许犹豫后，让她通过了。但她不去主治医师那里，她进了一个较昏暗的大房间，里面有许多军官和军医在一张长桌旁站着、坐着。她对一名上尉军医说明自己的来意，没几句话之后，他就已经懂她的意思了。她在梦里说的原话是：'我和维也纳的其他众多妇女和年轻姑娘准备供给士兵、军官和其他人……'最后的话变为嘟囔。但这句嘟囔被所有在场者理解了，展现给她的是军官们半困惑半怀恶意的表情。女士继续道：'我知道，我们的决定听起来令人诧异，但对我们来说是极为严肃的。战场上的军人也不会被问到，他是否愿意死去。'接着是几分钟之久的难堪沉默。上尉军医用胳膊搂住她的腰说：'夫人，假定确实发生此种情况，那……（接着又是嘟囔）。'她挣脱他的胳膊，想道：他和其余人都是一样的，就回答道：'我的上帝，我是一名老妇，或许根本不会到此境地。另外，一个条件必须得到遵守：要考虑年龄。不让年长妇女给小伙子……（嘟囔），这简直太可怕了。'上尉军医说：'我完全理解。'一些军官朗声大笑，其中有一个年轻时还追求过她，而女士希望被引到她熟悉的主治医师那里，以便把事情讲清楚。此时她大为惊愕地想起，她不知道他的名字。上尉军医还是十分礼貌，经过一段十分狭窄的螺旋铁梯，把她从房间直接引上了三楼。在上楼时，她听见一名军官说：'这是一个惊人的决定，年轻、年老无所谓，都值得尊重！'带着就是尽其义务这种感情，她走上了无尽头的楼梯。几周内，这个梦还重复了两次——如女士补充说明的那样——带有完全无足轻重和相当无意义的轻微改动。"[对此梦的一些其他评论见于《精神分析引论》第9篇（1916—1917年，第1卷，148页以下与第153页及下页）。]

// 梦的解析

者身上实施它可以接受的略微变动，就不让任何东西通过。我们此时显露了对意识的"本质"的一种特定见解：对我们而言，意识到什么是一种特殊的心理活动，不同于并且不依赖被设定或被想象的过程，而意识让我们觉得是一种感官，察觉到一种在别处给定的内容。可以表明，心理病理学不能放弃这些假设。后面我们还要详细讨论①。

如果关于两种精神动因及其与意识的关系的这种描述能为我们所接受，则我认为我在梦中对我的朋友 R 有一种异常的温情而在醒后的解释中又对他那样侮辱，与政治生活有很多相似之处。让我们想象一个充满斗争的社会，统治者害怕失去权力，对舆论时刻保持警惕。人民奋起反抗不讨其喜欢的一名官员，要求解雇他。统治者为了表示他无视民众意愿，就偏偏在这个时候毫无理由地给这名官员授予高度荣誉。我的第二种精神动因控制着通往意识的通道，就这样通过倾注过分的温情来表彰我的朋友 R，因为第一个系统的欲望冲动恰巧沉醉于一种特殊兴趣，出于这种特殊兴趣而想把他贬低成笨脑瓜②。

或许我们在此被这种预感攫住，即解梦能够给我们提供对我们精神系统构造的启示，我们至今徒劳地期待哲学有这些启示。我们却不追寻此踪迹③，而是在弄清了梦的伪装后，回到我们的起始问题。提出的问

---

① ［参见第七章，尤其是第六节。］
② 对此梦的分析在后面会继续——［1911 年补充］此类伪善的梦无论在我身上还是在他人身上都并非罕见事件［这些梦在后面再次得到探讨］。我忙于处理某个学术问题时，相继几夜有一个容易使人困惑的梦搅扰我，以与一个绝交多年的朋友和解为内容。第四或第五次时，我终于成功地把握了这些梦的意义。这个梦其实意在鼓励我放弃对那个人的最后一点顾惜，完全脱离他，这种意义以如此伪善的方式装扮成其反面。我曾在别处报告了［《伪装的俄狄浦斯梦的典型例子》，1910 年，后面的注释中再次刊登］一个"虚伪的俄狄浦斯梦"，其中梦意念的敌意冲动与咒人死亡的欲望被明显的柔情所替代。另一类伪善梦在后文（参见第六章）提及［弗洛伊德在此所说的朋友显然是指弗利斯］。
③ ［在第七章中再度谈起。］

… 第四章 梦的伪装

题是，有痛苦内容的梦究竟如何被解释成欲望的满足？我们发现，如果发生了梦的伪装，如果痛苦内容只用于伪装一件所愿之事，这种解释就是可能的。要记住我们关于两种精神动因的假设，我们现在也可以说，痛苦的梦实际上是使第二个动因感到痛苦，但同时满足第一个动因方面的欲望。如果每个梦都因第一种动因而起，而第二种动因只是防御性地，并非创造性地对待梦，这些梦就是欲望梦[①]。如果我们限于评价第二种动因对梦所作的贡献，那我们就绝不可能理解梦。梦的研究者们对梦中出现的所有难题仍无法解决。

梦确实具有代表欲望满足的隐秘的意义，这一点无论如何必须通过分析来得到证明。我因而选择若干内容不愉快的梦，试着分析它们。其中有几个是癔病患者的梦，需要一篇长长的前言，有时需要探究表现癔症特征的精神过程。我却无法避开这种描述的复杂性。

如果我对一位精神神经症患者进行治疗，正如已经提及的那样，他的梦经常成为我们商讨的题目。我此时必须对他提供一切心理学的解释，借助它们，我自己获得对其病症的理解，同时遭受一种无情的批评，我可能无法预料同行们更尖锐的批评。梦是欲望的满足，我的患者们常常对这一定律提出异议。此处是一些用来反驳我的观点的梦例：

"您总说梦是欲望的满足，"一个诙谐的女患者说，"现在我就给您讲一个梦，其内容完全相反，没有满足我的欲望。您怎么把这个梦跟您的理论联系起来？梦的内容如下：我想举办晚宴，可是家里除了一些熏鲑鱼外没什么存货。我想出去采购，却想起来是周日下午，所有店铺都关门了。我就想给一些供货商打电话，但电话出故障了。所以我不得不

[①] ［1930 年补充］以后，我们还会了解此情况，即相反，梦表达第二种动因的欲望。

// 梦的解析

放弃办晚宴的欲望。"

我当然回答,只有通过分析才能够判定此梦的意义,虽然我承认,这个梦第一眼看来理性而连贯,看着像欲望满足的反面。"但这个梦来源于哪些材料呢?您该知道,梦的诱因往往是前一日的经历。"

分　析

我的患者的丈夫是一名诚实而能干的肉铺老板,前一天对她表示,他变得越来越胖了,因此想开始减肥治疗。说他会早起、运动、遵守严格的食谱,尤其不再接受晚宴邀请。关于丈夫,她笑着继续讲道,他在固定用午餐的地方结识了一名画家,这名画家一定要把他画下来,因为这名画家还没有见过如此富于表情的面孔。她丈夫却以其直率的态度答复道,他非常感谢,他完全相信,对画家来说,年轻女郎的屁股比他整张脸更可爱①。她很爱她丈夫,就此戏谑了他一番。她还请他别给她买鱼子酱——这意味着什么呢?

因为她早就希望,每天上午能够吃一个鱼子酱面包,但不乐于付出钱。当然,如果她向丈夫要鱼子酱,她马上会从他那里得到。但相反,她请求他不要给她鱼子酱,以便能继续逗他。

这个理由让我觉得有破绽。在这样不令人满意的答复之后常常隐藏着未及承认的动机。它们使我想起伯恩海姆的被催眠的患者。当一名患者接受了催眠后暗示,并被问及为什么要这样做时,绝不会回答:"我不知道我为何这样做。"而是必定杜撰一个明显不充分的理由。大概我的患者的鱼子酱也是类似情况。我发觉,她被迫在生活中创造一个未被满足的欲望。她的梦也对她显示,欲望被拒绝应验了。但她为何需要一

---

① 参见谚语"要坐着画像"和歌德的诗句:"如果没有屁股,贵人怎么能坐?"[选自《托达利塔特》,1814—1815年。]

个未被满足的欲望呢?

迄今为止的联想不足以解释这个梦。我追问其他情况。在仿佛努力克服某种抗力的短暂停顿后,她还告知,她昨天看望了一位女友,其实她嫉妒后者,因为她丈夫老是极力夸赞她。幸好这位女友很瘦削,而她丈夫是丰满体形的爱好者。那这位瘦削的女友说了什么呢?说她的欲望当然是要变得丰满些。她的女友还问她:"您何时再请我们一次?在您那儿总是吃得那么好。"

这个梦的意义就清楚了。我可以对我的患者说:"似乎您由于她提出要您请客而会想:我当然会请你,让你能在我这儿吃饱、变胖,还让我丈夫更加中意你?我宁愿再也不办晚宴了。于是,梦就告诉您,您不能办晚宴,也就满足了您不想帮您女友变胖的欲望。您丈夫为了减肥而决定不再接受晚宴邀请,也让您明白一个人是在别人的餐桌上吃胖的。"现在只缺证实这种解答的某种巧合,也还尚未解释梦境中的熏鲑鱼。"您怎么会梦到鲑鱼?""熏鲑鱼是这位女友最喜欢的菜肴。"她答道。碰巧,我也认识这名谈及的女士,可以证实,她舍不得吃熏鲑鱼就像我的患者舍不得吃鱼子酱一样。

对于同一个梦,如果考虑到一些附加的细节,还不可避免地要得出另一种更精妙的解释。两种解释彼此不矛盾,而是具有同样的基础。它是一个漂亮的例子,适用于梦通常的双重含义,就像所有其他心理病态结构的双重含义一样。我们知道,患者在做欲望被拒绝的梦的同时,在现实中也试图放弃某种欲望(鱼子酱面包)。她的女友也说出了欲望,即变得丰满些,如果我的患者梦见女友的欲望没有实现,不会让我们惊奇,因为她自己的欲望就是女友的欲望(即增肥)不会实现。但取而代之的是,她梦见自己的欲望没有得到满足。如果她在梦中指的不是自己，而是女友，如果她把自己置于女友的位置，或者我们可以说，她把自己与女友等同起来，此梦就得到一种新的解释。

　　我相信，她确实这么做了，作为这种模仿作用的迹象，她真的创造了一个被拒绝的欲望。但这一癔症的模仿作用有何意义呢？要解释这一点需要更深入的阐述。对癔症症状的机理而言，模仿作用是至为重要的一个要素。患者以此途径在他们的症状中不仅表示自己的体验，而且表现其他许多人的体验，仿佛替一大群人受苦，独自一人扮演许多角色。人们会对我提出异议，说这是已知的癔症的模仿，即癔症患者有能力模仿发生在其他人身上但引起自己注意——即同情的所有症状，仿佛可以加剧至再现的程度。但这也只是表明了在癔症模仿时心理过程所经历的途径。途径和走此途径的心理活动并不相同。后者比癔症性模仿的普遍特性略微错综复杂些，相当于一个无意识的推论过程，可用一个例子加以说明。一位患一种特殊痉挛的女患者与其他一些患者同住医院的一个房间，医生为她治疗。如果这名医生一天早晨发现这种特别的癔症发作被别的患者模仿，他不会表现出惊讶。他只会告诉自己，别的患者看见这种症状并模仿它。这是一种精神感应。这话是对的，但精神感应按如下方式发生。患者之间的相互了解通常多于医生对他们每个人的了解。医生查房过去后，患者们就彼此打听。一位患者如果今天发病了，别人即刻就会得知，一封家书、重温爱情的苦闷等是其原因。她们的同情心变得活跃，并在潜意识中做出如下结论：如果由于此类原因而可能引起这种病的发作，那我也会发作，因为我有相同的诱因。如果这种结论进入意识，就很可能产生对这种发作的恐惧。但这种结论在一个不同的心理领域内完成，因而其结果是所担心的症状成为现实。模仿作用并不是简单的模仿，而是一种基于同病相怜的同化作用。它表示一种类似性，

第四章　梦的伪装

源于残留于潜意识里的一种共性。

在癔症中，模仿作用最为频繁地得到应用，用于表示一种性的共同因素。癔症女患者最容易——即使不是唯一的——出现的症状是模仿与她性交过的男人或者与自己一样与同一个男人性交过的其他女人。语言中常用"宛如一体"形容一对情人，就有这种意思。在癔症的幻想中与在梦里一样，只要有性关系的想法，而不必有实际情况发生就足以达到模仿作用的目的了。女患者就遵循了癔症思维过程的规律，她表现出对女友的妒忌（她自己也认识到这是无理的），她在梦里代替了女友，通过编造症状（被拒绝的欲望）与之等同。这个过程可阐述如下：她在梦里代替了女友，因为女友取代了她与她丈夫之间的位置，还因为她想占据其丈夫所重视的女友的位置①。

在另一位女患者身上，以更简单的方式，并且还是根据一个欲望未满足意味着满足另一个欲望这个范式，解决了对我的梦学说的异议。她是我所有那些女性做梦者中最聪明的一个。我有一天给她分析，梦是欲望的满足。次日，她就做了一个梦，梦中她与其婆婆乘车前往乡间度假。现在我知道，她强烈抗拒在婆婆身旁度暑假。我也知道，通过租借远离婆婆住处的一间乡间的房子，她过去几天幸运地避开了她所担心的共同生活。现在，梦取消了这个她所希望的解决办法。这不是与我的梦是欲望满足的理论最尖锐的对立吗？当然，要解梦，只消从这个梦里得

---

① 我很遗憾在此插入这一出自癔症的心理病理学片段，对它们的阐述是残缺不全的，并且脱离了上下文，确实无法起很大的解释作用。如果它们能够指明梦这个题目与精神神经症的密切关系，那它们就实现了我采纳它们的意图［这是弗洛伊德首次在出版物中对模仿作用进行论证。虽然他偶尔也在以后的著作中触及此题目，不过，在本篇阐述后，一篇较长的阐述20年后才出现在《集体心理学》第7章中（弗洛伊德，1921年）。与之不同的模仿作用的主题作为梦的工作的部分在后面将得到讨论］。

出教训。这个梦表明我错了；而她的愿望就是，我会有错，而这个梦对她显示，这个愿望实现了。我会有错这个愿望在乡间住宅这个题目上实现了，实际上却涉及另一个更严肃的问题。我在同一时间从对她的分析的材料中推断出，在她生活的某个阶段必定发生过导致她生病的重要之事。她否认此事，因为此事不在她的回忆里。我们很快发现，我是对的。因此，她总希望我会发生错误，她的这个欲望变成她与其婆婆乘车下乡度假的梦，以此来满足她那合理的欲望，即但愿那些她初次意识到的事情永远不要再发生。

我还要冒昧举一个例子，无须分析，只借助猜测便足以得到解释了。我有一位中学同班的朋友，有一次他听我在很少的观众面前做了关于梦是欲望的满足这个新观点的报告。回家后，他梦见输掉了所有诉讼——他是律师——后来他以此反驳我的理论。我避开话题，说："一个人不可能赢下所有诉讼！"我心里却在想：我整整八年都作为优等生名列前茅，而他成绩平平，忽上忽下。那从少年岁月开始，但愿有朝一日我会摔得很惨这个欲望会远离他吗？

还有一位女患者对我讲述了一个具有更阴郁性质的梦，作为对梦是欲望满足的理论的异议。女患者是一名年轻姑娘，她说："您还记得，我姐姐现在只有一个男孩卡尔；她失去了她的大儿子奥托，当时我还在她家里。奥托是我最喜欢的，可以说是我把他带大的。我也喜欢小的那个，但当然远远不像喜欢去世的奥托那样。昨天夜里，我梦见，我看见卡尔死了，躺在我面前。他躺在他那口小棺材里，两手交叉，周围点着蜡烛——完全像当时的小奥托。他的死对我简直是沉重的打击。现在您告诉我，这意味着什么？您是了解我的，难道我是这么坏的一个人，会希望我姐姐再失去她的独子吗？还是这梦意味着，我宁愿卡尔死去，而

第四章 梦的伪装

不是我更为喜欢的奥托死去？"

我对她保证，可以排除后一种解释。思索片刻后，我告诉了她对此梦的正确解释，她后来也承认了。我之所以能做到这一点，是因为我对她的过去非常了解。

这个姑娘很早就成为孤儿，在比她大得多的姐姐家里被养大。在来访的朋友中，她遇到了给她留下深刻印象的男人。有一段时间，二人几乎到了谈婚论嫁的地步，但这一幸福的结局被姐姐破坏了，她姐姐的动机从未得到完全的解释。关系破裂后，这个男人不再来访。在此期间，我的患者把其柔情转向小奥托，奥托死后不久，她就独立生活了。但她没有成功地摆脱对她姐姐的那位朋友的感情。她的自尊心要求自己回避他，但她不可能把她的爱转到以后出现的其他追求者身上。这个被爱的男人是一名文学教授，如果他预告在某地作报告，肯定可以在听众中找到她，而且平常她也抓住任何机会从远处看着他。我记得，她前一天对我讲过，那名教授准备去听一场专场音乐会，而她也想前往，以便能够再看他一眼。这是做梦前一天。在她给我讲述梦的这天，举行了音乐会。这样，我就容易构想正确的解释，问她是否想起在小奥托死后出现的某个事件。她马上答道："当然，那时，教授在很长一段时间之后又来了，我在小奥托的棺材旁又一次见到他。"完全如我所料。我于是解释了这个梦："如果现在另一个孩子死了，同样的事就会重复。您白天就会在您的姐姐那里度过，教授肯定会过来吊唁，在同样的情况下，您会再见到他。这个梦的意思无非是您期望再见到他，而您内心抵抗这种欲望。我知道，您口袋里揣着今天音乐会的门票。您的梦是个迫不及待的梦，它把今天会发生的重逢提前了几个小时。"

为了掩饰其欲望，她显然选择了一个常常会抑制此类欲望的情境，

141

// 梦的解析

这时一个人充满悲哀，不会想到爱情。不过，很有可能的是，即使在梦忠实复制的实际情境中，在她更喜欢的大孩子的棺材旁，她也不能抑制对长久惦念的那位访客的柔情①。

另一位女患者的一个相似的梦得到不同的解释，她早些年因才思敏捷与性格开朗而出众，现在还能在她治疗期间的观念联想上看出这些性格特征。在一个较长的梦里，这名女士似乎看见她15岁的独生女死了，躺在一个盒子里。她存心用这个梦象来反对我的欲望满足理论，自己却预感到，盒子这个细节必定另有含义②。在分析时，她想起来，在前一晚的社交聚会上，曾说到英文单词box，说到德文中对它形形色色的翻译：盒子、包厢、脑部、耳光，等等。同一个梦的其他留存片段中可以使我们进一步发现她猜到了英语词box与德语词Büchse（容器）的关系，于是她不由想起Büchse也被用于女性生殖器的粗俗名称。如果加上她有限的局部解剖知识，就可以设想，盒子里的孩子意味着母体中的一个胎儿。一旦解释清楚，她就不否认，梦象确实符合她的一个欲望。她怀孕时，像众多年轻妇女一样，根本不幸福，不止一次希望孩子在母体中死去。甚至在与其丈夫一次激烈争吵后，暴怒中的她用拳头砸向腹部，以击中里面的孩子。死婴的梦确实是一种欲望的满足，却是满足一个被搁置了15年的欲望。而且，如果一个欲望在如此长时间之后又得到满足而未被认出，就不足为奇了。其间发生的变化太多了③。

后两个梦以亲属之死为内容，包括这两个梦在内的一组梦例将在"典型的梦"一节继续讨论。我在此处将借助新例子表明，尽管有非人

---

① 弗洛伊德在后面提及此梦。
② 类似于放弃晚宴那个梦中的熏鲑鱼。
③ [此梦在后面会进一步探讨，也在《精神分析引论》第13篇中提及（弗洛伊德，1916—1917年，第1卷，第206页及下页。）]

第四章 梦的伪装

所愿的内容，所有这些梦都必定被解释成欲望的满足。下面讲的不是我的患者的梦，而是我熟悉的一名睿智的法律学者的，他对我讲述此梦的意图又是，阻止我把关于梦的学说过于匆忙地普遍化。这位法律学者报告道："我梦见我用胳膊挽着一名女士，来到我房子前。那里等着一辆锁着门的车，一位先生朝我走来，证明自己是警探，要求我跟他走。我请求给我一点儿时间安排自己的事宜。您能相信我的一个欲望是被捕吗？""当然不，我得承认。您或许知道，以何指控逮捕您？""对，我想是因为杀婴罪。""杀婴罪？您可知道，这种罪行只可能是一个母亲对其新生儿所犯的吗？""确实"[①]。"您在什么情况下做了这个梦？前一晚发生了什么？""我不想告诉您，这是一件棘手的事。""但我需要知道，否则咱们不得不放弃解梦。""那您听着。我那夜不在家，而是在我非常喜欢的一名女士那里过夜。我们早上醒来后，再次发生了关系。随后我又入睡，梦见您所知道的事。""那是一名已婚妇人？""对。""而您不想跟她生孩子？""对，这可能会使我们的关系暴露。""你们从来没有过正常的性交吗？""我需要谨慎，总是在射精前抽出来。""我想您这天夜里几次都采用这个方法，早晨这一次您不肯定是否成功，对吗？""可能是这样。""那您的梦就是一种欲望的满足，它在向您保证您没有生孩子，或者等于说，您会杀掉一个孩子。我能很容易地给您证明中间环节。您回想一下，几天前咱们说到婚姻困境，其中最大的矛盾是，可以交媾而不形成受孕，而一旦卵子和精子相遇成胎，任何干预都会作为犯罪受到惩罚。由此我们回想到中世纪有争议的问题，即

[①] 常常发生的是，一个梦被讲得不完整，而只在分析期间，才冒出对梦的这些被遗漏的片段的回忆。这些事后插入的片段常常成为解梦的关键。参见后文关于梦的遗忘的讨论。

// 梦的解析

灵魂究竟在哪一刻进入胚胎？因为从那时起才有谋杀这个概念。您肯定也知道莱瑙①那首可怕的诗［《死亡的幸福》］，它把杀婴与避孕等同起来。""奇怪，今天上午我像是偶然想到了莱瑙。""这是您的梦的回响。现在，我还想给您证明您梦中一个小小的附带的欲望的满足。您用胳膊挽着一名女士到了您房前。您是领她回家，而不是像现实生活中那样在她屋里过夜。构成梦的核心的欲望满足以如此令人不快的形式隐藏起来，或许有不止一个理由。从我关于焦虑神经症的文章［弗洛伊德，《论从神经衰弱中分离出一种特定综合征作为焦虑神经症的合理性》，1895年］中，您可以获悉，我把性交中断当作形成神经性焦虑的因素之一。这很符合您的情况，您这样交媾几次后留下不快的情绪，这就在后来成为构成你的梦的元素之一了。您也利用这种不快，以对自己掩盖欲望的满足。另外，您提及的杀婴还未得到解释。您怎么会想到这种女性专有的犯罪？""我愿意对您承认，我几年前曾经卷入这样一个事件。一位姑娘和我发生关系，为了避免不幸的后果就去堕胎。我不知道这件事，但我应该负责。我长时间处于焦虑中，生怕这事被发现。""我理解，这种回忆也是使您担心不完全性交可能未成功的原因之一。"

一名年轻医生在我讲课时听说了这个梦，想必被它震动，因为他急忙模仿它的思维形式分析了他自己另一个主题的梦。他做梦前一天递交了其税收声明，所作声明完全真诚，因为收入并不多。他就梦见，一个熟人从税收委员会的会议上来通知他，所有其他税收声明都未遭异议，他的税收声明却激起了普遍怀疑，会给他带来很重的税收处罚。这个梦的欲望满足伪装得很差，显然他希望成为一名收入不菲的医生。他还回忆起已知的一位年轻姑娘的故事，人们劝她别答应其追求者，因为他

---

① 尼阔劳斯·莱瑙（1802—1850年），奥地利诗人。——译注

第四章 梦的伪装

是个暴躁的人,她在婚姻中肯定会遭殴打。姑娘的回答是:"但愿他打我!"她成婚的欲望如此强烈,以致能够容忍预见到的与此婚姻相连的不幸,甚至把它抬升为欲望。

相当频繁出现的此类梦似乎直接与我的学说相矛盾,它们以欲望落空或者显然并非所愿之事得到应验为内容,如果我把它们概括成"反欲望的梦"①,我就会发现,它们一般可以追溯至两项原则,其一尚未被提及,尽管它在人的生活中及做梦时都扮演重要角色。这些梦的一种内驱力就是希望我是错的。这些梦经常发生在我的治疗期间,如果患者处于对我的阻抗中,而在我先给患者讲了梦是一种欲望满足的学说之后,我可以极肯定地预计会引起这样一个梦②。对,我可以预期,本书读者中的某些人的情况会是这样。他会甘愿在梦中拒绝欲望,以便只满足"我是错的"这个欲望。

最后,我再报告一个患者在治疗过程中做的梦,用来证实我说的这种情况。一位年轻姑娘违背其家人和专家的意见,艰难地争取到继续由我治疗。她梦见:在家里,家人禁止她继续到我这儿来。于是她提醒我,我曾经对她承诺,如果有必要的话,我会继续无偿给她治疗。我告诉她:"在钱的事情上,我不能做出任何承诺。"

在此要证明梦是欲望的满足,确实不易,但在所有这些情况中,人们往往可以找到另一个问题,其答案也有助于解开第一个问题。她借我之口说的这些话从何而来?当然我从未对她说过类似的话,但她的一位对她影响最大的兄弟有意把这种感情转移到我身上。而她不仅在梦中认为其

---

① [此段与下一段于1909年补充。]
② [1911年补充]类似的"反欲望梦"过去几年间反复被我的听众报告给我,这是他们首次听了我的有关梦的欲望理论的演讲之后的反应。

兄弟是正确的，而且这种想法支配着她整个生活，成了她患病的动机。

一名医生做了一个（奥古斯特·斯塔克，1911年）第一眼看上去特别难以用欲望满足的理论来进行解释的一个梦，并做了分析[①][②]：

"我发现我左手食指指尖上有梅毒病变初期迹象。"

或许因这种考虑而妨碍了对此梦的分析，即除了其非人所愿的内容，此梦显得很清楚而连贯。只要不辞分析的辛劳，就会获悉，"初期迹象（Primäraffekt）"相当于"初恋（Prima affectio）"，而用斯塔克的话说，令人反感的溃疡"代表着带有强烈情绪的欲望满足"。

反欲望梦的另一个动机[③]如此显而易见，以至于容易被忽视，我自己有相当长一段时间就是如此。在许多人的性体质中，有一种受虐癖成分，因攻击性的施虐癖的组成部分颠倒而形成[④]。人们称此类人为"思想上的受虐者"，他们不是从身体痛楚，而是从屈辱与心灵折磨中寻求乐趣。一目了然的是，这些人可能有反欲望梦与不愉快的梦，对他们而言，这些梦同样是欲望的满足，因为它们满足了其受虐倾向。我引证这样一个梦：一名年轻人，早些年极力折磨他的哥哥，并对其哥哥有同性恋的依恋。在彻底的性格转变后，他做了由三个片段组成的梦：一是他哥哥正拿他打趣。二是两名具有同性恋倾向的成人相互抚摸。三是哥哥出售了他正要经营的企业。他从最后那个梦里苏醒，带着痛苦的感情。这是一个受虐的欲望梦，翻译过来就是：如果哥哥变卖我的资产，作为我过去折磨他的一种惩罚，我现在完全是自作自受。

我希望，除了进一步的异议，前面的例子足以使人相信，即使带

---

① 此段与后面两段于1914年补充。
② 事实上，报告里没有显出施特克本人是做梦者。
③ 该段于1909年增写。
④ 弗洛伊德对这一点的更正观点见于《受虐狂的经济问题》，1924年。

第四章 梦的伪装

有痛苦内容的梦也可以作为欲望的满足来解释[1]。在解这些梦时，每次都偶然遇到不愿谈论或不愿想到的那些主题。此类梦所激起的痛苦感情无疑本身就是阻止我们提及或讨论此类主题的抵触之情（它往往是成功的），如果我们被迫要去干这些事，就不得不努力克服这种反感。这种在梦中如此再现的不愉快感情却并不意味着梦中欲望不存在。在每个人身上都有不想告知别人的欲望，还有他不愿对自己承认的欲望。另一方面，我们发现自己有权把所有这些梦的不愉快性质与梦伪装的事实关联起来，由此推断出，这些梦是伪装的，把它们之中欲望的满足伪装至无法辨认，因为存在对梦的主题或对从梦中获得的欲望的一种反感、一种压抑意图。因此可以说，梦的伪装实际上就是梦的审查作用的活动。根据我们对那些不愉快的梦的分析，如果我们以如下方式改变我们表示梦的本质的用语：梦是一种（遭抑制或压抑的）欲望的（伪装的）满足，我们的一切疑虑都会趋于消失[2]。

现在就还剩下痛苦内容的梦中的一小组特殊的焦虑梦有待讨论。在未

---

[1]〔下一句于1919年插入文本，但略有不同，1925年则置于脚注〕我提请注意，此处的主题未及了结，后文还将继续讨论。

[2]〔1914年补充〕正如别人告诉我的那样，一名当代伟大作家不相信精神分析和解梦，但他还是独立提出了适合梦的本质的几乎相同的说法："在错误的面貌与名字下未经授权地冒出遭抑制的渴望。"（卡·施皮特勒，《我最早的经历》，1914年，第1页。）

〔1911年补充〕我在此提前引用源自奥托·兰克的对上面基本公式的扩展与修正："梦常常基于并借助受压抑的幼儿期性材料以掩饰过的与象征性表达的形式表示当前的、通常也是性爱的欲望得到实现。"（兰克，《自解的梦》，1910年〔第519页〕。）

〔1925年补充〕我没有在任何地方说过，我把兰克的公式视为我自己的公式。正文中包含的较短的说法让我觉得足够了。但我还提及兰克的修正，就足以给精神分析带来重复无数次的指责：精神分析声称所有梦都有性内容。如果按原义来理解此句子，那它就只是证明，批评者在其业务上惯于花费多么少的认真劲，而如果最清晰的言论不适合反对者的攻击性倾向，反对者多么愿意忽略它们。因为几页之前，我提及儿童梦形形色色的欲望的满足（旅游或游湖的欲望，弥补未参加晚餐的欲望，等等）。在别处，我还讨论了（转下页）

// 梦的解析

经过训练的人那里，把它们当作欲望满足的梦是难以令人同情的。然而我只能在此简短叙述焦虑梦。这并非梦问题的一个新方面，而是在这些焦虑梦中，涉及对一般神经性焦虑的理解。我们在梦中感受到的焦虑，只是表面上由梦的内容来解释。如果我们深入分析梦的内容，就会发现，由梦内容来为梦的焦虑辩解，并不好于由恐怖症中有关观念来说明恐怖症的焦虑。例如，人可能坠窗无疑是一个事实，因而有理由在窗边小心谨慎。但无法理解的，为何在遇到相应的恐怖症时，焦虑如此强烈，而且无休止地缠着患者。同样的解释被证明既对恐怖症也对焦虑梦有效。在两种情况中，焦虑都是在表面上依附于与焦虑相伴生的观念，其实焦虑是另有来源的。

因为梦焦虑与神经性焦虑的这种密切关联，所以我在探讨前者时必须指明后者。在关于焦虑神经症的一篇短文里（《论从神经衰弱中分离出一种特定综合征作为焦虑神经症的合理性》，1895年），我主张神经性焦虑源自性生活，相当于一种离开自身而又无所适从的力比多[①]。这种论断从那时起越来越被证明是无懈可击的。由此可以推论出，焦虑梦是有性内容的梦，隶属它的力比多已转变成焦虑。以后将会通过分析神经症患者身上的若干梦来支持这一断言[②]。我也会在进一步探讨梦理论的过程中，再次谈到焦虑梦的条件及其与欲望满足理论的一致性。

（接上页）饥饿梦、口渴的梦、有排泄需要的梦，以及纯粹舒适的梦。即使兰克也未提出绝对的断言。他说"通常也是性爱的欲望"，而就成人的多数梦而言，这一点完全可以得到证实。

如果用精神分析中常用的"性爱"意义来代替我的批评家们所用的"性"的意义，情况就不同了。但是否所有梦都由力比多驱力［与破坏性驱力相反］所创造，我的对手们大概是不感兴趣的［参见弗洛伊德，《自我与本我》，第4章，1923年］。

① ［弗洛伊德后来对力比多与焦虑关系的观点见于《抑制、病征与焦虑》，1926年。］
② ［在这一点上，弗洛伊德显然改变了意见：参见后文，彼处分析了两个焦虑梦，并对焦虑梦的整个论题重新进行讨论。］

148

第五章

梦的材料与来源

第五章　梦的材料与来源

我们从给爱玛打针的梦中看出,梦是一种欲望的满足,当时我们的兴趣全部集中于我们是否以此揭示了梦的一项普遍特性,而我们暂时让在解梦工作期间产生的任何别的学术好奇心保持沉默。我们现在以一条途径到达目标之后,可以折返,并为我们探讨梦生活问题的路程选择一个新的起点。为此,我们把欲望的满足这个主题暂时搁置一下,虽然尚未完全了结。

既然我们已能通过应用我们解梦的做法来揭示隐性梦境,远比显性梦境重要,就必定催逼我们重提各个梦问题,看看对我们而言,在显性梦境中发现的那些难题与矛盾是否会获得令人满意的解决。

我在第一章［第一节与第三节］详细叙述了著作者们对梦与清醒状态的关联以及关于梦材料的来源的观点。我们也回想起梦记忆的三种特性［参见第一章第二节］,它们被多次指出,但未得到解释:

① 梦明显偏爱前几日的印象(罗伯特,《梦被解释成必然性》,1886年,第46页;施特吕姆佩尔,《梦的本性与形成》,1877年,第39页;希尔德布朗特,《梦及其用于生活》,1875年,第11页,还有威德—哈勒姆,《梦意识研究》,1896年,第410页及下页)。

② 梦根据与我们的清醒记忆不同的原则做出选择,不记起重要之事,而回想次要与不受重视之事。

③ 梦被我们最早的童年印象所左右,甚至在那个人生阶段中的一些细节以及清醒时被认为早就遗忘了的琐事又进入梦中[1]。

---

[1] 清楚的是,如果在梦中频繁出现出自我们童年的记忆意象,罗伯特的这种见解[《梦被解释成必然性》,1886年,第9页及下页]不再站得住脚,即梦用于给我们的记忆减轻日间无价值印象的负担。我们必定得出结论,梦惯于相当不充分地履行落到它头上的任务。

梦在选择材料上的这些特性当然也被著作者们在显性梦境上观察到了。

一、梦中近事与无关紧要之事

如果我现在就梦境中出现的元素的来源求助于我自己的经验，我就必须首先立论，在每个梦里都可以找到与刚过去一日经历的联系。无论我从哪个梦着手，无论是自己的梦还是别人的，每次都对我证实了这种经验。了解了此事实，我可以大致这样开始解梦。我首先探寻诱发这个梦的日间经历。就许多情况而言，这一点确实是捷径。我在前两章中详细分析过两个梦，在这两个梦中（给爱玛打针的梦、黄胡子叔叔的梦），与日间的关系如此引人注目，就无须进一步阐明。但为了显示这种关系可以多么有规律地得到证明，我想在这一点上援引足够的梦例来揭示我们所寻求的梦来源。

① 我正去一个不愿意接待我的家庭做客……我让一名妇女在此期间等着我。

来源：晚上，我与一个亲戚谈话，她购置的东西得等到……

② 我写了关于某种（不详）植物的一本专著。

来源：上午，我在一家书店的橱窗里看见一本关于樱草科植物的专著。

③ 我看见两名女人在街上，是母女二人，其中女儿曾是我的患者。

来源：晚上，一位正在接受治疗的女患者告诉我，她的母亲千方百计地反对她继续治疗。

④ 在 S&R 书店里，我预订了一份期刊，价格为每年 20 弗洛林。

来源：日间我妻子提醒我，我还欠她 20 弗洛林的一周家用费。

⑤ 我得到社会民主党委员会的一封信，信里我被当作会员对待。

来源：我同时从自由选举委员会和慈善协会总部得到来信，我确实是后者的会员。

⑥ 一名男子站在海中的一块陡峭山石上，像勃克林① 那样。

来源：《德雷福斯② 在魔鬼岛③ 上》，以及同时来自我在英国的亲戚的消息，等等。

人们可能抛出问题，梦的联系是否不可避免地衔接刚过去之日的事件，还是它可能包括最近较长一段时期的印象？这未必是一个重要的理论问题，不过，我想选择梦前最后一日（做梦日）排他的优先权。每当我以为发现两三天前的一个印象是梦的来源时，如果更详细地探询就可以确信，那个印象在前一天又被回忆起来，也就是一种可证明的再现于前一天插入发生日与做梦时间之间；我还能指出导致记起那较早印象的新近的诱因。

另一方面④，我不能确信，作为刺激因素的日间印象与它在梦中重现之间会有一个具有生物学意义的有规律的间隔（斯沃博达称此类间隔不超过 18 小时⑤）。

---

① 阿诺德·勃克林（1827—1901 年），瑞士画家。——译注

② 阿尔弗雷德·德雷福斯（1859—1935 年），法国军官，出身犹太平民，1894 年，因所谓泄露军事机密而被指控，12 月 22 日被判处在法属圭亚那附近的魔鬼岛终身监禁。——译注

③ 法属圭亚那岛屿。——译注

④ ［此段于 1909 年补充。］

⑤ ［1911 年补充］正如在对第一章的补遗中所告知的，斯沃博达［《人类有机体周期的心理学与生理学意义》，1904 年］把由 W. 弗利斯［《生命的过程》，1906 年］发现的 23 天和 28 天的生物学间隔大规模地应用于精神领域，尤其声称，这些时间对梦元素在梦中的出现是决定性的。如果可以证明这个事实，解梦就不会有本质变动，不过为梦材料增添了一个新来源。我近来在自己的梦上做了一些考察，以检验"周期学说"在梦材料上（转下页）

// 梦的解析

（接上页）的可用性。对此，我特别选择了引人注目的梦境因素，在时间上肯定可以确定这些梦境因素出现于实际生活中。

a. 1910年12月1—2日的梦

（片段）……意大利某处。像在一家古玩店，三个女儿让我看小小的古玩，她们还坐到我怀里。在检查其中一件时，我说："你们是从我这儿得到这个的。"我还清楚地看见一尊半身雕像，带有萨伏那洛拉轮廓鲜明的面部特征。

我何时最后一次看见萨伏那洛拉的画像呢？我的旅行日记证明，我9月4日与5日在佛罗伦萨。在那里，我想着，在市政厅广场石块路面上这名狂热僧侣被烧死之处，把带有他面部特征的圆形浮雕指给我的旅伴看。我相信，3日［较新版次中所含日期"5日"是印刷错误］上午我提醒他注意这面浮雕。从这个印象出现到在梦中重现，时间过去了27+1天——按弗利斯所说是一个"阴性周期"。就本例子的证明力而言，不幸的是，我却不得不提及，在做梦当天，这名能干但面容阴沉的同事来造访我（我归来后第一次），我们几年前曾给他起了"拉比·萨伏那洛拉"的诨名。他给我带来了在去特巴快车上遇到车祸的一位患者，我本人8天前曾坐这趟火车旅行，这样就把我的思想引回上次的意大利之行。梦境中出现的"萨伏那洛拉"这个引人注目的元素由同事在做梦日的这次来访得到解释。28天的间隔就失去意义了。

b. 10月10—11日的梦

我又在大学实验室里研究化学。L. 霍夫拉特邀请我去一个地方，他沿着走廊走在前面，抬起的手里拿着一盏灯或其他工具，以独特的姿势向前伸出头，带着一种洞察一切的（有远见的）神情。然后我们走过一片空场地……（其余的忘了）。

这个梦境中最引人注目的 L. 霍夫拉特向前举灯（或放大镜）的姿势，眼睛窥向前方。我多年未见他了，但我现在已经知道，梦中的他只是另一个更伟大者的替身，他代替了位于叙拉古的阿瑞托萨喷泉附近的阿基米德雕像，就像梦中的姿势一样，高举着燃烧的镜子，朝着围上来的罗马军队凝视着。我何时最初（与最后）见过这尊雕像？根据我的日记，是9月17日晚，而从此日期直至做梦，实际上过去了13+10=23天，按弗利斯的说法是个"阳性周期"。

可惜，探讨解梦在此也取消了这种关联的一部分确定性。梦的诱因是做梦日得到的一个消息，即我的临床课的教室要被迁往别处。我认为新地方的位置十分令人不快，就想到似乎我根本没有一个可支配的教室，这时我的念头就必定回到我开始当讲师的时光，当时我确实没有教室，也得不到有权势的霍夫拉特之流教授们的支持。我只好去找L教授［恩斯特·路德维希教授］，他恰好担任系主任这一要职，我视他为靠山，就对他诉说自己的困境。他答应帮助我，但随后再无下文。在梦里，他成了阿基米德，给了我一个"立足之处"［出自"给我一个支点，我就能撬起整个地球"这句名言］，把我引入另一个地方。精通解梦者会容易猜到，对梦的意图而言，无论报复欲还是自尊的意识都不陌生。我却不得不判断，没有这个梦诱因，阿基米德就几乎不会进入这夜的梦中。我依然不肯定的是，锡拉库萨的雕像这个强烈和新近的印象是否也会在遇到另一个（转下页）

第五章　梦的材料与来源

关注此问题的哈夫洛克·霭理士（《梦的世界》，1911年，第227页）[1]也说明，"虽然重视此事"，他在其梦里也无法找到这样一种再现的周期性。他讲述了一个梦，梦中，他身处西班牙，想去一个地方：Daraus、Varaus或Zaraus。苏醒后，他回忆不起这样一个地名，就把梦置于一旁。几个月之后，他真的发现了Zaraus，这是圣塞瓦斯蒂安与毕尔巴鄂之间一个小站的名字，做梦前250天，他曾乘火车经过那里。

所以，我就以为，每个梦都有出自那些经历的一个梦激发者，可以在他尚未"睡着"时的体验中发现。

与出自任何更遥远时光的其他印象相比，最近（做梦那夜的白天除外）的印象没有显示出跟梦境有不一样的关系。只要思路能把做梦日的经历（"新近的"印象）与那些先前的经历联系起来，梦就可以从生活的任何一段时间选择其材料。

但梦为什么偏重于选择新近印象呢？如果我们对前面刚提及的某个梦进行更详细的分析，将会获得对这一点的假设。为此目的我将选择下面这个梦：

（接上页）时间间隔时仍然对我起作用。

c. 1910年10月2—3日的梦

（片段）关于奥泽教授的一些事，他本人为我制作了菜单，起了很大的安慰作用……（别的忘了）

此梦是对这一天消化机能障碍的反应，这种障碍让我斟酌，是否要因为确定食谱而求助于一名同事。我在梦中指定夏天去世的奥泽教授做此事，与很短时间以前（10月1日）另一名我非常景仰的高校教师之死相连。但奥泽是何时死亡的呢？而我是何时得知他死亡的呢？根据报纸的证明，是8月22日。当时我在荷兰逗留，我让人定期把维也纳报转寄彼处，我必定于8月24日或25日读到他的死讯。这一间隔时间却不符合任何周期了，它包含7+30+2=39天，或许是40天。我想不起来其间说到过或想到过奥泽教授。

对周期学说而言，不经进一步处理就可用的此类间隔远比符合周期的间隔更频繁地在我的梦中产生。我觉得恒定的只有在正文中声称的与做梦日某个印象的关系。

[1] ［下面一段于1914年补充。］

植物学专著的梦

我写了关于某种植物的一本专著。书放在我面前,我正在翻一张折叠起来的彩图。每册都附订了这种植物的一份干枯的标本,就像从植物标本集中取出的一样。

分 析

那天上午,我在一家书店的橱窗里看见一本新书,标题为《樱草科植物》——显然是关于这类植物的一本专著。

樱草花是我妻子最喜爱的花。我自责总是很少想到如她希望的那样给她带这种花。在带花这个主题上,我想起一个故事,我最近常常在朋友中间讲起它,作为证据来支持我的理论:遗忘往往由一种潜意识目的所决定,并常能使人推断出遗忘者的隐秘意图。一名少妇习惯于在生日时从丈夫处得到一束花,有一年生日发现少了这种柔情的标志,为此流泪。丈夫进来,不知道她为何哭泣,直到她告诉他:"今天是我的生日。"这时他拍拍前额,叫出来:"对不起,我完全忘了。"就想去给她买花。她却并没有得到安慰,因为她认为其丈夫的遗忘说明,她在他心里不再像往昔一样扮演同样角色了。这位 L 夫人两天前邂逅我妻子,说她觉得很好并询问我的情况。她几年前在我这里治疗。

我再说一个新的线索。我确实有一次写过与关于一种植物的专著相似的东西,即关于古柯植物的一篇文章[《论古柯》,1884 年],引起了 K. 科勒对可卡因的麻醉特性的注意。我在自己的论文中略提了生物碱的使用,但没有周密到进一步追踪此事的地步。对此,我还想起来,做梦后那天的上午(我晚上才找到对梦的解释),我以一种白日梦的方式想起可卡因。如果我患上了青光眼,就会前往柏林,在彼处,在我的朋友[弗利斯]那里由他推荐的一名医生给我动手术。那名动手术的医生因

第五章 梦的材料与来源

为不知道我的身份，就会称赞，自从引入可卡因以来，这些手术变得多么容易。我不会通过任何表情透露，我自己对这一发现也有一份功劳。与这种幻想相连的是，对医生来说，由同行为其本人进行医疗服务是一件多么尴尬的事。这位柏林的眼科医生不认识我，我会像别人一样付给他报酬。这个白日梦进入我的意识之后，我才发觉，其背后隐藏着对一次特定经历的回忆。因为在科勒的发现后不久，我父亲就患了青光眼。我的朋友——眼科医生柯尼希斯坦给他动了手术，科勒医生施行可卡因麻醉并说，这次手术把与采用可卡因有关的三个人都联系起来了。

然后我想起最近与可卡因有关的一件事。那是几天前，当时我正在看一本纪念文集，是学生为纪念他们的老师兼实验室主任五十周年而编写的。在实验室的功绩榜中，我注意到其中提及的可卡因的麻醉特性由K.科勒发现。我突然发觉我的梦与前晚的一次经历相关联。当时我正陪同柯尼希斯坦医生回家，我跟他谈论一个总是使我兴奋不已的问题。我跟他在门厅里逗留时，加特纳教授连同其年轻的妻子加入了我们的谈话。我禁不住称赞了他俩容光焕发的样子。加特纳教授就是我刚才说到的纪念文集的撰写者之一，也许正是他让我想起纪念文集。不久前，我讲述了L女士的失望的生日，在与柯尼希斯坦医生的交谈中，她也被提及——但却是另一个话题引起的。

我也想尝试解释梦境的其他目的。一片干枯的植物标本随附在专著中，就像一本植物标本册。与植物标本册相连的是我的一段中学时代的回忆。我们的中学校长有一次召集高年级学生，为的是把学校的植物标本册交给他们检查并清洁。标本册出现了小蠕虫——书蛀虫。对我的帮助，校长没有显出信赖，因为他只交给我几页标本。我如今还记得，上面是十字花科植物。我从未与植物学有过特别亲密的关系。在植物学预

// 梦的解析

考时，我又得辨别十字花科植物，但我没认出来。如果不是我的理论知识解救了我，我的境况会很糟糕。我从十字花科想到了菊科植物。洋蓟也是一种菊科植物，而且我可以称之为我喜爱的花。我妻子比我大方，她惯于从市场上给我把这种喜爱的花带回家。

我看见我写就的专著放在我面前。这又使我想起一件事。我那视觉敏感的朋友［弗利斯］昨日从柏林写信给我："我很关心你的梦书。我看见它已完成了，放在我面前，我正翻阅它。"我多么羡慕他这种远望的禀赋！要是我也能够看见它已经完成并放在我面前，那该有多好！

折叠的彩图。我是医科大学生时，曾狂热地攻读各种论著。尽管资金有限，我当时给自己订了若干医学期刊，其中的彩图吸引着我。我为自己这种好学的精神而自豪。后来我自己开始发表文章时，就也得为我自己的论文画插图，而我记得，一幅插图很差劲，结果一名要好的同事为此嘲笑我。不知怎的，我又想到一段相当早的青少年时代的回忆。我父亲为了哄我们，给我和妹妹一本有彩图的书（描写了一次波斯之旅），任凭我们去撕。这在教育观点上几乎难以证明是正确的。我当时5岁，妹妹不到3岁，我们十分快乐地把该书撕碎（我记得自己说这本书像一株洋蓟一样，一页一页地），这个情景几乎是这段时光留在我回忆里的唯一生动的东西。我成为大学生时，在我身上形成一种明显的偏爱，即收藏和保存书籍（类似于钻研专著的癖好，即一种业余爱好，在涉及樱花科植物与洋蓟的梦意念中已经出现了）。我成了一个"书虫"（参见植物标本）。自从对自己深思后，我常常把自己生活中的这种最初热情追溯到这个儿童记忆，或者不如说，我认识到，这一童年场景是我后来爱书癖的一种"屏蔽记忆"①。当然，我也很早就获悉，人因热情而容易陷

---

① 参见我的文章《论屏蔽记忆》［1899年］。

158

第五章　梦的材料与来源

入痛苦。我 17 岁时，在书商那里有一笔可观的欠款，没有资金去结清，而我父亲也不因我为书欠债而原谅我。这段青少年时期经历的回忆却让我马上回到与我的朋友柯尼希斯坦医生的谈话上。因为做梦日晚上的谈话也涉及与当时相同的指责，即我过于沉溺于我的业余爱好。

出于与我们关系不大的理由，我不想追踪对这个梦的解释，而只是说明通往解梦的途径。在解梦工作期间，我想起与柯尼希斯坦医生的谈话，而且不止从一个方向想起。当我考虑到这次谈话涉及的一些主题时，这个梦的意义对我而言就容易理解了。所有开始的思路（关于我妻子和我自己的业余爱好，关于可卡因，关于同行之间医疗的困难，关于我对钻研专著的偏爱以及对某些科目如植物学的忽视）就都会得到延续，成为我与柯尼希斯坦医生谈话的一两个旁枝。梦又变成了自我辩解的性质，为自己的权利作辩护，正如最初分析的关于给爱玛打针的梦。它确实将早先梦中出现的题材推向一个新的阶段并参照两个梦之间产生的新材料加以讨论。甚至梦表面上无关紧要的表现形式也突然变得有意义了。现在这个梦意味着：我是写过（关于可卡因的）有价值和卓有成效的论文的人，类似于当时为自己辩解而提出的：我是一个能干而勤奋的大学生；两种情况都坚持一个意思：我可以允许自己做这件事。我却可以在此放弃解梦，因为促使我报告此梦的只是借助一个例子探究梦境与前一日起激发作用的经历之间的关系。我了解的只是此梦的显性内容，则与之发生关系的也只是做梦日的一个单独事件。我分析之后，在同日另一个经历中得出梦的第二个来源。梦所涉及的印象中的第一个是一个无足轻重的印象，一个次要情况。我在橱窗里看见一本书，它的标题引起了我短暂的注意，但它的内容几乎不可能让我感兴趣。第二个经历具有高度的心理价值。我与我的朋友——那位眼科医生起劲儿地说了一个小时之久，我告诉了他必定触动我俩的一些消息，同时也在我身上唤醒了回忆，在这些回忆中，我注意到了自己内心许多不安的回忆。此外，这次谈话未完成就被打断了，因为熟人们进来了。

做梦日的两个印象之间以及与夜里出现的梦之间存在什么关系？在梦境中，我只发现对无关紧要印象的暗示，似乎可以证实，梦带着偏爱把来自生活的次要之事纳入其内容。而在解梦中，一切都通向一个重要的印象，一个有理由起刺激作用的印象。如果我像唯一正确的那样，根据隐性的、因分析而被发掘出来的内容来判断梦的意义，那我就不知不觉获得了一种新的重要认识。于是梦为什么只关心白天生活中那些无价值的琐事这个难题似乎变得毫无意义，我也必须反驳此断言，即清醒时的心灵生活不延续至梦中，而梦为此把心理活动浪费在无谓的材料上。正确的是与之相反的事实：白天占据我们心灵之事，也统治着梦意念，而只在遇到日间会给我们提供思考契机的那类材料时，我们才努力做梦。

我还是梦见无足轻重的日间印象，而有理由让人激动的日间印象促使我做了梦。对此，最显而易见的解释可能是，此处又有一种梦伪装的现象，我们在前面把梦的伪装溯源至作为一种审查作用的精神力量。对关于樱草科植物的专著的回忆得到了使用，似乎它在暗示我与朋友的谈话，极像在关于放弃晚宴那个梦中，通过"熏鲑鱼"来暗指做梦者对她女友的想法。成问题的只是，通过哪些中间环节，专著的印象与跟眼科医生的交谈能建立暗示关系，因为这样一种关系起先并不明显。在放弃晚宴的梦例中，关系从一开始就给定了。"熏鲑鱼"作为女友最喜爱的菜肴直接属于想象范围，女友本人在做梦者身上能够激起这个想象。在我们的新例子中，涉及两个单独的印象，除了在同一天发生，起先没有什么共性。专著在上午引起我的注意，我是在晚上谈的话。经过分析，

第五章　梦的材料与来源

我们对这个问题解答如下：两个印象之间的关系起先并不存在，而是事后由其中一个印象的观念内容与另一个印象的观念内容交织而建立起来的。我已经在分析记录中强调了相关的中间环节。如果没有来自别处的影响，与关于樱草科植物的专著这个观念相连的就只有这个想法，即这是我妻子挚爱的花，也许还有对 L 女士惦念的花束的回忆。我不相信，这些隐念足以招致梦。正如我们在《哈姆雷特》中读到的①：

殿下，不需要幽灵从坟墓里出来告诉我们真情！

可是你瞧，分析时我会被提醒，干扰我们谈话的那人叫加特纳②，我觉得他妻子容光焕发③。对，我现在就在事后思忖，我的女患者之一有着漂亮的名字——弗洛拉④，她有一刻成了我们谈话的主题。经过必定如此：通过来自植物学观念范围的这些中间环节完成两次日间经历，即无足轻重的经历与激动人心的经历的联系。然后出现其他联系，可卡因的联系能够有充分理由在柯尼希斯坦医生本人与我写就的一本植物学专著之间充当中介，加强了两个观念范围之间的融合，这就使得第一次经历中的一部分能够被用作对第二次的暗示。

我已料到人们会攻击这种解释是任意的或捏造的。如果加特纳教授不带着他容光焕发的妻子到来，如果所谈论的女患者不叫弗洛拉，而叫安娜，会发生什么？回答很简单。如果没有产生这些思想间的联系，那很可能会有别的思想联系被选出来。建立此类联系如此容易，就像我们日常生

---

① ［第 1 幕第 5 场中霍拉肖的警句。］
② Gärtner，德文意为园丁。——译注
③ Blühend，德文意为盛开的、茂盛的。——译注
④ Flora，罗马神话中的花神。——译注

活中为了取乐而使用双关语和谜语一样。笑话的范围是无限的。再进一步说，如果两个日间印象之间不能形成足够丰富的中间环节，那梦就会有不同结果；另一些无足轻重的日间印象成群结队地走近我们并被我们忘却，就会在梦中接管"专著"的位置，获得与谈话内容的联系，在梦境中代表这次谈话。因为实际被选中来执行这种功能的是"论著"这个观念而不是任何其他观念，对此联系而言，它就可能是最合适的。我们无须像莱辛[①]笔下的狡猾的汉斯那样惊异于"只有最富的人拥有最多的金钱"[②]。

根据我们的阐述，通过心理过程，无足轻重的经历代表重要的精神体验，这个过程必定还让我们觉得可疑和诧异。在后一章［第六章］，我将把这种表面上不合理的操作特性阐述得更容易理解些。此处，我们只讨论过程的结果，因为在分析梦时不计其数与经常再现的经验，我们被迫设想此过程。过程却似乎会通过那些中间环节完成一种可强调其精神方面的移置，直至起初负荷较弱的观念由于接受起初投注较强的观念的负荷而获得一定的能量，从而达到足够的强度，使自身能够求得通往意识的通道。在涉及情感的分量或一般的运动活动之处，这种移置根本不让我们惊异。寂寞的老处女将其柔情转到动物身上，单身汉成为狂热的收藏家，士兵用其心血护卫一条彩色织物——旗帜，在爱恋关系中延长一秒钟的握手使人幸福，或者在《奥赛罗》中一块失落的手绢引人发怒——这些都是心理移置的例子，让我们觉得无可辩驳。但以同一途径并且根据相同的原则对此做出抉择，即哪些内容出入于我们的意识，也就是我们应当思考什么，这给我们以病态的印象，而在它于清醒状态出

---

① 戈特霍尔德·埃夫莱姆·莱辛（1729—1781年），德国作家、批评家、哲学家。——译注
② ［选自莱辛的一首箴言诗。在下文中可以找到对此梦的进一步详细探讨。］

第五章 梦的材料与来源

现时，我们称它为思维错误。让我们在此透露以后待作观察的结果，即我们在梦中识别为梦的移置的那个心理过程，虽然不能说是病理障碍，但也不同于正常的过程，是一个更具原发性的过程［见第七章第五节］。

我们以此说明一个事实，即梦境吸收了次要经历的残余，作为对（通过移置作用的）梦的伪装的表现的解释；并且由此想到我们已经得出的结论，即梦的伪装是两种精神动因之间通路上审查作用的产物。我们此时期待，梦的分析会给我们经常揭示真正的、来自日间生活的梦的重要的精神来源，对它的回忆将其重点移置到无关紧要的回忆上。通过这种见解，我们让自己与罗伯特的理论完全对立，后者对我们而言变得无价值。罗伯特想解释的事实根本就不存在，对它的假设基于一种误解，基于疏于为表面的梦境投入梦的真实意义。我还可以继续对罗伯特的学说提出异议：如果梦确实有任务，要通过特殊的心理工作让我们的记忆摆脱日间回忆的"残渣"，则比起我们清醒时的精神生活的状况来，我们的睡眠工作就要艰难痛苦得多。因为我们本该让自己的记忆抵御日间无足轻重的印象，这些印象的数量显然大得不可估量，而整夜时间还不足以掌握这一庞大的数量。更可能的是，我们的心灵力量没有积极介入，就遗忘了无关紧要的印象。

尽管如此，我们还是不能毫无顾忌地抛弃罗伯特的思想。日间无关紧要的印象之一——而且是上一日的印象——为什么总能构成梦的内容，这个事实并未得到解释。这个印象与潜意识中真正的梦来源之间的关系并非从一开始就存在。正如我们所见，事后仿佛效劳于有意的移置才在梦的工作期间建立起这些关系[1]。那就必定存在一种强迫，要恰恰

---

[1] ［此处首次提及这一奠基性的重要的概念，本书中整个第六章（最长的一章）用于阐述此概念。］

朝着最近的、尽管无关紧要的印象的方向来建立联系：这一印象必须通过某种特性为此提供特殊的资格。否则梦念就会同样容易地将其重点移置到其自身观念范围的一个非本质组成部分上。

如下经验有助于我们弄清楚这一点。如果一日内我们有两个或更多适于激发梦的经验，梦就把两者合并成一个单一的整体。梦迫于必要性而把它们塑造成一个整体。下面有一个例子。一个夏天的下午，我在一列火车车厢中遇到两个熟人，但他们彼此不认识。其中一个是著名的医生，另一个是一个高贵家庭的成员，我在这个家中受雇行医。我为两位先生做了介绍后，在旅途中，他们只分别与我一个人交谈，好像我是中间人。我请求我的医生朋友给我们共同的一个熟人做推荐，后者刚开始其医疗实践。同事回答，他确信这个年轻人很能干，但他平平的相貌会让跻身高贵之家的路途变得不容易。我回答："恰恰因此，他需要推荐。"我又转身对着另一位同行者，询问他姑母的健康状况——我的一位女患者的母亲——她那时生病卧床。这次旅行后的夜里，我梦见，我为之请求提携的年轻朋友身处一场高雅的沙龙，坐在一群我认识的有钱有势的人当中，以老于世故的姿态给一名老妇致悼词，她是我第二个旅伴的姑母，在我的梦中已经死去（我坦率承认，我与这位女士关系不佳）。我的梦就又在日间两个印象之间制造了联系，借助这两个印象安排了一个统一的情境。

根据许多类似的经验，我不禁提出定律，即对梦的工作而言，存在一种必要性，要把所有存在的梦刺激源组成梦中的一个统一体[①]。

---

① 将同时发生的有趣事件联合成单一活动，已经有若干著作者注意到了梦工作的这种倾向，如德拉格、德尔贝夫。[弗洛伊德自己已经在《癔症研究》（布罗伊尔和弗洛伊德，1895年）中阐述了此原则。弗洛伊德于1909年补充了如下句子，包含在后续版本中，直至1922年，后来却又删除了："在后面（关于梦的工作）的章节，我们将了解这种强迫组合是另一个心理过程，即'压缩工作'的一个例子。"]

第五章　梦的材料与来源

我现在要继续探讨此问题，即通过分析揭示出来的激发梦的来源是否总是最近的（而且是重要的）事件，或者总是一种内心的体验，也就是对一个重要精神事件的回忆——一条思路——能够承担梦诱发者的角色。由众多分析得出的答案几乎肯定偏向于后者。梦诱发者可能是一个内心过程，仿佛因日间的思维工作而变成最近的事件。现在可能是将梦来源的不同条件加以系统整理的时候了。

梦的来源可以有以下几种：

① 一次最近的精神上重要的经历，在梦中直接呈现[①]。

② 若干最近的重要经历，通过梦被合并成一个统一体[②]。

③ 一次或若干次重要经历，在梦境中由一个同时发生的但无足轻重的印象表现出来[③]。

④ 一次内心重要的经历（如回忆、思想），经常在梦中通过一个最近的但无关紧要的印象表现出来[④]。

正如人们所见，就解梦而言，一律坚持一个条件，即梦境的一个组成部分重复前一日的一个新近印象。这一被确定在梦中得到代表的部分或者可能属于真正的梦激发者本身的观念范围——而且是观念范围的本质的或不重要的组成部分——或者源自一个无关紧要印象的领域，这个领域通过或多或少丰富的联系与梦激发者的观念取得联系。因此，控制各种条件而表现出来的多样性，只需由移置作用的发生或不发生的交替作用而定。而我们在此注意到，这种交替作用给我们提供同样的便利来解释梦的对比，就像给梦的医学理论提供便利去解释从脑细胞的局部清

---

① 如给爱玛打针的梦和黄胡子叔叔的梦。
② 如关于年轻医生致悼词的梦。
③ 如关于植物学专著的梦。
④ 分析期间，我的患者的多数梦均属此类。

醒到完全清醒这一假说。

　　如果我们考虑这四种可能情况，还可以进一步注意到，为了成梦的目的，一个重要的但并非最近的元素（思路、回忆）可能被最近的但又无关紧要的元素代替，只要能满足两个条件：① 梦境保持与最近所经历之事的联系；② 梦激发者依旧是一个具有重要意义的精神过程。在上述四种情况中，只有第一种情况可以用同一印象同时满足两个条件。此外，我们还注意到，那些无足轻重的印象，只要它们是最近的，就能被用于梦。它们一旦变旧一天（或至多几天），就丧失这种资质，因此我们不得不断定，一个印象的新鲜劲儿赋予它自己适于成梦的某种心理价值，这种价值以某种方式等同于带有强烈情绪的回忆的价值或思路的价值。只有在以后做心理学讨论时，与梦的构成相联系的这些新近印象的价值才能更为明确[①]。

　　此外，在这方面我们还可以注意到，在夜间，我们的回忆与想象材料还可能不知不觉地发生重要变化。在最终对一件事做出决定之前，最好先睡一觉，这种劝告显然是合理的。我们却注意到，我们在这一点上从做梦心理学跨入了睡眠心理学。这个问题我们以后还要深入讨论[②]。

---

① 参见第七章中关于"移情"的一段。

② ［1919年补充］波泽尔在一篇有广泛证据的文章（《实验产生的梦象及其与亲眼所见的关系》，1917年）中带来一个重要贡献，涉及近事对成梦的作用。波泽尔让不同的被试者用图画记录他们对一幅速示器（一种在极短的时间内呈现一个对象的仪器）所曝光的图片在意识上作何理解。然后他把注意力转向被试者在紧接着的夜里的梦，再要求他们通过图画来表现这个梦的适宜部分。结果明白无误地表明，未得到被试者注意的曝光图片的细节给成梦提供了材料，而在意识上得到感知的并且在曝光后以图画记录下来的细节在显性梦境中未再度出现。梦的工作以所知的"随意的"（更准确地说是专断的）方式处理了它所吸纳的材料，以达到成梦的目的。波泽尔实验提出的问题已远远超出了本书所讨论的解梦的范畴。顺便说一句，值得注意的是，实验性地研究成梦的这种新方式与先前打断被试者的睡眠而引发梦刺激的粗糙技术形成了鲜明对比。

第五章 梦的材料与来源

现在就有一种异议，大有推翻刚才的结论之势。只要最近无关紧要的印象能够进入梦境，我们怎么会在梦境中也发现出自早期生活的一些元素呢？按施特吕姆佩尔的话［《梦的本性与形成》，1877 年，第 40 页及下页］，这些元素在新近发生的时候，不具有心理价值，因此早就该被遗忘了，也就是说，这些元素岂不是既不新鲜在精神上又不重要吗？

如果参照在神经症患者身上进行精神分析的结果，完全可以解决这一异议。解决办法就是：用无关紧要的材料来代替精神上重要的材料（无论对做梦还是对思维）这一移置过程，在生活早期阶段已经发生了，从那时起就固定在记忆中。自从通过移置作用获得了重要的精神材料的价值之后，那些最初无关紧要的元素就不再无关紧要。确实依旧无关紧要之事，也不再可能在梦中再现。

从前面的探讨中，人们可以有理由推断，我立论说没有无关紧要的梦刺激，也就没有"纯真清白"的梦。我是绝对相信这个结论的，但儿童的梦以及对夜里感官刺激做出的短暂梦反应除外。我们梦的内容要么是可以明显被识别为精神上重要之事，要么是做了伪装的，就要在解释以后才能判断，接着，它又让人识别为重要之事。梦从不忙于琐事，我们不会为了琐事让自己在睡眠中受干扰①。如果我们努力求解表面上清白的梦，就会发现它们变成了反面。我可以说，梦好像"披着羊皮的狼"。因为我知道这是会遭受异议的另一点，又因为我愿意抓住机会来表明梦的伪装工作，我将从我的病案中选择一些"纯真清白"的梦来进行分析。

---

① ［1914 年补充］本书的一个友好的批评者哈夫洛克·霭理士写道（《梦的世界》，1911 年，第 169 页）："正是在这一点上，我们中间许多人不再继续追随弗洛伊德了。"只是哈夫洛克·霭理士未做过梦的分析，而且不愿相信，根据显性梦境来判断是多么不合理。

// 梦的解析

（一）

一名聪明而文雅的少妇，在生活中属于矜持派，属于"不显山露水"者，讲述道："我梦见我到市场太晚了，在肉贩子以及在女菜贩那里一无所获。"这当然是一个纯真清白的梦，但一个梦不会如此简单。我让她给我详细地讲述这个梦。于是报告如下：她跟拿着篮子的厨娘去了市场。她要了点什么后，卖肉的告诉她这买不到了，就要给她点别的，补充说"这也很好"。她拒绝了，走向女菜贩，后者想卖给她扎成捆的一种特别的蔬菜，那种菜的颜色是黑的。她说："我不认识这个，我不要。"

梦的日间联系很明显了。她确实太晚到市场上，再也买不到什么。整个情况似乎构成了这样一句话："肉店关门了。"不过，等等，这句话或它的反面难道不是一句形容男人衣冠不整的粗俗的惯用语吗①？做梦的女人没有使用这些话，或许回避了它们。让我们再来寻求对梦中包含的细节的解释。

在梦中带有语言性质之事，也就是有人说或有人听见，而不仅仅是被想到（通常不难分辨），那么它源自清醒状态时真正说过的事，虽然这件事被当作原料对待，已有删节，略作变动，特别是已脱离了上下文②。我们可以在解梦工作中以此类讲话为出发点。那么，肉贩子说的"这买不到了"那句话缘何而来？来自我自己。我几天前对她解释过，那些最早的童年经验本身"再也想不起来了"，而是在分析中由"移情"和梦来代替③。我就是那个肉贩子，而她拒绝这些移情表现为旧

---

① ["肉店开门了"意为"纽扣散开了"。]
② 关于梦中讲话，参阅关于梦的工作的章节。唯一一位著作者似乎认清了梦话的来历，德尔贝夫把它们比作口头禅。
③ [弗洛伊德在其"狼人"病史中第5节一处脚注中（《幼儿期神经症的故事》，1918年，第8卷，第169页，注1）探讨童年记忆时提到过此段。]

的思考与感受方式。其次，她梦里的话"我不认识这个，我不要"来自何处？为了分析，就要分解这话。她自己前一天对其厨娘说过"我不认识这个"，跟后者吵了一架，当时又补充道："请您规矩些。"此处，有一种移置清晰可见。从她对其厨娘所说的两句话里，她把那句无意义的话带入梦中，但那句被压抑的"请您规矩些"只与剩余的梦境相符。这样，只有当一个人胆敢有不规矩的苛求并且忘了"关肉店①"，人们才以为用这些话是恰当的。我们确实发现了解梦的踪迹，可以由女菜贩这一事件的暗示进一步加以证实。一种蔬菜扎成捆出售（如患者事后补充说捆得长长的），而且呈黑色，这是梦里把芦笋和黑色萝卜（Schwarzer Rettig）结合起来了。我无须向任何人、任何知情者解释芦笋，但另一种蔬菜却可以表示一声叫喊："小黑，滚开！"（Schwarzer, rett'dich!）② 也让我觉得指向我们一开始就猜出的同一个性主题，当时我们想为叙述梦而使用该主题：肉铺关了。关键不是探讨梦的全部意义。梦的意义丰富而且绝非单纯清白，这一点是确定的③。

（二）

同一位女患者的另一个单纯清白的梦，与上一个梦可以说是异曲同工。她丈夫问道："难道不该让人给钢琴调音吗？"她道："不值得，音

---

① 意为扣上裤前襟。——译注
② ［这很可能是对一个画谜或字谜的回忆，当时在《飞叶》与其他幽默报章中出现。］
③ 对好学者，我补充说明，在此梦后面隐藏着我对不规矩的性挑逗行为的想象和患者对我的行为的拒绝。如果这种解释会让人觉得前所未闻，我就提醒他有众多病例，其中医生经历了患癔症妇女的此类谴责，在她们身上，相同的想象没有伪装并作为梦出现，而是不加掩饰地出现在意识中。［1909年补充］这个梦发生在患者开始接受精神分析治疗之时。我后来才理解，她以此重复了起始创伤，她的神经症起因于此创伤。此后我在别人身上发现了相同的举止，他们在童年遭受性的攻击，就似乎在梦中寻求它们反复出现。

// 梦的解析

锤倒是该修理了。"这又是重复前一日的一个真实事件。她丈夫问了她这个问题，她回答得与此相似。但她梦见此事，意味着什么呢？她虽然对我讲到钢琴，说那是一只令人讨厌的箱子，发出糟糕的声音，是她丈夫婚前就拥有的一件东西[1]，等等，但她说的"不值得"这句话才是得出答案的关键。这句话源自她昨日对一位女友的拜访。在那里，她被要求脱下夹克，而她拒绝的话是："谢谢，不值得，我一会儿就走。"讲到此处，我不禁想起，她昨天在分析工作期间突然去抓解开一颗纽扣的夹克。似乎她想说："求您了，别往那儿看，不值得。"所以箱子（Kasten）代表着胸部（Brustkasten），而对这个梦的解释使我们想到她在身体发育的时期，开始对其身材感到不满。如果我们考虑到"令人讨厌"和"糟糕的声音"并回忆起，在双关语中或在梦中，女性身体的小半球多么频繁地作为对比物并代替大半球出现，我们无疑还可以追溯到更早的时期。

（三）

我将暂时中断这个系列的梦，插入一个年轻人单纯的短梦。他梦见他又穿上冬季外衣，这很可怕。这个梦的表面诱因是突然出现的寒冷。而如果我们仔细观察就会发觉，梦的两个短暂片段相配得并不好，因为寒冷时穿重或厚的外衣能有什么"可怕"的？不利于此梦的单纯性的是在分析时梦者出现的第一个联想，他回忆起一位女士昨天亲密地对他承认，她生了最小的孩子是由于避孕套破裂。他就在此诱因下重现他的思想：一个薄薄的避孕套很危险，但是一个厚厚的避孕套也很糟糕。避孕套适当地代表了外套，真可谓一箭双雕。对未婚男子而言，像这名女士所叙述的这样一个事件确实很"可怕"。

---

[1] 我们解梦后明白，是用对立物来替代。

现在让我们再回到我们那个纯洁的做梦女人身上。

（四）

她把一支蜡烛插进烛台。蜡烛却断了，竖不起来。学校的姑娘们说她动作笨拙，但她说这不是她的错。

此处也有一个真实的诱因。她昨天确实把一支蜡烛插进烛台，蜡烛却没断。此处用了一个明显的象征。蜡烛是可以刺激女性生殖器的物件。如果它断了，竖不起来，这就意味着男人阳痿（"不是她的错"）。只是，受过良好教育并对所有丑恶事件都很陌生的少妇会了解蜡烛的这种用法吗？但发生的事还能说明她是如何获得这种认识的。一次，她在莱茵河上划船，一艘小艇驶过他们，里面坐着大学生，他们惬意地唱着或不如说在吼着一首歌：

如果瑞典女王关着百叶窗用阿波罗蜡烛……①

她没听见或没听懂最后一个词，就要求她的丈夫给她解释。这些诗句就在梦境中被代之以对她在寄宿学校时笨手笨脚地做了一件事的回忆，由于紧闭的百叶窗这个共同元素而可能形成了移置作用。手淫的主题与阳痿的联系足够明晰了。"阿波罗"在隐性梦境中把此梦与先前的一个梦相连，在后者中，出现了智慧女神雅典娜。所有这一切都远非单纯清白。

（五）

要从梦者有关现实生活的梦中得出结论，并不容易。我将再举一个

---

① ["阿波罗蜡烛"是当时一个知名的蜡烛品牌。文中诗句是具有众多类似段落的一首通俗学生歌曲的节选。略去的词是"手淫"。]

梦例，它同样显得单纯清白，并且源自同一位患者。她讲道："我梦见我白天确实做了的事，就是将一只小箱子装满了书，我费力地盖上它，我梦见的就像实际发生的一样。"此处，讲述者自己把重点放到梦与现实的一致上。所有此类关于梦的判断、对梦的评论尽管在清醒思维中争得一席之地，但仍然经常归于隐性梦境，后面的例子还会证实这一点。我们被告知，梦所讲述之事，在前一天确实发生过。但如果用英语来解释我以何途径获得这个概念，就会过于详尽。只要再一次指出，正在讨论的问题事关一个小箱子（参见木箱里躺着死婴的梦），它装得这么满，以至于什么也装不进去了，也就足够了。至少这次没什么坏事。

在所有这些"单纯清白"的梦里，性的因素作为稽查作用的主要对象如此醒目突显。不过，这是个具有原则意义的主题，我们留待以后再详细讨论。

二、作为梦来源的幼儿期材料

与研究梦的其他著作者（除了罗伯特）一样，我也提出了关于梦内容的第三个特性，即在梦中可能出现来自童年早期的印象，清醒时的记忆似乎不具有这些印象。要判断这多么难得或多么频繁地发生，当然是很难的，因为苏醒后，梦的相关元素在其来历上无法得到识别。此处涉及童年印象，就必须以客观途径提供证明。对此，只在罕见情况下，诸条件才可能重合。由莫里讲述的一个男人的故事特别有说服力。一天，这个男人决定在离开20年后重访家乡。出发前的夜里，他梦见他在一个自己完全不熟悉的小地方，在街上偶遇一位陌生的先生并跟他聊天。回到家乡后，他发现这个陌生的地方确实存在，就在家乡附近，而且梦里的陌生男子也被

第五章　梦的材料与来源

证明是他的亡父在那里生活时的一个朋友。他在童年时见过男子与那个小地方，这可能是一个令人信服的证据。这个梦还能被解释成迫不及待的梦，就像那个将音乐晚会的入场券揣在口袋里的姑娘的梦；就像那个儿童的梦，父亲对他许诺前往小村庄远足，诸如此类。不经分析，当然无法揭示那些动机，它们给做梦者再现出自其童年的这一印象。

我的讲座的一名听者自诩，他的梦很少以伪装的形式出现，他告诉我，他不久前在梦中看见，他以前的家庭教师和保姆睡在一张床上。直到他 11 岁，保姆都在家中。他还在梦中就想起来这一情景的确切地点。他饶有兴趣地把这个梦告知其兄长，兄长笑着对他证实了所梦之事的真实性。兄长很清楚地忆起此事，因为他当时已有 6 岁。如果情况有利于夜里交合，这一对爱侣惯于用啤酒把他兄长灌醉。那个小一点的当时 3 岁的孩子——我们的那个做梦者，睡在保姆房里，未被视为干扰。

在另一个个案中，还可以不借助解梦而可以确定，梦包含来自童年的元素。这种梦可被称为"反复出现"的梦。它先在童年被梦见，以后时不时在成年的睡眠期间出现①。在此类已知的例子之外，我可以补充若干出自我自己经验的例子，即使我在自己身上不曾了解这样一种反复出现的梦。一名 30 多岁的医生告诉我，从他童年的最初时光直到今日，他经常梦见一头黄狮子，他能够给出关于黄狮子的详尽的情况。一天，他终于发现了这头狮子对应的实物，是一个失踪很久的长形瓷器。而这个年轻人当时听他母亲说，这个物品曾是他童年早期最为喜欢的玩具，而他早已忘记了。

如果现在从显性梦境转到只有通过分析才能揭示出来的梦隐念，就

---

① ［关于"反复出现"的梦的评论见于弗洛伊德的《癔症分析的片段》(1905 年)，第 6 卷，第 139 页、第 154 页和第 160—161 页。］

// 梦的解析

会惊讶地察觉，我们从未想到过的童年经历也在此类梦中起作用。关于那名可敬的梦见黄狮子的同事，我再举一个特别有趣而且有益的梦的例子。阅读了南森[①]关于极地探险的旅行报告后，他梦见自己在一片冰原中，他在给勇敢的探险家用电疗法治疗，因为后者抱怨坐骨神经痛。为了分析此梦，他想起了自己童年的一段故事，单凭这个故事就足以理解这个梦了。他是三四岁的孩子时，一天，新奇地聆听成人谈论航海探险，他就问爸爸，航海是不是一种病。他显然把航海（Reisen）与腹绞痛（Reissen）混淆了，而他兄弟姐妹的取笑导致他没有忘却这段难堪的经历。

一个很相似的个案是，我在分析关于樱草科植物的专著的梦时，偶然发现得以保留的青少年时代的回忆，就是父亲听任 5 岁的我把配有彩色插图的书撕坏。人们也许会提出疑问，这段回忆是否确实对梦境的安排起了作用，还是只不过是分析工作事后建立了一种联系。以下丰富而交织在一起的联想可以印证前一种说法是对的：樱草花科植物——最喜爱的花——最喜爱的菜肴——洋蓟；像洋蓟一片一片地撕成碎片——标本收藏册——书虫（它最喜爱的食物是书）。此外，我可以保证，我在此没有阐明的梦的终极意义与童年的破坏情景有密切的联系。

在另一个组梦里，通过分析得知，欲望激起梦，梦表明自己是欲望的满足，这种欲望本身源自儿童生活，使得我们意外地发现儿童及其全部冲动仍存在于梦中。

我在此继续解一个梦，我们已经从中找到启发意义，我指的梦是"我的朋友 R 变成我叔叔"那个梦。我们的解释已清楚地证明我想被任命为教授这个欲望是这个梦的主要动机之一。而我把梦中对朋友 R 的柔情解

[①] 弗里乔夫·南森（1861—1930 年），挪威探险家、科学家、外交家。——译注

第五章　梦的材料与来源

释成反对在梦念中对两位同事进行诽谤的结果。梦是我自己的，因而我可以继续分析它，可以说我对已获得的解释仍不满意。我知道，我对在梦意念中被苛求的同事的评价与在清醒时完全不同。不要分担他们在得到任命这一事宜上的命运，我觉得欲望的这种力量太小了，无法完全解释清醒时与梦中评价的对立。被人用另一个头衔称呼，如果我的需求会如此强烈，这就证明是一种病态的虚荣心，我认为自己还不至于此。我不知道那些以为了解我的人在这一点上会对我如何判断。或许我也确实有过虚荣心；但若是这样，则它早就投向不同于一名正教授的头衔与等级的其他对象。

那我在梦中表现出来的虚荣心从何而来呢？这时我想起来我在童年时经常听说之事。我出生时，有名老农妇曾对我骄傲的母亲预言，她这个头生子将成为世界伟人。此类预言想必相当频繁发生：有如此多乐于期待的母亲和如此多农妇或其他妇女在饱尝人世辛酸后寄希望于未来。女预言者这样说，自己也不会吃亏。难道我做大人物的渴望源出于此？但这时我就记起出自后来青少年岁月的另一印象，或可提供更好的解释。当我十一二岁时，父母经常带我去布拉特公园。一天晚上，我们正坐在餐馆里，一个男人引起我们的注意，他从一张桌子走到另一张桌子，他只需思考片刻，就能依据布置给他的题目即兴赋诗。我被派去把诗人约请到我们的桌旁，他对此表示感谢。在他询问其命题之前，他为我做了几句诗，并灵机一动地宣称我很可能会成为"内阁部长"。我还能很好地回忆起对这第二个预言的印象。那是"比格尔"内阁时代①。父亲不久前把中产阶级企业家赫布斯特、吉斯克拉、昂格尔、伯格尔等人的画像带回家，而我们用灯照亮这些先生的画像以示敬意。他们中甚

---

① ［采用1867年新的奥地利宪法后组成的具有自由特征的内阁。］

至有犹太人。自此以后，每个犹太学生都把内阁部长式的公文夹放进书包。甚至必定与那段时光关联的是，我在上大学前不久准备学法律，在最后一刻才改变了主意。对一个医科大学生而言，部长生涯肯定与之无缘了。现在说我的梦。我现在才发觉，它把我从黯淡的现在重置于"比格尔内阁"那段满怀希望的时光，尽力满足我当时的欲望。我如此恶劣地对待两名博学而值得尊敬的同事，因为他们是犹太人，对待其中一个，好像他是笨脑瓜，对待另一个，好像他是罪犯。我如此行事，表现得似乎我是部长，我把自己置于部长的位置。现在是我报复部长阁下的时候！他拒绝任命我为副教授，而我为此在梦中代替他的位置。

在另一个个案中，我能够注意到，激发梦的欲望虽然是一个眼前的欲望，但远溯至童年的回忆起到了强有力的强化作用。在此涉及一系列梦，以前往罗马的渴望为基础。我可能还得长时间通过梦来满足这种渴望，因为在供我支配用于旅行的时节前后，出于健康顾忌而未能去罗马[1]。所以我就有一次梦见，我从火车窗户看见台伯河与安基洛桥；随后，火车开动起来，而我想起来，我根本未踏上过这座城市。我在梦中看见的景色来自我前一天在一位患者的客厅里匆匆注意到的一幅版画。另一次，我梦见有人把我领上一座小山，指给我看被雾半掩着的遥远的罗马，我惊异于清晰的景色。这个梦的内容比我想在此阐述的更丰富。"遥看向往之地"，这个动机容易在其中识别出来。我在雾中初次见到的城市是吕贝克；小山的原型是格莱兴山[2]。在第三个梦里，我终于在罗马了，就像梦告诉我的那样。我却吃惊地看见一个绝非城市的场景，一

---

[1]　[1909 年补充] 我早就获悉，满足此类长久被视为不可及的欲望，只需要一点勇气；[1925 年补充] 所以我成了热心的罗马朝圣者。

[2]　[施泰尔马克州的疗养地，离格拉茨不远。]

第五章　梦的材料与来源

条流着黑色污水的小河，一边是黑色岩石，另一边是有大朵白花的草地。我注意到一位似曾相识的朱克尔①先生，就决定问他进城的路。显然，我要在梦里看见我清醒时未见过的一座城市是徒劳的。如果把梦中的风景分解成若干元素，那白花代表我熟悉的拉韦纳，它至少有一阵子几乎代替了罗马作为意大利的首都。在拉韦纳周围的沼泽中，我们在黑水里发现了漂亮的睡莲。梦让它们长在草地上，像我家乡奥斯湖的水仙，因为当时把它们从水里取出来非常费力。紧靠水边的黑色岩石使我生动地想起卡尔斯巴德②附近的泰伯尔河谷。"卡尔斯巴德"能使我解释我向朱克尔先生问路这个特殊的细节。从这个梦所编织的材料中，可以看到两则风趣的犹太人故事，蕴含着意义深刻而辛酸的生活智慧，我们在谈话与书信中引用它们③。一则是关于"体质"的故事，内容为一个贫穷的犹太人无票混入前往卡尔斯巴德的快车，后来被逮住，每次查票都被赶下火车，受到越来越严厉的惩罚。后来，在这次悲惨的旅行中，他在一站遇到一个熟人问他前往何方，他给出的回答是："如果我的体质受得了——前往卡尔斯巴德。"我由此又想起另一个故事，一个不通法语的犹太人在巴黎问去黎塞留街的路。巴黎也是我多年向往的一个目的地，而我最初踏上巴黎的石块路面时的快乐，让我觉得好像其他欲望的满足也得到了保证。"问路"也是到罗马去的一个暗喻，因为众所周知，"条条大路通罗马"。此外，朱克尔这个名字又指向卡尔斯

---

① Zucker，德文意为"糖"。——译注
② 卡罗维发利的旧称，捷克西端城市。——译注
③ ［在1897年6月12日致弗利斯的信中（弗洛伊德，《精神分析肇始》，1950年，信件第65号），弗洛伊德提及，他汇编了此类故事；他在其关于诙谐的书中（弗洛伊德，《诙谐及其与潜意识的关系》，1905年）多次使用这些故事。他在书信中多次暗示上述第一个故事；而罗马和卡尔斯巴德被用作不可及目标的象征（如在第112和第130号信件中）。］

177

// 梦的解析

巴德，我们通常把患了体质性疾病糖尿病的人打发去那儿疗养。这个梦的诱因是我在柏林的朋友建议，复活节的时候在布拉格碰面。我要跟他谈的事情中，必定包括了与"糖"和"糖尿病"有进一步联系的内容。

在刚提及的梦之后不久，第四个梦又把我带往罗马。我看见前面有个街角，惊异于那里挂着许多犹太海报。前一天，我带着先见之明给我的朋友写信，对德国散步者而言，布拉格可能不是一个舒适的地方。梦就同时表达出欲望，要在罗马遇见他，而不是在一个波希米亚城市，还表达出很可能源自我学生时代的兴趣，即布拉格可能对德语给予更多宽容。想必我在很早的童年就懂得捷克语了，因为我在一个有斯拉夫人的小地方麦伦斯①出生。我17岁时听过的一首捷克童诗，毫不费力地铭刻在我的记忆中，尽管不知其义，我如今还能背诵。在这些梦里，不乏与我童年初期的印象的多种多样的联系。

我在最近一次意大利之旅中，经过特拉西梅诺湖，在看过台伯河后，在离罗马50里处遗憾地折返——我发觉在这条通往永恒之都的途中更增强了我少年时期的回忆。我正在斟酌计划，来年经过罗马前往那不勒斯，这时我想起我必定在一名经典作家那里读到过的一个句子："他做出前往罗马的计划后，在房间里不倦地走来走去，心中不断交战，是选择当副校长温克尔曼②还是统帅汉尼拔③？"我的确追随了汉尼拔的足迹，我像他一样注定见不到罗马，而众人都企望他进军罗马时，他却转往坎帕尼亚。在这些方面我跟汉尼拔相似，但他仍是我从学生时代

---

① 即摩拉维亚，捷克东部地区。——译注
② 约翰·约阿希姆·温克尔曼（1717—1768年），德国艺术家。——译注
③ 汉尼拔·巴卡（公元前247—前183年），迦太基统帅、政治家。——译注

起就一直崇拜的英雄。就像那个时代的许多人一样，我对于布匿战争[①]并非同情罗马人，而是同情迦太基人。后来在高中，我开始理解了异族的含义，同学中反犹太人的躁动警告我必须采取明确的立场，这时闪米特人统帅的形象在我心中就更高大了。对那个少年而言，汉尼拔与罗马象征着犹太教的坚韧与天主教组织之间的对立。自此以后，反犹运动对我精神生活的影响大大增加，有助于我早年思想和感情的巩固。所以，对梦生活而言，前往罗马这个欲望就成了若干其他殷切欲望的外衣与象征，要实现这些欲望，必须有腓尼基人那样的毅力与决心，而其实现有时似乎不那么受命运的眷顾，就像汉尼拔进驻罗马这个平生欲望一样。

关于这一点，我又记起童年的一件事情，在所有这些感受与梦里至今仍表现出很强的影响力。我10岁或12岁时，我父亲开始带我散步，在谈话中对我透露他对这个世界上事物的观点。比如，他有一次为了给我指明，比起他来，我处在多么好的时光，他就给我讲："我是年轻人时，周六在你的出生地的街上散步，穿着漂亮，头上戴着新的皮帽。这时走来一位基督徒，一下子把我的帽子打到泥里，还喊道：'犹太人，滚开！'"我问道："那你做了什么？""我走到路上，捡起帽子。"他平静地回答。这让我觉得这个牵着我这个小孩子的高大强壮的男人并不英勇。我把未让我满足的这一情境与另一个情境对比，后者更符合我的感受。在那个场景中，汉尼拔的父亲哈米尔卡·巴卡[②]让他的孩子在家庭祭坛前发誓，要对罗马人实施报复。从此以后，汉尼拔在我的想象中就占有一席之地了。

[①] 罗马对迦太基人（布匿人）的三场战争，罗马由此取得在西地中海的统治权。——译注

[②] ［1909年补充］初版中，此处名字为：哈斯德鲁巴（Hasdrubal），这是一个令人难解的错误，我在《日常生活心理病理学》［1901年，第10章，第2节］中做了解释。

// 梦的解析

我认为，我对这位迦太基将军的热情还可以进一步追溯到我的童年，因而只能再一次说明它是把一种已经形成的情感关系转移到一个新的载体上。我会阅读之后，一开始看的书中就有一本梯也尔①的《执政与帝国史》。我记得，我把带有皇家元帅名字的小纸条贴到我的木头士兵的背上，当时我宣称马塞那（犹太名为马拉赛）是我最喜欢的人②（这种偏爱大概也还可以由我跟他生日是同一天这一巧合来解释，而且正好隔了一百年③）。拿破仑自比汉尼拔，因为他们都越过了阿尔卑斯山。或许这种尚武精神的发展还可以进一步追溯到我的童年。我在3岁时，与一个比我年长1岁的男孩忽而友好、忽而敌对，在两个玩伴中那个较弱者身上必定激起这种好战欲望④。

越是深入对梦的分析，就会越加频繁地被引至童年经历的踪迹上，童年经历在隐性梦境中扮演梦来源的角色。

我们已经知道，梦中再现的回忆很少不做缩减、不做变动地构成全部明显的梦境。无论如何，对这种情况的出现有若干例子为证，对此，我可以补充几个新的例子，它们又涉及童年经历。在我的一位患者身上，曾有一个梦带来对一个性事件几乎未做歪曲的复述，并且立即被断定为真实的回忆。在清醒时，他从未完全丧失对此事的回忆，但回忆已变得非常模糊，而在分析以后才被唤醒。做梦者12岁时去看望一名同学，后者很可能只是偶然在床上活动时裸露了身体。我的患者看见同学的生殖器时，被一种强制性冲动攫住，他也露出了自己的生殖器，并抓住了对方的生殖器。他的同学却不情愿，惊讶地看着他，他对此感到

---

① 路易-阿道夫·梯也尔（1797—1877年），法国政治家、历史学家。——译注
② ［1930年补充］这位元帅的犹太血统已不详。
③ ［此句于1914年补充。］
④ ［可在后文找到对这些关联的较详细的阐述。］

尴尬，就住手了。一个梦在23年后还带着其中出现的细致感受重复这一场景。但是这个梦也略有改变，即做梦者扮演的不是主动而是被动角色，而同学本人被一个现在的朋友所代替。

当然，通常显性梦境中的童年场景只是通过一种隐喻来表现，必须通过解释才能从梦里显示出来。记录下来的此类例子很难使人信服，因为这些童年经历大多缺乏任何其他保证。如果它们属于很早的童年，记忆就很难辨认了。要推断梦中的这些童年经验的确发生过，只有依据精神分析工作所提供的大量因素，这些因素在共同作用时才显得足够可靠。为了解梦，让我记录的这些推论而得的童年经验脱离上下文，尤其我没有告知解梦所依托的所有材料，别人便可能很难留下深刻的印象。而这并不妨碍我再举几个例子。

（一）

在我的一位女患者身上，所有梦都具有"匆忙"的性质：她急急忙忙，为了赶得上火车，诸如此类。[在一个梦里，她要去看望一位女友。母亲告诉她，她得乘车，而非步行。她却奔跑着，一个劲儿地跌倒]——这些材料经过分析使她想起儿时的奔跑嬉戏（你应知道，维也纳人称之为"猛冲""疯狂赛跑"）。有一个特殊的梦使她回想起儿童喜爱的绕口令游戏，要迅速地说出"母牛奔跑，直到跌倒"这句话，越说越快，看谁快到最后只说出一个无意义的声音。这又是一种"匆忙"的表现。小女孩们中间所有这些天真的嬉戏都被忆起，因为它们代替了其他不那么天真的嬉戏。

（二）

另一位女患者有如下的梦：她在一个大房间里，其中放着各种机器，就像她设想的整形机构一样。她听说由于我没时间，所以她得与其他5人同时接受治疗。她却抗拒,不愿躺到给她指定的床上——或任何其他地方。她站在角落里,等着我说这不是真的。其他人在此期间取笑她,说她胡闹——这时她好像在画一些小方格。

这个梦境的第一部分是与治疗的联系,移情到了我身上。第二部分包含对儿童场景的暗示。两部分因梦中提到床而联系起来。整形机构溯源于我对她讲过的话,我把治疗的时间之长和性质之复杂与整形治疗相比较。我不得不在治疗之初告诉她,我暂时少有时间给她,但以后会每日有一个小时用在她身上。这让她身上原有的敏感性变得活跃,这也是儿童容易患的癔症的一个特性。他们对爱的渴望永远得不到满足。我的女患者是其6个兄弟姐妹中最年幼的(因此梦中与其他5人一起),作为老幺,最为父亲宠爱,却似乎发现,她所崇拜的父亲还是太少把时间和注意力用在她身上——她等着我说不是真的,来源如下:一名裁缝铺的小伙计给她带来一条连衣裙,她把钱给他。后来她问丈夫,如果他丢了钱,她是否得再付钱。丈夫为了嘲弄她,说会这样(梦境中的嘲弄),而她一再发问,等着他最终说这不是真的。就隐性梦境而言,她可能想到,如果我把双倍的时间用在她身上,她是否可能得付我双倍的钱——她觉得这是一个吝啬或肮脏的思想(梦非常频繁地用贪图钱财来代替童年的不洁;"肮脏"一词在此构成桥梁,将二者联系起来①)。如果梦中关于"等着我说"这一整段在梦中不过是婉转表达"肮脏"一词,那"她站在角落里"和"不愿躺到床上"就符合童年的一个场景:她弄脏了床,被罚站在角落里,被威胁说爸爸不再爱她了,兄弟姐妹会取笑她,等等。小方格是指她的小侄女在她面前玩一种算术游戏(我相信这

---

① [弗洛伊德在《性格与肛原性》(1908年)中详细展开这个主题。]

是正确的），即把数字写进 9 个方格里，使得它们横竖相加都得出 15。

（三）

一名男子的梦：他看见两个扭打的男孩，他从周围放着的工具推断出他们是桶匠的孩子。一个男孩打倒了另一个，倒地的男孩戴着蓝宝石耳环。他举起棍子紧追作恶者，要责打他。那家伙逃向一名妇人，似乎是他的母亲。她站在木围栏边，是一名劳动妇女，把背转向做梦者。最后，她回身用可怕的目光注视做梦者，使得他惊恐地逃走了。可以看见她双眼下眼睑有红色的肉突出来。

这个梦充分利用了前一天的琐事。他昨天确实在街上看见两个男孩，其中之一摆倒了另一个。他赶去调解时，他们夺路而逃。桶匠的孩子：通过后继的一个梦才得到解释，在这个梦中，他用了一句俗语：直把桶底捅穿。据他观察，妓女大多戴着蓝宝石耳环。他于是记起了熟悉的关于两个男孩的一句打油诗：另外那个男孩叫玛丽（意即是姑娘）。站着的妇人：当两个男孩跑掉后，他在多瑙河畔散步，趁着无人，对着一处木围栏排尿。不一会儿，一名穿着体面的较年长女士冲着他相当友好地微笑，并递给他名片。因为梦中的妇人就像他排尿时那么站着，因此这个妇人必定也在排尿。这与可怕的注视、突出的红肉相符合，这只可能意味着蹲下时张开的生殖器。这种景象他童年时看到过，在后来的记忆中作为"息肉"（"伤口"）再度出现。这个梦把他童年时两次看见小姑娘的生殖器的情景结合了起来。一次是女孩被推翻在地，另一次是女孩正在排尿。正如梦的另一部分所表明的，因为他少年时在这些时刻表现出性的好奇而遭到父亲的恐吓和惩罚。

（四）

在一名较年长女士如下的梦的背后可以找到一大堆童年回忆，巧妙

// 梦的解析

地联合成一个单一的想象。

她匆忙外出采购。在格拉本大街上，她双膝瘫软，好像垮了一样。许多人围在她身边，尤其是出租车司机，但无人扶她起来。她做了许多徒劳的尝试，最终想必成功了，因为她被放进一辆出租车里，出租车送她回家。一个装满了的又大又重的篮子（类似购物篮）从她身后的窗户被扔了进来。

做梦的就是那个在其梦里总是很匆忙的女人。此梦的第一个情境显然取自一匹马跌倒的样子，"垮了"这个词代表赛马。她年轻时善于骑马，更年轻时真的就像一匹马。"跌倒"使她想起对门房的17岁儿子的最初童年回忆，他在街上癫痫发作，摔倒在地，被人用车送回家。对此，她当然只是听说，但对癫痫（跌倒的疾病）的想法牢牢地盘踞在她的想象中，后来影响她形成癔症发作。如果一名妇人梦见摔倒，可能常有性含义，她正在想象自己成为一个"失足女人"。就我们的梦而言，这种解释无可置疑，因为她摔倒在格拉本大街上，这条大街是维也纳著名的妓女聚集地。"购物篮（Korb）"有不止一种解释。在"拒绝"的意义上，她想起自己无数次对追求者的拒绝①。后来，她也抱怨受到了同样的拒绝。与此相关的是，无人愿意扶起她，她自己解释这也是一种拒绝。购物篮进一步提醒她在分析中已经出现的想象。她想象自己已经下嫁，就必须自己去市场上采购。但最后，可以把购物篮解释成仆人的标志。此处还有对一名厨娘的童年回忆，厨娘因为偷窃被开除了，她双膝跪倒乞求饶恕，做梦者当时12岁。再是忆起一名打扫房间的女仆，因为与家里的马车夫私通被解雇了，马车夫后来还娶了她。这段回忆就给

---

① ［德文 Korb 一词也有拒绝求婚的意思。］

第五章　梦的材料与来源

我们提供了梦中车夫（司机）的一个来源（与现实相反，他没有扶起跌倒的女人）。但还要解释从后面扔篮子，而且是通过窗子。这让她记起铁路上运送行李，记起乡间"越窗幽会"的习俗，记起在乡间逗留的微小印象，一位先生通过窗子把李子扔进一名女士的房间；因为一个路过的智障者透过窗子往房间里看，吓他的妹妹。后面就冒出了梦者10岁时的模糊回忆，是关于一个保姆的回忆，保姆在乡间与家里的一名仆人发生暧昧关系（对此，连她这个小女孩也看得出来），保姆连同其情人被"赶出去"（在梦里是对立面："被扔进去"）——我们已从好几个方面讲到了这个故事。一名仆人的行李或箱子在维也纳被轻蔑地称为"7个李子"。"收拾你的7个李子滚吧！"

　　分析患者的此类梦，发现这些梦可以追溯到记忆模糊或根本记不起来的童年印象，这些常常出自生命的前3年。我的记录中当然具有极其丰富的此类梦的储备。但要从中得出普遍适用于梦的结论，就不太可靠了。因为每个做梦的人都是神经症患者，特别是癔症患者。而童年场景所承担的角色，可能受制于神经症的性质而非梦的本质。我自己的梦并没有什么严重的神经症症状。然而，在解梦时，我同样常常遇到的是，我在隐性梦境中意外碰到童年场景，一整个系列的梦一下子汇入始于儿童经历的道路。我已经为此提供过几个梦例，而我将再举几个有多方面联系的梦例。或许我能结束本章最好的方式莫过于告知我自己的梦，其中近来的诱因与早就被遗忘的童年经历一起作为梦的来源出现。

　　1.在一次旅行之后，我又累又饿地上了床，睡梦中，人的基本需要显露出来。我梦见：我走进厨房去找一些布丁。那里站着3名妇人，其中之一是旅店老板娘，手里搓着什么东西，似乎要做团子。她回答，我

// 梦的解析

得等到她做完（这句话并不清楚）。我不耐烦了，负气走开。我穿上外衣。我试的第一件外衣对我来说太长了，我又把它脱下，有些吃惊地发现它是镶了毛皮的。我穿上的第二件外衣绣着土耳其图案的长条纹。一个长脸、有短山羊胡子的陌生人到来，阻止我穿衣，他宣称衣服是他的。我就指给他看，衣服绣有土耳其花纹。他问："土耳其（图案、条纹……）与您何干？"但我们随后却很友好地相处了。

在分析此梦时，我很意外地想起我读过的第一部小说（大约在我13岁时），实际上我是从第一卷结尾处读起的。我从未知晓过小说及其作者的名字，但结局就在我鲜活的回忆中。主人公陷入精神错乱，不断呼唤3名妇人的名字，她们在生活中对他意味着最大的幸福与不幸。佩拉杰是这些名字之一。我还不知道为什么会引起这个记忆。与这3名妇人相关，我想起了命运三女神，她们掌握着人的命运，而我知道，3名妇人之一——梦中的老板娘——就是给人以生命的母亲，而且也像在我身上一样，给生者以最初的食物。在妇人的乳房上，爱与饥饿相遇。一名崇拜女性美的年轻男子谈到喂过他奶的乳母时表示：他很遗憾当时没有更好地充分利用大好时机。我惯常用此逸事来阐明精神神经症机理中的事后性这个因素①。命运三女神之一就摩擦手掌，似乎要做团子。一位命运女神的一项特殊的活动，倒是需要解释的。这来自我另一段更早的童年回忆。我6岁时，母亲给我上了第一课，她要我相信，我们是泥做的，因而得回归泥土。但这不合我的意，我对这种学说表示怀疑。母亲就摩擦手掌——就像在做团子，只是手掌之间没有面粉——给我看擦掉的微黑的表皮鳞屑，用来证明我们是由泥土做成。我对这种直观演示

---

① ［关于癔症机理的一个被取代的理论，弗洛伊德在其早先的《心理学提纲》（弗洛伊德，1950年）的第2部分最后一节阐释了这种理论。］

无限惊讶，我就默认了这句话："生命最后回归自然。"① 所以确实有命运女神，就像童年时经常做的那样，我饿时就进厨房走向她们，母亲在灶边要我等到饭做好了再吃。现在来谈谈团子。我的一位大学老师，正是他给我讲授组织学知识（如表皮知识）的，他会在遇到克内德尔这个名字时想起他不得不控告的一个人，因为后者剽窃（Plagiarizing）了他的著作。剽窃的意思是把属于别人的东西占为己有，因此清楚地把梦引向第二部分，其中我被当作常在演讲厅活动的偷外衣的贼对待。我写下了剽窃这个词，是无意的，因为它是自动呈现出来的，现在我发觉，它能用作显性梦境不同部分之间的桥梁。佩拉杰（Pélagie）——剽窃（plagiarizing）——横口鱼（plagiostomes）② 或鲨鱼（sharks）——鱼鳔（fish-bladder）。联想链连起了旧小说与克内德尔事件和外套，外套的确明显意味着性技术的用具（德文 Überzieher 有套衫、大衣、避孕套等意思）（参见莫里关于押头韵的梦）。无疑这是一长串极其勉强而无意义的联系，如果不是梦的工作，我在清醒时是绝不能构成这些联想的。但是，仿佛有一种建立无所谓神圣的强迫性联系的需要，现在布吕克（Brücke，意为桥梁）③ 这个珍贵的名字让我想起那所学校，我在其中度过了无忧无虑的学生时代。

> 你们葡萄在那智慧的胸膛，每日都会发现无穷的狂欢。④

---

① ［这话使人想起莎士比亚《亨利四世》上篇（第5幕第1场）。在那里，哈尔王子对法尔斯塔夫说："人人都要见上帝。"］与这些童年场景密不可分的两种情感——惊异与对不可避免的命运的屈从——在不久前的一个梦里出现，首先使我想起这一童年经历。
② 我并非随意补充横口鱼，它们让我想起令人气恼的在同一名教师面前出丑的情况。
③ ［关于布吕克和弗赖施尔见后文的注解。］
④ ［歌德，《浮士德》，上部第4场。］

// 梦的解析

这完全不同于在我做梦时折磨（plaguing）我的那些欲望。最后，我又想起了一位可敬的教师，他的名字听起来又是吃的东西（弗莱施尔，Fleischl，读音同德文 Fleisch，意为"肉"），还想起了一个涉及表皮鳞屑的悲伤场景（母亲、女主人），想起精神错乱（读过的那本小说）和出自拉丁厨房①的消除饥饿的材料——可卡因。

这样，我就可以继续遵循错综复杂的思路，以求完全解释未加分析的梦的部分，但我不得不放弃，因为所需个人牺牲过大。我只是抓住线索之一，它能直接通向作为这种错杂基础的梦意念之一。有长脸和山羊胡子的陌生人想阻止我穿衣，他具有斯帕拉托②一名商人的容貌，在那里，我妻子大量采购过土耳其织物。他叫波波维奇③，这是一个多义词。幽默作家施特滕海姆④曾借题发挥说："他对我说了自己的名字，红着脸握我的手。"此外，同样被我滥用的名字还有上面的佩拉杰、克内德尔、布吕克和弗赖施尔等。可以毫无异议地断言，此类名字游戏是儿童时代的一种恶作剧。如果我经常以此为乐，就是一种报复行为，因为我自己的名字无数次成为此类笑话的牺牲品。歌德曾经指出，人对自己的名字如何敏感，人觉得与它融为一体就像与皮肤一样，那时赫尔德为歌德的名字创作了一句诗：

　　你出身诸神（Götter），源自哥特人（Gothen）或污泥（Kote）——

---

① 指药房。——译注
② 斯普利特的旧称，克罗地亚第二大城市。——译注
③ ［Popovic，Popo 是儿童对屁股（bottom）的戏称。］
④ 尤利乌斯·施特滕海姆（1831—1916年），德国作家。——译注

188

第五章 梦的材料与来源

你们这些高贵的形象（Götterbilder）也会成为尘土①。

我发觉，关于滥用名字的离题的话不过是一种抱怨。但让我们在此打住——在斯帕拉托的采购让我想起在卡塔罗②③的另一次采购，在那里，我过于矜持，错过了美美地购物的机会（参见错过在乳母那里的机会）。由饥饿而引入梦的一个思想就是：人不该错过任何机会，即便其中掺杂着小小的错误，也要接受能够拥有之事；一个人不该错过任何机会，因为生命如此短暂，死亡不可避免。因为这种"及时行乐"的观点含有性意味，而且因为欲望在错误面前不愿止步，所以就会害怕审查，必定隐藏在梦后面。于是所有带有对立意义的思想就明目张胆地活动起来，对精神食粮让做梦者满足的那段时光的回忆，所有阻碍甚至以令人厌恶的性惩罚相威胁。

2. 第二个梦需要较长的前言：

我乘车去火车西站，要踏上前往奥斯湖的假期旅途，但到达站台时，更早发车的去伊斯尔④的火车还未开出。在那里，我看见图恩伯爵，他又乘车前往伊斯尔去皇帝那里⑤。他不顾下雨乘敞篷车来到，直接走向区间车入口处，检票员不认识他，想验他的票，他用了个简短的

---

① ［第 1 行复述了赫尔德致歌德的一封戏谑信中的一句话，前者在信里请求借几本书。第 2 行是弗洛伊德的又一个自由联想，出自歌德的《在陶里斯的伊菲格尼亚》中众所周知的场景（第 2 幕第 2 场）；那是伊菲格尼亚的哀叹，当时皮拉德斯向她报告许多英雄在特洛伊围城战中牺牲。］
② 即科托尔，黑山南部海港。——译注
③ ［斯帕拉托与卡塔罗，达尔马提亚海滨城市。］
④ 巴特伊施尔，上奥地利城市，宫廷避暑之地。——译注
⑤ ［奥地利反动政治家（1847—1916 年），反对德裔民族主义者的波希米亚自治政府代表，1898—1899 年任奥地利首相。］

手势不加解释地拒绝了。他坐在去伊斯尔的火车里出发后,我就该离开站台,走回候车大厅。费了一些口舌,我才被允许留在站台上。我用来消磨时光的是,注意谁会通过行贿给自己指定一个包厢,如果有这种情况,我就打算大声抗议,以要求平等的权利。其间我给自己唱了一首歌,后来断定是出自《费加罗婚礼》的咏叹调:

> 伯爵先生若想跳舞,想跳舞,
> 那就让他尽管跳吧,
> 我给他奏上一曲。

(别人或许辨别不出这首歌。)

我整晚都处于放纵、好斗的情绪中,逗弄仆人和车夫——但愿不会伤害他们。现在各种放肆、变革性的念头在我脑海里翻腾,像费加罗的台词,像在法兰西剧院观看博马舍[①]的喜剧。我想到那些自以为生来就是大人物的狂妄的话;想到阿尔马维瓦伯爵欲对苏珊娜行使领主的初夜权;我又想到与我们恶意作对的记者用伯爵的名字图恩(Thun,德文意为"做、干")开玩笑,他们称他为"无为(Count Nichtsthun)伯爵"。我确实不羡慕他,他现在正小心翼翼地去探望皇上,而我是真正的无为伯爵,我正在度假。我想着各种各样有趣的假期打算。现在来了一位先生,我知道他是医学考试时的政府代表,因其在此角色上的成就而招来了奉承性的"政府枕边人"的外号。他依据其官方身份要求一等小包房,而我听见一名乘务员对另一名乘务员说:"我们把哪个半价一等小

[①] 皮埃尔·奥古斯丁·卡隆·德·博马舍(1732—1799年),法国剧作家。——译注

包房给这位先生？"① 我暗想这真是一个特权的例子，而我却要付一等票的全价。事实上我已得到一个自用的包房，但却没有套间，使得我夜里无厕所可用。我向列车长抱怨此事没有效果，于是我报复性地对他建议在这个包房里至少在地板上打个洞，以备旅客急需之用。我确实在凌晨两点三刻因尿急苏醒，醒前做了如下的梦：

人群、大学生集会——一名伯爵（图恩或塔弗②）在讲话。他被要求谈谈德国人，他以讥讽的神情宣称款冬是他们最喜爱的花，随后把一片撕碎的叶子（其实是一片枯萎的叶子）插入他的纽扣孔内。我怒跳起来——我怒跳起来③，虽然我对自己的这种态度很吃惊。

（随后不清晰了）似乎是大礼堂，入口围有警戒线，人们不得不逃跑。我给自己开辟道路，穿过一排布置得很漂亮的房间，显然是部长级的房间，陈设有棕紫色的家具。我最后进了一条过道，其中坐着一名女管家——一名较年长的胖女人。我避免跟她说话，她却显然认为我有权通过这里，因为她问，她是否该带着灯引路。我用手势或用话语告诉她，她得站在楼梯上，我最终避免了追踪，这让我自以为很狡猾。这样，我就下了楼梯，找到一条狭窄、陡峭而上的路，我走过这条路。

（又不清晰……）似乎现在来了第二项任务，我要逃离城市，就像先前逃离房屋一样。我坐上一辆单驾马车，吩咐车夫驶向一个火车站。他提出异议，似乎我让他过度劳累。之后我说："我不会让你在铁路上赶车的"。似乎我已经与他在只有火车通行的路上行驶了一段时间了。火车站

---

① ［作为政府官员，他只需支付半价。］
② ［奥地利政治家（1833—1895年）；1870—1871年和1879—1893年任首相。与图恩伯爵一样，他赞成帝国的非德意志部分的独立。］
③ 在我的梦记录中，悄悄出现了这句重复的话，显然出于无心。我不管它，因为分析表明，它有其重要性。

// 梦的解析

戒备森严，我在考虑，我该去克雷姆斯还是茨纳伊姆①，但是考虑到宫廷会在那里，就决定去格拉茨或诸如此类的地方②。现在我坐在车厢里，类似于一节城市铁路车厢。我的纽扣孔里有一个编结得很奇特的长形物，上面有用硬料子做的棕紫色紫罗兰，很引人注目。（场景在此中断）

我又在火车站前，这一次与一位较年长的先生在一起，我编出一个计划，以保持不被人认出来，紧接着这个计划就已经实现了。思考与经历仿佛合一。他看上去像个盲人，总之是瞎了一只眼，而我递到他面前的是一把男用尿壶（这一定是在城里买的或带来的）。这样我就成了护理员，得给他递尿壶，因为他是盲人。如果列车长看见我们这样，必定会放我们过去而不加注意。此时，当事人的姿势及其排尿的阴茎看起来很形象。（随后我带着尿急的感觉苏醒）

整个梦大致造成一种幻想的印象，这种幻想把做梦者置于1848年的革命时代中，对这个年份的记忆是由1898年［皇帝弗朗茨·约瑟夫一世］的周年纪念活动和一次去瓦豪的短期旅行而引起的。在这次旅行中我访问了埃默斯多夫③——学生领袖菲斯霍夫的退隐地，显性梦境的若干特征可能指向它。联想就把我引向英格兰，引入我兄弟的房子，他惯常用丁尼生勋爵④的一首诗（题为"50年前"）中的话逗弄他妻子⑤，

---

① 即兹诺伊莫，捷克南部城市。——译注
② ［位于下奥地利的克雷姆斯和位于麦伦的茨纳伊姆都不是皇室官邸。——格拉茨是施泰尔马克州的首府。］
③ ［1925年补充］这是一个错误，而非笔误。我后来获悉，瓦豪的埃默斯多夫与革命者菲施霍夫的同名避难地并不是一处。
④ 阿尔弗雷德·丁尼生（1808—1892年），英国诗人。——译注
⑤ ［丁尼生似乎没有此标题的诗。所以也许是颂歌《维多利亚女王纪念大庆》，其中"50年"一词（但并非"50年前"）多次出现。或者这种暗示可能是指《洛克斯莱大厅》："60年后"。］

第五章 梦的材料与来源

对此，孩子们常常纠正道："是15年前。"这种幻想与看见图恩伯爵而引起的观念挂钩，这和意大利教堂的正面与其后面的结构并无有机关联是一样的。不同于这些教堂的表面，这种幻想充满缺陷、杂乱无章，而且暴露出许多内部结构的突破口。梦的第一个情境由若干场景调制而成，我可以把此情境分解成若干场景。梦中伯爵高傲的姿态是我15岁那年在中学时的一个场景。我们针对一名不讨人喜欢而无知的教师策划了一场密谋，这次阴谋的灵魂人物是一名同学，他从那时起就似乎以英格兰的亨利八世为榜样。我承担实施总攻的任务，而关于多瑙河对奥地利的意义（参见瓦豪河）的讨论成为公开反抗的契机。一名同谋是唯一的贵族同学，我们因为其招眼的高大身材而称他为"长颈鹿"，他被学校暴君似的德语教授质问时，就那么站着，神态就像梦中的伯爵。最喜欢的花和把一个像花的东西插入纽扣孔内让我忆起我当天带给一位女友的兰花，此外让人想起杰里科的玫瑰①，显然让我记起出自莎士比亚历史剧的场景②，揭开了红玫瑰与白玫瑰战争的序幕。（亨利八世开辟了通往这个记忆的道路）——由此出发，距离红白康乃馨就不远了。在分析时，插入两首小诗，一首是德文的，另一首是西班牙文的：

玫瑰、郁金香、康乃馨，花都凋谢。
伊莎贝拉，别因为花逝去而哭泣。

西班牙文的小诗来自《费加罗》。白色康乃馨在维也纳成了反犹主义者的标志，红色康乃馨成了社会民主党人的标志。此后我又回忆起在美丽

---

① ["复活的植物"，如果润湿它干枯的叶片，叶片就会展开。]
② [《亨利六世》下篇，第1幕第1场。]

// 梦的解析

的撒克逊（参见益格鲁-撒克逊）一次火车之旅期间遇到的反犹挑衅。第三个场景是形成第一个梦的情境的组成部分，这个场景属于我早年的大学生时光。在一个德语大学生协会里，有一场对哲学与自然科学关系的讨论。我这个黄口小儿，满脑子唯物主义学说，冒失地提出一种极其片面的立场。这时站起一个比我年长的高年级同学，他那时已展现出引导并组织人的能力，他还有个出自动物王国的名字①，他狠狠地贬损了我们。据说他在青少年时代也养过猪，后来悔恨地返回父母身边。我怒跳起来（就像在梦中），变得极粗野，回答说，自从我知道他养过猪，我就不再惊异于他说话的腔调（在梦中我惊异于我的德意志民族信念）。场面大乱，我被多方要求收回我的话，我却保持坚定。受我侮辱的那个同学非常理智，不把此事看成一种挑衅，他对此事不再追究。

　　梦场景的其他元素源自更深层次。伯爵谈到"款冬"意味着什么呢？在此，我不禁又进行了一大串联想：款冬（Huflattich，英译为 hoof lettuce，意为蹄形莴苣）——莴苣（let-tuce）——沙拉［salad，一种凉拌菜，尤指凉拌莴苣］——占着茅坑不拉屎的人（Salathund，英译为 dog-in-the-manger，直译为沙拉狗）。此处，又是一大堆侮辱性词汇的联想：长颈鹿、猪、狗；我还会通过其他词汇推出"驴"，用来侮辱一名大学教师。此外，我还能——我不知是对是错——用法文 pisse-en-lit 来翻译款冬。我的这种认识来自左拉的《萌芽》，小说中，孩子们被要求带这种菜。狗（法文 chien）常使我想起身体的主要功能（法文 chier 意为大便，与之相比较的一种较小的功能为 pisser，意为小便）。我接着想到我还要在三种物理状态（固态、液态、气态）中收集一些不登大雅

---

① ［很可能是奥地利社会民主党人维克多·阿德勒 Viktor Adler（1852—1918年）。参见下文的鹰 Adler。］

第五章 梦的材料与来源

之堂的例子。还是《萌芽》这本书，充满了对未来革命的描写，其中描写了一种极其独特的竞争，涉及气态排泄的产生，即众所周知的屁（flatus）[1]。我不禁发觉，通向这个"屁"的路很久以前就铺设好了：从花出发，经过西班牙文小诗、伊莎贝拉、《伊莎贝拉和斐迪南》，经过亨利八世、英国历史到无敌舰队对英国的战斗，战斗以获胜告终后，英国人铸造了一枚纪念章，上有铭文：Flavit et dissipate sunt（因为风暴吹散了西班牙舰队）[2]。如果我对癔症的理论与治疗详加叙述，我就打算半开玩笑地用这句话做"治疗"一章的标题。

在梦的第二个场景中，由于审查作用的缘故，我无法给出如此详细的分析。因为我把自己置于那个革命时代的一位杰出人物的位置，他也有过一段与鹰（Adler）有关的冒险经历，并且据说患有大便失禁，诸如此类。尽管一位枢密官（consiliarius aulicus）霍夫拉特给我讲述了这个故事的较大一部分，我认为，这方面仍不可能合法地通过审查。梦中一排房间来自伯爵阁下的贵宾车厢，我有一刻得以往里瞥视。房间（Zimmer）在梦里也常指妇女（Frauenzimmer）[3]。我借女管家对一名有才智的女士略致谢意，感谢她的招待和在她家里给我提供的许多好故事。灯则暗指格里尔帕策[4]根据自身经历所写的有关希罗和黎安德的一段动

---

[1] 并非在《萌芽》，而是在《土地》一书中。这是一个错误，我分析之后才发觉——注意 Huflattich（款冬）与 flatus 字母的一致性。
[2] ［1925年补充］一名偶然来访的传记作者弗里茨·维特尔斯责备我［1924年，第21页］在上面的警句中遗漏了耶和华的名字。［1930年补充］在英国纪念币上，上帝的名字包含在希伯来文字母中，而且是在一朵云的背景上，此类风格可以让人理解成既属于图画亦属于铭文。
[3] Frauenzimmer 字面意为妇女的房间，在德文中作为对妇女的贬义词。——译注
[4] 弗朗茨·格里尔帕策（1791—1872年），奥地利作家。——译注

人故事，剧名为《海涛和爱浪》——由此联想到无敌舰队和风暴①。

我也不得不止住对两个剩余的梦的片段的详细分析②。我只选出导致两个童年场景的那些元素，因为它们的缘故，我才讨论这个梦。人们会不无道理地猜测，是性的素材迫使我做这种克制，但无须满足于这种解释。在别人面前不得不当作秘密来处理的许多事，对自己就不是秘密了，而此处关键的并非迫使我隐瞒真相的原因，而是内心审查的动机，这些动机在我自己面前隐藏梦的真正内容。我因此就不得不说，分析让人认清梦的这三个（最后）片段是无耻的吹嘘，一种可笑的、在我的清醒状态中早就被抑制的自大狂的外溢，它的少数枝节竟然闯入显性梦境中（如我觉得自己狡猾），却让我极好地理解做梦之前那个晚上的放纵情绪。那种夸张神情已影响到了各个方面，比如，在提及格拉茨时就用了"格拉茨值几个钱"这句惯用语（当一个人觉得自己拥有充裕的金钱时，就用此自夸）。人们如果记得拉伯雷③大师对卡冈都亚与庞塔格吕埃父子俩的生平与事迹无与伦比的描述，就可以理解第一个梦的片段中那种狂妄的自夸了。下面的叙述都与我允诺要加以分析的两个童年经历有关：我为旅行购买了一只棕紫色新箱子，这种颜色在梦中多次出现（硬料子做的棕紫色紫罗兰、一个所谓的"少女饰品"，以及部长级房间里的家具）。新的东西都可吸引人的注意，是众所周知的儿童信念。有

---

① ［1911年补充］借助梦的这个部分，西尔伯勒试图在一篇内容丰富的文章（《想象与神话》，1910年）中表明，梦的工作不仅能够再现潜在的梦意念，而且能再现成梦时的心理过程。他把这称为"功能现象"［见后文——1914年补充］。我却以为，他在这一点上忽略了一个事实，即"成梦时的心理过程"对我而言是思想材料，就像所有别的材料一样。在这个自我夸耀的梦里，我显然骄傲于发现了这些材料。

② ［第一个梦片段事实上在后文得到较详细的分析。］

③ 弗朗索瓦·拉伯雷（1494—1553年），法国作家。——译注

第五章　梦的材料与来源

人给我讲述了出自我童年生活的如下场景，对它的回忆被对讲述的回忆所代替。据说我两岁时还偶尔尿湿过床，而我因此被指责时，我用诺言安慰父亲，我会给他在 N 城（最近的较大的城市）买一张新的漂亮的红床（因而在梦中插入我们在城里买过或带来尿壶：允诺过的事，就得遵守。还得注意男用尿壶与女用箱子或木箱的编排）。我童年整个的自大都包含在此诺言中。在较早的一次解梦中，儿童排尿困难对梦的意义已经引起我们的注意。通过对神经过敏者的精神分析，我们也认清了尿床与野心这种性格特征的密切关联①。

后来，还有我六七岁时的一件家庭琐事，对此我记得很清楚。我晚上去睡觉前不服从戒律，偏要和父母睡在一个房间，而父亲在谴责我时说："这小子会一事无成。"这想必是对我的野心的一次可怕伤害，因为对此场景的暗示总是再现于我的梦中，常常与列举我的成绩和成果相连，似乎我想说："你看，我还是有所成就。"这个童年场景就给这个梦的最后情节提供了材料，其中当然为了报复而混淆了角色。较年长的男子显然是父亲，因为瞎了一只眼睛代表他一只眼睛患有青光眼②。如今，他在我面前排尿，正如当时我在他面前一样。青光眼又使我想起了可卡因，它在他动手术时帮了他的忙，似乎我以此履行了我的诺言。此外，我还寻他开心。因为他瞎了，我就得把尿壶端到他前面，这也是一个暗喻，表明我发现了癔症理论，我为此感到自豪③。

————————
① ［此句于 1914 年补充。］
② 另一种解释：他像主神奥丁一样独眼。《奥丁的安慰》（费利克斯·达恩的神话小说，1880 年）。在我童年初期景象中给父亲的安慰是我会给他买一张新床。
③ 对此有一些解梦的材料：把玻璃尿壶端到他前面让人想起关于一个农民在眼镜店的故事，他在验光师那里一副副地试眼镜，却无法识字（农民饰物：梦的前一个片段中的少女饰物）。在左拉的《土地》中，那些农民如何对待变得低能的父亲——父亲在其生命最后的日子里像个孩子一样弄脏了床。作为悲剧性报答，我在梦里是他的护理员（转下页）

// 梦的解析

　　如果出自童年的两个排尿场景在我身上本来就与自大狂的主题密切相连，那有益于唤醒这些场景的还有在前往奥斯湖的旅途上的偶然情况——我的包房没有厕所，而我不得不准备在行程中陷入窘境，这种情况后来在早上也出现了。这种生理需要的感觉将我唤醒。我认为，人们可能倾向于把真正的梦激发者的角色指派给这些感受，我却会给予另一种见解以优先权，即梦意念导致尿急。我因生理需要而在睡眠时受干扰的情况非常罕见，尤其是像这一次苏醒的时间——两点三刻，更为难得。我也可以排除进一步的异议，因为我发觉，我在其他旅行中，在较舒适的情况下几乎从未在早醒后感觉到尿急。不管怎样，把这一点搁置起来留待以后讨论，是没有妨碍的 ①。

　　我因在分析梦时的经验而注意到，对那些梦的解释起先显得完整，因为容易证明梦来源与欲望激发者——即使这类梦也可经过联想和想

（接上页）——"思维与经历仿佛在此合一"令人记起奥斯卡·帕尼扎具有强烈革命性的剧本[《爱的会议》(1895年)]。其中，圣父作为瘫痪的老人受到十分恶劣的对待；意志与行动在他身上合一，而其大天使——一名年轻的神祇侍酒者不得不阻止他谩骂与诅咒，因为这些诅咒会立即应验。制订计划出自后来对父亲的一种指责，梦里整个反叛性，诸如轻蔑与嘲笑上级的内容溯源于对父亲的反抗。国王叫做国父，而对孩子而言，父亲是最年长的、最早的唯一的权威，在人类文化史进程中，由这种权威的绝对权力产生了其他社会权威（"母权制"就另当别论了）。梦中的措辞"思维与经历合一"旨在解释癔症病征，男用尿壶也与此解释有关。对于维也纳人，我无须阐明"假面舞会"原则。此原则是指用平凡的、最好是滑稽而无价值的材料制作罕见与贵重的物品，如用平底锅、稻草和卷状食物做的甲胄，就像我们的艺术家在欢快的晚会上所喜爱的那样。我发觉，癔症患者同样这么干。除了他们确实遭遇之事，他们无意识地给自己塑造可怕或荒诞不经的想象事件，他们用经历中最无伤大雅与最平庸的材料构思了这些想象事件。病征依赖这些想象，而不依赖对真实事情的回忆，无论这些事情重大还是无关紧要。这一启示帮助我摆脱了许多困难，也使我十分高兴。我可能以"男用尿壶"这个梦的元素来暗指这一点，因为有人对我讲述的上一次"假面舞会"的情况是，那里展出了卢克雷齐娅·博尔吉亚服毒用的高脚酒杯，其制造的主要原料与医院中常用的"男用尿壶"一样。

① [此梦会在后面进一步讨论。]

象，追溯到最早的童年。因此我不得不自问，是否在这种特征里面也存在做梦的一个本质条件？如果我可以把这种说法泛化，那每个梦在其显性梦境里都会得到与近来所经历之事的联系，在其隐性梦境中却会得到与最久远的经验的联系。对这种情况，我在分析癔症时确实能够指明，这些人生最早经验仍然未加改变地持续到现在。这种猜测仍难以证明。我不得不在下文中（第七章）回到最早的童年经历对成梦可能发生的作用上。

在本章开始时列举的梦的记忆的三个特性中，有一个——偏爱梦境中次要之事——因其归因于梦的伪装而令人满意地解决了。我们还能证实其他两个特性，即梦强调近事与幼儿期材料，但还不能从做梦的动机中推导出来。我们想把这两种特性保留在记忆里，略去对其解释或利用。它们应该会归入别处，可以在睡眠状态心理学中，也可以在对心理结构的讨论中，而这一点只有等到我们已经理解解梦就像通过窗口对精神机构的内部投以一瞥时才能做到。

我却想在此强调最近那些梦分析的另一个结果。梦往往似乎具有不止一种意义。正如我们所举的梦例证明，梦不仅可以包含好几个欲望的同时满足，而且梦的意义或欲望满足彼此连续重叠，最后可追溯到最初的童年欲望的满足。然而又将再次提出这一问题：如果把这种现象的发生说成"一定地"而不是"往往"是不是更恰当[1]？

---

[1] ［1914年补充］梦的含义重叠是解梦最棘手的，也是内容最丰富的问题之一。有谁忘了这种可能性，就容易步入歧途，会受诱使对梦的本质提出站不住脚的论断。但对此题目所做研究仍太少。至今只有相当有规律的尿刺激梦中的象征交叉得到了奥·兰克［《唤醒梦的象征交叉及其在荒唐无稽思维中的再现》，1912年］的详尽研究。

三、躯体性的梦来源

如果尝试让一个受过教育的非专业人士对梦的问题感兴趣,本着这种意图对他提问梦可能出自哪些来源,多半就会发觉,被问者以为自己肯定拥有答案。他立即想起受妨碍的消化("梦产生于消化不良")、身体偶然采取的姿势与睡眠期间的微小经历对成梦所表现出来的影响。他似乎没有料到,考虑了所有这些因素后,还有一些事情需要解释。

我们在第一章第五节详细讨论了科学家们已表明了躯体刺激来源在梦形成中的作用,所以我们在此只消回忆一下这种研究的结果。我们发现可以区分出三种躯体刺激源:起因于外部客体的客观感觉刺激、仅有主观根据的感官的内部兴奋状态与源自身体内部的躯体刺激。而我们注意到,除了这些躯体刺激源,著作者们把梦可能的心理来源排挤到幕后或完全排除。在考察有关躯体刺激源的主张时,我们获悉,客观感觉刺激——部分是睡眠期间偶然的刺激,部分是不能避开睡眠的心灵生活的刺激——的意义已通过众多观察得到确认,并通过实验得到证实。主观感觉刺激的作用似乎通过入睡前朦胧意象于梦中再现而得到说明,虽然还不能证明梦中发生的意象和观念与所说的内部躯体刺激有明显的联系,但我们的消化、排尿与性器官的兴奋状态对我们的梦境产生的影响,作为梦的来源已获得普遍的承认和支持。

因此,神经刺激与躯体刺激是梦的躯体来源,而且据若干著作者说它们是梦的唯一来源。

我们却已经受到了一系列怀疑,它们似乎并非抨击躯体刺激理论的正确性,而是怀疑其充分性。

第五章 梦的材料与来源

虽然这种学说的所有代表者在事实基础方面肯定觉得有把握——尤其是只要考虑在梦境中无须费力就能找回的偶然的与外部的神经刺激——还是无人脱离这种认识,即梦丰富的想象内容可能不会允许只从外部神经刺激中寻求来源。玛丽·惠顿·卡尔金斯小姐(《梦的统计》,1893 年,第 312 页)历经 6 周由此视角出发考查了她自己与另一个人的梦,发现梦材料中可以追溯到外部知觉元因素的仅为 13.2% 和 6.7%;收集的病例中只有两个可以溯源至机体感觉。这个统计对我们证实了我根据自己的经验而产生的怀疑。

很多人建议将梦分为神经刺激梦和其他形式的梦,这方面已有详尽的研究。如斯皮塔[《人类心灵的睡眠与梦状态》,1882 年,第 233 页]把梦分成神经刺激梦与联想梦。但清楚的是,只要未成功地证明躯体性的梦来源与梦的想象内容之间的联系,解决方案依旧不令人满意。

除了第一项异议,即外部刺激源频率不足外,与之并列的第二项异议就是用这种来源来解释梦,理由不够充分。这种学说的代表者欠我们两项解释:首先,为何梦中的外部刺激未被认清其真正的性质,而是经常被错认(参见闹钟梦)?其次,为何有所知觉的心灵对这种错认的刺激的反应会如此变幻莫测?作为对此问题的回答,我们从斯顿培尔那里听说,心灵因其在睡眠期间疏远外界而无力提供对客观感官刺激的正确解释,而是被迫根据在许多方面不确定的刺激而构成错觉,用他自己的话说(《梦的本性与形成》,1877 年,第 108 页及下页):"只要通过睡眠期间一个外部或内部神经刺激在心灵中形成一种感觉或一种感觉复合物、一种感情或任何一种精神过程,被心灵所感知,则此过程就从清醒状态遗留给梦的经验范围中唤出感觉意象,也就是早先的知觉,或者是赤裸裸的,或者带有相关心理价值。这个过程仿佛围绕自身集聚了或多或少的此类景象，通过这些景象，源自神经刺激的印象得到其心理价值。此处我们谈到的（正如我们在清醒行为中所做的那样）是心灵在睡眠中解释神经刺激印象。这种解释的结果是所谓神经刺激梦，也就是说，梦的组成部分决定于根据再现规律在心灵生活中完成其心理作用的神经刺激。"

基本上与此学说相同的是冯特的学说［《生理心理学基本特征》，1874年，第656页及下页］，他主张梦的想象至少大部分来源于感官刺激，尤其是一般机体觉，因而多为幻想的错觉，很可能只有较小部分是强化为幻觉的纯粹记忆想象。根据此理论得出梦境与梦刺激的关系，施特吕姆佩尔为这种关系找到了恰当的比喻（《梦的本性与形成》，1877年，第84页）："一个完全不通音乐者的十指在钢琴键盘上滑过。"根据这个观点，梦就不是源自心理动机的一种心灵现象，而是表现在心理症状学上的生理刺激的成果，因为其施加影响的机构无法有别的表达方式。建立在一种类似前提上的有对强迫观念的解释，梅涅特试图通过某些数字在表盘上比其余数字明显突出这个著名比喻来提供解释。

虽然关于躯体梦刺激的学说变得受喜爱，虽然它可能显得迷人，证明其中的弱点还是容易的。每种躯体梦刺激都在睡眠中要求心灵系统通过形成错觉来解释，可能激发众多此类解释的尝试，也就是刺激可以在梦内容中表现为大量不同的观念。[①]施特吕姆佩尔与冯特的学说却不能说明调节外部刺激与为解释它而选的梦想象之间关系的任一动机，也就是不能解释刺激"在其建设性效果上足够频繁地遇到"的特殊选择（李普斯，《心灵生活的基本事实》，1883年，第170页）。其他异议针对整

[①] ［1914年补充］我想劝告每个人，通读莫里·沃尔得在两卷著作中［1910—1912年］收集的对用实验制造的梦详细而准确的记录，以确信在规定的实验条件下，各个梦的内容得到的解释有多么少，而且，此类实验对理解梦问题也无所助益。

第五章 梦的材料与来源

个错觉学说的基本前提,即心灵在睡眠中无力识别客观感觉刺激的现实本性。资深的生理学家布尔达赫向我们证明,心灵即使在睡眠中也大概能够正确解释到达它那里的感官印象并按照正确的解释作出反应。他阐明,人们能够把个人觉得重要的某些感官印象从睡眠期间的忽略中排除(例如乳母与孩子的例子)。人们被自己名字唤醒远比被一个无足轻重的听觉印象唤醒容易,这的确要假定心灵即使在睡眠期间也能分辨感觉。布尔达赫从这些观察中推断,可以假设睡眠状态期间并非不能解释感觉刺激,而是对它们缺乏兴趣。布尔达赫1830年所用的同样论据,后来在与躯体刺激理论做斗争时未作变动地在李普斯处于1833年重现。据此,我们觉得心灵的作用就好像那则逸事中的睡眠者,对"你睡了吗"这个问题,他回答"没有"。但当继续对他说"那就借我10个弗洛林"后,他却找个借口为自己打掩护,说:"我睡了。"

也可以用其他方式阐明躯体刺激学说的不足。观察表明,首先,虽然我一做梦,外部刺激就在梦境中显现,但我不会因这些外部刺激被迫做梦。比如对在睡眠中侵袭我的皮肤刺激与压力刺激,有不同的反应供我支配。我可能不理睬它,后来在苏醒时发现我的一条腿没盖上被子或一条胳膊受压迫。病理学的确给我展现了大量例子,其中不同种类强有力的感受刺激与运动刺激在睡眠期间不起任何作用。其次,我可能觉察到睡眠期间的感觉——如人们所说,我可以意识到它侵入了我的睡眠——(这种情况一般产生于痛的刺激),但我不会把疼痛交织进梦里。再次,我可能因刺激而苏醒,然后排除它[1]。第四种可能的反应才是神

---

[1] [1919年补充]参见K.兰道尔《睡眠者行为》(1918年)。对每个观察者而言,人睡着时的动作都有明显的意义。睡眠者并非绝对迟钝,相反,他能够符合逻辑、意志强烈地行动。

经刺激促使我做梦。其他可能性至少像最后这一可能性一样有机会可以成梦。如果不是在躯体刺激源之外有做梦动机，梦可能不会发生。

　　对我上面揭示的通过躯体刺激来解释梦的漏洞，做出公正评价的有其他一些著作者——施尔纳［《梦的寿命》，1861年］、哲学家沃尔克特［《梦幻想》，1875年］。他们试图更详细地确定心灵活动，它们让躯体刺激形成形形色色的梦象，这些著作者力求再一次把做梦基本上看成心理的需要，即一种精神活动。施尔纳不仅给出对成梦时展现出来的心理特性的一种诗意的、生机盎然的描述，还相信猜出了心灵处理当前刺激的原则。在施尔纳看来，幻想摆脱了日间束缚而自由活动时，梦的工作追求用象征手法阐述刺激由此发出的器官的特性与该刺激的性质。这样就产生一种梦书作为解梦的指南，借此，可以由梦象推断身体感觉、器官状况与刺激状况。"比如，猫的意象就表示恼怒的坏情绪，鲜亮、光滑的糕点意象表示赤身裸体。"［沃尔克特，《梦幻想》，1875年，第32页］人的躯体作为整体被梦幻想设想成房屋，通过房屋的一个部分来代表某个身体器官。在"牙齿刺激梦"中，与口腔器官相应的是高高拱起的门厅，与从咽喉下落至食管相应的是一个下降的楼梯。"在'头痛梦'中，头顶代表一个房间的天花板，上面爬满了令人恶心的蟾蜍状的蜘蛛。"［出处同上，第33页及下页］"这些象征被梦以多重选择用于同一器官。比如，呼吸的肺在带着风吼声的熊熊燃烧的炉子中找到象征，心脏在空箱与空篮中找到象征，膀胱在圆形的袋状物或中空的物体中找到象征。"［出处同上，第34页］"尤其重要的是，在一个此类躯体刺激梦的结尾，梦想象往往取下面具，把使人兴奋的器官或其功能显露出来。比如，'牙齿刺激梦'通常以做梦者梦见把一颗牙齿从嘴里取出来而结束。"（出处同上，第35页）

不能说解梦的这种理论在著作者们那里得到称赞，因为这个理论的主要特点似乎过于夸张，因而据我判断，对于它所提出的论证是难以接受的。正如人们所见，它导致借助古人使用的象征主义进行解梦，只是其解释范围仅限于人体。解释时缺乏学术上可以把握的技巧，必定严重影响施尔纳学说的可应用性。似乎绝不能排除解梦中的任意性，尤其此处一种刺激也可能以多重替代表现在梦境中。所以，施尔纳的追随者沃尔克特已经不能证实可以把身体表现成房屋。也必定引发反感的是，此处又把梦的工作当作无益、无目的的活动强加于心灵，因为根据我们正在讨论的理论，心灵满足于将遭遇的刺激构成想象物，而看不出能够处理刺激的任何迹象。

但施尔纳关于用梦来象征躯体刺激的学说受到一种异议的沉重打击。这些躯体刺激随时存在。根据一般的推测，对它们而言，在睡眠期间比在清醒时更易进入心灵。人们就不解，为何心灵不是整夜持续做梦，而且每夜梦见所有器官？如果想避开这种异议，可能必须提出一种附加条件，即必定由眼、耳、牙、肠等发出特别刺激，以唤起梦活动。那就面临困难，要证明这些刺激加剧是客观的，这只在少数梦例中可行。如果关于飞行的梦象征肺叶张翕，则正如施特吕姆佩尔已经指出的［《梦的本性与形成》，1877年，第 119 页］，要么这类梦会更频繁地出现，要么必定可以证明做此梦期间呼吸活动加剧。还可能有第三种情况，或许是所有情况中可能性最大的，即当时有某些特别动机在起作用，以把注意力转向恒定存在的内脏感觉，但该情况已经超出施尔纳的理论范围。

施尔纳与沃尔克特的观点的价值在于，它们使人去注意梦境的一系列有待解释的特征，以求有新的认识。完全正确的是，梦里包含对身体器官与机能的象征，梦中的水常常代表尿刺激，可能用一根直立的棍棒或柱子来表现男性生殖器，等等。在展现出相当活跃的视野与耀眼色彩的那些梦里，不同于其他梦的单调乏味，我们很难不把它们解释成"视觉刺激梦"，也难以否认错觉在包含声音话语的梦中的贡献。施尔纳曾报告一个梦［《梦的寿命》，1861年，第167页］：两列漂亮的金发男童在一座桥上对面而立，相互攻击，后来又复归原位，直到最终做梦者坐到一座桥上，从其颌骨中拔出一颗长牙。沃尔克特也报告了一个类似的梦［《梦幻想》，1875年，第52页］，起作用的是两排抽屉，此梦又以拔出一颗牙而结束。两位著者记录了大量这类梦例，因此我们不能把施尔纳的理论当作多余的臆造而摒弃，而不研究其真谛。于是我们面临任务，即为所谓牙齿刺激这一类象征性表现的解释另辟蹊径①。

在有关躯体梦来源的整个讨论过程中，我没有提出从我们的梦分析中导出的那个论据。如果我们通过其他著作者没有应用到其梦材料上的一种方法能够证明，梦拥有其特有的作为心理活动的一种价值，欲望成为成梦的动机，前一日的经历充当梦境最近的材料，也就无须专门批判而否定别的梦学说，那些梦学说忽略了一种如此重要的探究方法，与此相应，那些梦学说让梦显得是对躯体刺激所做出的无益的、谜一般的心理反应。极不可能的是，想必有两类迥异的梦，其一只栖身于我们身上，另一类只栖身于先前对梦的评判者身上。所以，为了解决这个矛盾，只有在我们的梦学说中，给关于躯体梦刺激的常用学说所依据的那些事实谋得一席之地。

在此方面我们已经迈出了第一步，我们提出了定律，认为梦的工作势必要把所有同时存在的梦刺激处理成一个统一体。我们发现，如果前

---

① ［这些梦在后面还将进一步讨论。］

第五章　梦的材料与来源

一天留下来的两个或两个以上的深刻经验能够构成一个印象，则由它们产生的欲望在梦中汇聚。同样，心理上宝贵的印象与前一天无关紧要的经历聚集成梦材料，前提是，两者之间可以建立沟通的想象。梦就显得是对在睡眠心灵中同时存在于当前的一切的反应。按照我们迄今为止对梦材料的分析，我们把梦材料看作精神遗留物和回忆痕迹的集合。我们（因为偏爱最近的和幼儿期的材料）不得不宣布它们具有一种心理学上迄今不可确定的当前性。如果在这些回忆的当前性之外附加睡眠状态期间感觉的新材料，要预言将发生什么并不难。这些刺激由于其当时的活动性，再一次说明了它们对梦的重要性；它们与其他心理活动汇集，以构成梦的材料。换言之，睡眠期间的刺激被处理成欲望的满足，其另外的组成部分是我们已知的精神日间残余。这种汇集不必完成。我们确实听说过，针对睡眠期间的刺激，可能有一种以上的行为。完成这类行为时，就成功地找到了梦境的想象材料，这种梦可以同时表现出梦的躯体和精神两种来源。

如果在梦的精神来源之外附加躯体材料，梦的本质没有改变，梦依旧是欲望的满足，无论其因当前材料的影响而以什么形式表现出来。

我愿意在此给一系列特性留下空间，这些特性可能变化无常地塑造外部刺激对梦的意义。我设想，个人生理的与偶然的因素在某一瞬间的结合决定着一个人在睡眠期间受到较强的客观刺激的特殊情况下将采取怎样的行动。习惯的和偶然的睡眠深度与刺激强度一致，可能使一个人将刺激压抑下去，使它不打扰睡眠；而另一人可能被迫醒来，或者设法克服刺激并将其交织进梦里。与这些情况的多种多样性相应，外部客观刺激会在一个人身上比在其他人身上更频繁或更罕见地在梦中表现出来。我是个极好的睡眠者，顽固地坚持不让任何诱因在睡眠时打扰我。在我

// 梦的解析

身上,外部刺激干涉梦的情况相当罕见,而心理动机倒显然很容易让我做梦。我其实只记录了一个梦,从其中可以辨识出一个客观的、令人痛苦的刺激源。恰恰在此梦里,考察外部刺激如何产生影响,会很有教益。

我骑在一匹灰马上,一开始有些迟疑、不灵活,似乎我只是非要骑马不可。这时我遇到我的一名同事P,他穿着一身粗花呢西服,高高地骑在马上,提醒了我一件什么事(很可能是我的姿势很糟糕)。我现在发现自己在极聪明的马上越坐越稳,越来越舒服,发觉我很习惯坐在上面。我将坐垫当作马鞍,占满了马的颈部与臀部之间的空间。我就这样从两辆载重车之间一直骑过去。我在街上骑过一段之后,便折回,想下马,先是想在一座临街的空的小教堂前面下来,实际上我是在一座靠近它的另一座小教堂前下马的。我的旅馆在同一条街上,我可以让马单独离去,但我宁可把它牵到那里。似乎我会羞于骑着马到旅馆去。旅馆前站着一个门童,给我看他找到的我的一张便条,还因此嘲笑我。纸条上的字下面划了两道线,上面写着:不要吃东西。然后又写了一句话(不清楚),像是:不要工作。然后出现模糊的想法:我在一个陌生的小城里,我在那里无工作可做。

从这个梦里,首先会觉察,它在一种疼痛刺激的影响下(不如说强迫下)而形成。但我前一天日间生疖,它把每个动作都变成对我的折磨。最后,阴囊根部的一个疖子长成苹果大小,每迈一步都给我造成无法忍受的疼痛。发热、疲乏、食欲不振、日间依旧坚持繁重的工作都与疼痛集合起来,干扰我的情绪。我无法真正履行我的医生职责。鉴于病痛的性质与位置,有一种活动比任何其他活动肯定更为不适合,那就是骑马。恰恰梦就把我置于这种活动中:这也许是我对我的疾病所能想象出的最强烈的否认。我根本不会骑马,平素也不梦见骑马,我一生只有

第五章　梦的材料与来源

一次坐在马上,而且当时没有马鞍,而这不中我的意。但在此梦中,我骑马,似乎我会阴部没有疖子,或者不如说我不愿有疖子。据描述的情况,我的马鞍似乎是泥敷剂,促使我入睡。很可能我在睡眠的最初几小时对我的痛苦毫无感觉。然后,疼痛的感受来报到,想唤醒我。这时梦来了,抚慰我说:"还是继续睡吧,你不会醒来!你根本没有疖子,因为你的确骑在一匹马上,而该部位有疖子可不能骑马!"梦就这样成功了,疼痛被抑制下去,而我继续睡觉。

梦却不满足于通过顽固坚持与病情不相容的想象对我的疖子作"否定性暗示",它表现得像失去孩子的母亲的幻觉妄想[1],或者像失去了财产的商人的幻觉妄想。而且,遭否认的感觉的细节与用来压抑它的图景的细节也充当了梦的材料,以把平素在心灵中当前存在之事与梦的情境相连并加以表现。我骑着一匹灰马,马的颜色正好与我最近一次在乡间遇见同事 P 时所穿的衣服的颜色相符合。一般人认为辣味食物是疖病的起因,无论如何,它作为病因先于糖,而疖病也与糖有关。我的朋友 P 自从在我这里接手一位女患者之后,便喜欢在我面前趾高气扬[2],其实我在那位女患者身上已取得了显著成效(Kunststücke)——我在梦中起初像一名特技骑手(Kunstreiter)一样坐在马上,但事实上这位女患者像传说中的马,把周日骑手[3]引向她所愿之处。所以,马获得了象征一

---

[1] 参见格里辛格的段落[《心理疾病病理学与疗法》,1861年,第106页]与我关于防御性精神神经症的第二篇文章中[《关于防御性精神神经症的进一步说明》,1896年]的意见[实际上,弗洛伊德在此指的是他关于该主题的第一篇论文临近结尾处的一段(《防御性精神神经症》,1894年)]。

[2] 德文 sich aufs hohe Rosetzen,字面意思为坐在高高的骏马上,意为趾高气扬、高傲。——译注

[3] [在1898年7月7日致弗利斯的信中(弗洛伊德,《精神分析肇始》,1950年,信函第92号),弗洛伊德说到"周日骑手伊齐希的著名原则:'伊齐希,你骑马去哪儿?'我怎么知道?问马吧!'"]

// 梦的解析

位女患者的意义（它在梦中极其聪明）。"我很习惯坐在上面"指向我在被 P 代替之前在女患者家里所处的地位。"我觉得您就像稳坐马鞍"，本城大牌医生中我的几位监护人之一不久前谈到这个家庭时这样对我说。带着这种疼痛每天 8 至 10 小时从事精神治疗工作，也是一大功绩。但我知道，没有完全的身体健康，我就不能长期延续我的特别困难的工作。我在梦中充满阴郁，便是暗指我所处的困境（那便条上写的就像神经衰弱患者对医生出示的那样：别工作、别吃东西）。在进一步解释时，我发现，梦的工作成功地从骑马这个欲望情境中找到通向早年儿童争吵的场景的途径，这些场景想必在我与一个现在生活于英国、比我年长 1 岁的侄子之间发生过。此外，梦还吸收了来自我的意大利之旅的元素：梦中的街道由对维罗纳与锡耶纳的印象组成。更深入的解释则可以引向性的梦意念。我回忆起来，在一位从未到过意大利的女患者身上，这应该意味着对美丽国度的梦的暗示：向意大利（gen Italien）——生殖器（Genitalien），而且这与我在朋友 P 之前去当医生的那个家庭以及我的疖子所在的部位是有联系的。

在另一个梦里[1]，我以类似的方式成功防止了受感官刺激威胁的睡眠障碍，但它只是一个偶然事件，使我能够发现梦与偶然的梦刺激的关联，从而对此梦有所了解。一天早晨，我苏醒了，那是盛夏，在蒂罗尔的一座避暑山庄，我觉得我梦见教皇死了而惊醒过来。我没有成功地解释这个短促、不可视的梦。作为梦的唯一依据，我只记得报上不久前报道了教皇陛下身体微有不适。但当天上午，我妻子问："你今天早上

---

[1] 此段于 1914 年补充。在弗洛伊德《来自分析实践的经验与例证》（1913 年，第 1 号）中已经简略提及该梦；也可以在讲座第 5 篇（1916—1917 年），第 1 卷，第 111 页找到此梦。

听见可怕的钟声了吗？"我一点也没有听见钟声，但我现在理解我的梦了。它是我的睡眠需求对噪声的反应，虔诚的蒂罗尔人想通过噪声来唤醒我。我就用虚幻出来的梦内容来报复他们，并且对钟声毫无兴趣而接着睡。

在我前面章节中提及的梦里，有若干可以用来作为研究所谓神经刺激的例子。大口喝水的梦就是这样一个例子。其中躯体刺激似乎是唯一的梦来源，源自感觉的欲望——口渴——是唯一的梦动机。躯体刺激能够单独形成欲望，在其他简单的梦里，情况类似。夜间从脸颊上扔掉冷敷器的女患者的梦，显示出一种非同寻常的方式，用欲望满足对疼痛刺激做出反应。似乎女患者暂时成功地让自己忘记疼痛，把疼痛推到了别人身上。

我关于命运三女神的梦是一个明显的饥饿梦，但它懂得把食物需求后推至儿童对母乳的渴望，用天真无邪的欲望来掩盖另一个较严肃的、不能公之于众的欲望。在关于图恩伯爵的梦里，我们可以看到，以哪些途径把一种偶然存在的身体需求与精神生活最强烈，但也是最受抑制的激动联系起来。而如果像在加尼耶报告的病例中那样，首席领事在苏醒之前，把爆炸的定时炸弹声编织入一个战争梦，其中就特别清晰地表明了其唯一的动机就是使精神活动在睡眠期间干预感觉。一名年轻的律师[①]，脑子里装满了他初次代理的破产诉讼大案，他在下午入睡，其表现与伟大的拿破仑很相似。他梦见赫斯廷（Husyatin，加利西亚的一座城镇）的某位赖希先生，他在破产诉讼案中认识此人，Husyatin这个名字不断迫使他注意，他不禁苏醒，听见其患支气管炎的妻子在剧烈咳嗽

---

① ［此句和下一句于1909年补充。］

// 梦的解析

（Husten）。

　　让我们把极好的睡眠者——拿破仑一世的梦与爱睡懒觉的大学生的梦做比较。那名大学生被其女房东唤醒，说他得去医院，他就梦见上了一张医院的床，然后带着这种想法继续睡觉：如果我已经在医院里，就无须再起床去那里。后面这个梦是个明显的舒适梦，睡眠者不加掩饰地承认其做梦的动机，同时他也泄露了通常做梦的秘密之一。在某种意义上，所有梦都是舒适梦，它们服务的目的是延续睡眠，而非苏醒。梦是睡眠的守卫者，并非干扰者。针对唤醒梦的精神因素，我们将在别处加以解释。这种观点可以应用于客观外部刺激的作用上，我们在此已经可以证明。心灵要么根本不关心外部刺激的强度和意义在睡眠中引起的感觉，要么就利用梦去否定这些刺激；或者其三，如果心灵不得不承认这些刺激，就寻找一种把当前的感觉当作一种所希望的、与睡眠兼容的部分情境来解释。当前的感觉被交织入一个梦，以剥夺当前感觉的现实性。拿破仑可以继续睡觉，因为他深信不过是对阿科莱的隆隆炮声的一种梦的回忆在干扰他 ①。

　　要睡觉的欲望（有意识的自我对此欲望做好准备，连同梦的审查与以后将提及的"润饰工作"构成其对做梦的贡献 ②）必须在每一种情况下都被认为是成梦的动机之一。而每个成功的梦都是满足这种欲望的。这个普遍的、经常存在并且保持原样的睡眠欲望对梦内容不时予以满足的其他欲望采取什么态度，我们将在别处加以讨论。在睡眠欲望中，我

---

　　① 我所了解的这个梦的两个来源与叙述的不一致。
　　② ［这个由编者为了做标记而置于圆括号中的从句尚未包含在第一、第二版（1900年与1909年）中。"有意识的自我对此做好准备，连同梦的审查构成其对做梦的贡献"这个句子成分于1911年添加；"与以后将提及的'润饰工作'"这个句子成分于1914年添加。］

第五章　梦的材料与来源

们却揭示了一些因素，能够填补施特吕姆佩尔和冯特理论中的漏洞，并可以说明对外部刺激的解释的反常性和任意性。睡眠的心灵很可能能够做出正确的解释，可以包含一种主动的兴趣，也可以提出要求，要结束睡眠。因而在一切可能的解释中只允许与睡眠欲望所做的专制审查协调一致的解释存在。"这是夜莺，不是云雀。"[①] 因为如果是云雀，则爱之夜就要结束了。在现在得到允许的对刺激的解释中，就会选出那种能够获得与潜伏在心灵中的欲望冲动的最佳联系的解释。这样，一切都得到明晰的确定，没有丝毫任意性。曲解并非错觉，而可以说是一种遁词。正如为服务于梦的审查作用而用移置作用来替代一样，此处又得承认这偏离了正常的心理过程。

如果外部神经刺激与内心躯体刺激强烈到足以引起心理重视，则它们——如果其成果根本就是做梦而非苏醒——构成成梦的一个固定点，亦即梦材料的一个核心，对此以类似方式寻求相应的欲望的满足，如两种心理上的梦刺激之间中介性的想象。在此范围内，对一些梦而言，正确的是，躯体因素支配梦内容。在此种极端情况下，甚至会为了成梦而唤醒一个并非当前的欲望。梦能做的无非是把一个情境中的欲望表现成已经实现。梦仿佛被置于这项任务之前，去寻求何种欲望能够通过当前的感觉被表现成已经实现了的。如果这种当前的材料具有痛苦或难堪的性质，则还是因此不可用于成梦。心灵对于在满足时不愉快的那些欲望是可以自由支配的。这似乎自相矛盾，但当我们考虑到存在两种精神动因且二者之间存在一种审查作用时，这种矛盾就可以得到解释。

我们已经知道，在心灵生活中存在被压抑的欲望，属于原发性系

---

① ［据莎士比亚《罗密欧与朱丽叶》，第3幕第5场。］

统，继发性系统反对实现这些欲望。我并不是从历史的角度来谈论这些欲望的，即它们曾经存在过而后来被抛弃了。我在研究精神神经症时得出的主要压抑理论认为此类受压抑的欲望一直存在，同时有一种抑制作用压在它们上面。我们说"抑制"此类冲动，正表达了这个词的原意。为了让此类受压制的欲望成功实现，心理活动就保持不变、可用。但如果这样一个受压制的欲望一旦获得满足，则继发性系统（允许通向意识的系统）遭到了失败，这种失败就会表现为痛苦。现在得出探讨的结论：如果睡眠中存在来自躯体的不愉快感觉，则这种情况就会被梦的工作所利用，以表现一个在其他情况下受压制的欲望的实现——保留或多或少的审查作用[1]。

这种事态促成一组焦虑梦，而另一组焦虑梦不符合欲望理论，表现为另一种机制。因为梦中的焦虑可能是精神神经症的焦虑，源自心理性欲刺激，而焦虑与受压抑的力比多相应。于是，这种焦虑具有与整个焦虑梦一样的一种神经症症状，而我们濒临梦的欲望满足理论会失效的境地。在其他焦虑梦［如第一组焦虑梦］中，焦虑感受却躯体性地存在（如在肺病与心脏病患者身上遇有偶然呼吸障碍时）。于是，焦虑被用于帮助此类强烈受抑制的欲望实现为梦，出于心理动机而做焦虑梦会导致相同的焦虑解除。把这两种表面上不同的情况加以调合并不难。一种是情感倾向，另一种则为观念内容，两种心理产物密切相关，其中一种当前存在的心理产物在梦中也可以唤起另一种：在一种情况下，躯体性存在的焦虑唤起受抑制的观念内容；在另一种情况下，则是伴有性兴奋的观念内容，由于从压抑中获得释放，也导致了焦虑的松弛。在第一种情

---

[1] ［整个论题还将在第七章第三节中探讨。］

第五章 梦的材料与来源

况下,可以说,对一种躯体性存在的情感要做精神上的解释;在另一种情况下,一切都在心理上存在,但受抑制地存在的内容容易被适合焦虑的躯体性解释代替。此处在理解上容易产生的困难都与梦没有关系。这些困难的产生只是因为我们在做这些探讨时附带提及焦虑的发生与压抑问题。

在内部躯体刺激中,无疑包括了身体的一般机体觉(或混合的普遍感受性),它能支配梦的内容。这并不是说它能够提供梦的内容,而是它迫使梦意念从用于表现梦内容的材料中做选择,取其适合于梦的性质的部分,而舍弃其他部分。此外,来自日间的这种全身情绪的确可能联系着对梦十分重要的心理剩余部分。此时,这种情绪本身可能在梦中也得到保留或被克服,因而它如果是不愉快的,也可以变成它的对立面[①]。

如果睡眠期间的躯体刺激源——亦即睡眠感觉——没有非同寻常的强度,则据我估计,它们对成梦所起的作用类似于新近的而无关紧要的日间印象。我的意思就是,如果它们与心理上的梦来源的观念内容一致,它们就被召来成梦,在另一种情况下就不行。它们得到的对待如同一种物美价廉、随时可用的材料,只要需要它,这种材料就会被采用,而非一种昂贵的材料,在使用时要十分谨慎。这种情况有些类似于艺术鉴赏家给艺术家带来一块罕见的石头,譬如条纹玛瑙,要把它塑造成艺术品。石头的大小、色泽与斑点帮助决定该在它上面表现哪个有头脑的人物或哪个场景,而遇到如大理石这样一般常见的材料,艺术家只需凭他自己当时想象的观念就可以进行加工了。我觉得只有以此方式才可以理解此事实,即来自我们躯体的未加剧至不同寻常程度的刺激提供的梦

---

① [最后一句于1914年补充。]

// 梦的解析

内容，并不会在每一晚或每一个梦中都出现①。

或许再举一个解梦的例子会最佳地诠释我的意思。一天，我费尽心力去理解受抑制、不能动弹、力不从心等到底是什么意思，这种感觉如此频繁地出现在梦中，与焦虑如此近似。当晚，我就做了如下的梦：我正几乎衣不蔽体地从楼下走向楼上。此时，我一步上三级楼梯，并很高兴能够灵巧地上楼梯。突然，我看见一名女佣正在下楼梯，朝我走来。我感到羞怯，想赶快离开，现在就出现那种受抑制的感觉：我像是粘在台阶上，挪不了窝。

分析：梦的情境取自日常现实。我在维也纳有一座两层的楼房，上下层只有一条公用楼梯。我的工作室位于楼下，楼上是起居室。每当夜晚时分我在楼下完成我的工作，就经过楼梯走入卧室。做梦的当晚，我确实衣衫有些凌乱地走了这条短短的路，就是说，我已经解下了领子、领带与硬袖口。梦中，变成了程度较高的衣不蔽体，但与通常一样，印象很不确定。越级上台阶是我惯常走楼梯的方式。此外，这是一种已经在梦中得到承认的欲望的满足：我因为轻松完成这种动作而为自己心脏的功能感到欣慰。此外，这种走楼梯的方式与梦的后半部分中受抑制的感觉形成鲜明的对比。它对我表明——这无须证据——梦毫不困难地把运动动作完满地实施。（只需想想飞行的梦就行了！）

我走过的楼梯却并非我房屋的楼梯。我起初没有认出它，迎面走来的人让我弄清了所指的是什么地方。此人是我每天出诊两次为她打针的

---

① ［1914年补充］兰克在一系列论文［《自解的一个梦》，1910年；《唤醒梦的象征交叉及其在荒唐无稽思维中的再现》，1912年；《当前的性冲动作为梦诱因》，1912年］中表明，某些由器官刺激引起的唤醒梦（尿刺激与遗精梦）的情况尤其适合展示睡眠需求与器官要求之间的斗争以及后者对梦境的影响。

第五章　梦的材料与来源

那名老妇人的女佣；楼梯也近似于我日间两次要在那里登上的楼梯。

这个楼梯与这名妇人是如何进入我的梦的呢？因为穿戴不整而害羞，无疑具有性的性质。我梦见的女佣比我年长，闷闷不乐，一点都不吸引人。对这些疑问，我现在想起来答案是这样的：每当我早晨在这座房子里出诊，通常在楼梯上被轻咳侵袭，咳出的痰落到楼梯上。因为在这两层楼里没有痰盂，所以我所持的立场是，楼梯的保洁不能算在我账上，而应归咎于没有痰盂。女管家同样是一个老气而闷闷不乐的人，但正如我愿意承认的那样，她有爱干净的习惯，她在此事上采取不同的立场。她窥伺我，看我是否又弄脏了楼梯。每当她发现我吐痰，我就会清楚地听见她在嘟囔。于是，以后好几天我们相遇，她都不会对我表示惯常的敬重。做梦的前一日，我对那女管家（更因那女佣的表现）增强了反感。我照常匆忙地结束了在女患者处的出诊，这时女佣在前厅拦住我，说出了意见："医生，您今天进房间之前，本该擦净靴子，红地毯又被您的脚弄得很脏。"这是地毯和女佣出现在我的梦中的唯一原因。

我跑上楼梯与在楼梯上吐痰之间有紧密的关联。咽炎和心脏不适都被认为是对吸烟恶习的惩罚，因为此恶习，我不爱清洁的名声在自己的女管家眼中也不比另一家好。梦把它们合二为一了。

我不得不推迟对此梦的进一步解释，直至我能够报告典型的衣不蔽体的梦源自何处。我只补充说明所告知的梦的暂时结论，即梦中运动受抑制的感觉只有在前后特殊情节需要它时才能发生。睡眠中我的运动能力发生了变化不可能是此梦境的原因，因为就在此前不久（似乎就是为了证明这个事实）我还步伐轻盈地跑上了楼梯呢[①]。

[①]　［梦中受抑制的感觉将在后面详细探讨。此梦将在后面得到进一步分析。］

四、典型的梦

如果别人不愿对我们提供梦后面的潜意识思想，我们一般无力解释此人的梦，由此，严重影响我们解梦方法的实际可用性①。每个人通常都有自由以个人特性布置其梦的世界，由此使别人难以理解。但现在正好与此自由相反，有一定数量的梦，几乎人人都以同样的方式做过。对这样的梦，我们习惯于假设，它们即使在不同的人那里也有同样的含义。人们之所以对这些典型的梦特别感兴趣，因为它们大概在所有人那里都出自相同的来源，因而这种梦似乎特别适用于研究梦的来源。

我们就会带着特别的期待着手在这些典型的梦上尝试我们的解梦技巧。但我们现在很不情愿地对自己承认，我们的技术恰恰在此类材料上没有得到恰当的证明。解释典型的梦时，做梦者照例缺乏在其他梦中可以使我们获得理解的种种联想，或者即使出现少数联想，也相当不清晰、不充分，不能帮助我们解决问题。

为什么会发生这种情况？我们如何弥补这种技巧的缺陷？我将在本书的后一部分（第六章第五节）中得出结论。届时，读者也会理解，为何我在此只能叙述少数几种典型的梦，而把对其他梦的探讨推迟至后面②。

---

① ［1925年补充］如果我们不拥有做梦者的联想材料，我们的解梦方法就变得不可应用，这种主张需要补充：解梦工作在一种情况下不依赖这些联想，即做梦者在梦境中使用了象征因素。严格说来，我们就必须使用次要的和辅助的解梦法了。

② ［本段的现有形式可追溯到1914年。那年出版的第四版里在第六章中加上了关于通过象征来表现的段落，导致现有段落里的显著变化，其材料大部分被纳入新的段落。］

第五章 梦的材料与来源

（一）裸体的尴尬梦

有些人梦见生人在场时自己赤身裸体或衣不蔽体，却根本不羞于此。但我们在此讨论的梦，却是在梦中感受到害羞与尴尬，想逃走或隐藏起来，此时却受到奇特的抑制，不能挪窝，觉得无力改变难堪的情境。只有伴有这种现象的梦才是典型的梦，否则梦内容的主题便可被纳入各种不同的情节之中，并可因人而异了。这种典型的梦本质上（亦即在其典型形式上）事关具有害羞性质的痛苦感受，使人大多想通过运动方式来掩盖其赤裸，却没办成。我相信，我的大多数读者都曾置身过此情境。

通常，裸体的性质不甚清楚。比如，梦者可以说："我穿着内衣。"但这总是一幅不清晰的图景。衣着不全的景象通常非常模糊，所以描述起来是模棱两可的："我穿着内衣或衬裙。"通常，衣着的缺陷不至于严重到一定会感到害羞的程度。对穿着皇家军服的人而言，赤裸常常由违反军队风纪代替。"我没带马刀在街上走，看见军官走近"，或者"我没系领带""我穿着一条方格纹的便裤"，诸如此类。

人们感到害羞时在场的旁观者几乎总是带有不确定的沉着面孔的陌生人。在典型的梦里，从未发生过的是，因为此类尴尬的服装而受指责或哪怕只是被察觉。完全相反，人们做出无所谓的表情，或者如我在一个特别清晰的梦里能够感知的那样，人们做出庄严生硬的表情。这值得我们思考。

做梦者的窘迫与人们的无所谓产生一种在梦中频繁出现的矛盾。与做梦者的感受更加符合的是，陌生人惊异地注视并嘲笑他们或对他们发怒。我却以为，这种情况下表示反对的表情已被欲望的满足所排除，而梦本身的某些特性被某种力量保留下来。所以，梦的两个部分彼此就不协调。我们已能有趣地证明，这一类由于欲望得到满足而部分伪装的梦

// 梦的解析

没有得到正确的理解。正是根据这种情况，安徒生写出了家喻户晓的童话《皇帝的新装》，而最近路德维希·弗尔达①在《童话剧》中也做了诗意的表达。在安徒生的童话中讲到两个骗子，他们为皇帝编织一件珍贵的衣服，说只有好人与忠诚者能看见这件衣服。皇帝穿着这件不可见的衣服外出，而所有旁观者都被这件织物的试金石的力量所惊吓，竟都假装没有注意到皇帝的裸体。

我们梦中的情境也是如此。我们不妨假设，不可理解的梦内容当存在于记忆中时，已对记忆中的情境重新赋予了一种意义。同一情境此时被剥夺了其原初的意义，被当作一种新异刺激来使用了。我们在后文中将会看到，因继发性精神系统有意识的思维活动而频繁出现此类对梦境的误解，应被视为决定梦的最后形式的一个因素②。此外，形成强迫观念与恐怖症时，类似的误解——在同一精神人格之内——起主要作用。也可以针对我们的梦说明，从何处采用重新解释的材料。骗子是梦，皇帝是做梦者自己，而梦的道德化倾向透露出模糊的认识，即隐性梦境与成为压抑牺牲品的被禁止的欲望有关。在我对神经症患者的分析中，从梦的前后情节来看，这类梦无疑以最早的童年回忆为基础。只有在我们的童年有过那种时光，我们被我们的亲属以及陌生的护理人员、女佣、访客看见我们衣着不整，而我们当时不羞于我们的赤裸③。在许多儿童身上，还可以在以后的岁月中观察到，他们以裸露身体为乐而不以为耻。他们笑着，跳来跳去，拍打着自己的躯体，母亲或在场的其他人制止他们说："呸，真丢人，不能这样！"儿童经常表现出裸露欲。在我们

---

① ［德国剧作家，1862—1939年。］
② ［这种润饰工作是第六章第一节的主题。］
③ 儿童也在童话中出现，因为那里突然有个小孩喊道："可他的确什么都没穿。"

第五章　梦的材料与来源

这些地区，几乎不可能穿过一个村庄，而不遇到一个两三岁的小男孩，或许为对你表示敬意而在你面前撩起他的衣服。我的一位患者在其有意识的回忆中保留着他 8 岁时的一幕场景，他在晚间睡觉只穿着内衣的时候，想蹦跳着闯进隔壁他妹妹的房间，保姆阻止了他。在神经症患者的青少年病史中，在异性儿童面前裸露起着重大作用。在穿衣、脱衣时都觉得被人注视的偏执狂妄想中，可以追溯至这类经验；在性欲倒错者中，有一类裸露癖者，在这些人身上，幼儿期的冲动升级成病症①。

我们后来回顾，觉得这种缺乏害羞的童年像一个天堂，而天堂本身无非是个人童年的一组想象物。这就是为什么人类在乐园中赤身裸体而不感到害羞的原因。直至害羞与焦虑苏醒，人们被驱逐出了乐园，性生活与文化活动的任务开始了。梦就能够夜夜把我们带回天堂。我大胆猜测，童年早期（从出生至约满 3 岁）的印象，不管自身的实际内容如何，只是出于本性而力求完成其再现。重温这些印象是一种欲望的满足。赤裸的梦就是表示裸露的梦②。

裸露梦的核心在于梦者本人的形象（表现的）不是儿童时，而是现在的本人，和他的衣着不整，后者因叠加众多未穿衣服的回忆或由于审查作用而变得不清晰。此外，还要加上使梦者感到害羞的当时在场的那些人的形象。事实上的目睹者在梦中的那些幼儿期裸露中从未出现，因为梦几乎从不是一种简单的回忆。奇怪的是，我们童年的性兴趣所针对

---

① ［这种对作为幼儿期性活动残余的反常行为的暗喻是弗洛伊德后来在《性学三论》（1905 年）中对性驱力进行分析的先兆。］
② ［1911 年补充］费伦茨［《对梦的精神分析》，1910 年］报告过妇女的一些有意思的赤裸梦，可以不困难地追溯至幼儿期的裸露欲，但在某些特征上偏离上面讲述过的"典型"赤裸梦［上面一段的倒数第二句似乎粗略地说了一些想法，20 年后，弗洛伊德在《远离愉悦原则》（1920 年）中提出这些想法］。

的那些人在梦、癔症与强迫性神经症的所有再现中被放过了。只有在妄想狂中才再度出现这些目睹者，尽管他们依旧不可见，但在幻想中却确信他们在场。在梦中代替他们的是一群不注意尴尬现场的陌生人，其实这正代表了梦者只想对他熟悉的那个人做出裸露的一种反欲望。也可以经常在任意的其他关联中找到"一群陌生人"；作为反欲望，他们始终意味着"秘密"①。我们发觉，即使妄想狂中旧事复活，也可以看到此种颠倒倾向。患者觉得自己不是单独的，他无疑被人注视着，但目击者是"许多镇定得出奇的形象模糊的陌生人"。

此外，压抑在裸露梦中也起着一定的作用。梦的痛苦感受的确是继发性心理系统对此的反应，即被它摒弃的裸露场景的内容还是到达了想象。为了避免这种感受，梦境也就不会复苏了。

我们后文将再次讨论受抑制的感受。受抑制的感受在梦中出色地用于表现意志及其否定的冲突。按照潜意识的意图，应该延续裸露，按照审查的要求，则应该中断裸露。

我们的典型梦与童话和其他创作材料的关系肯定不是出于巧合和偶然。在其他情况下，作家是转变过程的工具，偶尔有一名目光犀利又富有创造力的作家转变过程并按相反方向追踪它，也就是把创作溯源至梦。我的一位朋友让我关注出自高特弗利特·凯勒②的《绿衣亨利》的如下一段："亲爱的李，我不希望您有朝一日感受奥德赛的妙趣横生的真实困境。他浑身烂泥，赤裸地出现在瑙西加及其女伴面前。您想知道这是如何发生的吗？让我来举个例子吧。如果您曾经离别故乡和您心爱的一切，在异乡到处漫游，而您见识、经历了许多，您苦恼忧伤，十分孤单，那您夜里就

---

① ［1909年补充］出于可以理解的原因，同样之事在梦中意味着"全家"在场。
② 1819—1890年，瑞士作家。——译注

第五章 梦的材料与来源

非做梦不可,您梦见您接近故乡,看见它在最美的色彩中闪耀,可爱的亲切的人迎向您。这时您突然发现自己衣衫褴褛、赤身裸体、满身尘土地乱走。无名的羞惭与焦虑攫住您,您试图遮住自己,隐藏起来,最后大汗淋漓地苏醒。只要还活着,一个异乡的游子就免不了做这个不愉快的梦。所以,荷马从人类最深刻与永恒的本质中挖掘出了这个困窘的处境。"

作家通常坚信在其读者身上唤醒的人类最深刻与永恒的本质,是心灵生活的那些不复记忆的冲动。从童年起就被压制和禁止的那些欲望便躲在游子的合理欲望背后,进入意识,再闯入梦中。因此,关于瑙西加的传说使梦客观化,这种梦经常变成焦虑梦。

我自己提及过匆忙上楼梯的梦,匆忙后来很快变成自己动弹不得,这个梦同样是一个裸露梦,因为它显示出裸露梦的本质组成部分。它就必定可以回溯至童年经历,如果这些经历能够被发掘出来,就能帮我们判断这名女佣对我的行为(指责我弄脏了地毯)能在何种程度上确立她在我梦中的地位。我现在确实能够提出所希望的解释。在精神分析中,人们学会把时间上的接近重新解释成实际关联;两种意念似乎无关联,前后相继,事实上它们属于一个统一体,就像我并排写下的一个 a 和一个 b,它们就应该作为一个音节 ab 来发音。梦也是如此。所提及的楼梯梦取自一个梦的系列,而且我知晓对这个梦系列中其他梦的解释。既然这个特殊的梦与这个系列中其他梦保持着联系,则它所处理的必定是同一题材。其他梦就以对一名保姆的回忆为基础。她从我婴儿时期一直照顾我到两岁半。对她,我意识中还留有模糊的回忆。根据我不久前从母亲那里收集的情况,她现在老而丑,但很聪明能干。按照我从我的梦里可以得出的结论,她并非始终让我得到最亲切的对待,每当我对关于干净的教育没有表示出足够的理解,她就会狠狠地责备我。女佣就努力继续这种教育工作，她就取得了资格，在梦中被我当作我那早年的保姆的化身。大概可以假设，尽管被保姆亏待，孩子却仍然是喜欢她的[①]。

（二）亲人死亡的梦

另一组典型的梦以梦者的一位亲人（如父母、兄弟、姐妹或者子女等）死亡为内容。这些梦可以分为两类：一类是人在梦中不为悲哀所动，使得人苏醒后惊异于自己的无情；另一类是人对死亡事件感受到深切的痛楚，甚至在睡眠期间用热泪表现痛楚。

我们可以把第一类梦置于一旁，它们没有资格被视为典型。如果分析它们，就会发现，它们所意味之事不同于所包含之事，它们被用于掩盖任一其他欲望。比如那个姨妈的梦，她看见她姐姐的独子停柩于自己面前。这并不意味着她希望小外甥死，而是如我们所获悉的，梦只是在掩盖一个欲望，即长久不见之后要再见某个所爱的人，先前她在另一外甥的尸体旁再见过这个所爱之人。此欲望是梦的真正内容，并未提供悲哀的诱因，因而梦中也未感受到悲哀。人们在此注意到，梦中包含的感受不属于显性梦境，而属于隐性梦境，因此梦的观念内容仍然保持未变[②]。

不同的是第二类梦，在这类梦中，梦者想象一位所爱的亲人死亡，同时感受到痛苦的情感。这些梦意味着其梦境所说明之事，即希望相关人员死去。而因为我在此就可以预期，所有读者与梦见过类似事情的所有人都会反对我的解释，我就必须力求在最广泛基础上的证据。

我们已经讨论过一个梦，从这个梦中，我们知道，在梦中表现为实

[①] 对此梦的一种修正解释：因为"作祟（spuken）"是鬼魂的活动，则在楼梯（treppe）上吐痰（spucken），可大约相当于"楼梯机智（espritd'escklieo）"。这后一短语相当于缺乏"现成的妙语"（schlagfertigkeit的字面意思为"对答如流"）。这一点我确实该自责。但是否保姆也缺乏这种品质？

[②] ［参见第六章第八节中对梦中情感的讨论。］

第五章　梦的材料与来源

现的欲望，并非总是当前的欲望，也可能是消逝的、完结的、重叠的与被压抑的欲望，只是因其再现于梦中，我们还是不得不承认它们的继续存在。它们并未像我们的概念中的去世者那样死亡，而是像奥德赛的影子，只要喝了血，就萌生成某种生命。在关于匣中孩子的那个梦里，事关15年前的一个欲望，而且患者已坦白承认那时确实存在这个欲望。如果我补充说，该欲望出自童年初期的回忆，或许对梦的理论并非无关紧要。那名做梦的女人孩提时期——无法确定何时——听说过，其母在怀她时陷入严重的抑郁之中，因此急切希望腹中的孩子死亡。当梦者自己成年，并且怀孕后，她也只是学母亲的样子而已。

如果某人梦见其父母、兄弟或姐妹死了，而且明显感受到痛楚，那我绝不会把此梦用于证明梦者现在希望亲人死亡，梦的理论也无须以此作为证明。但我可以推断，梦者在童年某时曾希望他们死亡。我却担心，这种保留说法还是不怎么有助于让反对者平静，这些人可能同样坚决否认他们曾经这么想过，正如他们极力否认现在怀有此种欲望一样。所以，我必须在现有证据的基础上，重建一部分消失的儿童心灵生活[①]。

让我们先注意观察儿童与其兄弟姐妹的关系。我不知道为何我们要假设那必定是一种深情的关系，因为成人中兄弟姐妹怀有敌意的例子还是经常存在于人们的经验中。所以，我们常常可以确定，这种源自童年的不和经常长期存在。但也有许多成年人，如今温情地眷恋其兄弟姐妹并帮助他们，尽管他们童年时曾与兄弟姐妹生活在几乎不曾中断的敌意中。较年长的儿童虐待较年幼的，抹黑说后者抢了其玩具；较年幼的儿童在对较年长的无力愤怒中受煎熬，羡慕并害怕之，其追求自由与正义

[①]　［1909年补充］参见我的《对一名5岁男童恐怖症的分析》（1909年）与《论幼儿期性理论》（1908年）。

// 梦的解析

感的最初冲动也就是针对这个压迫者的。父母说子女不和，而无法找到根源。不难看到，即使乖孩子的性格也不同于我们希望在成人身上看到的。儿童是绝对利己主义的，强烈感受到自己的需求，无所顾忌地追求满足，尤其是对抗其竞争者——其他儿童。他们首先对抗的就是其兄弟姐妹。我们却不因此称儿童为"坏"，我们称其为"调皮"。他们在我们的判断面前如在刑法面前一样对其恶行不负责任。而这是有道理的，因为我们可以期待，在我们算作童年的生命时光内，在这个小利己主义者身上，利他主义的冲动与道德会苏醒，用迈纳特［如《关于大脑构造与性能的汇编与科普报告》，1892年，第169页以下］的话来说，次生的自我将掩盖和抑制原始的自我。可能道德心不会同时在每方面产生，在每个个体身上，非道德的童年时期的期限也长短不同。如果这种品德未能得到发展，我们便称之为"退化"，尽管我们面临的实际上只是发展上的受阻。原始性格已经被后来的发展掩盖，却可能因患癔症而有一部分得到发掘。癔症性格与顽皮儿童的相似之处简直令人瞩目。而强迫性神经症却符合一种超道德性，作为负担强加于重新激起的原始性格上。

许多人如今爱其兄弟姐妹并会因兄弟姐妹逝去而觉得悲痛，但先前在这些人的潜意识中对兄弟姐妹怀有恶毒的欲望，这些欲望能在梦中实现。观察3岁或稍微大一点的幼儿对其弟妹的态度是特别有趣的。例如，迄今为止，一个孩子一直是独生的，现在对其宣布，仙鹤带来了一个新生儿。这个孩子盯着新生儿，然后坚决表示："仙鹤该把它再带走。"①

---

① ［1909年补充］3岁半的汉斯（上一个注中提到分析他的恐怖症）的一个妹妹出生后不久，他在发烧时喊道："我不想要小妹妹。"一年半后，在他有神经症时，他坦白地承认了希望母亲在洗澡时把小妹妹掉进浴缸里淹死的欲望［《对一名5岁男童恐怖症的分析》，1909年，第8卷，第17页与第61页］。与此同时，汉斯是个听话、温柔的孩子，很快喜欢上了这个妹妹，特别愿意宠她。

第五章 梦的材料与来源

　　我深信儿童能够正确评价新出生的弟妹对自己有何不利。我认识一位贵妇，她如今与比她年幼 4 岁的妹妹相处得很好，从她那里，我知道，她对妹妹降生的消息很高兴，但有保留地说："可我不会把我的红帽子给她。"虽然孩子后来才认识到这种不利情况，但其敌意在那时就产生了。我了解一个案例，一个不到 3 岁的小姑娘试图扼杀摇篮里的婴儿，她预感这个婴儿继续存在对她没什么好处。这个年龄段的孩子会有极强、极清晰的妒忌心。或者幼小的弟妹确实很快夭折了，大一点的孩子会再度把家里的全部温情集于一身。现在又来了个仙鹤送来的孩子，我们的这位宠儿自然会希望新来的竞争者的命运与先前那个相同，以让自己过得像先前一样快活，这难道不对吗①？当然，孩子对其弟妹的这种态度在正常情况下是由年龄差异决定的。当过了一段时间之后，在较年长的小姑娘身上，已经激起对这个无助的新生儿的母性本能。儿童对兄弟姐妹的敌意感受必定远远超出不够敏感的成年人的观察②。

　　我自己的孩子一个紧接着一个出生，我在他们身上错过了做此类观察的机会。在我的小外甥身上，我现在补做此类观察，他的"独裁统治"在 15 个月后因出现一名女竞争者而受到阻碍。我虽然听说，小伙子对小妹妹的举动很有骑士风度，他吻她的手，抚摸她。我却确信，他

---

　　① ［1914 年补充］童年时经历的此类死亡事件会在家庭中很快被遗忘，精神分析研究却表明，它们对后来的神经症具有很大的影响。
　　② ［1914 年补充］自那时起，又有了大量观察，涉及儿童对兄弟姐妹和父母的原初的敌意行为，记录在精神分析文献中。作家施皮特勒尤其纯真而质朴地描绘了出自其童年早期的这种典型儿童态度［《我最早的经历》，1914 年，第 40 页］："还有第二个阿道夫在。他们说这个小东西是我弟弟，我却不明白他有什么用，也不明白他们为什么对他像对我一样。有我就足够了，干吗还要一个弟弟？而且他不仅无益，间或还碍手碍脚。如果我纠缠祖母，他也同样要纠缠，如果我坐在童车里，他就会坐在对面，夺走我一半的位置，这让我们不得不用脚撞击对方。"

227

在满 2 周岁前就将其语言能力用于批评让他觉得多余的人。只要话题落到小妹妹身上,他就插话,不乐意地喊道:"她太小了,她太小了!"最近几个月,女孩因逐渐长大而摆脱了这种轻视,小男孩就会找别的理由,即她不值得这么多关注。他会在所有适当的时机提醒:"她没有牙。"① 对我的另一位姐姐的长女,我们大家都保留着记忆,那个当时 6 岁的孩子花了半个小时让所有姨妈证实:"露茜还不明白这个,是吗?"露茜是比她年幼两岁半的女竞争者。

例如,在我所有女患者中,我从未发现关于兄弟姐妹之死的梦是不包含强烈的敌意。我只发现一个例外,但也很容易将其重新解释成对这一规律的证实。我曾在一次治疗期间对一位贵妇做这方面的解释,因为从她的症状来看,我觉得这种讨论与她有关。让我吃惊的是,她回答说从未有过此类梦。她却想起另一个从 4 岁时就开始做的梦,据说与此主题没有瓜葛。那时她是全家最小的孩子,此后这个梦反复出现:一群孩子,都是她的哥哥、姐姐、堂兄弟与堂姐妹,在一片草地上东奔西跑。突然,他们长了翅膀飞起来,离开了。她不清楚此梦的含义。但是不难看出,这个梦的原初形式是她所有兄弟姐妹死亡的梦,几乎没有受到审查作用的影响。我斗胆进行如下分析。若这群孩子中有一个死亡(在此案例中,两个兄弟的所有孩子在兄弟姐妹的集体中养大),我们不到 4 岁的女做梦者会问一个睿智的成年人:"孩子们死了究竟会变成什么?"回答会是:"他们会长出翅膀,成为天使。"在这样解释之后的梦里,兄弟姐妹就都像天使一样长了翅膀,而且——这是关键——他们飞走了。我们的小"凶手"单独留下,说也奇怪,竟是一群人中唯一一个幸存者!孩子们在草地上跑来跑

---

① [1909 年补充] 3 岁半的汉斯用同样的话表达对其妹妹全盘否定的批评(《对一名 5 岁男童的恐怖症的分析》,1909 年)。他猜测,她因缺牙而不会说话 [第 8 卷,第 17 页]。

第五章　梦的材料与来源

去，从草地上飞走，几乎明白无误地暗示这是一群蝴蝶，这个孩子似乎已受到传统联想的影响，认为古人描绘的灵魂都有蝴蝶般的翅膀。

或许有人会插话，说大概可以承认儿童对其兄弟姐妹的敌意冲动，但儿童情感如何能达到如此恶劣的程度，即希望竞争者或较强的玩伴死亡，似乎只能通过死刑来抵偿所有罪过？有谁这么说，就没有考虑到，儿童对"死了"的想象与我们的想象毫无共同之处。儿童对腐烂、冰冷的坟墓、无限的虚无的种种恐怖一无所知，正如关于彼岸的所有神话所证明的，成年人在其想象中对此虚无很难忍受。孩子不熟悉对死亡的畏惧，因此他玩弄可怕的话语，威胁另一个孩子："要是你再这么做，你就会死，像弗朗兹一样。"而此时战栗的感觉流过可怜的母亲全身，她或许会想到，一大半生在尘世的人都活不过儿童期。一个 8 岁的孩子可能从自然历史博物馆走了一圈回来后，对其母亲说："妈妈，我真爱你！要是你死了，我就把你做成标本，把你放在房间里，让我永远能看见你！"儿童对死去的想象与我们的想象鲜有相同之处①。

死亡对从未看见过死前痛苦的场景的儿童来说意味着"走开"，不再打扰活着的人。儿童弄不清这种缺席是以何方式形成的，他们不知道是通过旅行、解雇、疏远还是死亡②。如果在一个孩子出生后不久的岁

---

①　[1909 年补充] 有一个很聪明的 10 岁男孩，其父突然死亡后，我吃惊地从他那里听到如下表示："父亲死了，我懂，但为何他不回家吃晚餐，我没法对自己解释。"[1919 年补充] 关于此主题的其他材料见于《潜存意象，精神分析应用于精神科学杂志》，由 H. 冯·休格—赫尔穆斯女医生编辑的栏目"论儿童心灵的真正本质"[卷 1—7，1912—1921 年]。

②　[1919 年补充] 受过精神分析训练的父亲在观察时也会抓住这样一个瞬间，即其极为聪明的 4 岁小女儿看出了"走了"与"死了"的差异。这个孩子吃饭时制造麻烦，觉得自己被膳宿公寓的一名女侍者怒视。"约瑟芬娜该死了。"她因此对父亲表示。"干吗偏偏是死呢？"父亲抚慰地说，"要是她走了，还不够吗？""不，"孩子回答，"那样她会再来。"对孩子的无限自负（自恋）而言，任何干扰都是大逆不道，像严厉的法律一样，儿童的感觉依据所有此类罪行设定了不可定量的惩罚。

// 梦的解析

月里，他的保姆被打发走了，一段时间后，他的母亲死了，则正如人们在分析时所揭示的那样，对这个孩子的记忆而言，两个事件重叠成一件事。某位母亲经过若干周夏日旅行后返回家中，痛心地获悉，孩子对不在的人的思念不甚强烈，经过询问，她不得不听到：孩子们连一次都没问起过妈妈。但如果母亲真的旅行去了那个"尚未发现的国度"，"没有一个漫游者从那里归来"，则孩子们似乎起初忘了她，事后，他们才开始回忆起死者。

也就是说，如果孩子有理由希望另一个孩子缺席，则他没有任何障碍来用其他小孩死亡的形式表达他的欲望。而对愿人死亡的梦的心理反应证明，不管内容再怎么不同，孩子身上的欲望还是在某些方面与成年人所表现的欲望相同[①]。

如果用儿童的利己主义来解释儿童对其兄弟姐妹有死亡欲望，这种利己主义让儿童把兄弟姐妹理解成竞争者，对父母有死亡欲望该如何解释？对儿童而言，父母是爱的施与者和儿童需求的满足者，儿童恰恰该出于利己主义动机而希望保有父母。

指导我们解决该难事的是这样一种经验，即关于父母死亡的梦多半经常涉及与做梦者同性的双亲一方，也就是男子大多梦见父亡，女子大多梦见母亡。我不能把这一点说成规律，但这种倾向异常显著，需要用具有普遍意义的因素来解释[②]。情况粗略说来是这样，人们总觉得童年存在着一种性的偏好，似乎男童把父亲、女孩把母亲视为爱的竞争者，

---

① ［弗洛伊德在《图腾与禁忌》（1912—1913年）的第2篇论文的第3节、《3个小匣子》（1913年）这篇文章以及《论战争与死亡》（1915年）第2部分中特别探讨了成年人对死亡的态度。］

② ［1925年补充］这种事态常常因出现一种惩罚倾向而被掩盖，后者在道德反应上以失去所爱的父母一方相威胁。

第五章 梦的材料与来源

排除了对手才不至于对自己不利。

在指责这种想象难以置信之前，要考虑真正的亲子关系。我们必须把孝的文化对这种关系的要求和日常观察到的真实情况区别开来。在亲子关系中，隐藏着敌意。在审查面前不存在的欲望，其形成的条件大量存在。让我们先考虑父子关系。我以为，我们赋予"十诫"教规的神圣性让我们感知现实的感觉迟钝了。我们似乎不敢承认，大多数人已公然违背了第五戒律。在人类社会最低与最高的阶层中，对父母的孝惯常在其他利益面前后退。我们从古代神话与传说中隐约了解到的，只是一幅父亲大权在握和冷酷无情的不愉快的画面。克洛诺斯吞下了他的子女，大约就像公猪吞下母猪的一窝幼崽；而宙斯阉割了父亲①并取而代之。父亲在古代家庭中越是无所限制地统治，儿子必定越发作为有资格的继任者处于敌手的位置，越发急不可待地期望通过父亲之死使自己获得统治权。在我们的市民家庭中，父亲通过剥夺儿子获得自由的手段，使他们之间天然的敌意萌芽得到发展。医生经常能够发觉，儿子心中的丧父之痛无法抑制对最终获得自由的满足。每个父亲都惯常拼命拘执于我们当今社会中十分陈腐的父性权威的残余，而每名诗人都确信这种作用，他们像易卜生一样把父子之间的古老斗争移入其情节的显著位置。如果女儿成长起来，发现母亲在监督自己，而女儿渴望性自由，母亲却因女儿的成长被提醒，对自己而言，是该舍弃性要求的时候了，母女之间冲突的诱因就会产生。

---

① ［1909年补充］某些神话中有一些论述。但据别的神话传说，只是克洛诺斯阉割了其父乌拉诺斯。

关于该题材的神话含义，参见奥托·兰克《英雄诞生的神话》，1909年；[1914年补充]《创作与传说中的乱伦母题》，1912年，第9章第2节［文中的这些句子当然也是对弗洛伊德在《图腾与禁忌》(1912—1913年)中展开的思路的早期提示］。

所有这些情况都是有目共睹的。但是在把对父母的孝视为不可侵犯之事的人那里，企图解释父母之死的梦时，这些情况对我们却无所裨益。然而我们也通过前面的探讨对此做好了准备，即对父母有死亡欲望也许起源于最早的童年。

在对精神神经症患者做分析时，针对他们的这种猜测以排除一切怀疑的肯定性得到证实。人们在此情况下获悉，儿童的性欲望——如果它们在萌芽状态可以这样称呼的话——很早就觉醒了。女孩的最初感情针对父亲[①]，男孩的最初婴儿期欲望针对母亲。因此，父亲对男孩来说、母亲对女孩来说，成为有妨碍的竞争者。而对儿童来说，这种感受有多么容易导致死亡欲望，我们已经就兄弟姐妹的情况阐明过。性选择通常在父母身上已经起作用。通常看到的自然倾向是，丈夫娇惯小女儿，妻子给儿子撑腰，而两者在性的魔力不让他们的判断错乱时，严厉地对小孩子进行教养。儿童可以很清楚地发觉偏爱，反抗反对这种偏爱的双亲一方。在成人身上找到爱，对儿童来说不仅是满足一种特殊的需要，而且意味着在所有其他部分上迁就其意志。所以，如果儿童在父母之间做出选择，这种选择的意义与由父母发出的刺激相同，儿童就遵循自己的性内驱力，同时更新这种刺激。

儿童的这些幼儿期倾向的迹象大部分被人们忽视了，也可能在最初的童年岁月之后发觉一些迹象。我所认识的一个8岁小姑娘每次都会利用母亲有事离开餐桌的机会宣布自己是其接班人："现在我想当妈妈。卡尔，你还要蔬菜吗？好，你去拿吧！"诸如此类。有一个特别有天赋而活泼的4岁小姑娘，在她身上，这部分儿童心理特别显而易见，她直

---

① ［弗洛伊德后来修正了这方面的观点。参见弗洛伊德《解剖学上性别差异的一些心理后果》，1925年与《论女性性欲》，1931年。］

接表示:"现在妈妈可以走开了,那爸爸就得娶我,我要当他的妻子。"在儿童生活中,这种欲望与儿童也温柔地爱其母亲一点也不冲突。父亲一外出旅行,小男孩就可以睡在母亲身旁,而父亲归来后,他不得不回到儿童室,到一个很不让他喜欢的人那里。这样就容易在他身上形成欲望,即要父亲永远不在,以便他能够保持在亲爱的、美丽的妈妈身边的位置。而达到此欲望的一个手段显然是让他的父亲死去,因为他的经验教会他这样一件事:"死人"(如爷爷)永远不在,再不回来。

虽然在幼儿身上的此类观察完全符合我所提出的解释,但是对成年神经症患者进行精神分析的医生不完全相信这种说法。对相关梦的告知在此带有此类开场白,即不可避免地将其解释成欲望梦。一日,我的一位女患者痛苦地哭着说:"我不想再看见我的亲戚,他们一定怕我。"她紧接着告诉了我她所记得的一个梦,她当然不了解这个梦的含义。她4岁时做的这个梦如下:一只猞猁或狐狸在屋顶上漫步,后来有东西落下来,或者是她掉下来,再后来,人们把她死了的母亲抬出屋子。她在一边痛哭。我告诉她,此梦必定意味着她在童年曾期望母亲死去,而她必定因为此梦而以为亲戚们怕她,所以她已经提供了解梦的一些材料。"猞猁眼"是她还是小孩子时街上的一个顽童骂她的话。她在3岁时,屋顶上的一片瓦落到她母亲头上,她母亲流了很多血。

我曾有机会深入研究一名经历过不同心理状态的年轻姑娘。她的病开始于一种躁狂混乱的状态,患者表现出对她母亲很特殊的反感,只要她母亲一接近床铺,她就打骂母亲,而同时,她对比自己大两岁的姐姐亲切柔顺。随后出现清醒但有些情感淡漠的状态,此时睡眠障碍很严重。在此阶段,我开始治疗并分析她的梦。无数梦或多或少隐晦地事关其母之死:忽而她出席一名老年妇人的葬礼,忽而她看见自己与其姐身穿丧服坐在桌旁。这些梦的意义是不言而喻的。当她的状态进一步好转时，又出现了癔症性恐怖症。其中最折磨人的是，害怕母亲出了什么事。无论她在何处，都得赶回家，以确信母亲还活着。这个病例与我的其他经验集中起来就颇有教益，仿佛以多语译文展现心理结构对同一激发性想象的不同反应方式。我认为在混乱状态中，是平时受到压抑的原发性精神动因推翻了继发的精神动因。她对母亲的潜意识敌意在运动神经上变得强有力。当平静状态开始时，激动得到压抑，恢复了审查的统治地位。这时，要实现希望母亲死亡的欲望，对这种敌意开放的就只有做梦这个领域。当正常状态进一步巩固时，作为癔症性对立反应与防御现象，造成了对母亲的过度担忧。在此关联中，不再不可解释的是，为何患癔症的女孩子经常过度柔情地依恋其母亲。

另外一次，我有机会深刻洞察一名年轻男子的潜意识心灵生活。他由于强迫性神经症而几乎无生存能力，不能上街，因为他害怕自己会把经过他身边的所有人杀掉。他以此度日，即如果自己因为一起城里发生的谋杀案件而被起诉，他就整理自己不在犯罪现场的证据。无须多说，他是既有道德又有出色教养的人。使他获得痊愈的分析揭示，这种痛苦的强迫观念的根据是对其过于严厉的父亲的谋害冲动。当时患者 7 岁，这些冲动清楚地表现出来，令他惊异。但它们当然出自早得多的童年时光。当父亲身患重病，痛苦地死去以后，患者在 31 岁时出现强迫性自责，以一种恐怖症的形式转到陌生人身上。有谁想将自己的父亲从山峰推入深渊，当然就可以相信这个人也不会顾惜与自己无关的其他人的生命。因而，他把自己锁在房间里，就是理所当然的了①。

---

① ［后面将再次提及同一患者。］

第五章　梦的材料与来源

根据我的广泛经验，在所有后来的精神神经病患者的儿童心灵生活中，父母占有主要地位。在童年形成的心理冲动的材料中，对双亲一方的迷恋、对另一方的憎恨是其中的主要组成部分，也是决定后来神经症症状的重要因素。我却不相信，精神神经症患者能够办到绝对新颖、为其所特有之事，而在这一点上与其他保持正常的人明显有别。更为可能并且由对正常儿童的偶尔观察加以支持的是，他们即使有这些对其父母的爱恋与敌意欲望，也只是通过大大表露不那么明显和强烈地在多数儿童心灵中发生之事。古代流传下来的一个传说可以证实：只有我所提出的关于儿童心理的假说普遍有效，这个传说深刻而普遍的作用才变得可以理解。我指的是关于俄狄浦斯王的传说与索福克勒斯的同名戏剧。

俄狄浦斯是忒拜王拉伊奥斯与约卡斯塔之子，在婴儿时被遗弃，因为一条神谕对其父亲宣示，尚未出生的儿子会成为杀父的凶手。这个婴儿被救了，作为王子在一个陌生的宫廷长大，直到他不能确定其出身，自己询问神谕，从神谕那里得到劝告，要离开家，因为他必定成为杀害其父的凶手与其母的夫婿。在离开他自以为的家的途中，他遇见了拉伊奥斯王，在迅速爆发的争执中杀死了后者。于是他来到忒拜城前，在此，他解开了挡路的斯芬克斯的谜语。为了表示感谢，忒拜人选他为国王，他与约卡斯塔结了婚。他在位很久，国泰民安，受人尊敬。他与他并不知晓的母亲生下二子二女。直到一场鼠疫暴发，促使忒拜人重新询问神谕。索福克勒斯的悲剧在此开场。信使带来答复，说如果把谋害拉伊俄斯的人逐出国去，鼠疫就会停止。

可此人在何处？
何处可寻旧罪难以辨认的暗迹？

该剧的情节无非就在于逐步加剧并且富于艺术性地揭穿——可与精神分析工作相比——俄狄浦斯本人是谋害拉伊奥斯的人,但也是被杀者与约卡斯塔之子。被自己不明就里犯下的暴行所震撼,俄狄浦斯弄瞎自己并离开故乡。神谕成为现实。

《俄狄浦斯王》是一出所谓命运悲剧,其悲剧效果应基于诸神占优势的意志与受不幸威胁的人的徒劳反抗之间的对立,深受触动的观者应从悲剧中学到屈服于神灵的意志,洞见自身的软弱无力。现代诗人尝试过编写同样的冲突情节,以取得类似的悲剧效果。只是观众对剧中那些无辜的人尽管全力反抗,但诅咒或神谕还是实现了的情节却不为所动:这些现代的命运悲剧一直没有效果。

如果《俄狄浦斯王》对现代人的震撼不会亚于对同时代的希腊人,则答案可能只在于,希腊悲剧的效果并非基于命运与人的意志之间的对立,而应在材料的特性中去寻找,借助这种材料证明了这种对立。在我们内心必定有一种声音,随时可以与《俄狄浦斯王》中命运的强制力量发生共鸣,而我们会把[格里尔帕策的]《女祖先》或其他命运悲剧中虚构的情节当作无稽之谈。而这样一种因素实际上包含在俄狄浦斯王的故事中。其命运之所以触动我们,只因为它也可能成为我们的命运,因为神谕在我们出生前对我们宣布的诅咒与对他的一样。我们或许都注定把最初的性冲动指向母亲,把最初的憎恨与残暴的欲望对准父亲。我们的梦让我们确信这些。俄狄浦斯王杀死了其父拉伊奥斯并娶了其母约卡斯塔,这是我们童年欲望的满足。但我们比他幸运,因为我们未变成精神神经症患者,我们成功地把我们的性冲动与我们的母亲脱钩,忘却了我们对父亲的妒忌。我们童年的那些原始欲望在俄狄浦斯身上获得了满足,我们便以全

第五章 梦的材料与来源

部抑制力量从他那里退缩,因而使我们内心的这些欲望遭受压抑。诗人洞悉了过去而揭露了俄狄浦斯的罪责,他逼迫我们认识自己的内心,其中还始终存在那种冲动,哪怕受到抑制。结尾合唱的对照使我们看到了:

> ……看啊!这是俄狄浦斯,
> 他解开了谜团,头号人物掌了权,
> 市民都赞誉、羡慕他的幸福。
> 看啊,他陷入何种不幸的可怕巨浪!

这种警告击中我们自己与我们的傲气,我们这些人自童年岁月起就自以为聪慧过人,拥有无比的权力。像俄狄浦斯一样,我们生活在对伤害道德的欲望的无知中,天性把这些欲望强加给我们,而欲望被揭穿后,我们就想把目光从我们童年的场景上移开①。

俄狄浦斯的传说萌芽于一个古老的梦材料,这个梦材料以与父母的关系因最初的性冲动而有痛苦的干扰为内容。对此,在索福克勒斯的悲剧台词本身中可以找到不会误解的提示。约卡斯塔安慰尚不知自己的身世、但因记起神谕而担心的俄狄浦斯,她提及许多人都做过的一个梦,

---

① [1914年补充] 没有一项精神分析研究的调查像指出儿童保留在潜意识中的乱伦倾向这样招致如此激烈的异议、如此愤怒的抗拒和如此有趣的扭曲的批评。最近甚至产生一种尝试,要抗拒一切经验,让乱伦只是被视为"象征性的"。根据叔本华书信中的一段话,费伦茨(《俄狄浦斯神话中对愉悦原则与现实原则的象征表现》,1912年)对俄狄浦斯神话给出一种有才智的新解。[1919年补充] 进一步研究表明,在《梦的解析》中上文第一次提到的俄狄浦斯情结对理解人类史与宗教和品德的发展具有意想不到的巨大意义(参见《图腾与禁忌》,1912—1913年,第4篇论文)[关于俄狄浦斯情结与《俄狄浦斯王》以及关于紧接着的哈姆雷特主题的这些思路的本质,弗洛伊德在1897年10月15日致弗利斯的一封信中(参见弗洛伊德《精神分析肇始》,1950年,信件第71号)已表达过]。

237

她认为这并不意味着什么：

> 因为许多人在梦中也已经看见
> 自己与母亲成婚；
> 不过，谁把这一切
> 看作无意义，
> 就轻松承受生活的负担。

如今像那时一样，许多人也会有与母亲性交的梦，他们愤怒而惊讶地讲述它。它显然是悲剧的关键，是对父亲之死的梦的补充说明。俄狄浦斯故事是对这两种典型梦的想象性反应，而正如这些梦被成年人以厌恶的感情对待一样，该传说中必定也包含了恐怖与自我惩罚。该传说进一步的形态又源自对此材料易被误解的润饰工作，这种润饰工作试图让该材料服务于神学化的意图（参见关于裸露的梦的材料）。把神的万能与人的责任心汇集起来，这种尝试当然必定在此材料上与在任何别的材料上一样失败。

另一部伟大的悲剧诗，即莎士比亚的《哈姆雷特》，与《俄狄浦斯王》植根于同一片土壤。但对同一材料的不同处理显示出两个相距甚远的文化时期里心灵生活中的全部差异，反映了人类情感生活中的压抑在世俗生活中的增长。在《俄狄浦斯王》中，潜伏于儿童心中的欲望以幻想形式在梦中被曝光与实现。在《哈姆雷特》中，欲望依旧被压抑，而我们只是通过由它发出的抑制作用而获悉其存在——类似于在神经症患者中那样。借助现代戏剧显著的作用，奇特地表明可以协调一致的是，人们可能对主角的性格依旧完全不清楚。这出剧基于哈姆雷特踌躇于完成委派给他的复仇任务。何为这种踌躇的缘由或动机，台词没有交

第五章　梦的材料与来源

代,各种解释尝试也不能说明之。根据如今仍占统治地位、由歌德说明理由的见解,哈姆雷特代表了一种人的典型,他们的直接行动能力因思想活动蔓延发展而麻痹("因意念的苍白而病恹恹")。其他观点认为,诗人试图描绘一种病态、犹豫不决、落入神经衰弱范围的性格。只是这出剧的情节表明,哈姆雷特绝不是一个无力行动的人。我们看见他两次出场行动,一次在迅速爆发的激情中,他捅死了挂毯后面的偷听者;另一次是他故意的,甚至可以说是巧妙的,他以文艺复兴时代王子般的无情,处死了两名谋害他的朝臣。那是什么阻碍他完成其父的幽灵对他提出的任务呢?此处又一次归因于这项任务的特殊性质。哈姆雷特可以做一切,只是不能在那个杀了他父亲、娶了他母亲、实现了他童年欲望的人身上完成复仇。本该催促他复仇的憎恨就在他身上代之以自责,代之以良心的谴责,他感到自己实际上并不比杀父娶母的罪人更好。在此,我把哈姆雷特内心潜意识中的内容翻译成有意识之事。如果某人要把哈姆雷特称为癔症患者,我只能承认这是我的解释的结论。性厌恶与此很相称,哈姆雷特后来在与奥菲利娅的谈话中表现出性厌恶,同样的性厌恶,在以后的岁月中会越来越多地占领诗人的心灵,终于在《雅典的泰门》中得到充分的表达。当然,我们在《哈姆雷特》中所面临的只可能是诗人自己的心灵生活。我曾经看过一本乔治·布兰代斯[①]关于莎士比亚的著作(1896年),其中说《哈姆雷特》就在莎士比亚的父亲死后不久(1601年),也就是刚为后者哀悼时所创作,我们可以猜测,该戏剧是莎士比亚在失去父亲的悲痛情绪中创作的。已知的还有,莎士比亚早逝的儿子名叫哈姆奈特(几乎与哈姆雷特同名)。如《哈姆雷特》处理

---

① 本名莫里斯·科亨(1842—1927年),丹麦文学史家、批评家与传记作者。——译注

儿子与父母的关系一样，同一时期的《麦克白》涉及了无子女的主题。正如所有神经症症状一样，梦也能被多重性解释，甚至多重性解释是完全理解梦所必需的。在诗人心中，一切真正的创造性作品都来自不止一个动机和冲动，所以，也允许不止一种解释。我在此只尝试了解释富有创造力的作家心灵中最深层次的冲动[1]。

对于亲人死亡这种典型的梦，我必须再补充几句话，以阐明其对梦理论的意义。在这些梦中，我们发现一种极不寻常的情况，即通过被压抑的欲望而形成的梦意念逃避了任何审查，未做变动地进入梦里。必定有特殊因素促成此情况。以下两种因素有助于这类梦的产生：其一，这个欲望必须是在我们看来最遥远的，以致我们以为，可能"我们即使在梦中也想不到"有这个欲望。因此，梦的审查作用对这种难以置信之事没有准备，大约类似于梭伦[2]的立法没有设置对弑父的惩罚。其次，在这种情况下，这个受压抑的、未受怀疑的欲望往往特别容易与前一天的残余观念相汇合，以对亲人的生命担心的方式出现。除了利用相同的欲望，这种担心不可能以别的形式载入梦中；欲望就能将自身掩藏在日间变得活跃的担心背后了。我们很可能认为这是一个很简单的问题，不过是日有所思，夜有所梦。那就相当于让关于亲人死亡的梦脱离与解梦的

---

[1] ［1919年补］上文对《哈姆雷特》的精神分析解释后来被 E. 琼斯加以充实并针对其他在文献中记载的见解做了辩护（参见琼斯,《俄狄浦斯情绪作为对哈姆雷特之谜的一种解释》,1910年；还有更详细的，参见《哈姆雷特与俄狄浦斯》,1949年）。［1930年补充］同时我已不再相信莎士比亚著作的作者是来自斯特拉德福的那个人［参见弗洛伊德,《在法兰克福歌德故居的讲话》,1930年］。［1919年补充］对《麦克白》的进一步分析见我的论文《出自精神分析工作的一些性格类型》（1916年）［第10卷，第238—244页］和 L. 耶克尔斯的一篇论文（《莎士比亚的麦克白》,1917年）处［弗洛伊德还在一篇据猜测于1905年或1906年撰写，但在他死后才公开的论文《舞台上的病态人物》（1942年）中探讨了哈姆雷特的形象。参见第10卷，第166—167页］。

[2] 约公元前640—公元前560年，雅典国务活动家兼诗人。——译注

一切关联,把一个本来可以完全解决的问题错认为一个毫无必要的谜。

追踪这些梦与焦虑梦的关系也富于启发性。在关于亲人死亡的梦里,受压抑的欲望找到一条途径,能够以此摆脱审查——还有受制于此的梦的伪装。梦中总不可避免地伴有一种可体验的痛苦的感受。同样,只有审查完全或部分被压倒,才会形成焦虑梦;而另一方面,如果焦虑作为出自躯体源的当前感觉已经存在,就方便压倒审查。这样就清楚了,审查作用履行其职责并促成梦的伪装,目的是预防生发焦虑或其他形式的痛苦的情感。

我在前面说到儿童心理的利己主义,现在我还可以指出这一特征与梦的关联,即梦也具有利己主义的特点。所有梦都是绝对利己主义的,所有梦里都出现了所爱的自我,即便是伪装的。在梦中实现的欲望通常是自我的欲望,如果说对利他主义的兴趣会引发一个梦,那只是一个骗人的假象。下面分析几个与这种论断相矛盾的一些例子。

(一)

一个不足 4 岁的男孩讲述道,他梦见一个大盘子,上面放着一大块配了蔬菜的烤肉,这块肉一下子整个——未被切碎——被吃完了。他没有看见吃它的人是谁①。

这个小男孩梦见的吃这块烤肉的陌生人是谁呢?他在做梦当日的经历必定对我们有所启发。几天来,男孩按医嘱只准喝牛奶,做梦当

---

① 梦中的物体表现出巨大、过于丰富、过度与夸张的特点也可能是童年性格的特征。儿童最热切的欲望莫过于长大,尤其是像大人一样吃得很多。儿童很难满足,他们不知足,不厌其烦地反复索取其中意或对其胃口的东西。他们只是通过教育才学会谦虚、适度和退让。众所周知,神经症患者也倾向于无节制、无度[弗洛伊德也在其关于诙谐的书临近第 7 章末处(《诙谐及其与潜意识的关系》,1905 年,第 4 卷,第 210 页)提及儿童偏爱重复;后来他在《远离愉悦原则》(1920 年)第 5 章开头再次探讨之]。

日晚上，他却不听话，就被罚不准吃晚餐。他先前已经经历过这样一种饥饿疗法，当时表现得很勇敢。他知道，他什么也不会吃到，却也不会说一句肚子饿的话。教养开始在他身上起作用，已经表现在梦中，表现出梦伪装的开始。毫无疑问，他本人就是那个对一顿丰富的膳食垂涎欲滴的人。但因为他知道自己被禁止吃肉，所以在梦中他不敢像饥饿的孩子那样（参见我的女儿安娜吃苹果的梦）坐下用餐，于是用餐的人就匿名了。

（二）

我有一次梦见，我在一家书店的橱窗中看见一套新的丛书（有关艺术家、世界史、著名城市等的专著），我平素惯常会买下它。新的丛书名为"著名演说家"或"著名演讲集"，而丛书的第一册书名为"莱歇尔博士"。

当我分析这个梦时，我觉得似乎在梦中不可能去关心莱歇尔博士——一个德国国会反对党长篇大论的演说家的声誉。事实是，几天前，我为几位新的患者进行了精神治疗，现在被迫每天说话10至11小时。我自己就是这样一个滔滔不绝的演说家。

（三）

另一次，我梦见，我熟悉的一名大学同事对我说："我的儿子是近视眼。"随后跟着一段对话，由简短的讲话和对答组成。随后却跟着第三个梦的片段，其中出现我和我儿子。就隐性梦境而言，父子、M教授只是傀儡，掩盖了我与我的长子。我还将在后文谈到梦的另一种特性时再探讨此梦。

（四）

从下面这个梦例中，可以看出低级利己主义感情隐藏在虚伪的关怀

第五章 梦的材料与来源

后面。

我朋友奥托看起来很糟糕，脸上呈褐色，眼睛突出。

奥托是我的家庭医生，我很感激他，因为他几年来一直照顾我孩子们的健康，如果他们患病，他就富有成效地给他们治疗。一有机会，他还给他们带礼物。做梦当天，他来访，我妻子就注意到，他看上去紧张而筋疲力尽。夜里，我的梦来了，给予他巴塞杜氏病的一些症状。有谁在解梦时脱离我的规则，就会这样理解这个梦，即我担心我朋友的健康，这种担心在梦中实现。这不仅会与梦是欲望的满足这一论断矛盾，而且违背另一论断，即梦只对利己主义冲动开放。但谁这样解梦，请给我解释，为何我在奥托身上担心巴塞多病？对这种诊断，他的外表连最轻微的诱因都没有提供。我的分析却提供了出自6年前一起事件的如下材料。我们一行人（R教授也在其中）在漆黑的夜晚驶过N森林，离我们的避暑地还有几小时路程。不太清醒的车夫把我们连车一起摔下了一个斜坡，还算幸运的是，我们都安然脱险。我们却被迫在最近的客栈过夜，在那里，我们出意外的消息唤起了人们对我们的巨大同情。一位先生身上具有巴塞杜氏病明显的症状——面部皮肤呈褐色，眼睛突出，与梦中一模一样，只是没有甲状腺肿——他全心全意为我们效劳并问他能为我们做什么。R教授以其特定的方式答道："无非是想让您借我一件睡衣。"对此，这位有礼貌的先生答道："我很遗憾，这我做不到。"说完就离去了。

当我继续分析时，我想起，巴塞杜不仅是一种病的名字，还是一名著名教育学家的名字（我在清醒时对此感觉相当不肯定①）。我曾委托

---

① ［这种猜测却合乎实际。18世纪有一名卢梭的追随者叫这个名字，是一名著名的教育学家。］

我的朋友奥托，万一我出了什么事，他要负责我子女的体育，尤其是在青春期（因而提到睡衣）。我就在梦中看见朋友奥托有那位慷慨的助人者的症状，我显然想说：如果我出了什么事，他将和那位L男爵一样，尽管答应帮忙，但同样不会为孩子们做什么事。此梦的利己主义特点就似乎揭示得很清楚了①。

但此时，欲望的满足躲在何处呢？并非在对朋友奥托的报复中——他在我的梦中似乎总是遭受恶劣的对待②，而是在下面的关系中。我在梦中把奥托表现成L男爵，同时，我把我本人与另一人等同，即与R教授本人等同，因为我的确向奥托要求什么，就像在那起事件中R教授向L男爵要求过的一样。原因就在于此。R教授，我平素确实不敢把自己与他相比，他与我类似，在学校之外独立追求道路，直到晚年才获得早就该得到的头衔。这再一次说明了我想当教授！的确，"晚年"这个词本身就是一种欲望的满足，因为它说明，我活得足够长久，足以自己来陪伴我的孩子们度过青春期③。

（三）其他典型的梦

人们在其他典型的梦中惬意地飞行或带着焦虑落下，我都没有亲身

---

① ［1911年补充］欧内斯特·琼斯在一次对一个美国学会的学术报告中说到梦的利己主义时，一位博学的夫人对这种"非科学的概括化"提出异议，说该著作者还只能判断奥地利人的梦，对美国人的梦可能说不出什么。就她本人而言，她肯定，她所有梦都是无私的。

［1925年补充］为了给这位有种族自豪感的夫人申辩，还应说明，不能误解梦都是完全利己主义的这个定律。因为一般说来，在前意识思维中出现的一切，可能转入梦中（梦境及隐性梦意念），这种可能性也对利他主义冲动开放。以同样的方式，潜意识中存在的对另一个人温柔的冲动或爱恋的冲动在梦中可能显现。上面定律的正确之处就限于此事实，即在梦的潜意识冲动中，经常发现利己主义的倾向，在清醒状态时似乎被克服了。

② ［参考第二章中给爱玛打针的梦。］

③ ［后面仍将探讨此梦。］

第五章 梦的材料与来源

经验，我对这类梦能说的一切都归功于精神分析①。分析提供的材料使我们推断，这些梦也是重复了童年印象，即这些梦涉及对儿童来说具有不同寻常吸引力的运动游戏。哪个叔叔（伯父）没有举起双臂带着儿童在房间里冲来冲去，告诉他如何飞翔，或者把儿童放在自己的膝盖上，突然伸腿，让他滚落下来，或者把儿童举高，假装让他跌下？于是，儿童们欢呼，乐此不疲地要求重复，特别是他们感到有点惊恐与眩晕时。几年后，他们在梦中重复这些体验，却略去了抓住他们的手，使得他们自由飘浮、落下。人们知道，儿童偏爱此类游戏及秋千、跷跷板。他们后来看见马戏团中的杂技表演时，就会重温记忆②。在某些男孩身上，只是由于再现他们非常娴熟地完成的此类技艺而有癔症发作。并非罕见的是，在进行这些本身很纯真的运动游戏时也唤起了性感受③。如果用一个常用的词来描述这类活动，则梦中反复出现的飞行、下落、眩晕等都可以概括为儿童的嬉笑蹦跳，其中的愉悦感现在颠倒成焦虑。正如每个母亲所知，在现实中，儿童的嬉笑蹦跳常常在纷争与哭泣中收场。

我就有充分的根据拒绝这种解释，即我们睡眠期间皮肤感觉的状

---

① ［此段的首句出现于1900年的初版中，不过，此后直至1925年都被删去。随后的句子以及下一段于1900年增写，1914年却被纳入第六章第五节。在1930年版中，它们在两处都出现。］

② ［1925年补充］分析研究向我们表明，与儿童偏爱体操表演并与癔症反复发作有牵连的，除了器官愉悦之外还有另一个因素（常常是潜意识的），即在人或动物身上看到的性交的记忆意象。

③ 一名没有任何神经疾病的年轻同事就此告知我："我出于自身经验知道，我先前在荡秋千时，特别是在下降时具有最大重力的瞬间，我的生殖器产生一种奇特的感觉，尽管这其实让我不舒服，我还是不得不称它为快感。"我常常从患者处听说，他们回忆的最初勃起的快感在爬行时出现。精神分析万分有把握地表明，最初的性冲动常常植根于童年岁月的打斗与摔跤游戏中［弗洛伊德在其《性学三论》（1905年）第2篇的最后一节详细叙述了此梦］。

态、肺运动的感觉等招致关于飞行与下落的梦。我发现，这些感觉本身由梦所涉及的回忆再现，它们就是梦的一部分内容，而不是梦来源。

  我却绝不对自己掩饰，我无法对这个系列的典型梦提供充分的解释。我的材料恰恰在此事上不听使唤。一旦任何一种心理动机需要这些典型梦的皮肤感觉与运动感觉，它们就会被唤醒；而他们在不被需要时，就会被忽略，我必须坚持这种普遍观点。我还发现根据我对精神神经症患者的分析，这些梦与幼儿期的经历肯定建立了某种关系。但哪些其他意义可能在生命过程中与那些感觉的回忆相连——或许尽管这些梦有典型现象，在每个人身上的意义都不同——我还不能断定，希望能够通过对一些清晰的梦例的细致分析来弥补这些漏洞。尽管关于飞行、下落、拔牙等的梦经常发生，我还是抱怨缺乏材料。有谁对此惊异，我有责任对他解释，自从我关注解梦主题以来，我本人没有体验过此类梦。神经症患者的梦平素可供我使用，但其中有很多梦，我不能了解其隐藏的全部意义，而且还有某种精神力量参与神经症的发作，妨碍我们深入探究这一类梦。

（四）考试梦

  以毕业考试结束中学学业的每个人都抱怨考试不及格的焦虑梦顽固地缠绕着他，或者梦见不得不补考，诸如此类。对学位拥有者而言，代替这种典型梦的是另一个梦，即梦见他大学的最后一次考试未通过，他还在睡眠中就徒劳地对这个梦提出异议，说他的确已经毕业多年，已经是大学讲师或主治医生了。那是无法消除的对惩罚的回忆，我们在童年因恶作剧而遭受惩罚，在我们学业的两个结点上，在关键性考试的"苦难日子"里，在我们的内心重新激起这些回忆。神经症患者的"考试焦虑"也因这种童年焦虑而增强。当我们不再是学生时，就不再像当初那样是父母与保育员或后来的教师执行对我们的惩罚。生活中无情的因果关系承担了对我们的进一步教育。每当我们某事未做对或未办成时，我们便料到会受到惩罚——总之，每当我们感受到一种责任的压力时，便会梦见中学毕业考试或学位考试（即使有了充分准备，谁又不对考试感到紧张呢？）

为了对考试梦做进一步解释，我必须感谢我的一名有经验的同事［斯特克］[1]，他曾在一次学术讨论会上强调，据他所知，毕业考试梦只在通过了这种考试的人身上出现，从未出现于那些失败者身上。正如越来越多地得到证实的那样，如果预期次日有要负责的活动而又害怕完不成任务的情况，就会出现令人焦虑的考试梦，似乎是在搜寻过去的某种情况，此时巨大的焦虑被证明是不合理的或与事实相矛盾。这是一个梦内容被清醒状态所误解的非常好的例子。"可我的确已经是医生，等等。"这种对梦不满的反驳其实是梦所施与的安慰，内容也就会是：别怕，想想你毕业考试前有过何种焦虑，而最后你担心的事都没有发生，如今，你的确已经是医生，等等。因而梦里的焦虑源自日间残余经验。

在我与其他人身上，我能做对这种解释的试验，虽然量不够大，却证实了这种解释的有效性。例如，我没有通过法医学的期末考试。在梦中，该学科从未让我费事，而我常常梦见植物学、动物学或化学考试，在这些科目中，我带着有理由的焦虑去考试，却因命运或考官的厚爱而逃脱惩罚。在中学考试梦里，我经常考历史，我当时出色地通过了考试，虽然真实情况是因为我那可爱的教授——另一个梦里独眼的

---

[1] ［该段及下一段于1909年补充。］

恩人——注意到我交回的考卷上，三个问题中的中间那个被用指甲划掉了，以提醒他对此问题不要苛求。我的患者之一决心不放弃第一次升学考试，后来通过了，但后来在军官考试中落第，未成为军官。他告诉我他经常梦见前面那次考试，却从未梦见后面那次。

关于考试梦的解释面临着我先前曾说明的多数典型梦所特有的困难[①]。做梦者提供给我们的材料太少，不足以做出充分的解释。得搜集更多例子以对此类梦有更好的理解。不久前，我得出了结论，认为"你的确已经是医生，等等"的反驳不仅是一种安慰，而且暗示着一种指责。这句话可以理解为："你现在已经老了，生活已经到了这一步，还在做这些愚蠢、幼稚的事。"自我批评与安慰的混合物与考试梦的隐性梦境相符。在最后分析过的例子中，如果"愚蠢"与"幼稚"的指责涉及应受到指摘的性行为，也就不足为奇了。

威廉·斯特克[②]第一个把毕业考试梦解释为与性体验和性成熟有关。我的经验经常可以证实这一点[③]。

---

① ［本段于1914年增写。］

② ［弗洛伊德于1925年补充此段。参见斯特克《解梦文集》，1909年，第464页与第471页。］

③ ［在1909年与1911年的版本中，本章以对其他种类典型梦的探讨结束。从1914年起，这种探讨却移至第六章第五节，衔接新纳入的关于梦象征的材料。］

第六章

梦的工作

第六章　梦的工作

　　迄今为止，所有其他要解决梦问题的尝试均直接处理呈现于回忆中的显性梦境，努力从中得到对梦的解释，或者如果它们放弃一种解释，就通过揭示梦境来说明其对梦的判断。我们现在要讨论的是另一类现象。对我们而言，在梦境与我们的观察结果之间插入一种新的精神材料，也就是梦的隐意，或如我们所说的，通过我们的方法所获得的梦意念。从梦意念而非梦的显意中，我们解析出梦的答案。因而，我们的任务是从前没有的，即研究梦的显意与隐性梦意念的关系，并探究后者通过哪些过程成了前者。

　　我们梦中表现的隐意和显意就像以两种不同语言对同一内容做两种表现。或者说得更确切些，显性梦境好像是梦意念的另一种表达方式，我们要通过比较原文与译文来了解其符号与句法规律。只要我们掌握了这些符号和规律，梦的隐意就不难理解了。显性梦境仿佛存在于一种图形文字中，其符号可以逐个转成梦意念的语言。如果想按其图画价值而非根据其符号关系来读认这些符号，显然会被引入歧途。比如，我面前有一幅画谜：一幢房屋，屋顶上有一条小船，然后是一个单一的字母，还有一个奔跑的人，其头部被砍掉了，诸如此类。我就可能无意中做出批评，把这种编排及其组成部分宣布为无意义。一条船不该在屋顶上，而一个没有头的人不可能奔跑。还有，这个人比房屋大，而如果要表现一处风景，则字母就不适合出现，因为大自然中从来没发生过这种事情。显然，只有当我对整体及其细节不提出此类异议，而是努力以一个音节或一句话来代替一幅图景，依据某种关系可用图形来表现这句话，这时才得出对画谜的正确评价。如此组合起来的话语不再是无意义的，而可能得出最美与最富有意义的谚语。梦就是这样一幅画谜。而我们有些解梦领域的前辈犯了错误，把画谜判断成美术作品自然就认为它们是无意义、无价值的了。

一、压缩工作

任何人在比较梦的显意和隐意时都会注意到的第一件事是，此处完成了出色的压缩工作。较之于梦意念的较大规模与丰富性，显性梦境短小、贫乏、简洁。梦写下来只有半页，而包含梦意念的分析需要6、8乃至12倍的文字篇幅。对不同的梦而言，比例不一样，但就我的经验而言，则大致是正确的。通常，人们低估了梦所产生的压缩程度，认为曝光的梦意念是完整的材料，而进一步的解释工作可能揭露隐藏在梦后面的新意念。我们已经不得不述及，人们其实从无把握完整解释了一个梦，即使解法显得令人满意、无漏洞，可依旧可能的是，还有别的意义通过同一个梦显示出来。压缩的程度——严格说来——是不可确定的。从梦内容与梦意念之间的不成比例可以得出结论，成梦时发生对心理材料的充分压缩，人们可能对此论断提出异议，此异议就第一印象而言显得相当吸引人。我们的确经常有此感受，即我们很多次整夜做梦，后来大多又遗忘了。我们苏醒时回忆的梦，就会只是整个梦工作的残余。如果我们能够恰好完整地回忆梦内容，它可能在规模上会与梦意念等同。这种说法也有几分道理：如果我们苏醒后尝试很快回忆一个梦，它会被最忠实地再现，对梦的回忆到傍晚时变得越来越有漏洞。而另一方面，我们可以证明，我们做过的梦比我们记得的多得多，这种感受往往基于一种错觉，以后我们会解释其来源。梦工作中有压缩作用这种假设还不受梦遗忘这种可能性触动，因为它由大量想象来证明，大量想象属于零星得到保留的梦的部分。如果就记忆而言，确实有一大部分梦丢失，则

第六章 梦的工作

通往一个新系列梦意念的通道就对我们保持闭锁。一种无可辩解的期待是，淹没的梦的部分同样只会涉及那些意念，我们已经从对得到保留的意念的分析中了解了它们①。

鉴于分析梦内容的每个单独因素都提供数量过于丰富的联想，在某些读者处会激起原则性怀疑：人们究竟是否可以把在分析时事后想起来的一切计入梦意念？亦即是否可以假设，所有这些意念在睡眠状态期间已经活动并协助成梦？是否不如说，在分析期间形成新的联想，它们未参与成梦？对于这种意见我只能给出有条件的回答。各个联想在分析期间才形成，诚然是正确的。但每次都可以确信，此类新的联系只在意念之间建立，在梦意念中以某种方式结合起来的各个观念之间才能建立起新的联系②。新的联系仿佛是并联的、短路的，因为存在其他更深层次的连接线路而促成。我们必须承认，在分析时所揭示的一串思想在成梦时就已经活动，因为如果钻研一连串此类思想，似乎在与成梦的关联之外，人们就会突然遇见一种观念，它在梦境中被代表，对解梦不可或缺，但是除了通过那一串特殊的思想之外是无法达到这个观念的。对此我将再次提出有关植物学专著的梦，即使我未完全报告对它的分析，它也似乎是一种惊人的压缩作用的结果。

那么，我们该如何想象先于做梦的睡眠期间的精神状态呢？所有梦意念并存，还是它们会相继发生，或者一大群观念各自从不同中心同时出发，然后又汇合成一个整体？我以为，尚无必要对成梦时的精神状态

---

① ［1914年补充］可在众多著作者处找到对梦中压缩的提示。迪·普雷尔在一段文章中表示（《神秘主义哲学》，1885年，第85页），绝对肯定的是，梦中的大群观念存在着一种压缩过程。

② ［在后面将重新提出此疑问，在第七章第一节最后部分更加详细地探讨。］

做形象的想象。只是我们别忘了，我们现在探讨的是一种潜意识思维过程，不同于我们有目的的、由意识陪伴的自我观察过程。

但成梦基于一种压缩，此事实不可动摇。那这种压缩如何形成呢？

如果我们考虑到，在所发现的梦意念中只有最少数通过其想象因素之一在梦中得到代表，就该推断，是以省略的途径发生压缩，梦并非梦意念的忠实翻译或逐点投射，而是对梦意念极其不完整、有漏洞的复述。我们很快会发现，这种认识极有缺陷。不过，我们暂且立足于此，进一步自问：如果只有少数因素从梦意念进入梦的内容，那么哪些条件决定对它们的选择呢？

为了弄清这个问题，我们把注意力转向梦内容中想必已符合所寻找的条件的那些元素。对这种探究而言，最有利的材料莫过于在形成过程中出现特别的压缩作用的那些梦。为了这个目的，我首先选择前面讨论过的关于植物学专著的梦。

（一）关于植物学专著的梦

梦的内容：我写了一本关于一种植物的专著。书放在我面前，我恰好翻阅一张折起来的彩图。书册上附订着一片干枯的植物标本。

此梦最瞩目的元素是植物学专著。这本专著源自做梦日的印象：在一家书店的一扇橱窗里，我确实看见了一本关于樱草科植物的专著。梦内容中没有提及该种属，梦境中只剩下专著及其与植物学的关系。"植物学专著"立即证明其与我曾经写过的关于可卡因的论文的关系。由可卡因出发，联想一方面通向纪念文集与在一所大学实验室内发生的几件事；另一方面则联想到我的朋友——眼科医生柯尼希斯坦，他参与了可卡因的介绍。我与柯尼希斯坦医生前晚的谈话被打断，对此的回忆继续与他本人相连，还有关于同事之间如何付医疗费的各种考虑。这次谈话是真正有力的梦刺激。关于樱草科植物的专著同样有生动的印象，但具有无关紧要的性质。如我所见，梦里的"植物学专著"被证明是日间两种经历之间的"中间共同实体"，被无关紧要的印象未做变动地吸收，通过丰富的联想关系与深有意义的精神事件相连。

然而，不仅"植物学专著"这个复合观念，还有其两个元素"植物学的"与"专著"分别通过多重联系越来越深地进入错综复杂的梦意念。"植物学"有关我对盖特纳教授本人、对其容光焕发的妻子、对我那位叫弗洛拉的女患者，还有对那位我曾谈到忘记买花的故事中的夫人［L女士］的回忆。盖特纳又使我联想到实验室和我与柯尼希斯坦的谈话。两位女患者［弗洛拉与L女士］是这次谈话中提及的。从与花有关的女士处，有一条思路分岔至我妻子最喜爱的花，这条思路的另一个起点在我日间匆匆看见的专著的标题上。此外，植物学让我忆起我中学时代的一个插曲和我大学时期的一次考试，而在那次谈话中触及一个新话题——我的爱好，也通过我戏谑的所谓最喜爱的花——洋蓟的中介，连接由被遗忘的花出发的意念链。在洋蓟后面一方面隐藏着我对意大利的回忆①，另一方面是我对童年场景的回忆，我以此场景开启我与书籍亲密的关系。植物学就是一个真正的结点，无数联想汇集于此，我可以保证，它们在那次谈话中有充分理由关联起来。这时，我们就处于一座思想工厂中，正如织工的杰作中所说：

踏板激起千条线，
梭子掠来掠去，

---

① ［此处显然暗示迄今为止尚未提及的梦意念的因素。］

> 线目不暇接地流动，
> 一拍就接好千头万绪①。

梦中的专著又涉及两个主题，一是我的研究的片面性，二是我昂贵的爱好。

这一初步探究可以使我们得出如下结论：植物学与专著这两个元素之所以被纳入梦境，是因为它们具有与多数梦意念的丰富联系，也就是说，它们构成了一些接点，许多梦意念在其中重合，因为在进行解梦时，梦意念有多重意义。也可以对基于这种基本事实的解释做别的表达：梦内容的每个元素都被证明是多因素决定的，多次在梦意念中得到代表。

如果我们仔细考察出现的梦意念中与梦有关的其余部分，我们将会有更多发现。我打开的彩图把我引向一个新主题，即同行们对我工作的批评，以及已经在梦中得到代表的主题——我的爱好。此外，还把我引向童年回忆，我在其中撕碎一本带彩图的书。干枯的植物标本涉及关于植物标本册的中学经历，而且特别强调了该回忆。梦内容与梦意念之间关系的性质已显而易见。不仅梦的元素由梦意念多重决定，而且各个梦意念也在梦中由若干元素代表。联想途径由梦的一个元素引向若干梦意念，由一个梦意念引向若干梦的元素。就是说，成梦并非如此发生，即单个梦意念或一组此类梦意念为梦内容提供近路，然后下一个梦意念提供下一条近路作为代表，就像从居民中选出民众代表，而是全体梦意念经受某种处理，此后，得到最多与最佳支持的元素有权利进入梦内容，

---

① ［歌德《浮士德》，第1部第4场。］

与票选相似。无论我让哪个梦经受类似剖析，我始终发现同样的准则得到证实，即梦元素由全体梦意念形成，每个梦元素似乎在涉及梦意念时都受到多重决定。

确实有必要再借助一个新例子来证明梦内容与梦意念的这种关系，这个例子的特色是它们的相互关系错综复杂地交织在一起。梦源自我的一位患者，我正在治疗他的幽闭恐惧症。很快你就会明白我为什么给这个格外巧妙的梦结构取如下的标题。

（二）"一个美梦"

他与一大伙人驱车驶进 X 街，街上有一家简朴的客栈（事实上并没有）。客栈房间里正在演戏。他忽而是观众，忽而是演员。戏演完后，大家得更衣，回到城里去。一部分人被带到楼下的房间，另一部分人被带到二楼的房间。然后发生了争吵。楼上的人恼怒于楼下的人还没换好衣服，使得他们下不去。他的哥哥在楼上，他在楼下，而他生哥哥的气，因为自己被催逼（这部分不清楚）。况且，到达前他们就已经确定并划分，谁该在楼上，谁该在楼下。然后，他独自穿过 X 街，经山坡向城市走去，就这么艰难地走着，如此费力，好像挪不了窝。一位较年长的先生向他走来，开始责骂意大利国王。在山坡的尽头，他就走得轻松多了。

攀登时的不适如此明显，使他苏醒后有一会儿怀疑，这是梦还是现实。

根据显性梦境，此梦不足称道。我愿意违反常规，从做梦者认为最清晰的部分开始解梦。

梦见不适，并且很可能在梦中感觉到不适——在呼吸困难的情况下费力攀登，这是患者几年前确实表现出的症状之一，当时与其他现象

// 梦的解析

一起被与（很可能以癔症伪装的）肺结核联系起来。我们已经从裸露梦里了解到这种梦所特有的行走障碍的感觉，在此又发现，它作为随时可备用的材料被用于任何其他表现的目的。在梦内容中，有一段描写攀登起初如何困难，在山坡尽头变得轻松，这让我在讲述此梦时忆起阿尔丰斯·都德的《萨福》中的一段精彩的文字。一名年轻人把情人背上台阶，起初她轻如鸿毛。但他越往上爬，她的身体就越重，而此场景暗示着恋爱关系的发展。通过这种描写，都德想提醒青年人，别在出身低微与有可疑往昔的姑娘身上浪费真诚的倾慕①。尽管我知道，我的患者不久前与剧院里的一名女演员恋爱过，最近又解除了爱恋关系，我还是不指望我的解释是正确的。而且，《萨福》中的情节与梦中的情节是相反的，开始时攀登困难，后来轻松。在小说中，用于象征的只是，起初掉以轻心之事，最终被证明是沉重的负担。令我惊异的是，患者注意到，我的解释与他前晚在剧院里观看的那出戏的内容很相符。那出戏叫《维也纳巡礼》，讲述一名姑娘的生平，她起初很正派，后来进入上流社会，与身份高贵的人士勾搭，由此"高攀②"，最终却越来越"堕落③"。这出戏也让他想起几年前演过的另一出戏，叫《步步高升》，此戏的海报上画的就是一段楼梯。

现在进一步解释。最近与他勾搭的那名女演员就住在 X 街。这条街上没有客栈。只是，为了取悦这名女演员，夏天时，他有一部分时间在维也纳度过，当时他在附近的一家小旅馆下榻。离开旅馆时，

---

① ［1911 年补充］下文关于象征的章节中我梦见了爬楼梯的意义，可说明作者为何如此想象。
② in die Höhe kommt，意为向上走，到达某个高度。——译注
③ herunterkommt，意为走下来，堕落，潦倒。——译注

他对车夫说:"我庆幸至少没有发现跳蚤(这是他的恐怖物之一)!"车夫应道:"可怎么能在那里住呢?那根本算不上旅馆,只是歇息的客栈。"

对他而言,立即有对一句诗的回忆与客栈相连:

> 最近我在一个客栈寄宿,
> 店主非常和善!①

乌兰德诗中的店主却是一棵苹果树。现在第二段诗延续意念链:

> 浮士德(与年轻女子跳舞):
> 从前我有一个美梦;
> 那时我看见一棵苹果树,
> 两个美丽的苹果在上面发亮,
> 我被它们吸引,爬到树上。

> 美丽的年轻女子:
> 你们喜欢苹果,
> 从乐园以来就如此。
> 我觉得非常高兴,
> 我的园中也有它生长②。

---

① [乌兰德《漫游者之歌》之八《歇息》]
② [歌德《浮士德》,第1部第21幕,《瓦普几司之夜》。]

苹果树与苹果意味着什么是不言而喻的。女演员美丽的乳房使做梦者神魂颠倒。

我们根据分析的关联有各种理由假设，梦溯源于出自童年的一个印象。如果这是正确的，则梦必定涉及现在已经30岁的这名男子的乳母。对孩子而言，乳母的胸脯确实是歇息的客栈。乳母以及都德笔下的萨福似乎是对不久前离开的情人的暗示。

梦中也出现患者的哥哥。哥哥在楼上，患者自己在楼下。这又是现实情况的颠倒，因为据我所知，患者的哥哥失去了其社会地位，我的患者仍保有社会地位。做梦者再现梦境时避免说哥哥在楼上，他自己在楼下。这会把社会地位清楚地显示出来，因为在我们这里，如果一个人丧失了财产与地位，就说其"在楼下"，换句话说，就是在社会上"跌下来了"。梦中此处的颠倒要表现什么，必定有一种意义。颠倒必定也适用于梦意念与梦内容之间的另一种关系。梦会如何实施这种颠倒，对此有暗示。梦的结尾很明显，攀登的情况与《萨福》中的恰恰相反。我们也不难看出颠倒的用意何在：在《萨福》中，男人背着一个与他有性关系的女人；在梦意念中，就颠倒为一个女人背着一个男人。因为此情况只可能发生在童年，所以又涉及乳母抱着沉重的婴儿上楼。梦的结尾也就同时暗示萨福与乳母了。

作家选用萨福这个名字，与女同性恋有关，人在梦中楼上楼下忙碌的片段也就预示有性内容的幻想，后者让做梦者忙碌，作为受抑制的欲望并未与其神经症脱离关系。对实际过程的想象而非回忆如此在梦中得到表现，解梦本身并未表明这一点；解梦只给我们提供一种思想内容，留待我们确定其实际价值。现实的与想象出来的事件在此——不仅在此，也在创造比梦更重要的心理产物时——表现为同等有效①。正如我们已经知道的，"一伙人"意味着一个秘密。哥哥无非代表童年场景中通过"回想"而引入的所有情敌。通过本身无关紧要的一次新近经历的中介，一位先生责骂意大利国王这个插曲又涉及下等人挤入上等社会。这就像都德给予那名年轻男子的警告，也可用之于吃奶的婴儿②。

一位较年长夫人正接受精神分析治疗，患者受严重的焦虑状态之苦，与这些焦虑状态相应，她的梦包含大量性的思想，这种思想的发现使她既意外又惊恐。因为我无法对梦做出全部解释，所以梦的材料断断续续，缺乏表面联系。

（三）金龟子的梦

梦的内容：她记得她的一个盒子里有两只金龟子，她得给它们自由，否则它们会闷死。她打开盒子，金龟子无精打采。一只飞出窗户，当他应某个人的要求关窗户时，另一只金龟子被窗扇压碎了。（厌恶的表情）

分析：她丈夫出门旅行了，14岁的女儿睡在她旁边的床上。小女孩晚上让她注意，有一只蛾落到了水杯里，她却忘了把它拿出来。第二天早上，她为可怜的小动物感到惋惜。她晚上读的一本书中讲到，男孩如何把猫扔进沸腾的水里，还描述了动物的抽搐。这是两个本身无关紧要的梦诱因。然而对动物残暴这个主题让她继续探索。几年前，她们在

---

① ［弗洛伊德在此可能暗示他不久前的发现，即在分析神经症患者时，表面上揭示的幼儿期性创伤，其实常常只是幻想。参见弗洛伊德，《性在神经症病因学中作用之我见》，1906年。］

② 涉及做梦者乳母的情境具有幻想性质，通过客观查明的情况得到证实，即在此梦例中，乳母就是母亲。我还忆起前面提及的那名年轻男子，他后悔没有在其乳母处更好地利用机会，这种遗憾可能是此梦的来源。

// 梦的解析

某地度暑假时,她女儿对动物很残暴。女儿收集了一些蝴蝶,向她要砒霜来杀死蝴蝶。一次,一只飞蛾身上穿着针在室内飞了很久;另一次,她把一些在变蛹的毛虫饿死了。这个孩子在更小的年纪就惯于扯掉甲虫与蝴蝶的翅膀。如今,她会惊恐于所有这些残暴的行为——她长大了,变得仁慈了。

这种矛盾让她思考,让她忆起另一种矛盾——外表与性格之间的矛盾,如艾略特在《亚当·比德》中所表现的那样。一个女孩漂亮但虚荣而愚蠢;一个女孩外表丑陋却高尚。一位贵族去勾引愚蠢的姑娘,一个工人思想和举止却都很高贵。真不能以貌取人!谁会从她表面上看出她被肉欲所折磨呢?

小女孩开始收集蝴蝶的那一年,该地区发生了严重的金龟子(May-beetle)虫害。儿童们对金龟子感到气愤,残暴地压碎它们。我的患者那时看见一个人,扯掉金龟子的翅膀,然后把它的身体吃掉。她生于5月(May),也在5月结婚。婚礼后3天,她往父母家里写了封信,说她非常幸福。但事实并非如此。

做梦的当晚,她在旧信中翻寻,给孩子们朗读旧信,其中有些是严肃的,有些是戏谑的,比如一名钢琴教师的非常有趣的信件(她没结婚时,他对她献殷勤),还有一位贵族爱慕者的信件①。

她自责,因为一个女儿读了莫泊桑的一本"坏书"②。她小女儿向她要的砒霜,让她忆起一种药丸,这种药丸重新给予都德的《富豪》中的德莫拉公爵以青春力量。

---

① 这是真正的梦的激发者。
② 要补充的是:此类读物对年轻姑娘而言是毒物。我的患者在其青年时代从禁书中懂得了很多事情。

第六章　梦的工作

"给它们自由"让她想起《魔笛》中的一段："我不能强迫你爱，不过我不给你自由。"① 金龟子还让她想起小卡塔琳娜的话："你像甲虫一样爱着我。"② 从甲虫又想起唐豪塞的话："因为你被恶欲附身——"③

她生活在对外出的丈夫的焦虑与担心中。她担心他在旅途中遭遇不测，这种恐惧表现在日间众多幻想中。不久前，在分析期间，她在其潜意识意念中发现她抱怨丈夫"老态龙钟"。如果我说，做梦前几天，她在干活时，突然惊恐地想起自己对丈夫讲的一句命令式的话："上吊去吧。"此梦所掩盖的欲念或许就容易猜到了。这是因为她几小时前不知在何处读到，当一个男人上吊时会出现强烈的勃起。正是这种对勃起的欲望，在这种可怕的伪装下从压抑中出来。"上吊去吧"其实就意味着"不惜任何代价尽力勃起吧"。《富豪》中詹金斯医生的药丸在此最为合适。女患者也知晓，最强的催欲药斑蝥（通称"西班牙蝇"）由压碎的金龟子做成。这就是梦境的主要组成部分的要旨。

开关窗户是与她丈夫持久的分歧之一。她本人睡觉时喜欢有充分的空气，丈夫却不喜欢空气流通。无精打采是她诉说梦时的主要症状。

在上述三个梦里，我通过重点号标注何处有梦因素在梦意念中再现，以使梦因素中的多重关系一目了然。但因为对这些梦，没有一个分析是彻底的，或许值得借助详细的分析来深入探讨一个梦，以凭借它证明梦境是由多因素决定的。我为此选择给爱玛打针的梦。我们会凭借这个例子毫不费力地认清，成梦时的压缩工作使用了不止一种手段。

---

① ［莫扎特歌剧第一幕终场中萨拉斯特罗对帕米娜所言。］
② ［克莱斯特的《海尔布隆的小卡塔琳娜》，第4幕第2场］——另一条思路通向同一作家的《彭忒西蕾阿》以及对恋人的残酷念头。
③ ［这可能是瓦格纳歌剧最后一场中唐豪塞所说的波普开始谴责的一句话。那句话是："你就这样分享了恶欲。"］

// 梦的解析

梦境的主要人物是女患者爱玛,她带着与她在现实生活中相同的特征,因此,她首先代表了她本人。但我在窗边检查时,她的态度取自我对另一位女患者的回忆,梦意念表明,我想把此人与女患者调换。爱玛看上去有白喉苔,由此引起我对大女儿的担心,她就这样代替了我的这个孩子。在我孩子背后,隐藏着一位因中毒而丧命的女患者,因与我的孩子同名而与之相连。在梦的发展过程中,爱玛个性的意义改变了(而其在梦中为人所见的形象却未变),她变成我们在儿童医院神经科为之检查的那些孩子之一,在那里,我的两位朋友表现出他们性格的差别。显然对我儿童时期的女儿的想象促成了此过渡。通过张嘴时的反抗,同一个爱玛成为对另一位曾由我检查的夫人的暗指,此外,在同一关联中,也暗指我妻子。在我于她咽喉中发现的病变中,我还汇集了对一整个系列其他人的暗指。

我在追踪爱玛时遇见的所有这些人在梦中并未亲自出现,他们隐藏在爱玛这个梦中人身后,爱玛成为充满矛盾特征的一个集中形象。爱玛成为在压缩工作时牺牲的其他人的代表。因为我所想起的这些人的点点滴滴都归结到她身上了。

我也可以其他方式为了梦压缩确立一个集中人物,即把两个或若干个人的特征合并成一个梦象。如此,我梦中的M医生就形成了,他用M医生这个名字,像M医生一样说话、行事;他的身体特征与病痛是另一个人,即我大哥的;只有他那苍白的外表这一特征受双重制约,在现实中是两人的共性。

一个类似的混合人物是有关黄胡子叔叔的梦里的R医生。但此处还以其他方式形成梦象。我没有把其中一人所特有的特征与另一人的特征合并起来,并为此将对每个人的记忆表象缩减掉某些特征,而是选取

第六章 梦的工作

了高尔顿制作家族画像的方法,即把两幅图片重叠投射,同时强化突出共同特征,不协调的特征彼此消解,并在图片中变得不清晰。在叔叔梦里,黄色胡子在面孔上十分突出,因为它属于两个人,而这两张面孔反而因此隐藏起来。胡子还包含对我父亲与我的暗示,由胡子变灰的观念促成。

构成集中形象与混合形象是梦压缩的主要工作手段之一,下文我将从另一个方面的联系加以论述。

注射梦中"痢疾(dysentery)"这个观念同样受多重制约,一方面,它的发音与白喉(diphtherzà)相似,另一方面,它涉及被我送到东方的那位患者,他的癔症被误诊了。

梦中提及"丙基(prapyls)"也被证明为压缩的一种有趣情况。在梦意念中包含的并非"丙基",而是"戊基(amyls)"。我们猜测,在构成梦的这一点时,发生了一个单独的移置作用。情况确实如此。不过,正如对梦的进一步分析所表明的那样,这种移置作用服务于压缩的目的。如果我的注意力在"丙基"一词上再停一瞬间,就会想起它与"神殿入口(Propylaea)"一词同音。而神殿入口不仅在雅典,在慕尼黑也可以看到。做梦前一年,我在慕尼黑探望了一位病重的朋友,因为梦中紧随"丙基"出现的"三甲胺(trimethylamin)"正是这位朋友提示的。

与在梦分析的其他方面一样,我在此还忽略了一个显著的方式,即为了建立意念联系,价值迥异的联想就像等值般地得到利用,从而使我不得不认为,用梦境中的丙基代替梦意念中的戊基的画面似乎是一个富有弹性的过程。

一方面,此处有我朋友奥托的一组观念。他不理解我,认为我没道理,送给我一瓶发出戊基味的酒。另一方面,此处有与前一组对立的观念，是我的柏林朋友［威廉·弗利斯］的一组观念。他理解我，会承认我是对的，我感谢他为我提供了关于性过程的化学作用的一些有价值的信息。

奥托的观念群组中有什么会吸引我的注意力，由激发梦的最近诱因决定。戊烯属于这些突出的、对梦境而言注定存在的元素。而威廉的观念群组中被唤起的大量元素与奥托组相反，而且其强调的元素与奥托组中已经强调的元素是相呼应的。在整个梦里，我的确把激起我的反感的一个人转变成与他相反的使我高兴的人，我一步步让朋友去反对对手。比如在奥托那里，戊基也在另一组群中唤起出自化学范围的回忆；三甲胺得到若干方面支持，进入梦内容。戊基也可能未经变换地进入梦内容，却不受威廉这个群组的影响。从该名字覆盖的整个回忆范围里找出一种元素，这种元素可能产生对戊基的双重决定。对联想而言，接近戊基的有丙基；而威廉组的慕尼黑与神殿入口结合起来。这两组观念汇合成为"丙基——神殿入口"。如同通过妥协一般，这种中间元素就进入梦内容。此处创造了一种中间共性，允许多重决定。因此显而易见，多重决定作用必定有利于一个元素渗入梦境。为了构成这样一种中间环节，必须毫不犹豫地把注意力从真正所指之事移置到在联想中可想而知之事。

对注射梦的研究已经使我们对成梦时的压缩过程有了一定的理解。我们可以把选择多次在梦意念中出现的元素、形成新的统一体（集合形象和混合形象）与建立中间共性断定为压缩工作的细节。至于压缩工作的目的及其决定因素的问题，留待我们讨论精神过程在梦形成中的作用时再提出[①]。让我们暂时满足于认识这一事实，即梦的压缩是梦意念与

---

① ［参见第七章第五节。］

第六章 梦的工作

梦内容之间一种值得注意的关系。

如果梦的压缩工作把词汇与名称选作其对象，就会表现得最明显。一般来说，词汇常常被梦当作事物一样对待，然后得到与事物一样的组合方式[①]。这种梦可以创出有趣和古怪的词汇。

（一）

一次，一位同行寄给我一篇他撰写的文章，据我判断，文中高估了近代一项生理发现，尤其是以过分的表达方式来论述。紧接着的夜里，我就梦见一个句子，显然涉及这篇论文："这真是极其 norekdal 的风格。"对这个词的分析起初给我造成了困难。毫无疑问，这是对"极大的（kolossal）、拔尖的（pyramidal）"这些夸张词语的拙劣模仿。但它源自何处，我猜不出来。最终，我看出了这个奇怪的词由两个名字娜拉（Nore）与艾克达尔（Ekdal）组成，出自易卜生的两出知名戏剧[②]。先前我在报纸上读到过论易卜生的一篇文章。我在梦中批评的正是同一作者的最近一本著作。

（二）

我的一位女患者告知了我一个短梦，它以无意义的词汇组合结尾。她与其丈夫身处农民的庆祝活动中，于是说："这会以一般的'Maistollmütz'为结果。"她在梦中模糊地感到这是用玉米做的面食——一种玉米饼。经过分析，这个词可以分解成玉米（Mais）——疯狂（toll）——慕男狂（mannstoll）——奥尔米茨（Olmütz）[③]。这些词语全部可以在她

---

① ［弗洛伊德在其关于《潜意识》的文章（1915年）的结尾几页探讨过词汇表现与事物呈现之间的关系。］
② ［《玩偶之家》与《野鸭》。］
③ 奥洛穆茨的旧称，捷克城市。——译注

267

// 梦的解析

进餐时与其亲戚的交谈中找到。在"玉米"背后，除了暗示刚开幕的周年纪念展览①外，还隐藏着这些词："Meission"（一个迈森的鸟形瓷器）、"Miss"（她的亲戚的英国女教师正前往奥洛穆克）、"Meis"（犹太词语，戏称"令人厌恶的"）。从这个大杂烩词中的每一个字母都可以引申出一长串思想与联想。

（三）

深夜，一名年轻男子家中的门铃响了，是一个熟人来访，留下了一张名片。这名男子在紧接着的夜里做梦：一个人一直工作到深夜，修理家用电话。他走了以后，电话还一直在响铃，并非持续地，而只是一下一下地响。用人又把那个人请来，那个人说："可真奇怪，像'tatelrein'的人连这样的事都不会做。"

正如人们所见，引起这个梦的无关紧要的诱因只包含一个元素。只有把它列入做梦者的一次早期经历，它才获得意义。这次经历本身也无关紧要，被其幻想赋予代表性的意义。他还是男童时，与父亲一起居住，有一次，他在睡意蒙眬中把一杯水洒在地上，浸透了家用电话的缆线，持续的响铃打扰了睡眠中的父亲。因为持续响铃与变湿相应，于是，"一下一下地"就被用于表现滴落的水。"Tutelrein"一词可朝着三个方向分解，从而引向再现于梦念中的三个主题。"Tutel"意为监护［tutelage］；"Tutel"（或许是"Tutell"）是对女性胸部的一种粗俗叫法。而"rein（纯洁）"这个组成部分加上家用电话（Zimmertelegraph）这个词的前一部分构成了"zimmerrein（家务训练）"，这与弄湿地面密切相

---

① ［正值皇帝弗朗茨·约瑟夫执政50周年纪念，于1898年举行。］

268

第六章 梦的工作

关，听起来还像做梦者的家庭成员的名字①。

（四）

我的一个杂乱而比较长的梦，表面上以乘船旅行为中心内容。下一站叫"Hearsing"，再下一站叫"Fliess"。后者是我在柏林的一位朋友的名字，柏林常常是我旅行的目的地。"Hearsing"由我们维也纳郊区路段的名字组合而成，它们往往以 ing 结尾："Hietzing""Leising""Mödling"（古米提亚语，"meae deliciae"是其旧名，意思是"我的快乐②"）。另一部分则来自英文"Hearsay"，表示诽谤，并且与日间无关紧要的梦刺激物建立关系：在 *Fliogende Blätter* 杂志上有诽谤侏儒的一首诗"Sagter Hatergesage"["He-says Says-he"]。通过结尾音节"ing"与"Fliess"这个名字的关系，得到"弗利辛恩③"一词，这确实是海上旅行的一站，我兄弟从英国来看望我们时总要经过此处。弗利辛恩的英文名字是"Flushing"，在英语中意为"脸红"，因而使我想起我治疗的红色恐怖症

---

① 音节的分解与复合——其实是一种音节游戏——对我们而言，在清醒时大量用于笑话中。"如何以最便宜的方式获得银子？进入一条林荫道，里面立着银白杨（Silberpappeln），而且要求沉默，当'pappeln（沙沙声）'停止，银子就释放出来了。"本书的首个读者兼批评者对我提出过异议，后人很可能会重复此异议："做梦者未免太天真可笑了。"只要仅涉及做梦者，这句话是确切的，只要蔓延到解梦者，才会招致指责。在清醒的现实中，我一点也不想获得"诙谐"这个评价；如果我的梦显得诙谐，则原因不在于我本人，而在于形成梦时的一些特殊心理条件；这一事实还与关于诙谐和滑稽的理论密切相关。梦变得诙谐，是因为梦的思想表达的捷径受阻，被迫如此。读者可以确信，我的患者的梦造成诙谐（双关）的印象，程度与我的梦一样，甚至更高。[1909年补充] 无论如何，该指责给了我契机来比较诙谐与梦的工作的技巧，其结果可见我 1905 年出版的书《诙谐及其与潜意识的关系》[尤其是第六章，临近该章结尾，弗洛伊德说明，梦的诙谐始终是糟糕的诙谐，他解释了为何必定如此（第 4 卷，第 162 页）。弗洛伊德在其《精神分析引论》第 15 篇（1916—1917 年，第 1 卷，第 238 页）中做出相同的论断。上面提及的"首个读者"指弗利斯]。

② Meine Freud，弗洛伊德的名字即为 Freud。——译注
③ Vlissingen，荷兰地名。——译注

// 梦的解析

患者，也让我记起别赫捷列夫最近关于神经症的出版物，它使我感到烦恼不安。

（五）

另一次，我有一个梦，由两个片段组成。第一段是我清晰地记起了一个词"Autodidasker"；另一段与几天前产生的短而无伤大雅的幻想完全重合。幻想内容是，每当我最近看见 N 教授，就不禁说："我上次向您请教过那位患者的状况，他确实只患了神经症，完全如您猜测的那样。""Autodidasker"这个新词就不得不满足两个条件。第一，它包含或代表一种复合意义；第二，该意义必须与在清醒生活中我想向 N 教授请教一事有牢固的关联。

Autodidasker 就容易分解成作家（Autor）、自学者（Autodidakt）与拉斯克（Lasker），后者又使我想起拉萨尔（Lassalle）这个名字[1]。以上第一个词是梦的诱因，这一次是有意义的。我给我妻子带来一名知名作家（达维德[2]）的若干卷书。这名作家是我兄弟的一位朋友，而据我所知，这名作家跟我是同乡。一天晚上，她跟我谈论在达维德的一篇小说中读到的一个潦倒的天才的悲伤故事，这个故事给她留下了非常深刻的印象，而我们的谈话随后转向我们在我们的孩子身上察觉到的天赋的迹象。在刚读过的东西的影响下，她表示了对孩子们的忧虑，而我安慰她说，她设想的这些危险可以通过教养避开。夜里，我的思路继续着，吸收了我妻子的忧虑，把所有其他事与此交织起来。作家对我兄弟发表了

---

[1] ［费迪南特·拉萨尔，德国社会民主运动奠基人，1825 年生于布雷斯劳，卒于 1864 年。爱德华·拉斯克（1829—1884 年），生于布雷斯劳附近的亚罗钦，是德国民族自由党的奠基人之一。两人均为犹太出身。］

[2] 雅阔布·尤利乌斯·达维德（1895—1977 年），奥地利作家。——译注

第六章 梦的工作

关于结婚的意见，给我的思想指出了一条岔路，可能导致梦中的表现。此路引向布雷斯劳，一位跟我们交好的女士嫁到那里。担心我的孩子毁于女人，构成我的梦意象的核心，我为这种担心在布雷斯劳找到了拉斯克与拉萨尔这两个例证，而且同时表现了可能导致具有毁灭影响的两种方式[①]。"找出那个女人"这句话可以概括这些思想，这句话在别的意义上让我想到尚未结婚的兄弟，他叫亚历山大（Alexander）。我发觉，我们简称他为亚历克斯（Alex），听起来几乎像"拉斯克"调换字母位置，此因素必定协助我把我的思想经由布雷斯劳引入旁路。

我在此做的名字与音节游戏还包含另一层意义。它对我兄弟代表着一种幸福的家庭生活的欲望，而且以如下途径表示出来：左拉描写艺术家生活的小说《作品》在内容上必定与我的梦念有相似之处。众所周知，作家在小说中以插曲的形式介绍了自己及自己幸福的家庭生活。他在其中以桑多（Sandoz）的名字出现。很可能他在变换名字时选取了如下方式：把左拉（Zola）倒写（像儿童惯常喜欢做的那样），得出阿洛兹（Aloz）。这对他而言可能还不够隐蔽，于是，他将其改为"Al"，并将"Alxander"与之相同的第一音节代之以第三音节"sand"，这样，就形成了"Sandoz"。我的"Autodidasker"大致也是如此形成的。

我对N教授讲述，我俩共同检查的患者只患神经症，我的这种幻想以如下方式入梦。我那一年的工作快结束时，我收治了一位患者，在他身上，我的诊断不中用了。可以猜测那是严重的器质性疾病，或许是脊髓病变，但无法证明。如果不是患者如此坚决地否认性病史，我就会诊断为神经症，会结束一切困难。左右为难之际，我请那名医生来帮

[①] 拉斯克死于进行性麻痹，也就是死于在女人那里得来的传染病（梅毒）；正如众所周知的，拉萨尔死于为了一位女士的决斗。

忙，对他这个人我十分尊敬（像其他人一样），对其权威，我十分折服。他倾听我的怀疑，称其有理，于是提出他的意见："请您继续观察此人，他一定患有神经症。"因为我知道，他不赞同我关于神经症病因学的观点，我虽然没有提出异议，却也掩饰不住内心的疑惑。几天后，我告知患者，我对他无从下手，建议他求助于别人。这时，让我至为惊讶的是，他开始请求我原谅，说他骗了我。他十分内疚，对我披露了他与性有关的病因。这是我所期望的，我需要它来证明是神经症。这对我是一种欣慰，但同时也是一种惭愧。我不得不对自己承认，我的顾问医生不被对病史的顾及所动，看得更准确。我决心如果我再见到他，要告诉他，他是对的，而我是错的。

我在梦中做的恰恰就是此事。但我承认我是错的，是怎样的欲望的满足呢？做错正是我的欲望。我希望我的担心错了，或者更确切地说，我希望我在梦意象中承认的我妻子的担心是错的。梦中围绕着主题反复思考的正确与错误问题离梦念中真正关心的问题并不远。在由女人所引起的器质性或功能性损伤之间，或者更确切地说，在性的方面，在梅毒性瘫痪和神经症之间，也存在着同样非此即彼的情况（拉萨尔之死大概可列入后者）。

N教授在这个紧密交织的（而在细致解释后又非常清晰的）梦中起作用，不仅因为这种类比促成我不对的欲望，也不仅因为其与布雷斯劳、与我们嫁到那里的女友的并行关系，而且还因为我们在会诊后发生的一段小插曲。他表达了意见，完成医疗讨论后，其兴趣转向个人话题。"您现在有几个孩子？""6个。"他露出一种钦佩与疑虑的神情问："男孩还是女孩？""3对3，这是我的骄傲与财富。""那您要注意，女孩的确好办，可男孩们以后在教育上常常给人惹麻烦。"我提出异议，说他们直到现在依旧相当温顺。显然，关于我的男孩们的未来的这第二项诊断与先前所下的诊断一样（即我的患者只是有神经症），不怎么中我的意。这两个印象也因接近性和同时体验的事实而联系起来了，而如果我把神经症的故事放到梦里，我就用它代替关于教养的谈话，后者还显示出与梦意象更多的关联，因为它如此接近我妻子后来表示出来的担心。N关于男孩的教育会出现困难的观点可能是有道理的，我的这种焦虑就这样进入梦内容，隐藏在但愿我是错的这一欲望后面。这同一幻想未做变动地服务于表现其他可能性的两个对立环节。

（六）

马尔齐诺夫斯基［1911年］[①]："今天早晨，我在半睡半醒之际，经历了相当漂亮的词语压缩的例子。在大量几乎难以回忆的梦片段中，我在某种程度上惊异于一个词，我看见它一半像是写下来，一半像是印出来的。这个词是：'erzefilisch'，它属于一个句子，这个句子脱离了它的前后关系，完全孤立地滑入我有意识的回忆，这个句子是：'这对性感起 erzefilisch 的作用。'我马上知道，这个词应为'erzieherisch（教育上的）'，而且我怀疑'erzefilisch'中的第二个'e'是不是'i'的误写。此时我想起'梅毒（syphilis）'这个词，我伤透脑筋，还在半睡中就开始分析这个词为什么会进入我的梦，因为无论在个人还是职业方面，我都与此疾病没有任何关系。于是我想起一个词'erzehlerisch'，它解释了'erzefilisch'中第二'e'，这是因为它提醒了我昨天晚上被我们的'家庭女教师（Erzieherin）'催促讲讲卖淫的问题，而我为了对她不太正常的情感生活产生影响，在对她就此问题讲了一些以后，把黑塞的书

---

① ［该段于1914年补充。］

《关于卖淫》给了她。现在我豁然开朗，不应取'梅毒'这个词的字面意义，而是它代表'毒害'，当然与性生活有关。这个句子翻译过来就完全合乎逻辑：'通过我的讲述（Erzählung），我想在教育方面影响我的家庭女教师的情感生活，但我又担心，同时可能起毒害作用。''Erzefilisch'这个词是由'erzäh'和'erzieh'合成的。"

梦中词语的畸形酷似偏执狂中为人所知的情况，但在癔症与强迫观念中也出现词语畸形。儿童的语言游戏[①]在某些时候确实把词句当作真实的客体，也发明新的语言与人造的词的搭配，它们都是梦和精神神经症中这一类现象的来源。

对梦中无意义的构词的分析[②]尤其适合揭示梦工作的压缩作用。读者不要从我上面所举的少数例子得出结论，说此类材料很稀少或只是一些偶然观察。其实，这是相当常见的。但是解梦依赖于精神分析治疗，所以只有少数例子得到说明与报告，而且对这一类梦例的解释只有神经症病理学专家可以理解。例如冯·卡尔平斯卡医生的一个梦（1914年），包含无意义的构词"Svingnumelvi"。值得一提的还有一些情况，即梦中出现一个本身并非无含义的词，它却脱离其本义，包含若干其他含义，它与这些其他含义相比就像一个"无意义的"词。例如陶斯克（1913年）记录的一名10岁男童梦见"category"这个词，但这个词在此意味着女性生殖器，而"to category"意味着排尿。

在一个梦里出现语句，此类语句本身明确有别于思想，则梦中的这些话照例源自梦材料中被回忆起来的言语。这些言语或者保持完好无

---

① ［参见弗洛伊德论诙谐的书第4章（《诙谐及其与潜意识的关系》，1905年，第4卷，第113页与第118页及下页）。］

② ［此段于1919年补充。］

损，或者在表达上轻微移置。梦中的言话常常由不同的言语回忆拼凑而成，此时前后关系可以原封不动，但可能变成多义或变成其他意义。梦中所说的话往往也就是暗指那句话本身的事实①。

二、移置工作

我们收集的梦压缩的例子时，另一种重要性不亚于压缩工作的关系必定引起我们注意。我们可以发觉，梦的显意中作为根本的组成部分而突出自己的元素，在梦的隐意中绝不扮演相同角色。作为相关事物，也可以把这个句子倒过来说。在梦意念中显然是本质内容之物，在梦中根本无须存在。梦仿佛集中于别处，梦内容围绕作为中心的元素排列，不同于梦意念。例如，在关于植物学专著的梦中，梦内容的中心点显然是植物学这个元素；在梦意念中，涉及同事之间由于职业责任心而引起的纠纷和冲突，以及我惯于为我的爱好而进一步自责。而植物学这个元素如果不是由一种对立性松散地相连，在梦意念的核心中根本找不到位置，因为植物学从未在我至爱的研究中有过位置。在我的患者的"萨福"梦里，地位的上升与下降、在楼上与在楼下成为中心点；梦的隐意却事关与社会底层人物发生性关系的危险，使得似乎只有梦意念的一个元素进入梦境，该元素却被过分拓宽。类似的是关于金龟子的梦以性与

---

① ［1909年补充］一名患观念强迫症的年轻男子具有高度发达的智力，在他身上，我不久前发现了一个特别的例外。在其梦中出现的话，并非源自他所听到的或所作的讲话。它们包含着毫无掩饰的强迫性思想，这种思想在他清醒时略做变动地进入他的意识［该年轻男子的疾病是弗洛伊德关于一个强迫性神经症患者"鼠人"的病史，彼处也有相应的提示（弗洛伊德，《关于强迫性神经症的一个病例的说明》，1909年，第2节开头附近）。梦中言语的问题在后文有更详细的探讨］。

残忍的关系为主题，虽然残忍这个元素在梦内容中再度出现，但在其他种类的联系中并没有提及性生活，也就是脱离关联，由此被改造成异样之事。在叔叔梦里，出现了金黄色胡子，构成梦的中心点，与成为大人物的欲望没有任何关系，我们曾把这些欲望断定为梦意念的核心。于是此类梦给人造成一种无可非议的"被移置的"印象。与这些例子完全相反，给爱玛打针的梦显示，成梦时各项元素也可能坚守其在梦意念中的位置。获悉梦意念与梦内容之间这种意义完全不稳定的新关系，起初很容易使我们惊讶。如果我们在正常生活的一个心理过程中发现，一种想象取自若干其他想象，并在意识中获得特别的生动性，那我们惯常把此成果看作占优势的想象应得到特别高的心理价值（即人们对它产生了某种程度的兴趣）的证明。我们就会发现，对成梦而言，梦意念中各项元素的这种价值没有保持不变或没有在考虑之列。哪个是梦意念价值最高的元素是不容置疑的，我们的判断可以直接告诉我们。成梦时，这些本质的、充满强烈兴趣的元素却会被视为似乎只有少量价值，而在梦中取代它们的是在梦意念中显然无足轻重的其他元素。起先给人的印象是，对梦的选择而言，似乎各种想象的精神强度[①]根本不在考虑之列，而只考虑这些想象的多重决定性程度的大小。人们可能会以为，入梦的并非在梦意念中重要之事，而是在其中出现次数较多之事。对成梦的理解却不受这种假设支持，因为从事情的本质来看，梦具有多重因素决定性与具有自身价值这两个因素必须在同一意义上发生作用。在梦意念中最重要的那些想象可能也是在梦意念中最频繁重现的，因为各个梦意念就像从中心点发散出来一样。不过，梦可能拒绝这些得到强调与多方面支持

[①] 一个观念的精神强度、价值或兴趣强度与感性强度或所表现的意象强度当然是有区别的。

第六章 梦的工作

的元素，而把只具有次于这些特性的其他元素纳入梦内容。

为了解决此困难，人们会使用[上一节中]探究梦内容的多重决定作用时接受的另一个印象。或许某些理解了这种探究的读者已经能够独立判断，梦要素的多重决定作用并非什么重要的发现，因为它是不言而喻的。我们分析时总是从梦元素出发，记录与它相连的一切联想。于是不足为奇的是，在如此获得的意念材料中，特别频繁地重新找到这些元素。我不能同意这种异议，但我自己要谈论的听上去却与其相似。从分析所揭示出来的意念中，有许多更加远离梦的核心，好似为某种目的而人工干预。我们很容易推测出这些干预的目的。正是这些干预在梦的显意和隐意之间形成了联系——一种迫不得已的牵强的联系。而如果把这些元素从分析中剔除，对梦内容的组成部分而言，取消的常常不仅是多重性决定，而且甚至得不到任何充分的决定。我们就会被引向此结论，即赞成梦选择的多重决定作用可能并非始终是成梦的首要因素，而常常是我们尚不知的精神力量的一个次要结果。尽管如此，多重决定作用却必定对选择哪些元素入梦具有意义，因为我们可以观察到，在一些独立无助的梦材料中它不出现的情况下，只有经过一番努力才能有所收获。

现在，我们似乎可以合理地假定，在梦的工作上表现出一种精神力量，一方面消除具有高度精神作用的元素的强度，而另一方面以多重性决定作用的途径用具有低度精神价值的元素创造新价值，于是后者进入梦境。倘若真是如此，则成梦时必然发生各元素的精神强度的转移与移置，构成了梦的显意和隐意之间的差异。我们如此假定的过程同样是梦工作的重要部分，我们称之为梦的"移置工作"。梦移置与梦压缩在本质上是在梦的活动形式中两个占支配地位的因素。

我想，我们也容易识别表现在梦移置的事实中的精神力量。这种移

// 梦的解析

置的成果是，梦内容不再与梦意念的核心有相似之处，梦只再现潜意识中梦欲望的伪装。我们已经知晓梦的伪装。我们把它回溯至一种精神动因对另一种精神动因的审查作用。梦移置是达到这种伪装的主要手段之一。用一句法律上的话说，是"生效者得益"。我们可以猜测，因行使内心防御的同一审查作用的影响而形成梦的移置①。

移置、压缩与多重性决定作用这些因素以何方式在成梦时交错生效？哪个成为主要因素，哪个成为次要因素？这一点我们留待以后探究。我们现在要提出的是，作为入梦的元素，必须符合第二个条件：它们必须脱离了由抵抗所施加的审查作用②。从现在起，我们将把梦的移置作用作为解梦时毋庸置疑的事实来考虑。

---

① ［1909年补充］因为我把审查作用导致梦的伪装视为我的梦理论的核心，我在此插入林考伊斯那篇小说《一名现实主义者的幻想》的最后部分（《做梦如清醒》，维也纳，第2版，1900年），我在其中重新寻获我的学说的主要特点。[参见弗洛伊德，《约瑟夫·波佩尔·林考伊斯与梦的理论》，1923年，与《我与约瑟夫·波佩尔·林考伊斯的切合之处》，1932年]：

"叙述的这个人有一种异常的特性，即从未梦见无意义之事……

"'你这种虽梦犹醒的非凡的才能基于你的美德、你的善良、你的正义感、你对真理的热爱；正是你天性的道德宁静让我明白你身上的一切。'

"'但如果我想得对'，另一人应道，'那我就几乎相信，所有人都像我一样，甚至于无人会梦见无意义之事！人们如此清晰地回忆一个梦并加以描述，它就不是高烧性谵妄，总有意义，而且也根本不可能有其他情况！因为彼此矛盾之事，的确不可能编成一个整体。时间与空间的混乱并不影响梦的真正内容，因为它们两者对梦的本质内容而言肯定无意义。我们的确常常在清醒时也这么做。想想童话，想想如此众多大胆而富有意义的幻想产品，对它们，只有缺乏理解力者才会说：'这不合乎情理！因为这不可能。'

"'但愿人们会永远正确地解梦，就像你刚才对我的梦所做的那样！'他的朋友说。

"'这当然并非轻松的任务，但稍加注意，做梦者本人就不难做到。为何大多不成功呢？似乎在您身上，梦里有隐晦之事、某种不可描述的龃龉念头、您内心中深不可测的某种隐秘，因而您的梦经常显得没有意义，甚至是不合乎情理的。但只要深入挖掘下去，就会发现完全不是那么回事；对，根本不可能如此，因为无论清醒还是做梦，梦者总是同一个人。'"

② ［第一个条件是这些元素必须是多重性决定的。］

第六章 梦的工作

三、梦的表现手段

在从梦的显意向隐意的转变过程中，我们发现梦移置与梦压缩这两种因素在起作用。除了这两种因素，我们在继续这种探究时还将遇到其他两项因素，它们对入梦材料的选择施加毋庸置疑的影响。在此之前，即使冒着使研究中断的危险，我也想先对解梦的实施过程做一个初步的介绍。如果我取一个梦作为例子，展开对其的解梦（如我在第二章中对给爱玛打针的梦所做的那样），然后把我揭示的梦意念汇集起来，用它们构建成梦，也就是通过对它们的综合来补充对梦的分析，就最容易成功地解释这些过程并防止其可靠性遭受异议，我对自己不隐瞒这一点。我借助若干例子完成了这项工作，对我自己十分有益。在此我却不能采取这种做法，因为一些用来做这种展示的精神材料阻止我这么做——这些理由是多种多样的，但任何有理性的人都会承认它们有道理。分析梦时，这些顾忌不那么干扰我们，因为分析可以不完整，哪怕分析只是深入梦的一部分组织，也保持其价值。对梦的综合，我所知道的无非是，它要服人，就必须完整。我却只能对不为读者所知的这类人的梦给出一种完整的综合。但因为这种情况只有我的神经症患者才能提供，所以对梦的这部分阐述就暂时搁置，直至我能在另一本书中在心理学上解释神经症，与我们的主题建立起联系①。

---

① ［1909年补充］我从那时起在《一个癔症病例分析片段》［1905年（第2节与第3节）］中提供了两个完整的分析与综合的梦。［亦参见弗洛伊德《幼儿期神经症病史》，1918年）对"狼人"梦的综合。——1914年补充］奥·兰克的分析［《一个自解的梦》，1910年］可算是对一个较长梦的最完整解释。

将梦意念综合以构成梦,从我的这些尝试中,我知道,解梦时产生的材料具有不同的价值。基本的梦意念组成梦的一部分,也就是如果对梦没有审查,梦意念本身就足以完全代替整个梦。人们习惯于认为梦材料的另一部分无关紧要。说所有这些意念参与了成梦,人们也不同意这种论断,其实,所有这些意念中间可以发现联想,与做梦之后介于做梦与解梦之间这段时间发生的事件有关。这部分包括从显性梦境直至隐性梦意念的所有联系途径,但同样包含中介性的与接近的联想,通过后者,我们在解梦工作期间获悉这些联系途径[①]。

此处,让我们感兴趣的只有基本的梦意念。它们大多以意念与回忆的复合体出现,具有最复杂的结构,带有我们清醒时所熟知的联想的一切特性。它们通常是从一个中心发出的一串思想,但不乏共同接触点;几乎毫不例外的是,除了一条思路外,还有其矛盾的对立面,通过对立联想与它相连。

这个错综复杂的产物的各部分当然处于最明显的逻辑关系中。它们构成前景、背景、偏离、解释、条件、论证与异议。如果这些梦意念整个都受制于梦工作的压迫,此时各部分就像浮冰一样翻转、破碎、堆集,由此产生疑问,迄今为止,组成其结构的逻辑关系发生了什么变化?梦对于"如果、因为、仿佛、尽管、要么—或者"以及其他介词是如何表现的[②]?如果没有这些介词,我们就不能理解句子与话语吗?

对此,首先必须回答,梦无法表达梦意念中的这些逻辑关系,多半

---

① [从"人们习惯于认为梦材料……"起的最后几句话,自1919年版才改为现在的形式。]

② [弗洛伊德在此处和后面其实指的是连词(连接词)。]

第六章 梦的工作

对所有这些介词不予考虑,只吸取梦意念的实际内容来处理[①]。而重建梦工作所毁灭的联系,是解梦必须完成的任务。

如果梦缺乏表现能力,原因必定在于构成梦的精神材料的性质。与可以使用话语的诗歌相比,造型艺术、绘画和雕塑确实处于一种类似的限制中。出于同样的理由,它们在努力表达某种作品上同样受到材料性质的限制。在绘画认识到对其有效的表达规律之前,还努力弥补这种缺陷。在古代的绘画中,所绘人物的口中都挂着一小段说明,写着画家难以在图画中表达的话语。

或许此处会有人提出异议,否认梦不能表现逻辑关系的说法。的确有的梦里发生错综复杂的精神行动,梦中的各种陈述可表明矛盾也可获得论证,可以开玩笑也可进行比较,就像在清醒时的思考一样。只是此处的表象也骗人。如果深入解释此类梦,就会获悉,这一切都属于梦意念的部分材料,并非对梦中智力工作的表现。梦意念的内容通过梦的表面思考而再现,并非梦意念之间的关系,而只有后者构成思维。我会为此提供例子。而这方面最容易确定的一点是,在梦中出现并特别加以描述的所有讲话都是梦意念材料的记忆中未做变动的或只是稍作修正的言语的再现。这类言语通常只是暗指包含在梦意念中的一起事件;梦的意义则截然不同。

然而,我不会否认,批评性的思维工作并非简单地重复出自梦意念的材料,而是也参与了成梦过程。我将在结束本部分讨论时再阐明该因素的影响。那时将会表明,并非通过梦意念,而是通过在某种意义上已经完成的梦引起这种思维工作 [参见本章最后一节]。

---

① [可在后文找到对该论断的限制。]

// 梦的解析

我们可以暂时说，梦意念之间的逻辑关系在梦中得不到特别的表现。例如在梦中发现一种矛盾，不是梦本身的矛盾就是出自另一种梦意念的内容的矛盾。梦中矛盾只以间接的方式与梦意念之间的矛盾相应。

但正如绘画最终成功地发现了一种方式对画中人物想用文字来表示的意图——柔情、威胁、警告等——做了表达，不同于口中挂着说明的方法。所以，对梦而言，也可能发现了一种手段，通过对特有的梦表现做相关修正来表达梦意念之间的各种逻辑关系。人们可能有经验，在这一点上，不同的梦差异很大。一些梦完全超越其材料的逻辑架构，另一些梦试图尽可能完整地表明它们。梦在这一点上或多或少远离摆在它面前待处理的材料。如果在潜意识中建立起梦意念的时间架构（如在给爱玛打针的梦中），梦对这样一种架构的处理也差不多变化无常。

但梦工作能够通过哪些手段表明梦材料中难以表现的关系？我会尝试逐一列举。

首先，梦会在整体上正确评价梦意念所有部分之间不可否认地存在的关联，把这种材料汇集于一种单一的情境或事件。梦同步再现逻辑关系，就像雅典或帕拉萨斯派的一名画家那样，把所有哲学家和作家都画在一张画上，他们从未在一个大厅或一座山峰上聚集过，但从概念上说，他们确实构成了一个共同体[①]。

梦详尽地延续了这种表现方式。每当梦显示两个元素邻近，就保证它们在梦意念中的相应物之间有一种特别密切的关联。正如在我们的文字系统中，ab代表着一个音节中的两个字母。如果a与b之间留有空隙，则a被断定为一个词的最后一个字母，而b被断定为另一个词的首个字

---

① ［梵蒂冈的拉斐尔的壁画。］

第六章　梦的工作

母①。据此，梦中各元素的配置并非梦材料中任何无联系部分的随机组合，而是由即使在梦意念中也处于较密切关联中的那些部分构成。

要表现因果关系，梦有两种方式，本质上导致相同的结果。如果梦意念为：因为这件事如此这般，就必定发生那件事。则较为常见的表现方式是，把从句当作序梦，然后以主句作为主要的梦。如果我解释得恰当，时间顺序也可以颠倒。梦得到较宽泛阐释的那个部分始终与主句相应。

有一次，一位女患者给我提供过这样表现因果性的一个好例子，我以后会充分描述她的梦。此梦由一个简短的前奏与一个非常详尽的梦片段组成，这个片段高度集中于一个主题，可称之为"花的语言"。序梦内容是：她走进厨房，走向两名女仆，指责她们还没有把她"那份饭食"准备好。此时，她看见许多等待擦干的厨房器皿倒翻在厨房里，而且堆叠着。两名女仆去取水，而且必须踏入一条河里，这条河一直延伸到院子里。

然后跟着主要的梦，开始时是这样的：她从高处下来，越过形状奇特的栏杆，庆幸她的连衣裙没在那里挂住，等等。

序梦涉及这名女士父母的家。她大概经常从她母亲那里听到厨房里的那些话。大量厨房器皿源自一家简单的杂货店，这家店位于同一幢房屋里。梦的另一部分包含对父亲的暗指，他跟女仆们多有瓜葛，后来在发大水时——房屋邻近河岸——得了致命的伤风。序梦后面隐藏的意念就是：因为我出自这座房屋，地位低下，处在令人不快的环境。主要的

---

① ［弗洛伊德喜欢使用的一个比喻。他在上文并在"多拉"的病史（《癔症分析片段》，1905年，第6卷，第115页）中曾使用。这可能取自歌德的诗《艰难进入森林中的灌木丛》，其中有同样的比喻。］

// 梦的解析

梦重拾同一意念，将其带入因欲望满足而转变的形式：我具有高贵的出身。其实就是：因为我出身如此低微，我的一生只好如此这般了。

据我所见，梦分为两个不等的片段，并非每次都意味着两个片段的意念之间有因果关系。似乎常常会在两个梦里从不同视角来表现同一材料；无疑，这适用于一晚所做的一系列以遗精收场的梦。夜里，躯体需要越来越明确的表达①。或者两个梦从梦材料各自的中心出现，在内容上彼此重叠，使得一个梦里的中心在另一个梦里作为暗示起配合作用，反之亦然。许多梦分裂成较短的序梦与较长的序梦，确实表明两个片段之间有因果关系。因果关系的另一种表现方式在不那么广泛的材料上得到应用，其内容是，梦中的一幅图景，无论一个人的还是一个物的图景，都变成另一幅图景。只有在我们在梦中看见这种转变发生之处，会郑重声称存在因果关系，并非在我们只是注意到一个人或物代替了另一个人或物时。我说过，表现因果关系的两种方式导致同一结果。在两种情况下，因果关系都是通过时间顺序来表现的。一种通过梦的顺序来表现，另一种通过一幅图景直接转变成另一幅来表现。在绝大多数情况下，因果关系根本得不到表现，已消失于做梦过程中不可避免的各元素之间的混乱。

梦根本无法表达"或者—或者"这种二者择一的形式，惯于平等地把这种二者择一的环节纳入一种关联中。给爱玛打针的梦中就包含了一个这方面的经典例子。在这个梦的隐性梦意念中显然意味着：我在爱玛持续疼痛上是无辜的。责任或者在于她抗拒接受解决办法，或者在于她处于我无法改变的不利的性生活中，或者其疼痛根本不是癔症性的，而

---

① ［该句的后一半于1914年补充。后面将提及并详细探讨此问题。同一夜所发生的梦的整个主题在后文有所讨论。］

第六章　梦的工作

是器质性的。梦却满足了所有这些几乎相互排斥的可能性，毫不犹豫地给梦欲望增添了第四种办法。我就在解梦后把这种"或者—或者"用到梦意念的关联中。

但在再现梦时，讲述者常常喜欢使用"或者—或者"的句式。"或者是一座园子，或者是一间居室，等等。"在梦意念中出现的绝非一种二者择一的方式。而是一个"和"、一个简单的附加。我们大多借助"或者—或者"描述一个梦元素上尚可消除的模糊性。适用于此情况的解梦规则是：表面上二者择一的各环节可以彼此等同，通过"和"联系起来。例如我较长时间徒劳地等待我那在意大利逗留的朋友［弗利斯］的地址之后，梦见我接到电报，告知我这个地址。我看见地址用蓝色印刷字体在电报的长纸条上出现。第一个词模糊不清。或者是"经过（Via）"，或者是"别墅（Villa）"，或者是"房子（Casa）"，第二个词很清晰，是"Secerno"。第二个词听上去像意大利名字，让我想起我曾经和朋友关于词源学的讨论。这个词也表示我对朋友如此长久地保守住址秘密（secret）的气恼。但对第一个词的三重选择的每个环节都可以在分析时被断定为一串思想的独立、平等的出发点。

在我父亲葬礼的前夜，我梦见一块印字的牌子、一张招贴画或海报——就像铁路候车室里贴的禁烟的牌子——上面写着：

请闭上眼睛
或者
请闭上一只眼睛

而我习惯用如下方式来表达：

// 梦的解析

请闭上（一只）眼睛

两个版本都具有特殊意义，在解梦中可引向不同的方向。我选择了尽可能简单的葬礼，因为我知道逝者的意愿。其他家人却不同意这种清教徒式的简单做法。他们认为会在来宾面前丢脸。因而，梦中就出现了"请闭上一只眼睛"这句话，也就是"请你假装没看见"的意思。我们用"或者—或者"表达的意义模糊性在此特别容易把握。梦工作没有成功地为梦意念建立一种统一的但后来模棱两可的字句。这样，两个主要意念特征在梦境上就彼此分离①。在一些情况下，梦通过分成两个同样大小的片段来表示难以表现的二者择一。

至为引人注目的是梦对对立与矛盾这个范畴的态度。矛盾干脆被忽略了，对梦而言，"不"字似乎不存在②。梦特别偏向把对立部分集合成一个统一体或把它们表现为同一事物。梦的确也擅自通过其欲望的对立来表现任意一个元素，使得我们并不能决定它是正面的还是反面的意义③。在上面刚提及的那个梦里（我们已经解释过其前置句"因为我是这样的出身"），梦者梦见她跨下栏杆，手里拿着一根开花的枝条。她

---

① ［弗洛伊德在 1896 年 11 月 2 日致弗利斯的一封信中报告了此梦［参见弗洛伊德，《精神分析肇始》，1950 年，信件第 50 号］。彼处说明在葬礼之后的夜里做了此梦。

② ［可在后面找到对该论断的限制。］

③ ［1911 年补充］从 K. 阿贝尔的一篇论文《原始话语的相反意义》中（1884 年）（参见我的评论，《论原始话语的相反意义》，1910 年），我获悉令人吃惊的（也由其他语言研究者证实）事实，即最古老的语言在这一点上与梦的表现完全相似。它们开始只用一个词来描述一系列性质和活动的两个极端（如强弱、老幼、远近、分合），只是间接地通过对共同原始话语的轻微修正就构成表示对立面的明确词。阿贝尔在很大程度上证明了古埃及语中这种情况，也指出了在闪米特语和印度日耳曼语言发展过程中也有着明显痕迹。

第六章 梦的工作

由这幅图景想起,在圣母玛利亚宣布耶稣诞生的圣画上,天使手持百合枝条,白衣少女参加基督圣体节游行,而街道用绿枝装饰,所以梦中开花的枝条无疑暗示着贞洁。枝条却密布红花,每朵都与茶花相似。梦继续进行,她走到终点,大部分花已经凋零,因而接着无疑是对月经的暗示。这样,同一根枝条,像一朵百合那样被拿着并且由一名贞洁的少女拿着,同时是对茶花女的一种暗示,正如人所共知的,茶花女始终戴着一朵白色茶花,在经期却戴一朵红的。同一根开花的枝条(参见歌德《磨坊女的背叛》中关于磨坊女的歌曲中的"少女之花")表现贞洁,亦表现其反面。同一个梦既表现了她对自己度过的纯洁无瑕的生活的欣慰,同时在若干处(如在花凋零处)也透出对立的联想,她为自己犯下了违反性纯洁的若干过错(在童年时)感到羞愧。我们可以在分析梦时明显区分两种思路,其中安慰性的思路显得肤浅,自责的思路显得更深刻。它们背道而驰,但是它们相似又对立的元素通过相同的梦元素得到表现[①]。

成梦机制最喜爱的逻辑关系只有一种,那就是相似、协调一致、接近的关系,亦即"恰似"的关系。其他任何关系都没有像这种关系那样在梦中能够以最多种多样的手段得到表现[②]。梦材料中存在的平行现象或者"恰似"的情况的确是成梦的原始基础,而梦的相当一大部分工作在于,如果现在的梦念因为阻抗审查而不能入梦,就创造新的平行现象。梦工作的压缩倾向帮助表现相似关系。

通过集合成一个统一体,梦对相似、协调一致、共性加以普遍表现,这个统一体或者在梦材料中已经被发现,或者重新构成。前一种情

[①] [此梦在后文得到完整的报告。]
[②] [1914年补充]参见亚里士多德对解梦者资格的讨论。

况可以称为"模拟作用",第二种可以称为"复合"。涉及人时,模拟作用得到应用;在物成为汇集的材料之处,复合得到应用。然而,复合也可用之于人。地点与人往往被同样对待。

模拟作用就是一个与共同元素有联系的人在梦境中得到表现,而对梦而言,第二个人或其他人似乎受到了压抑。这一个单独覆盖的人却在梦中进入由其或由那些他所覆盖的人所引出的所有关系与情境。而复合则扩展到好几个人。梦中情况将有关各个人的特性结合起来,而不是表现为共同特性;所以这些特性结合而为一个新的统一体,即一个复合人物。可以由不同途径实现复合的真实过程。一方面,梦中人物可以采用与其有关联的人的名字,这种方式与我们清醒生活中的认识十分相似,即我们所认定的某个人,而其外貌特征属于另一人;另一方面,梦象本身由现实中属于两个人的外貌特征组成。不通过外貌特征,第二个人的部分也可以通过我们所赋予他的表情、语言,以及我们将其置于其中的情境来表现。在第二种情况下,模拟作用与复合人物结构之间的差异便不是很显著了①。但也可能出现的是,没有成功形成这样一个复合人物。于是,梦的场景被归在一个人名下,而另一人(通常更重要)则表现为无所事事的旁观者。比如,做梦者讲述:"我的母亲也在场。"梦内容的这样一种元素可以与象形文字的限定词相比,后者并非用来发音,而用于解释另一种符号。

共性表明把两人集于一体是正确的,这种共性可能在梦中得到表现或缺乏。通常,模拟作用或复合人物的构成同样用于避免表现这种共性。为了避免说"A 对我有敌意,B 也对我有敌意",我在梦中将 A 和

---

① [关于复合人物的主题,亦参见前面。下面三句于 1911 年补充。该段末句于 1914 年补充。本段的"模拟作用"显然不同于前面所讨论的意义。]

第六章 梦的工作

B构成一个复合人，或者我想象A完成了B所特有的某种动作。这样获得的梦中人物具有某种新的联系，而他既意味着A也意味着B，我就可以把两者的共性，即与我的敌对关系用到解梦的相关地方。以此类方式，我经常达到梦内容中的大量压缩工作。我可以避免直接表现与一个人关联的相当错综复杂的情况，如果我在此人之外又发现另一个人，他有同样的资格获得这些关系的一部分。容易理解的是，通过模拟作用，这种表现也在一定程度上用于回避阻抗审查，阻抗审查把梦工作置于如此严苛的条件之下。审查的起因可能恰恰在于材料中与一个人相连的那些想象。我就发现第二个人同样与受指摘的材料有关，但只与一部分材料有关。在这一检查点上，这两个人的接触使我有理由利用这两个人的一些无关紧要的特征构成一个复合人。这种复合人或模拟人就无须通过审查作用而被允许进入梦境，而我通过应用梦的压缩作用满足了梦审查的要求。

在梦中也有两个人的一种共性得到表现之处，这通常是一种提示，要寻找另一种被掩盖的共性，通过审查使对其的表现变得不可能。此处，在某种程度上为了可表现性而发生涉及共性的移置。梦里对我显示具有一种无关紧要共性的复合人，由此，我推断出梦意念中另一种绝非无关紧要的共性。

据此，模拟作用或复合人物的构成在梦中服务于不同目的。首先，服务于表现两人的一种共性；其次，服务于表现一种被移置的共性；最后，还为了表现只是所希望的共性。因为期待二人之间的共性能经常符合二人之间的互相变换，所以，在梦中也通过模拟作用来表示这种关系。我在给爱玛打针的梦中希望，把该患者与另一个人调换，也就是希望另一个人像爱玛一样成为我的患者。梦考虑了这种欲望，给我呈现了

// 梦的解析

一个叫爱玛的人，但她接受检查时的位置则是我曾经见过的另一位女患者所处的位置。在叔叔梦里，这种混淆成为梦的中心点。我以部长自居，不比他更好地对待、评判我的同事们。

有一种经验，对此我没有发现例外，即每个梦都涉及梦者本人，梦绝对是利己主义的①。如果梦内容中出现的并非我的自我，而只是一个陌生人，我就可以放心假设，我的自我通过模拟作用隐藏在那个人身后。我可以补充我的自我。我的自我在梦中显现的其他时候，自我所处的情境对我表明，通过认同，在自我后面隐藏着另一个人。梦就会提醒我，在解梦时要把附在此人身上的东西和被掩盖的共性转到我身上。也有些梦，其中我的自我和其他人同时出现，他们通过解除模拟作用又揭穿他们是我的自我。我就该借助这种模拟作用把某些想象与我的自我汇集，审查作用反对接纳这些想象。我就可以在一个梦里多次表现我的自我，时而直接发生作用，时而借助对别人的模拟作用。借助若干此类模拟作用，可以压缩异常丰富的思想材料②。梦者的自我多次在不同地方包含在一个有意识的思想中或其他关系中。与之相同，梦者的自我在一个梦里多次出现或以不同的形态露面，其实不会令人更加诧异，例如在这个句子中：当我想到我曾是一个多么健康的孩子③。

比起在人上，模拟作用在地点名称上更容易理解，因为此处没有在梦中占优势的自我的干扰。在我的一个有关罗马的梦里，我所处的地点叫罗马，我却惊异于一个街角有大量德文招贴画。后者是一种欲望的满

---

① ［1925年补充］对此参见前面的注释。
② 当我猜测我该在梦中出现的哪个人身后寻找我的自我时，我遵守如下规则：有人在梦中受制于我作为睡眠者感觉到的一种情绪，此人掩盖了我的自我。
③ ［此句（从"梦者的自我……"起）于1925年补充。］

第六章 梦的工作

足，对此，我马上想起布拉格。这个欲望本身也许可以追溯到我青年时期沉浸在德意志民族主义中的狂热阶段，不过这早已过去[①]。在我做梦的时间前后，我约定在布拉格与我的朋友［弗利斯］会见，所以罗马与布拉格二者的模拟作用就由一种所希望的共性来解释，即我宁愿在罗马而非布拉格碰到我的朋友，为了这次会面我宁愿把罗马与布拉格调换。

创造复合结构的可能性在梦经常表现的想象特征中最突出，因为它把从来不是真实知觉对象的元素引入梦境。构建梦中复合意象的心理过程与我们在清醒时的想象或描画一个半人半马的怪物或龙有共同之处。差异只在于，在清醒时的非凡创造上，想要的新产物的印象本身是权威性的，而梦的复合由在其形态之外的一种因素，即梦意念中的共性决定。梦中复合结构可以通过多种多样的方式形成。其中最简朴的形式是将一件事物的属性附加于对另一有关事物的认识上。一种较细致的技巧把两个客体汇集成一幅新图景，灵巧地使用现实中存在的两个客体之间的相似性。根据组成时材料与才智所促成的情况，新构成之事可能十分荒唐或成功非凡。如果要压缩成一个统一体的这些客体实在太不协调一致，则梦工作常常满足于创造具有一个相对清晰的核心的复合结构，但伴之以若干不太清晰的特性。汇集成一幅图景在此仿佛不成功。两种表现彼此覆盖，产生了如同视觉图像互相竞争的某种东西。如果想展示用独特的知觉图像构成一个概念，可能获得一幅图画中类似的表现。

当然，梦中充斥着此类复合结构。在迄今为止分析过的梦里，我已经举过一些例子，现在我再补充几个。在前面的梦里，梦通过花委婉地描写女患者的生平。梦中的自我手里拿着一根开花的枝条，如我们所

---

① ［参见前面的"革命梦"。］

获悉的，枝条同时意味着贞洁与性罪恶。通过花的状态，枝条还让人想起樱桃花。花单独说来像山茶花，而整体的形象像一种外来植物。由梦意念产生这个混合结构要素上的共性。开花的枝条暗示着她所喜爱的各种礼物。所以，童年时她得到的是樱桃，在以后的岁月里是山茶花，而外来植物则暗指一个游历广泛的自然研究者，他想以一幅花的图画博得她的好感。另一位女患者在梦中给自己创造了一件中间物，由海滨浴场的更衣室、乡间户外厕所与我们城里住房的阁楼组成。前两个元素共同与裸体的和脱裤子的人有关。从二者与第三个元素相结合可以推断，她（在童年）曾在阁楼脱衣。另一个做梦者[①]给自己创造了一个复合地点，由两个"接待"他的地方组成，一个是我的诊断"接待"室，一个是他最初结识其妻子的"接待"的地方。一名少女在哥哥允诺赠给她鱼子酱后，梦见这个哥哥的腿布满黑色鱼子酱颗粒。道德意义上的"传染"、对童年一次斑疹的回忆（斑疹让她的双腿布满红色而非黑色小点），这些元素在此与鱼子酱颗粒汇集成一个新概念，即"她从他哥哥那里得到的东西"。人体的各部分在此梦中像物体一样被对待，正如在其他梦中一样。在费伦茨报告的一个梦里[《对梦的精神分析》，1910年][②]，出现一个复合意象，由一名医生与一匹马组成，并且穿着睡衣。当睡衣被断定为暗指一个童年场景中做梦的女人看到父亲的一幕景象时，就发现了这三个组成部分的共性。在所有这三种情况下，都涉及她性好奇的对象。她是儿童时，经常被其保姆带入军马场，她在那里有机会尽情满足她那时尚未受阻的好奇心。

我在上文断言过，梦没有手段来表达矛盾、对立和"不"的关系。

---

① [此句于1909年补充。]
② [该段的结尾于1911年补充。]

第六章 梦的工作

我现在要初步反驳这种论断①。一部分可以概括为"对立"的情况单纯通过模拟作用得到表现，正如我们所见。也就是说，在这些梦例中，调换或代替的观念能够由对比而形成联系。对此，我们已经举了不少例子。梦意念中另一部分对立大约属于"颠倒"或"相反"的范畴，在梦中以如下奇怪的（几乎可称之为滑稽的）方式得到表现。颠倒并非单独进入梦境，而是由此在梦材料中表示其存在，即已经构成的梦内容中一个出于其他原因而明摆着的片段——仿佛是一种事后回想——被颠倒。通过举例说明此过程要比描述它容易些。在"上和下"的有趣的梦里，梦中向上爬的表现与梦意念中的原型颠倒，即与都德的《萨福》中的序幕相反：梦中先难后易，而都德笔下是先易后难。梦者与他哥哥"楼上"和"楼下"的关系在梦中也被颠倒地表现。这表明一种颠倒或对立的关系存在于梦意象材料的两个片段之间，我们在其中发现它，即在做梦者的童年幻想中，他由其乳母背着，与小说中主人公背着情人相反。

我关于歌德抨击 M 先生的梦也包含这样一种颠倒。要成功地解这个梦，必须先矫正这种颠倒。梦中，歌德抨击 M 先生。现实中，梦意念包括的真实情况则是一位著名人物即我的朋友 [弗利斯]，受到一位不知名的年轻著作者的抨击。梦中，我计算歌德的死亡日期，现实中却由麻痹症患者的生日开始计算。梦材料中决定性的意念与歌德应被当作疯子看待的观念相反。梦说："如果你不理解此书，那是你低能，而非作者。"在关于颠倒的所有这些梦里，我觉得还包含轻视的意思（"背对某件事"）（如萨福梦中兄弟关系的颠倒）。还值得注意的是②，在起源于

---

① [弗洛伊德在后面再次反驳这种论断。]
② [此句于 1911 年补充。]

293

// 梦的解析

受压抑的同性恋冲动的梦中也经常使用颠倒手法。

颠倒或事物转向反面[1]，是梦工作最喜爱使用、应用得最广泛的表现手段之一。首先，它可以表达一种与梦意念的某个特定元素有关的欲望的满足。"要是相反的就好了！"这往往是自我对一段不如意的回忆的最好表达方式。其次，颠倒对于审查作用特别有用，颠倒在一种程度上完成对有待表现的材料的伪装，在一开始就对想了解梦的企图产生有效的麻痹作用。因此，如果一个梦顽强地拒绝显示其意义，人就可以尝试颠倒显性梦境的特定片段，往往在此之后，一切都变得清楚了。

除了内容上的颠倒，不可忽视时间上的颠倒。梦伪装的一种较常见技巧在于，把事件的结局或一串思想的结论表现成梦的开头，在梦的尽头增补结论的前提或事情的原因。任何不注意梦伪装的这种技术手段的人，面对解梦的任务就无计可施[2]。

的确，在某些情况下，只有根据不同关系，在梦内容上实施了多重颠倒，才得到梦的意义。例如，在一位年轻的强迫性神经症患者的梦中，隐藏着一个从童年起就希望他很害怕的父亲死去的记忆。梦的内容是：他父亲骂他，因为他很晚才回家。不过，精神分析治疗中，梦所

---

[1]［该段与下一段于1909年补充。］

[2]［1909年补充］癔症发作有时也使用时间上的颠倒这一技巧，以对目睹者掩盖梦真正的意义。例如，一名癔症少女在一次发作时会表现带有罗曼蒂克性质的某事——她在铁路上遇见某人以后在潜意识中的一件罗曼史。她想象这名男子如何被她的美足所吸引，在她读书时与她攀谈，她于是跟他同行，经历暴风骤雨般的爱恋场景。她的发作以通过身体抽搐表现这种爱恋场景开始（此时嘴唇活动代表亲吻，臂膀交叉代表拥抱）。接着，她匆忙进入另一个房间，坐到椅子上，提起连衣裙，以展示双脚，佯装正在读书并对我说话（给我回答）。在弗洛伊德《癔症发作一般原理》（1909年，第6卷，第200页）中也报告过此病例。［1914年补充］对此，参见阿特米多鲁斯的评语："阐释梦故事时，有时必须从始向终，有时又必须由终向始……"［《梦的象征》，克劳斯译，1881年，第1篇，第6章，第20页。］

发生的前后关系及梦者的联想表明,这句话的原话必定是:他对父亲生气,然后,对他来说,父亲总是过早(亦即过快)回家。他宁愿父亲根本不回家,这与他希望父亲死亡是同一回事。因为做梦者是小男孩时,在父亲较长时间不在时,对另一个人有过性方面的冒犯动作,被罚以威胁:"那好,等你父亲回来!"

如果想进一步追踪梦的显意与隐意之间的关系,最好现在就把梦本身当作出发点,对自己提问,在涉及梦意念时,梦表现的某些形式特征意味着什么?这些形式特征在梦中必定引起我们注意,属于它们的主要有各个梦产物在感性强度上的差异与各个梦局部或梦与梦之间因比较而产生的清晰性的差异。各个梦产物在强度上的差异包括的全部范围,从特征的鲜明度直到一种令人恼怒的模糊性,即使不能担保,人们也倾向于让特征的鲜明度超越现实的鲜明度,宣布模糊性是梦的典型特征,因为它其实与我们偶然在现实客体上察觉到的任何程度的不清晰性都无法相提并论。通常,我们还把我们从一个不清晰的梦对象处接受的印象称为"仓促",而我们认为较清晰的梦象即使经过较长时间也经得起感知。那问题就是,通过梦材料中的哪些条件,招致梦内容各片段在清晰性上的这些差异?

在此,首先得反对某些必然要产生的期待。鉴于睡眠期间的真实感觉也可能属于梦的材料,于是便可能假设,这些感觉或由它们引出的梦元素在梦内容中因特别强度而突出,或者反之,在梦中特别生动之事,都可以追溯到睡眠时的真实感觉。我的经验却从未证实过这一点。如果由睡眠期间现实印象(如神经刺激)所派生的梦中各元素在其他源自回忆的元素前因生动性而出众,这不正确。就决定梦象的强度而言,现实性的因素是丝毫不起作用的。

此外，人们可能坚持期待，即各梦象的感性强度（生动性）与梦意念中跟梦象相应的元素的精神强度有关系。在后者中，精神强度与精神价值重合：最强的元素便是最重要的元素——正是它们构成梦意念的中心点。现在我们虽然知道，恰恰这些元素因为审查而大多未被纳入梦内容。但还可能的是，代表它们的直接衍生物在梦中获得了较高的强度，却不一定因此成为梦表现的核心。然而，通过对梦与梦材料做比较性观照，这种期待也被摧毁。此间的元素强度与彼处的元素强度没有瓜葛；在梦材料与梦之间确实发生了[如尼采所谈的]"一切精神价值的重估"。恰恰在匆匆飘散、被更浓烈的图景掩盖的梦的一个元素中，常常可以独一无二地发现在梦意念中过度占优势之事的一个直接衍生物。

相反，梦的元素的强度原来是由两种互不依赖的因素决定的。首先，容易看到，那些因素被特别强烈地表现，通过它们表达出欲望的满足。然后，分析表明，梦中最清晰的因素乃是联想最为丰富的出发点，也是本身拥有决定因素最多的元素。如果我们以下列形式说出，并不改变其经验性的意义：显示出最大强度的是需要进行大量压缩工作的那些元素。我们就可以期待，最终可以用一个单一公式来表达该条件和（与欲望满足有关的）其他条件。

我现在讲述的这个问题，即各个梦元素强度或清晰性大小的原因，我想防止它与另一个问题混淆，后者涉及整个梦或梦的各部分的不同清晰性。前一个问题的清晰性是与模糊性比较而言，后一个问题则是与混乱比较而言的。然而，明白无误的是，在两种尺度中，质量的升降相伴出现。一个清晰的梦大多包含强度较大的元素。一个不清晰的梦正相反，由强度较小的元素组成。不过，表明梦从清晰到模糊或混乱这一尺度问题远比梦元素的不同程度的清晰性问题错综复杂。出于以后要提到

第六章 梦的工作

的缘故，前一个问题在此还不能进行讨论。在个案中，人们惊奇地发觉，一个梦接受的清晰或不清晰的印象，与梦的架构完全无关，而是源自作为梦架构的组成部分的梦材料。比如，我就做过一个梦，苏醒后我觉得它结构完整无缺、鲜明清晰，使我还在睡意蒙眬时就打算介绍一类新的梦。那些梦并未受制于压缩与移置机制，而是可以被称为"睡眠期间的幻想"。更详细的考察表明，这个稀有的梦与任何别的梦在其架构上表现出相同的漏洞和毛病，我因此放弃了"梦的想象物"这个分类①。压缩过的梦内容是，我对我的朋友［弗利斯］陈述双性恋的一种麻烦而久受青睐的理论，而这种理论（在梦中尚未得到告知）让我们觉得清晰而完备无缺，梦的欲望满足的力量要对此承担责任。因此，我认为梦是完整的这一判断实际上乃是梦内容的一个片段，而且是梦内容的本质片段。梦的工作在此仿佛介入最初清醒的思维，使我以为自己是在对梦做出判断，其实梦的工作未成功地在梦中详细表现此片段②。我曾在分析一位女患者的梦时遇到了与此完全相符的情况。她起初根本不愿讲述她的梦，"因为它十分不清晰、杂乱无章"，一再抗议她的描述的可靠性。之后，她终于说梦中出现若干人——她、她丈夫与她父亲，似乎她看不清她的丈夫是否就是她的父亲，或者到底谁是她的父亲，诸如此类。把此梦与她治疗时的联想汇集起来，证明这个问题无疑是一个关于女仆的常见故事，她不得不承认怀了孩子，但搞不清"究竟谁是（孩子的）父亲"③。梦所显示出来的不清晰性，在此也就是出自激发梦的材料的一个片段。该梦内容的一个片段以梦的形式得到表现。梦的形式或梦

---

① ［1930年补充］我至今仍不确定是否正确。
② ［该主题在后面得到更详细的探讨。］
③ 她伴发的癔症症状是月经不来、情绪不佳与皮肤疾病［此梦在后面还要讨论］。

见的形式以全然令人意外的频度被用于表现被掩盖的内容①。

对梦的注解或对梦似乎无伤大雅的评论常常用于以最精巧的方式掩饰被梦见之事的片段，而它们其实还是泄露了后者。例如，如果一个做梦者表示：此处梦模糊了，而分析却引出一段童年记忆，此人在大便后听一个人说话，而那个人正在替他擦屁股。还有一个值得告知的梦例。一名年轻人有一个很清晰的梦，使其想起依旧清醒的儿时的幻想。他梦见：晚间，他身处一家避暑胜地的旅馆，弄错了房号，进了一个房间，里面有一位较年长的夫人及其两个女儿在解衣上床。他继续说道："梦中有一些漏洞，那里缺点什么。最后，房间里有一个男人，他想把我赶出去，我不禁跟他扭打起来。"他对于梦明显暗示的童年回忆的主题与意图，百思不得其解。但最终人们会注意到，他所思索的内容已包含在他所陈述的梦的模糊部分中了。"漏洞"是指正在上床的女人们裸露的生殖器，而"那里缺点什么"是指女性生殖器的主要特征。在那些年轻岁月里，他因想窥视女性生殖器这种好奇心而焦躁不安，还相信女性具有与男性同样的生殖器这种幼儿期性理论。

另一个做梦者对梦的回忆以十分相似的形式表现出来②。他梦见：我跟K小姐走进公园餐馆……然后是一个模糊部分……一处中断……然后我身处一个妓院的客厅，看见里面有两三个女人，其中一个穿着内衣内裤。

分析：K小姐是他先前老板的女儿，正如他自己承认的，是他妹妹的替身。他只有很少的机会跟她说话，但一次谈话中，"仿佛我们各自认清自己的性别，似乎会说，'我是男人，你是女人'"。他只有一次去

---

① ［末句于1909年补充，下一段于1911年补充。］
② ［该段与下面两段于1914年补充。］

第六章 梦的工作

过梦中的餐馆,由其妹夫的妹妹,一个对他毫无吸引力的姑娘陪同。另一次,他陪同三个女人走过该餐馆的大门。这三个女人是他的妹妹、表妹和刚才提到的他妹夫的妹妹。对他来说,这三个人都没有吸引力,她们都属于姐妹之列。他也很少去妓院,一生中只去过两三次。

解梦依托梦中的"模糊处"和"中断",因而断言,在孩子气的好奇心中,他偶然窥见了比他小几岁的妹妹的生殖器(虽然次数很少)。几天后,出现对由梦暗示的不端行为的清醒回忆。

根据梦内容,同一夜全部的梦都属于相同的整体;把它们分成若干片段以及这些片段的组合与数量都富有意义,可以理解成出自梦的隐意的一部分信息①。在解释由若干主要片段组成的梦或尤其是属于同一夜的这类梦时,也不能忘记这种可能性,即这些不同的、相继的梦意味着同一件事,它们表达不同材料中的相同冲动。这些同源的梦中,第一个梦往往是伪装了的、谨慎的,接下去的梦是较可信与较清晰的。

约瑟夫所解释的《圣经》里法老梦见谷穗与母牛的梦就属于这一类。它在约瑟夫斯②(《犹太古代史》,第2编,第5章)那里比在《圣经》里得到更详细的报告。国王讲述了第一个梦后,说:"第一个梦之后,我不安地醒来,深思着,这个梦大概会意味着什么,不过逐渐又入睡了,就有了一个更为奇异的梦,更加把我置于恐惧与困惑中。"聆听了对梦的讲述后,约瑟夫说:"哦,国王,从迹象看,你的梦可能是一个双重梦,不过两个指的却是同一回事。"

荣格在其《谣言心理学的贡献》(1910年)中讲述过,一名女学生

---

① [此句于1909年补充。该段的其余部分以及下面3段于1911年补充。弗洛伊德在其《精神分析引论新编》第29篇中再次讨论该主题(1933年,第1卷,第468页及下页)。]
② 弗拉维奥·约瑟夫斯(公元37—100年),犹太历史学家。——译注

隐蔽的性梦被其女友们不经解释地理解了，以及这个梦如何略作改动地继续下去。他在评论了一个有关的梦之后说："一系列梦象的最终意念正好包含已经在这个系列的第一幅图景中试图表现之事。审查就通过一再更新的象征性掩饰、移置、无伤大雅的伪装等尽可能远远离开这个情结。"（出处同上，第87页）施尔纳很了解梦表现的这种特性，依据其关于器官刺激的学说，将这种特性描写成一种特殊规律（1861年，第166页）："最终，幻想却在所有由特定神经刺激开始的象征性成梦中观察到普遍有效的规律，即在梦开始时，幻想只用最遥远与最自由的隐喻来描摹引起刺激的对象，最终却在所描绘的对象本身已枯竭之后，把刺激本身或所涉及的器官或其机能置于赤裸中，这样，梦自己标明了其器质性诱因，便达到了它的目的……"

奥托·兰克在其论文《一个自解的梦》[1910年]中对施尔纳的这条规律提供了出色的证实。他报告了一个女孩的梦，由一夜里两个单独的梦组成，其中第二个梦以性高潮结束。对于第二个梦，甚至不需要梦者提供更多信息，也能做出详细的解释。而两个梦内容之间丰富的关系促使人认清，第一个梦不过是谨慎地表现了与第二个梦一样的内容，使得后一个以性高潮结束的梦有助于完成对前一个梦的解释。兰克由此例子出发，很有道理地探讨了性高潮和遗精梦对梦理论的普遍意义。

把梦的清晰性或混乱性重新解释为梦材料所表现的明确与否，据我的经验，人只在很少情况下有此能力。我以后会揭示迄今为止尚未提及的一个成梦的因素，梦中的清晰和混乱程度根本上取决于该因素的作用。

有时一个梦中的情境和背景持续一段时间，然后出现中断，常以如下话语来描述："后来却似乎同时是另一个地点，而在那里，发生如

第六章 梦的工作

此这般的事。"以此类方式中断梦的主要情节,一会儿之后又可能继续。在梦材料中,中断的主要情节在梦材料中被证明是一个从句,是一个插入的意念。梦意念中的条件在梦中由同时性来表现,即"如果"变成了"当……时"。

频繁地在梦中显现的接近于焦虑的运动受抑制的感觉意味着什么?一个人在梦中想走而动不了,想做点什么而不断遇到障碍。火车要开动,而他赶不上,一个人受辱而要挥拳报复,但无能为力,等等。我们已经在裸露梦里谈到了这种梦中感觉,却尚未尝试认真解释这些梦。睡眠中存在运动麻痹,因而产生了动作抑制的感觉,这样回答简便却不充分。人们可以问:那为何不持续梦见此类受抑制的运动?而且我们可以预料,这种在睡眠中随时可以招致的感觉有助于促进某种特殊表现,但也只有在梦材料需要以这种方式表现时才被唤起。

这种"不能做任何事"在梦中并非总是作为感觉出现,有时只不过表现为梦内容的一部分。我认为有一个梦例特别适于说明做梦的这种特性的意义。我会简略告知这个梦,我在其中好像被指控不诚实。地点是一家私人疗养所与若干其他场所的混合物。一名仆人出来叫我去接受检查。梦中,我知道丢失了什么东西,实行检查是因为他们怀疑我把遗失之物占为己有。分析显示,检查应作两解,包括医学检查。考虑到我是无辜的而且我是这座楼里的会诊医师,我平静地跟仆人走。在一扇门边,另一名仆人迎接我们,指着我说:"您怎么把他带来了?他是个正派人。"我就不带仆人,独自走进里面有许多机器的一个大厅,这使我想起了地狱和恐怖的刑具。在一台器械旁,我看见一名同事被夹着,他一定注意到了我,却不理会我。然后我被告知现在可以走了。这时我找不到我的帽子了,而且我根本不能走。

301

// 梦的解析

　　我被承认是一个诚实的人，可以走了，这显然是梦的欲望满足。在梦意念中，就必定存在各种材料，包含对此的异议。我可以走，是赦免我的信号。可见，如果梦最终带来一个事件，阻止我走，那大概容易推测，通过这一特征让受抑制的反对材料发挥作用。我找不到帽子，就意味着"你终究不是一个诚实的人"。梦中"不能做任何事"是一种反对，即一种表示"不"的方式，据此就可以纠正先前的论断，即梦不能表示"不"①。

　　其他梦中"不能做任何事"不是作为情境，而是作为感觉，在这些梦里，比起为反意志所反对的意志来，通过活动受抑制的感觉更强烈地表示同样的反对。活动受抑制的感觉就构成意志冲突。我们在后面会知道，睡眠中的运动麻痹属于做梦期间心理过程的基础条件。转到运动轨道上的冲动就无异于意志。而且我们肯定，睡眠中会把此冲动感受为受抑制，这样就使整个过程完全适于表现一种意志动作和与它对抗的"不"字。按照我对焦虑的解释，也容易理解为什么意志受抑制的感觉如此接近焦虑，在梦中如此频繁地与焦虑相连。焦虑是一种力比多冲动，由潜意识发出，受潜意识抑制②。梦中抑制感与焦虑相连之处，必定事关一种意志动作问题，有能力生发力比多，事关一种性冲动。

　　频繁地在做梦期间出现的判断语——"这的确只是个梦"意味着什

---

　　① 通过如下联想做完整分析，得出与童年经历的关系：摩尔人尽了他的义务，摩尔人可以走了（用得着就让人干，用不着就打发人走——译注）[席勒，《菲耶斯科》，第3幕第4场]。于是就有诙谐谜语：摩尔人尽义务时多大？1岁，因为那时他已经会走了（据说我生下来就有一头乱蓬蓬的黑发，使得年轻的母亲戏称我是摩尔人）。我找不到帽子，是具有多重意义的日间经历。我们那个在保管东西上很有天分的家庭女仆把它藏起来了。这个梦的结局后面也隐含着对死亡的忧郁思想的反抗：我还远未尽我的义务，我不能走。梦中包含了生和死，就像不久前我梦见了歌德和麻痹患者一样。
　　② [1930年补充] 该句不再经得起较新的理解。

第六章 梦的工作

么[1]？应把它归在哪种精神力量名下？我会在以后探讨。我在此先说，它不过是想贬低所梦见之事的重要性。如果某一内容在梦本身中被称为"梦见的"，由此表示什么，对这个近在眼前的有趣问题，即梦中梦之谜，斯特克［《解梦文集》，1909年，第459页以下］通过分析一些令人信服的例子在类似的意义上解决了。梦所梦见之事又会贬值，被剥夺其现实性；从梦中梦苏醒之后继续梦见之事，梦欲望愿意让它代替被抹去的现实。那就可以假设，梦见之事包含对现实的表现，是真的回忆，而延续的梦与之相反，不过代表着梦者的欲望。把某项内容包括进一个梦中梦，就可以等同于希望被称为梦的那件事根本没有发生。换言之[2]，如果一个特定事件被梦工作置于一个梦中，就意味着决定性地证实此事件的现实性——最强烈的肯定。梦工作把做梦本身用作否定的一种形式，以此证明了梦是欲望的满足这种认识[3]。

四、关于表现力的考虑

迄今为止，我们探究了梦如何表现梦意念之间的关系，却多次接触到进一步的主题，即为了成梦的目的，梦材料究竟经历何种变化。我们已经知道，梦材料被剥夺了自身的大部分联系，遭受压缩，而同时其元素之间的强度移置迫使在精神上重估这种材料。我们所讨论的移置被证明是一种特定想象通过另一种与其在联想上以某种方式接近的想象来代替，而这些移置服务于压缩。以此类方式，不是两个元素，而是它们之

---

[1] ［此段（除了倒数第二句以及末句的一部分）于1911年补充。］
[2] ［此句于1919年补充。］
[3] ［此句的后半部分于1919年补充。］

间的一种共性被接纳入梦。我们尚未提及另一类移置。我们从分析中获悉，存在这样一类移置，表现为有关思想在言语表达上的改变。上述两种情况均涉及顺着一条联想链的移置，但同样的过程发生于不同的心理领域，而这种移置的结果是，一种情况可以是一个元素被另一个元素替换。而在另一种情况中，一个元素用其措辞调换另一个元素的措辞。

　　成梦时出现的这第二种移置不仅具有巨大的理论意义，而且也特别适合解释梦在伪装时所呈现的幻想的荒诞性这种表象。移置采取的方向通常是将梦意念的单调而抽象的表示转变成形象与具体的表示。这种转变的益处及其意图是显而易见的。对梦而言，形象有表现能力，可以插入这样一个情境，在那里，抽象的表示会给梦表现造成困难，如同报纸上的一篇政治社论难以用插图表现一样。但在这种交换中，不仅可以获得表现力，还可以赢得压缩与审查的益处。以抽象形式表现的梦念很难被利用，如果把它转型成一种形象的语言，则在这种新的表示与剩余梦材料之间，比先前更容易产生切合性与同一性。梦工作需要它们，在它们不存在之处创造它们，因为任何语言的发展史都表明具体词汇比抽象词汇更富有联想。可以设想，成梦试图把分开的梦意念缩减到梦中尽可能简洁与统一的表示，以此方式，通过对各意念适当的语言转型而产生成梦时的一大部分中间工作。一个意念的表示也许出于其他原因而确定，此时该意念对可能分配给其他意念的表现形式施加一种决定性和选择性的影响，而这或许从一开始就是如此。诗的创作就是这样。如果要创作出带韵的一首诗，第二行诗句就受制于两个条件：它必须表达出指定的意义，还要在表达形式上与第一行诗句押韵。最佳的诗大概是人们在其中未发觉刻意寻找韵脚的意图，而是两个意念由于互相影响，从一开始就选定了表达的文字，其后只需稍加变动，便可以产生韵律。

第六章 梦的工作

在一些情况下，这种表达方式的改变还以较简洁的途径服务于梦压缩，它让人发现一种词语搭配，模棱两可地表达不止一种梦意念。梦的工作就以这种方式在整个范围内利用言语机制了。不该惊讶于成梦时由话语所承担的角色。话语作为多重想象的结点，事先注定就是模棱两可的，而神经症（如强迫观念、恐怖症）与梦一样，大胆利用话语的好处，已达到压缩与伪装的目的[①]。很容易指明，在表达移置时，梦的伪装也一同得利。如果不是设定两个意义明确的词语，而是设定一个模棱两可的词，那的确误导人。而用一种形象的表达方式替代日常平淡的表达方式妨碍了我们的理解，尤其因为梦从不表明应在字面上还是在图形上来解释它的元素，或者是直接还是通过插入的惯用语而涉及梦材料[②]。一般在解释任何梦元素时都应考虑的是：

① 应在正面还是负面意义上来看待它（如对立关系）；
② 是否应历史性地解释它（如回忆）；
③ 应该用象征手法解释它还是应从字面意义出发来解释它。

尽管有这种多面性，还是可以说，梦工作所做的表现的确无意得到理解，相信这种表现给解译者造成的困难并不大于古代象形文字手稿给其读者造成的困难。

我已经举过若干例子，它们只是通过表达的模棱两可而把梦中表现集中起来（例如，注射梦中"嘴张得很开"，我刚才引用的梦中"我不

---

① ［1909年补充］见我的《诙谐及其与潜意识的关系》，1905年［尤其是第6章最后部分］，还有解决神经症症状中"语言桥梁"的应用［例如，见于弗洛伊德，《癔症分析片段》，1905年，第6卷，第157页以下，第2节末尾对"朵拉"第一个梦的综合（此时，弗洛伊德也用了"变换"一词），还有弗洛伊德《关于一个强迫神经症病例的评论》，1909年，第一节（G）中"鼠人"的老鼠强迫症］。

② ［该段的剩余部分于1909年补充。］

// 梦的解析

能走"，等等）。现在我再报告一个梦，分析此梦时，抽象意念的形象化起着较大的作用。仍然可以清晰地确定这种解梦方法与借助象征手法解梦的差异。用象征手法解梦时，由解梦者任意选择象征化表达的关键。在我们关于语言伪装的梦例中，这些关键众所周知，由确定的语言用法提供。如果一个人在恰当时机可以自由支配正确的观念，哪怕不依赖做梦者的说明，也可以完全或者部分地解开此类梦。

与我交好的一位夫人梦见：她身处歌剧院中。那是一场瓦格纳的作品演出，持续至早晨7点3刻。剧院正厅前排有桌子，桌上有人正在吃喝。她那刚结束结婚旅行的表兄和其年轻的妻子坐在一张桌旁，他们旁边是一名贵族人士。据说年轻的妻子在结婚旅行中相当公开地把他表兄带回来，就像结婚旅行后带回一顶帽子。正厅中间有一座高塔，上面有一个平台，被一圈铁栅栏围住。台上是带有汉斯·里希特①的面貌特征的指挥。他不断在栅栏后面跑来跑去，挥汗如雨，他正从这个位置指挥聚集在塔下的乐队。她本人与一位（我知晓的）女友坐在一个包厢里。她妹妹想从正厅递给她一大块炭，因为她不曾知道会持续这么久，现在想必冻得坏了（似乎在长时间的演出期间包厢必须保持温暖）。

尽管梦很好地集中于一个情境，但其他一些方面仍然缺乏意义。例如，正厅中间有塔楼，指挥由此指挥乐队。最不可思议的是妹妹给她递上来的炭！我有意不要求分析此梦。凭借对做梦者个人关系的一些了解，我成功地独立解释梦的片段。我知道，她对一名音乐家多有好感，后者的音乐生涯因精神疾病而提前中断。我就决定，对正厅中的塔楼做字面理解。于是结果显示出，她希望看到代替汉斯·里希特的那名

---

① 汉斯·里希特（1843—1916年），德国指挥家。——译注

男子远远①高出乐队其他成员的位置。应把该塔楼称为由同位成分组成的一个混合产物；它以其下部结构表现该男子的伟大，以上面的栅栏表现他以后的命运，他在栅栏后面像犯人或像笼中动物（暗示不幸者的名字）②一样跑来跑去。"疯人塔"就是以两种观念合成的词。

如此揭示梦的表现方式后，可以尝试用相同的线索解开第二件表面上的荒唐事——妹妹递给她炭。炭想必意味着暗恋。

　　没有火，没有炭
　　却燃烧得如此炽热
　　如同暗恋一般，无人知晓③。

她本人及其女友干坐着④；还有望结婚的妹妹给她递上炭，"因为她不曾知道会持续这么久。"什么会持续这么久，梦中没说。如果这是一部小说，我们会补充说是"演出"。在梦中，我们可以单独着眼于这个句子，断定它是模棱两可的，并且可以加上"直至她结婚"的字眼。"暗恋"这种解释就会通过提及和妻子一起坐在池座中的表兄得到支持，并且通过后者有一段公开的情史得到支持。暗恋与公开的爱之间、她的爱火与年轻妻子的冷淡之间的对立支配着这个梦。两种情况中都有一个"身居高位的人，"这个词同样适用于那名贵族人士与被寄予厚望的音乐家⑤。

---

① turmhoch，原义为像塔一样高。——译注
② ［1925年补充］胡戈·沃尔夫（Hugo Wolf，狼——译注）。
③ ［德国民歌］。
④ sitzen bleiben，德文亦指待字闺中。——译注
⑤ ［此梦中的荒谬因素在后面得到讨论。］

// 梦的解析

凭借前面的探讨，我们终于揭示了第三个因素[1]，其对于梦意念变成梦内容的作用不可低估，即梦对所使用的特殊精神材料的表现力的考虑——大部分为视觉意象的表现力。在与根本的梦意念的若干次要联系中，易于成为视觉表象的常被优先选择出来。而梦工作不辞辛苦，例如先把干巴巴的意念重塑成另一种语言形式，只要这种形式能促成梦的表现并因此终结思维卡壳这种心理窘境，哪怕这种形式是不同寻常的也在所不惜。这种把意念内容改造成另一种形式的工作，却可能同时服务于压缩工作，创建与另一意念的关系，这些关系在其他情况下不会存在。这另一意念可能为了迎合第一种意念而事先改变了其原初的表现形式。

海尔伯特·西尔伯勒（《关于唤起并观察某些象征性幻觉现象的一种方法的报告》，1909年）[2]指出了一个在梦形成过程中直接观察意念转成图像的好方法，从而独立地研究梦工作的这一因素。如果他在疲劳与睡意蒙眬的状况下强制自己思考，就会常常发生意念溜走的情况，而出现一幅图像，他于其中就可以识别意念的替代品。西尔伯勒不尽相宜地称此替代品为"自我象征性"替代品。我在此再现出自西尔伯勒文章中的一些例子［出处同上，第519页至522页］，因为观察到的现象的某些特性，我还会在别处回到这些例子上来。

例1．我认为必须修改一篇文章中不妥的地方。

象征：我看见自己正在刨平一块木头。

例5．我试图回忆我正打算从事的某些形而上学研究的目的。我想起该目的在于，在寻求存在根据时，钻研越来越高的意识形式或存在

---

[1] ［前两种是压缩工作与移置工作。］
[2] ［该段与紧接着的西尔伯勒的引证于1914年补充。］

第六章 梦的工作

层次。

象征：我将一把长刀插入一块蛋糕下面，像要取一块蛋糕。

解梦：我用刀的动作意味着所说的"钻研"……对象征的解释如下：用餐时，切蛋糕的工作常常由我承担。我用的是一把可弯的长刀，因此需要小心。尤其是干净利落地取出切好的蛋糕，具有一定的难度；必须小心地把刀子插到相关部分下面（缓慢地"钻研"，以获得根据）。但图像中还有更多的象征。象征中的蛋糕是千层蛋糕，切刀要通过好多层（相当于意识与思想的层次）。

例9. 我失去了一串思想的线索。我努力重新找到它，却不禁认清，我完全找不到连接点。

象征：一块排好的印版，最后一行字掉落了。

鉴于笑话、格言、歌曲与成语在有教养者的思想生活中所起的作用，如果此类伪装会极其频繁地被用于表现梦意念，就会完全符合预期。例如，梦中每辆装满不同蔬菜的车意味着什么？这是"杂乱无章"，也就是"乱七八糟"的相反欲望。令我感到惊异的是，这个梦我只听说过一次①。只就少量材料而言，根据众所周知的暗示与词语替换，形成了一种普遍有效的梦象征。这种象征的很大一部分还为精神神经症、传说和民间风俗所共有②。

的确，如果我们更深入考查这个问题，就必定会发现，凭借此类替代，梦工作根本未完成任何独特之事。为达到其目的，在此情况下是为了达到无审查的可表现性，它就只走它在潜意识的思维中已经开辟

---

① ［1925年补充］我确实未再遇见过这种表现，使得我在解梦的合理性上变得糊涂了。
② ［梦象征的这个主题在下一节将得到更详细的探讨。］

的道路，它偏爱对受压抑的材料的那些转换，它们作为玩笑与暗示也可以被意识到，借助它们，神经症患者的所有幻想得到满足。此处就忽然呈现出对施尔纳解梦的一种理解，我在别处为这些解梦的正确核心辩护过。对自己身体的幻想活动绝非梦独有或是梦的唯一特征。我的分析对我表明，它在神经症患者的潜意识思维中是有规律的事件，溯源于性的好奇。对正在成长的少年或少女而言，成为性好奇内容的是异性的生殖器，但也可以是同性的生殖器。但正如施尔纳［《梦的寿命》，1861年］与沃尔克特［《梦幻想》，1875年］正确强调的，房屋并非用于象征身体的唯一想象范围——在梦中与在神经症患者的潜意识想象中都是如此。我认识的一些患者，他们却保留了身体与生殖器的建筑构造象征（可性的兴趣还是远超过外生殖器范围）。对他们而言，柱子和圆锥体意味着大腿（如同《雅歌》中一样），大门让他们想起身体的孔（"洞"），水管让他们想起泌尿器官，等等。但他们同样愿意选择植物界或厨房这种想象范围以掩盖性的景象①；在前一种情况下，语言惯用法反映了最古老时代的幻想比喻，做了充分的准备工作（《雅歌》中主②的"葡萄园""种子③"、姑娘的"园地"）。在表面上无伤大雅的对厨房里事务的暗示中，可以想到和梦见性生活最丑恶与最隐秘的细节，而如果我们忘了性象征可能隐藏在作为性生活最佳藏匿处的日常事务与不招眼的事物后面，癔症的症状特征就变得简直不可解释。具有充分性意味的是，神经症儿童不愿看见血与生肉，看到蛋与面条就呕吐，在神经症患者身

---

① ［1914年补充］对此的丰富证明材料见于爱德华·福克斯的三卷增补本（《插图风俗史》，1909年—1912年）。

② Herr，指上帝。——译注

③ Samen，亦指精液。——译注

第六章　梦的工作

上,人对蛇的天然恐惧得到异乎寻常的加剧。神经症采用这类伪装,只不过是在走人类曾经在古老的文明中走过的道路,如今还有语言惯用法、迷信与习俗证明存在这些道路,只是稍被湮没。

我在此插入预告过的一位女患者的"花"的梦,我在其中强调可在性方面做解释的一切。经解释后,这个美梦就再也不让做梦者满意了。

序梦:她走进厨房,走向两名女仆,指责她们对付不了"一点饭食"。此时,她看见有如此多倒翻的厨房器皿要擦干,粗糙的厨房器皿堆叠着。后来梦见:两名女仆去取水,不得不像跨入一条河里,这条河一直伸展到房屋边或院子里[1]。

主梦[2]:她从高处下来[3],越过奇特的栏杆或栅栏,它们组成巨大的方形图案,由小正方形格子结构组成[4]。其实这并非为攀爬而建,她总是要给她的脚找到位置,庆幸她的连衣裙攀爬时没被勾住,庆幸她行走时能够保持体面[5]。她手里拿着一根大树枝[6],其实如同拿着一棵树,树密布红花,分权展开[7]。此时有樱桃花这个念头,它们看起来却也像重瓣的茶花,后者当然不长在树上。她走下来时,开始拿着一根树枝,然后忽然变成两根,后来又变成一根[8]。她走到下面时,树枝下面的花已经差不多落光了。到了下面,她看见一名家仆,他给同样的一棵树——

---

[1] 对这个应作"因果"来看待的序梦的解释见前面。
[2] 描述她的生平。
[3] 高贵的出身,与前面的梦相反的欲望。
[4] 两个地点的复合图像:一是她家中所谓的顶楼,她在上面与她的兄弟——她后来幻想中的对象玩耍,还有一个坏叔叔的院子,他经常逗弄她。
[5] 与对叔叔院子这样一种真实回忆相反的欲望,她在那里惯常裸睡。
[6] 如同圣母领报时的天使拿着一根百合茎。
[7] 对此复合形象的解释见前面:贞洁、月经、茶花女。
[8] 指她在幻想中涉及许多人。

// 梦的解析

她想说——进行梳理，就是说用木头把像苔藓一样由树上垂下来的花束拖出来。其他工人把这样的树枝从园子里砍下，扔到街上，它们乱放着，许多人拿走了一些。她却问，这是否合适，她是否也可以拿一根①。园子里站着一名年轻人（她有点认识的一名陌生人），她走向他，问他如何能把这样的树枝移栽到她自己的园子里②。他拥抱她，对此，她挣扎着并问他怎么样，难道他以为人们可以这样拥抱她。他说，这并非不当，这是被允许的③。他于是声明愿意跟她进另一座园子，以给她演示如何栽种，而且对她说了她不怎么明白的事：我反正要三米（后来她说是3立方米）地皮。似乎他会为了他的热心向她要求什么，似乎他会有意在她的园子里自我补偿，或者他想规避哪条法律，从中得益，而她不会受损。他是否真的告诉了她些什么，她不知道。

前面因为其象征元素而突出的梦应称为"自传梦"。此类梦常在精神分析中出现，此外则很少见④。

我当然可以支配此类丰富的材料，但报告它们会使我不得不过多地考虑到神经症情况。一切都导向同一结论，即无须假设心灵在梦工作时有特别的象征性活动，而是梦使用已经完善地包含在潜意识思维中的此类象征，因为此类象征本身具有表现力并能够逃避审查作用，它们更符合成梦的要求。

---

① 是否可以拿一根，即手淫［见后文］。
② 树枝很久以来就代表男性生殖器，还包含对她的姓氏的一种相当明显的暗示。
③ 这以及下面的话与预防怀孕有关。
④ ［此段于1925年补充。本段以前的注解出自1911年］一个相似的自传梦见做梦的象征第三例；还有兰克详告的《自解的梦》［1910年］；另一个不得不颠倒解读的例子，见斯特克处（《解梦文集》，1909年，第486页）。

第六章 梦的工作

五、梦的象征表现：其他典型的梦 ①

上述对"自传梦"的分析证明，我从一开始就认清了梦中的象征。但通过增多的经验并在斯特克的著作的影响下（《梦的语言》，1911年），我才逐渐充分评价梦中象征的规模与意义，在此我不能不为他说几句话。[1925年]

这位著作者对精神分析的损害与益处或许同样多，他提出了大量意外的象征解释，起初不被人相信，后来却大部分得到证实，不得不被接受。其他人的怀疑不无道理，斯特克的贡献并未因此评论而被贬低。因为他的解梦所依托的例子经常不令人信服，而他使用的方法，因为科学上不可靠而该被摒弃。斯特克以直觉的途径获得对象征的解释，他利用自己特有的天赋去直接理解那些象征。但无法假设所有人都有这样一种本领，其有效性无法评估，其结果因而不具有可信性。这就好像一个人在患者身边仅凭嗅觉印象诊断传染病一样——虽然有些医生确实比别的医生更能用嗅觉（一般人的已经萎缩）进行工作，而且确实能够根据嗅觉诊断肠热病。[1925年]

精神分析进一步发展的经验让我们发现那些患者，他们以惊人的方式显示出对梦象征的一种直接理解。他们常常是精神分裂症患者，使得有一阵子有这种倾向，即怀疑如此理解象征的所有做梦者都患有此疾

---

① [除两段以外，本章第五节的内容在此书初版中无所包含。材料的一大部分已经在1909年与1911年的版本中补充，不过，那时还在第五章第四节"典型的梦"标题下。在1914年的版本中，首次有了现在的第五节（后面章节的字母顺序相应做了变动），它部分由先前在第五章中插入的内容组成，部分由新材料组成。在后来的版本中，还补充了其他材料。鉴于这段错综复杂的形成史，本节中每段末尾用方括号说明收录日期。迄今为止所说情况理所当然地表明，记在1909年和1911年名下的段落原初在第五章出现，1914年才被移到现在的位置。]

// 梦的解析

病。不过，这不合乎实际，仅事关个人禀赋或特性，没有明显的病理学意义。[1925年]

如果我们熟悉了梦中大量使用象征来表现性材料，就不禁提出疑问，这些象征中是否有许多如同速记中的缩写符号一样具有永久性的固定意义？我们甚至想按编码方法编写一本新的梦书。对此应说明：这种象征不属于梦本身，而是属于潜意识的想象，尤其是大众的潜意识想象，而且可以发现其在民间传说、神话、传奇故事、文学典故、格言至理和大众笑话中比在梦中更完整。[1909年]

如果我们想要正确评价象征的意义，探讨与象征概念相连的众多尚未解决的问题，我们就得远远超越解梦这个任务[1]。我们在此只限于指出，通过象征来表现属于间接表现，我们却通过各种迹象得到警告，尚不能在概念清晰性上把握这些区分性的标志时，不要不加区别地把象征表现与其他种类的间接表现堆在一起。在一系列情况下，象征与它所代表的事物之间的共性很明显，在其他情况下却隐蔽起来，对象征的选择就显得像谜一样。恰恰这些情况必定能阐明象征关系的终极意义。它们暗示，这种象征关系具有演变性质。如今用象征手法相连之事，很可能在原始时代通过概念的同一性与语言的同一性联合起来[2]。象征关系似

---

[1] [1911年补充] 参见布洛伊勒［《弗洛伊德的精神分析》，1910年］与其苏黎世的弟子梅德［《传奇、童话、习俗与梦中的象征》，1908年］、亚伯拉罕［《梦与神话：民族心理学研究》，1909年］与其他人关于象征的著作，还有他们所依据的非医生著作者（克莱因保尔［《民间迷信、宗教与传说中的生者与死者》，1898年）与其他人的著作。[1914年补充] 对该题目所作表示最中肯的见于奥·兰克与H.萨克斯的著作《俾斯麦的一个梦》，1913年，第1章。[1925年补充] 此外还有E.琼斯（《象征理论》，1916年）。

[2] [1925年补充] 这种见解会在由汉斯·施佩贝尔博士阐明的学说中找到非同寻常的支持。施佩贝尔（《论性因素对语言的形成与发展的影响》，1912年）认为，古代的一切涉及性事物的语词，后来丧失这种性意味，转到与性事和性活动相提并论的其他事物与活动上。

第六章　梦的工作

乎是曾经的同一性的残余和标记。此时可以观察到，一些情况中的象征共性超出了语言共性，正如舒伯特（《梦的象征》，1814年）已经声称过的[1]，一些象征如同语言本身一样古老，其他一些象征（如飞船、齐柏林飞艇）则是从古至今连续构成的。[1914年]

梦就利用这种象征来掩盖其隐性意念。在如此使用的象征中，却有许多象征经常或几乎总是意味着同样的事。但我们不要忘记精神材料具有特殊的可塑性。一种象征在梦内容中可能不经常是象征性的，而应在其本义上得到解释；其他时候，一个做梦者可能用特殊的回忆材料取得权利，要把一般并非如此使用的一切可能之事用作性象征。在为表现一项内容而有若干象征供其选择之处，他会选中那种表明与一种其他意念材料有实际关系的象征，也就是除了典型有效的动机激发外，还允许个人的动机激发。[1909年；末句为1914年]

如果自施尔纳起对梦较新的研究不容拒绝对梦象征的肯定——即使哈夫洛克·霭理士［《梦的世界》，1911年，第109页］也声明，不可能怀疑我们的梦充满象征——则还应承认，梦中象征的存在不仅方便，而且妨碍了解梦任务。就梦内容的象征元素而言，根据做梦者的自由联想解梦的技巧对我们不中用。解梦人随心所欲，在古代是这么做的，并且这种方式似乎在斯特克粗野的解释中复活，出于学术批评的动机应排除这种解梦人的随心所欲。这样，梦内容中存在的应得到象征性理解的元素迫使我们掌

---

[1] ［第二个从句于1919年补充——以下的注解出自1914年］例如，根据费伦茨［见兰克，《唤醒梦的象征交叉及其在荒唐无稽思维中的再现》，1912年，第100页］，在匈牙利做梦者的排尿梦中会出现在水上行驶的船，尽管德文"乘船（Schiffen，相当于英文俚语中的'撒尿'）"这个词用于"排尿"是陌生的。在法国人与其他说罗马语的人的梦中，房间（Zimmer）用于象征性地表现妇人，虽然这些语言中没有类似于德语"Frauenzimmer（闺房，女流之辈）"的词汇。

// 梦的解析

握组合的技巧，这种技巧一方面依托做梦者的联想，另一方面则利用解梦者的象征知识弥补联想的不足。在解梦的过程中，我们除了小心谨慎之外，还必须借助特别显而易见的梦例对象征做细致研究，两者必须重合，以反驳对解梦中任意性的指责。我们作为解梦人的活动还带有无把握性，部分源自我们不完善的认识，可以通过进一步深化而继续排除这种不完善的认识，这些无把握性的另外一部分恰恰取决于梦象征的某些特性。梦象征常常多义或模棱两可，像在中国文字中一样，联系上下文才能获得正确的解释。与象征的这种多义性相连的是梦有资格允许过度解释，有资格在一项内容中表现不同的、经常偏离其本性的意念产物与欲望冲动。［1914年］

在这些限制与抗辩之后，我提出皇帝与皇后（或国王与王后）确实大多代表做梦者的父母，王子或公主则代表做梦者本人。［1909年］皇帝和伟人应当得到同样高的权威，因而在某些梦里，例如歌德作为父亲的象征出现（希奇曼，《歌德作为父亲象征》，1913年）。［1919年］——所有伸长的物件，如棍子、树干、伞（因为伞打开可代表勃起）［1909年］，所有稍长与尖形的武器，如刀子、匕首、长矛［1911年］，都可代表阴茎［1909年］。对阴茎的一种常见但不甚明了的象征是指甲锉（或许因为摩擦与刮削？）罐子、盒子、箱子、橱柜、炉子与妇女躯体相应［1909年］，洞穴、船只与各种容器也是如此［1919年］——梦中的房间通常表示女人，如果表明在房间里出出入入，则其解释是无可怀疑的［1909年］[①]。

[①]［1919年补充］"一位住在公寓的患者梦见，他遇见一名女仆，问她是几号；她令他吃惊地回答：'14.'确实，他与这位姑娘建立了关系，也多次跟她在他的房间里有过会面。可以理解，她担心女店主怀疑她，就在梦前一天对他建议，跟她在无人居住的一个房间里见面。实际上，这个房间号码为14，而在梦中，这名女仆变成了第14号。关于女人与房间等同，再也没有比这个更清楚的证据了。"（恩斯特·琼斯，《妇人与房间》，1914年，参见阿特米多鲁斯《梦的象征》[第2编，第10章]，由 F.S. 克劳斯翻译，维也纳，1881年第110页："所以，比如，如果是在家中的话，卧室意味着夫人。"）

第六章 梦的工作

从这个意义上说，对房间是"开着"还是"闭锁"的关心就容易理解了（参见《癔症分析片段》中的朵拉的梦①）。关于打开房间的钥匙代表什么，就无须明确说出了。在《埃贝斯泰因伯爵》这首歌中，乌兰德②利用锁与钥匙的象征编造了一段生动的通奸情节。[1911年]——穿过一排房间的梦是妓院梦或后宫梦[1909年]。但如汉·萨克斯借助单纯的梦例所表明的那样[1914年]，它被用于表现其对立面即婚姻。[1914年]——如果做梦者梦见两个房间，它们先前曾是一间，或者他看见，他所熟悉的一套住宅的一个房间在梦中分成两间或与此相反，都表明与幼儿期性探求的有趣关系。童年时，人们认为女性生殖器与屁股是一个单独的"房间"（婴儿期泄殖腔理论）③，后来才得知，这个身体部位包含两个分开的腔孔。[1919年]——楼梯、梯子、台阶以及在它们上面走上走下，都是对性交的象征性表现④。人们攀爬过平滑的墙壁，或从上面走下的房屋的正面（常常在强烈的焦虑情况下）相当于直立的人体，在梦中很可能重复对幼儿期爬到父母与护理人员身上的回忆。"平滑的"墙代表男人，由于害怕，梦者常常紧抓住房屋的"突出部分。"[1911年]

---

① [1905年，第6卷，第138页与注2。]
② 路德维希·乌兰德（1787—1862年），德国诗人。——译注
③ [参见弗洛伊德《性学三论》第2篇关于"生育理论"的章节（1905年）。]
④ [1911年补充]我对此重复我在别处（《精神分析理论未来的机遇》，1910年）写过的话："不久前，我得知，一名与我们持不同观点的心理学家对我的一名同事说，我们肯定还是高估了梦的隐蔽的性含义。他最经常的梦是上楼梯，而那背后肯定没有什么性意味。被该异议提醒，我们关注了梦中楼梯、台阶、梯子的出现，很快可以确定，楼梯（还有与其相似之物）构成较为肯定的性交的象征。不难发现这种比较的根据：以有节律的间歇，在呼吸困难加剧的情况下，人们上到一个高度，于是可以快速跳跃几下，然后又走了下来。这样，又可以在登楼梯中重新找到性交的节奏。我们别忘了考虑语言惯用法。它对我们表明，'攀登 steigen'直接用作对性行为的代称。人们习惯说，男人是'攀登者（steiger）'、男人'追求（nachsteigen）'女人。在法文中，台阶叫'marchees'，而'un vieux marchewr'与德文的'老色鬼'意思相同。"

// 梦的解析

——桌子、摆好的桌子与木板也代表妇女，大概是因为它们的体形轮廓在象征中被消除了［1909年］。"木头"根据其语言关系似乎是女性材料的代表。Madeira这个岛名在葡萄牙语中意为木头［1911年］。因为"桌与床"构成婚姻，只要涉及把性想象情结转移到饮食情结，梦中经常以桌代床。［1909年］——衣物方面，女帽无疑可以解释成生殖器，而且是男子的生殖器，外套（Mantel）也同样。悬而未决的是，这种话语相似之处与这种象征运用中的哪部分相宜①。在男子的梦中，常见将领带作为阴茎的象征，大概不仅因为它长长地下垂，表示男子生殖器的特征，而且因为可以根据自己的心意来选择领带，是一种自由，在这种象征的本原上被本性所阻止②。梦中使用该象征者在生活中经常对领带特别重视，经常收藏它们。［1911年］——在极大的概率上，梦的所有错综复杂的构造与结构代表着生殖器——通常为男性的。［1919年］——在对它们的描写上，梦象征被证明与诙谐工作一样乐此不疲③［1909年］。相当明白无误的还有，武器与工具被用作阴茎的象征，如犁、锤、猎枪、手枪、匕首、马刀等。［1919年］——同样如此的还有许多梦中的风景，尤其是那些具有桥梁或森林覆盖的山的风景，不难辨认为对生殖器的描写［1911年］。马尔齐诺夫斯基［《画出来的梦》，1912年］搜集了一系列例子，其中，做梦者通过图画来说明其梦，这些图画会表现梦中出现

---

① ［参见弗洛伊德《精神分析引论》，1933年，第29次讲座（第1卷，第466页）。］
② ［1914年补充］参见《精神分析公报》，第2卷，第675页［罗夏《论蛇与领带的象征》，1912年］对一名19岁躁狂症女子的描绘：一名男子用一条蛇当领带，蛇正转向一名少女。还有"羞惭者"的故事（《人类繁衍》，第6卷，第334页）：一位夫人走进一间浴室，那里有一位先生，来不及穿上衬衫；他很害羞，立即用衬衫的前部遮住脖子说："请原谅，我没打领带。"
③ ［参见弗洛伊德关于诙谐的书（《诙谐及其与潜意识的关系》，1905年），他于其中引入"诙谐工作"这一术语（类似于"梦的工作"），以指称发明笑话的心理过程。］

第六章　梦的工作

的风景与场所。这些图画非常形象地区分梦中的显性与隐性意义。无邪念地来看，它们似乎是一些图纸、地图，诸如此类。更深入地探究，就会发现它们是对人体、生殖器等的表现，根据这种见解，它们才促成对梦的理解（对此可参见普菲斯特[1]关于信手涂鸦与画谜的著作《对宗教符咒语言与自动信手涂鸦的心理学解谜》，1911—1912年，还有《正常人身上的密语、信手涂鸦与潜意识画谜》，1913年）[1914年]。遇到令人不解的新构词时，也可以想到由具有性意味的成分构成。[1911年]——在梦中，儿童也经常意味着生殖器，的确正如男人与女人习惯于将其生殖器昵称为"小东西"[1909年]。斯特克[《解梦文集》，1909年，第473页]正确地把"小弟弟"当作阴茎[1925年]。与一个幼儿玩耍、打小孩等经常是手淫的梦表现。[1911年]——对梦工作而言，秃顶、剪发、掉牙与砍头象征阉割。如果常用的阴茎象征在梦中以双数或多数出现，应理解成对阉割的防御[2]。梦中出现蜥蜴——一种断尾重长的动物——也具有相同意味（参见上面的蜥蜴梦）——在神话与民间传承中被用作生殖器象征的动物中，有若干也在梦中起作用：鱼、蜗牛、猫、鼠（因为生殖器长毛），而阴茎最重要的象征是蛇。小动物和虫子是小孩（如不受欢迎的兄弟姐妹）的代表，被小虫折磨往往代表妊娠。[1919年]——最近梦中出现一种男性生殖器的梦象征值得一提，即飞艇，既因其与飞行有关系，偶尔也因其形状而证明这样的使用有道理。[1911年]

斯特克提出并用例子证明了一系列其他尚未得到充分验证的象征[1911年]。斯特克的著作，尤其是《梦的语言》（1911年）一书包含对

[1]　奥斯卡·普菲斯特（1873—1956年），瑞士福音新教神学家兼心理学家。——译注
[2]　[该主题在弗洛伊德的文章《不可名状的恐惧》（1919年，第4卷，第2节）中得到详细的论述。也可见于后文。]

// 梦的解析

象征解法最丰富的汇编，许多解释很有见地，进一步的考察已证明它们是正确的，例如关于死亡象征的章节便是。但是作者太缺乏批判精神，又过于以偏概全，所以令人怀疑他的其他解释是否适用，因此在接受他的结论时必须谨慎。我因而只举出少数几个例子。[1914年]

据斯特克的说法，应在伦理上理解梦中的右与左。"右道始终意味着正道，左道意味着犯罪的道路。所以，左道可能表现同性恋、乱伦、性倒错，右道可能代表婚姻、与妓女性交，等等。总是从做梦者独特的道德立场来评判。"(斯特克，《解梦文集》，1909年，第466页以下)一般说来，亲属在梦中大多代表生殖器(出处同上，第473页)。此处，我只能证实儿子、女儿、妹妹有此含义，也就是在"小东西"应用范围所及之处①。而凭借确证的例子，可以知道姐妹是乳房的象征，兄弟是较大乳房的象征。斯特克把赶不上车解为对无法弥补的年龄差距的遗憾(出处同上，第479页)。旅行时带的行李是压迫人的罪孽负担(在上述引文中)[1911年]。行李常常被证明是自己的生殖器明白无误的象征[1914年]。斯特克也给频繁在梦中出现的数字分配了固定的象征意义[出处同上，第497页以下]。不过，虽然解释在个案中似乎不无道理，但这种解法还是既无科学证明，也不普遍有效[1911年]。数字3还是多方证实的男性生殖器的象征②。斯特克提出了关于生殖器象征的双重含义的说法[1914年]。他说："哪有一种象征——只要想象允许——不能被男性与女性同时使用呢？"[斯特克，《梦的语言》，1911年，第73页]插入的句子却排除了这一论断的可靠性，因为想象并非总是允许这样。我认为值得一提的是，依我的经验，斯特克的一般定理应让位于事实的巨大复杂性。

---

① [显然小弟弟也是如此，见上文。]
② [对数字9的研究见于弗洛伊德《17世纪魔鬼神经症》，第3节，1923年。]

第六章　梦的工作

除了同样频繁地代表男性及女性生殖器的象征外，有些象征主要或几乎完全代表一个性别。还有一些象征，只代表男性或女性意义。想象不允许把长形、坚实的物件与武器用作女性生殖器的象征，或者把空洞的物件（如箱子、匣子与罐子等）用作男性生殖器的象征。[1911年]

梦与潜意识确实有一种双性性欲象征的倾向，透露出一种原始特征，因为我们童年时不知晓生殖器的差别，而认为两性都具有同样的生殖器[1911年]。但如果我们忘了在某些梦里做了普遍的性颠倒，用女性来表现男性，而用男性来表现女性，也可能被诱导错误地设想一种双性的性象征。例如，一名妇女希望成为男人的梦便属于这一类。[1925年]

生殖器也可能在梦中由其他身体部位来代表。阴茎用手或脚来代表，女性生殖器口用嘴、耳，甚至眼来代表。人体分泌物——黏液、眼泪、尿、精液等——可以在梦中相互替代。斯特克这种整体上正确的立论[《梦的语言》，1911年，第49页]经受了里特勒合理的批评（《论生殖器象征与分泌物象征》，1913年）。里特勒认为还需注意，实际上具有重要意义的分泌物如精液，已被无关紧要的分泌物替代了。[1919年]

这些不完善的提示可能足以刺激他人做更细致的搜集工作[1909年]①。在我的《精神分析引论》（1916年—1917年）[第10讲]中，我尝试过对梦象征做更为详细的解释。[1919年]

我将举出一些梦中使用此类象征的例子，它们会表明，如果一个人不理睬梦象征，释梦工作将如何无法进行，以及他在许多方面是如何不得不接受这种解释[1911年]。同时，我也想明确警告，谨防高估象

---

① [1911年补充]尽管施尔纳对梦象征的见解与此处所阐发的见解有各种差异，我还得强调，施尔纳应被承认为梦中象征的真正发现者，精神分析的经验使其长期被视为幻想的著作（1861年）得到世人好评。

征对解梦的意义，不要把解梦的工作限于解译象征而放弃利用做梦者联想的技巧。解梦的两种技巧必须相互补充，但实践上与理论上，优先权却留给起先描述的联想，而且应认为做梦者所做的评论具有决定性的意义，而由我们所做的象征解译只是一种辅助手段。[1909年]

（一）帽子是男人（或男性生殖器）的象征 [1911年]①

（选自一名因诱惑焦虑而患广场恐惧症的少妇的梦）

"夏天，我在街上散步，戴着一顶形状独特的草帽，草帽中部上弯，侧面部分下垂（描述在此顿住），而且一部分比另一部分垂得更低。我心情愉快，充满自信，从一队年轻军官身边经过时，我想：你们都不能把我怎么样。"

因为她对梦中的帽子产生不出任何联想，我告诉她，帽子无疑代

---

① [此梦与紧接着的两个梦于《解梦补遗》这篇文章（1911年）中首次发表。该文章由如下段落开篇，迄今为止尚未以德语重印：

"梦象征的一些例子——在对精神分析实践的许多异议中，我觉得最令人诧异或许也是最无知的是怀疑梦中与潜意识中象征的存在，因为从事精神分析工作者无人能够放弃对这样一种象征的设想，因为就梦而言，自古就通过象征来解释。而我们愿意承认，应特别严格地实行对这种象征的证明，以恰当处理此处起支配作用的多样性。

"以下我汇编了出自我最近经验的一些例子，在这些例子中，我觉得通过一种特定象征来解梦对我特别有启发。梦就包含在其他情况下绝不可能具有的意义，得以列入做梦者的意念关联中，对其解释也为梦者所承认。

"对于技巧，我要说明，恰恰在梦的象征元素上，做梦者的联想惯常不中用，使得这种特性本身刺激人尝试做象征性解梦。在对少数所选的梦例的阐释中，我试图每次都严格区分我自己的介入与患者（兼做梦者）的独立工作。"

文章以一些较短的例子结束，它们在本章第6节（第2、3与4）中被复述。在原初的文章中，它们这样开场：

"一些较罕见的梦表现——作为影响成梦的因素之一，我附加了'表现力的考虑'。在一个意念变形至一幅视觉图像的过程中，显示出做梦者的一种特殊能力，分析者很难进行同样的推测，如果做梦者兼创造者通过直觉洞见此类表现的意义，分析者就感到相当满意。"]

表男性生殖器，它的中部竖起，两边下垂。帽子代表男人，或许显得奇怪，但有这么一句话"Unter die Haube kommen"（字面意思为"躲到帽子下面"，意为"找一个丈夫"）。我有意放弃解释帽子两边不同程度下垂的那个细节，尽管恰恰此类细节才是决定解释的关键所在。我继续对她说，如果她丈夫的生殖器完美无缺，她就无须害怕军官，亦即她在他们身上没什么欲望，通常她会因诱惑幻想而不敢没有保护与陪伴地独自行走。依据其他材料，我已经能够多次给出对她的焦虑的这后一种解释。

现在非常值得注意的是，做梦的女人在这样解释后反应如何。她收回对帽子的描写，自称没说过两边下垂的话。我非常肯定听到了这句话，不会动摇，坚持这一点。她沉默了一会儿，鼓起勇气问，她男人身上一个睾丸比另一个低意味着什么，是否所有男子都如此。这就解释了帽子的奇异细节。我的全部解释就被她接受了。

女患者告知我此梦时，我早就知晓帽子的象征。从其他不那么显而易见的病例中，我推断出，帽子也可能代表女性生殖器[①]。

（二）小东西代表生殖器——被车碾压是性交的象征［1911年］

（同一位广场恐惧症女患者的另一个梦）

她母亲把她的小女儿打发走，她不得不独行。她就跟母亲坐上了火车，看见她的小女儿径直走向铁轨，以致她注定被碾压。她听见骨头咔咔响（此时有一种不快的感觉，但并非真正惊惶失措）。于是，她从车窗里向外环顾，看从后面是否能看见那些部分。她就指责其母，不该让小东西独行。

---

① ［1911年补充］参见基希格拉贝尔的一个类似的例子（《帽子作为生殖器的象征》，1912年）。斯特克（《解梦文集》，1909年，第475页）报告过一个梦，其中帽子连同中间歪斜的羽毛象征（阳痿的）男子。

分析：在此不容易给出对梦的完整解释。此梦出自一组梦，只能在与其他梦的关联中完全得到理解。同样不易的是，要孤立地得到证明象征所需的材料是很难的。患者起先发现，应从历史上解释这次火车旅行，那是对她乘车离开精神病院的暗示。她当时爱上了她的医生。母亲把她从那里接走，医生出现在火车站，献给她一束花作别。令她尴尬的是，母亲目睹了这件事。此处，母亲就作为干扰她初尝恋爱的人出现，严厉的母亲在她的少女时期确实承担了这种角色。她的下一个联想涉及这句话："她向外环顾，看是否能从后面看见那些部分。"在梦的表面，人们当然必定想到被压碎的小女儿的那些部分。这个联想却指向截然不同的方向。她回忆起，她有一次在后面看见父亲在浴室里赤身裸体。她说到性别差异并强调，在男人身上还能从后面看见生殖器，在女人身上却不能。在此关联中，她就自己解释，小东西意味着生殖器，她的小东西（她有一个四岁的女儿）就意味着她自己的生殖器。她指责母亲曾经期望她去过似乎没有生殖器的生活，又在梦开头的句子中重新发现这一指责：母亲把她的小女儿打发走，使其不得不独行。在她的幻想中，在街上独行意味着没有男人、没有性关系（拉丁文 *coire* 意为"同行"），而她不喜欢这样。根据她的叙述可以断定，在她还是小女孩时，由于父亲对她的宠爱，她曾遭到母亲的嫉妒。

从同一夜另一个梦中产生对此梦更深刻的解释，梦中，她以她的兄弟自居。她确实是个男孩般的姑娘，常常听人家说，她本该是个男孩。她对兄弟的模拟作用特别清晰地说明了小东西意味着生殖器。母亲以阉割威胁他（她），这本该是对他玩弄阴茎的惩罚。这样，这种模拟作用就表明，她本人是孩子时手淫过，但她的回忆只保留了关于其兄弟手淫的情节。她后来失去对男性生殖器的一种认识，根据对第二个梦的说明，她必定当时早就获得了这种认识。此外，第二个梦表明幼儿期性理论，即男

第六章　梦的工作

孩通过阉割变成女孩［参见弗洛伊德,《论幼儿期性理论》,1908年］。我对她阐明了这种儿童观点后,她肯定了这个事实,并告诉我,她曾听见男孩问女孩:"割掉的吗?"女孩答道:"没有,一直是这样。"

第一个梦中送走"小东西"（生殖器）也与阉割威胁有关。最后,她抱怨母亲没把她生成一个男孩。

"被车碾压"象征性交,如果不从众多其他来源证实,这一点在该梦中就不太明显。

（三）建筑物、楼梯和井代表生殖器［1911年］①

（一名因父亲情结而受压抑的年轻男子的梦）

"他跟父亲在一处散步,似乎是普拉特公园。他看见一个圆形大厅,它前面有一个小屋,装着氢气球,显得相当松弛。父亲问他氢气球到底有何用处。他对此感到奇怪,但给父亲解释了。后来他们来到一个院子,里面摊着一大块金箔。父亲想扯下一大块,事先却举目四望,看是否会有人发觉。他告诉父亲,只消告诉看守人,就可以直接拿了。院子里有台阶向下通向井里,井的两旁盖有软垫,有些像皮扶手椅。井的尽头是较长的平台,然后又有一个井……"

分析:这个做梦者属于治疗前景不乐观的类型,在某一点以前,他对分析丝毫不抗拒,但自此以后便对他几乎难以掌握了。他几乎自己独立解释了这个梦。他说:"圆形大厅代表我的生殖器,前面的氢气球代表我的阴茎,我曾抱怨它松弛。"现在就可以更深入地说明,圆形大厅代表臀部（经常被儿童算作生殖器）,前面的小屋代表阴囊。梦中,父亲问他,这一切为了什么,亦即询问生殖器的用处与所做之事。明摆着

---

① ［弗洛伊德把此梦连同对其解释收入《精神分析引论》(1916—1917年),第12讲。］

的是，要把这个事态颠倒过来，使他成为发问方。因为其实他从未问过父亲这些问题，就得把梦意念领会成欲望或者一个条件从句："要是我请求父亲做性启蒙……"我们很快会在别处看到这种意念的延续部分。

对于摊着金箔的院子不应首先做象征性理解，它暗指父亲的营业场所。出于保密原因，我用"金箔"代替父亲用来交易的另一种材料，此外不改变梦的原文。做梦者参与父亲的业务，强烈反感于那些不当的赚钱手段。因而，上述梦意念的延续部分可能是："（要是我问他），他会骗我，就像骗他的客户那样。"撕取金箔本为营业欺诈的象征，做梦者自己却给出另一种解释，即它意味着手淫。对此，我们不仅早就知晓（见上），而且通过反面来表示手淫的秘密（的确可以公开做此事）也正和这个解释相符。于是符合所有预期的是，把手淫推到父亲身上，正如第一个梦场景中的询问一样。他立即依据井壁有软垫把井解释为阴道。我们则又以为从井里上去和下来就意味着阴道里的性交（参见我的评论《精神分析疗法的未来机遇》，1910年；见前文）。

第一口井后面接着一个较长的平台，随后是一口新井，对这些细节，梦者根据亲身经验做了解释。他曾和女子性交，后来由于太软弱而放弃，希望现在借助治疗能重新开始。梦却在临近结束时变得不清晰。而必定让内行觉得可信的是，在第二个梦场景中，另一个主题的影响就起作用，父亲的商业、其欺骗性做法、第一个被表现为井的阴道预示该主题，使得人们猜测这一切与做梦者的母亲有关[①]。

[①] 此梦初次发表时（弗洛伊德，《释梦补遗》，1911年）还包含如下段落：
"整体上，此梦属于常见的自传梦一类，做梦者在梦中以一种连续讲述的形式提供关于其性生活的概貌（参见《梦的解析》第2版中的例子）。建筑物、地点、风景非常频繁地被用于象征性表现身体，特别是经常用来代表生殖器，应以大量梦例加以证明，进行综合性研究。"

（四）人象征男性生殖器，风景象征女性生殖器［1911 年］

（一名平民妇人的梦，其丈夫是警察。由达特纳报告）

"……于是有人闯进住宅，她充满恐惧地叫来警察。警察却带着两个流浪汉已悄悄地走进教堂①，有若干级台阶②上通至教堂。教堂后面有一座山③，上面有一片密林④。警察穿戴有头盔、环状领带与大衣⑤，长着棕色络腮胡子。与警察静静地同来的两个流浪汉腰上围着扎成袋状的围裙⑥。教堂前有一条小路通向小山。这条路两侧草与灌木连生，灌木变得越来越密，在山巅变成一片平常的森林。"

（五）儿童阉割的梦［1919 年］

①"一名 3 岁 5 个月的男童，父亲从前线归来让他明显不快。早晨，男童心情烦躁、激动，不断重复着问题：'为什么爸爸把头放在盘子里？昨天夜里爸爸把头放在盘子里了。'"

②"一名如今患严重的强迫性神经症的大学生回忆，他在 6 岁时反复有如下的梦：他去理发师那里理发。这时一名面容严厉的高大妇人朝他走来，割掉了他的脑袋。他认出妇人是他的母亲。"

（六）小便的象征［1914 年］

下面的一组图是费伦茨在一家匈牙利幽默报刊 *Fidibusz* 上发现的，他看出它们可用于图解梦理论。奥·兰克已经把这组以"法国保姆的梦"为题的图片用在其论文中（《唤醒梦的象征交叉及其在荒唐思维中的再现》，1912 年，第 99 页）。

---

① "或小教堂＝阴道。"
② "性交的象征。"
③ "阴阜。"
④ "阴毛。"
⑤ 根据一名专家的解释，穿着大衣、戴着兜帽的魔鬼具有男性生殖器的特征。
⑥ 阴囊的两半。

// 梦的解析

第六章 梦的工作

最后一幅图包含保姆因孩子叫喊而苏醒的情节，从这幅图中我们才看出，前面七幅图表现了一个梦的各个阶段。第一幅图表现了会导致苏醒的刺激：男孩表示了需要，要求相应的帮助。梦却混淆了卧室中的情景与散步时的情景。第二幅图中，保姆已经把男孩放到一个街角，男孩在小便，而她可以继续睡觉。唤醒的刺激却持续着，甚至加强了。男孩发现自己不被理睬，号哭得越来越厉害。他越急切地要求其保姆苏醒并提供帮助，她的梦越认为一切都正常，她无须苏醒。此时，梦把唤醒刺激解释成更多方面的象征。男孩尿出的水流越来越巨大。第四幅图中，梦中已经有一条小船，然后是游艇、帆船，最后是一条大轮船！固执的睡眠需求与不倦的唤醒刺激之间的斗争由这位天才艺术家巧妙地做了图解。

（七）一个楼梯梦 [1911 年]

（由奥托·兰克报告并解释）①

"（下文引用的②）牙齿梦来自我的一名同事，我感谢他又提供了一个显而易见的遗精梦：

"'在楼梯间，我下台阶追一个对我做了某件事的小姑娘，要惩罚她。在楼梯底下，有人（一个成年女人？）帮我拦住了那个小姑娘。我抓住小姑娘，却不知是否打了她。因为我突然发现我在楼梯上与那个小姑娘（仿佛在空中）交媾。其实并非交媾，只是我在她的外生殖器旁摩擦我的生殖器，此时，我极其清晰地看见她的外生殖器以及她向侧后方靠的头部。性行为期间，我看见我的左上方（也像在空中）挂着两幅小油画，是风景画，表现绿地中的一幢房屋。一幅小画上，下面画家签名处是我

---

① ［显然未在别处公开过。］
② ［弗洛伊德的提示。］

// 梦的解析

自己的名字，似乎指明给我作为生日礼物。此外，两幅画前还挂着一张纸条，上面写着，还有更廉价的图画可供购买。我极其不清晰地看见自己如上文在楼梯平台上一样躺在床上。我因为潮湿的感受而苏醒，这种潮湿感受源于发生了遗精。'

"解梦：做梦者做梦当日晚间曾在一家书商的店中，他在等待期间观看了一些展出的图画，表现了与梦意象相似的基本图案。在让他特别中意的一幅小画处，他走近并留意画家的名字，却是他完全不熟悉的。

"同一晚，他和几个朋友在一起，他听说一名波希米亚女仆自夸其非婚生孩子是'在楼梯上干出来的'。做梦者打听了这件不寻常事情的细节，原来这名女仆和她的情人回到她父母的住宅，那里本没有机会性交，而冲动的男人在楼梯上完成了交媾。做梦者对此还引用了一个暗指造假酒的玩笑话说孩子是'地窖楼梯上的葡萄酒'。

"前一天的许多有联系的事情持续进入梦中，做梦者并不难记起。但他发现在梦中利用一段幼儿回忆却不容易发掘。楼梯间属于他在其中度过了大部分童年岁月的那座房屋，尤其是他在那里意识到了性问题。他经常在这个楼梯间里玩耍，骑马似的沿着栏杆下滑，此时，他感觉到性冲动。梦中，他同样非常迅捷地冲下楼梯，照他自己所说，迅捷到根本不触及各档台阶，而是如人们所说，'飞下'楼梯的。依据幼儿期经历，梦的这个开头似乎表现了性兴奋因素。在此楼梯间和邻屋里，做梦者也经常与邻家孩子玩带有性色彩的游戏，并且用与梦中相同的方式满足了他的欲望。

"如果我们从弗洛伊德的性象征研究（《精神分析疗法的未来机遇》，1910年）知晓，梦中的楼梯与上楼梯几乎总是象征交媾，则这个梦就变得一目了然了。其内驱力具有纯粹的力比多性质，的确也正如其结果——遗精所表明的那样。在睡眠状态中，性冲动苏醒（在梦中由他冲下楼梯来表现），性冲动的施虐特征则表现为追逐和制服小女孩。力比多冲动加剧，催促人有性行为（梦中通过抓住孩子与其被带到楼梯中间来表现）。至此，梦就会是纯粹象征性的，对经验不足的解梦者而言，这不大容易理解。但这种象征性本该保证宁静的睡眠，满足不了过强的力比多冲动。冲动导致性高潮，进而整个楼梯象征被揭示为交媾的代表。弗洛伊德把两种行为的节律性特征作为在性方面使用楼梯象征的根据之一，此梦尤其清晰地说明了这一点，因为根据做梦者明确的说明，其性行为的节奏、上下摩擦是整个梦中显示得最清晰的元素。

"对两幅图画还有一点说明，它们除了现实意义外，在象征意义上也被视为'女人形象'。一幅大图与一幅小图，明显代表梦中出现的一个大（成年）姑娘与一个小姑娘。还有较廉价的图画供支配，引向娼妓情结。另一方面，小画上出现做梦者的名字和作为生日礼物的想法指向父母情结（在楼梯上干出来的＝因交媾而怀孕）。做梦者看见自己躺在楼梯平台上并且感觉到潮湿，结尾这个不清晰的场景似乎超出幼儿期手淫，更深远地返回童年，估计以充满乐趣的尿床为原型。"

（八）变相的楼梯梦［1911年］

我有一位患者，因为病重而禁欲，其［潜意识的］幻想固着于他母亲身上，他反复梦见母亲陪伴他上楼梯。我对他说明，适度的手淫比起他强求的节欲可能损害会小些，他于是做了如下的梦：

他的钢琴教师指责他荒废了钢琴练习，没有练习莫谢莱斯[①]的《练习曲》以及克莱门蒂[②]的《艺术津梁》。

---

① 伊格纳兹·莫谢莱斯（1794—1870年），捷克钢琴家。——译注
② 穆齐奥·克莱门蒂（1752—1832年），意大利作曲家。——译注

他对此补充说，钢琴练习曲的确也是一种阶梯，键盘本身就是一座楼梯，因为它包含音阶。

可以说，没有任何一种现象不可以表现性的事实与欲望。

（九）真实的感觉与重复的表现 [1919年]

一名现年35岁的男子讲述了一个清晰回忆起来的梦，他自称4岁时做过此梦：负责他父亲的遗嘱的律师——他3岁丧父——带来两个大梨，他吃了其中一个，另一个放在卧室的窗台上。他苏醒了，确信所梦见之事是真的，就固执地向母亲要第二个梨，说它还是放在窗台上，母亲取笑他。

分析：律师是一位和蔼的老先生，梦者似乎记得他确实有一次带来梨。窗台像他在梦中所见一样。对此，他想不起其他事，除了母亲最近给他讲的一个梦。她梦见有两只鸟趴在她头上，她自问，它们何时飞走。鸟并未飞走，而且其中一只飞到她嘴上吮吸。

由于做梦者不能联想，我们就尝试通过象征来解释。两只梨是母亲的乳房，喂养过他；窗台是胸脯的突出部分，类似于房屋梦里的阳台。他苏醒后的真实感是有道理的，因为母亲确实给他喂过奶，甚至远远超过常见的时间，而他仍可得到母亲的乳房①。此梦应翻译为：母亲，再给我（看）以前吮吸过的乳房。"以前"由吃那一只梨来表现，"再"由要求另一只梨来表现。一种行为在时间上的重复，在梦中经常用一个物体在数量上的增多来表现。

---

① ［弗洛伊德也在其关于延森《格拉迪瓦》的研究第2章末的一处（《威·延森〈格拉迪瓦〉中的妄想与梦》，1907年，第10卷，第54—56页）以及在其对狼人梦的最初评论中（《幼儿期神经症史》，1918年，第4节，第8卷，第153页）坚持这一点——苏醒者对梦或梦的一部分有一种特别强烈的真实感，这种真实感与潜在的梦意念有联系。］

第六章 梦的工作

当然，象征在一个4岁儿童的梦中起作用已是非常引人注目的事实，但这并非例外，而是常规。可以说，做梦者从一开始做梦就能使用象征了。

一位现年27岁的夫人下述不受影响的回忆可以表明，即使在梦生活之外，她多么早就使用象征：她三四岁时，保姆把她、比她小11个月的弟弟和年龄在两人之间的表妹带到厕所，让他们散步前在那里小解。作为老大，她坐到厕位上，另两人坐到便盆上。她问表妹："你也有一个钱袋吗？"表妹回答："对，我也有一个钱袋。"保姆听后笑了，把这段谈话告诉了孩子的妈妈，却遭到严厉的训斥。

此处该插入一个梦，可以借助做梦者的帮助来解释此梦绝妙的象征。

（十）正常人梦中的象征问题［1914年］[1]

精神分析的反对者经常提出的一项异议，近来更为哈夫洛克·霭理士（《梦的世界》，1911年，第168页）所强调，他认为梦象征或许只是神经症患者的精神产物，不适用于正常人。在正常人与神经症患者的心灵生活之间，精神分析的研究根本不了解原则性的差异，而只了解数量差异。而在一些梦里，受压抑的情绪的确以相同的方式在健康人与患者身上起作用，对那些梦的分析表明机制与象征完全相同。甚至，健康者无拘无束的梦经常包含比神经症患者的梦简单得多的、更显而易见、更典型的象征，在后者的梦中，由于更有效的审查和由此产生的广泛的梦的伪装，象征变得模糊而难以解释了。如下报告的梦可以用于对此事实的说明，源自一个本性古板而矜持的非神经症姑娘。谈话期间，我获

---

[1] 阿尔弗雷德·罗比切克（1912年）。

悉，她订婚了，但结婚遇到了障碍，致使婚期延迟。她亲口给我讲述了如下的梦：

"我在桌子中央布置了花朵，准备过生日。"她在回答我的一个问题时说，她在梦中如同在其家里一样（她现在并不住在那里），并且有一种幸福感。

"通俗的"象征使我得以解译此梦。此梦是表示她当新娘的欲望：桌子连同中间部分的花象征她自己与生殖器。她所表现的是已经完成了未来的欲望。她已经很想生一个孩子，所以她自认为早就结过婚了。

我让她注意，"桌子中央"是一种非同寻常的表达，她承认这一点，我此时却不能再直接问。我小心翼翼地避免对她暗示象征的含义，只是问她，对于梦的各部分，她想到什么。在分析过程中，她的克制让位于对解梦的明显兴趣与谈话的严肃性所促成的坦率。我问她是什么样的花，对我的这个问题，她起先回答："昂贵的花，人们得为它们付出代价。"后来答："是山谷中的百合、紫罗兰与石竹"。我猜测，"百合"一词在此梦中以贞洁的象征这种普遍意义出现。她证实了这一猜测，对于"百合"，她想起了"纯洁"。"山谷"在梦中是常见的女性象征。这样，英文名字中两种象征的偶然重合被用于梦象征，用于强调她珍贵的处女贞洁——昂贵的花，人得为它们付出代价——并表示出她期望她的丈夫能赏识她的价值。正如所表现出来的那样，"昂贵的花……"这句话在三种花的象征中各有不同的意义。

我试图——如我所以为的那样相当大胆地——借助与法文"强奸（viol）"一词的潜意识关系来解释表面上无性的"紫罗兰（violet）"一词的隐蔽意义。令我意外的是，做梦女人联想到"violate"（英文指"强暴"）这个词。"紫罗兰"与"强暴"两个词之间的相似性——在英语发

第六章 梦的工作

音中，它们只是通过末音节上的重音差异来区分——被梦使用，以"花的语言"来表达梦者对"破贞（该词也使用花的象征）"这种暴行的想法，或许也表达了她的受虐狂特征。这是通过词语桥梁通往潜意识的漂亮的例子。"人们得为它们付出代价"在此意味着她要成为妻子与母亲，甚至必须以付出自己的生命为代价。

在她称为"carnations"的"石竹"一词上，引起我注意的是该词与"肉体"的关系。她对此的联想却是"colour（色彩）"。她补充道，石竹是她从其未婚夫那里经常大量获赠的花。谈话结束时，她突然自己承认，她没对我说实话，她想起来的不是"colour"，而是我想到的词"incarnation（肉体化）"。此外，"colour"这个词也并非很遥远的联想，而是由"carnation"的含义——肉色，也就是由情结来决定。这种不真诚表明，此处阻抗最大，同时，象征在此最显而易见，力比多与压抑之间的斗争在这个男性生殖器主题上最为激烈。除了"carnation"的双关意义外，说这些花是未婚夫经常送的礼物，这一说明又在提示它们在梦中的阳具的意义。送花的日间动因被用以表达关于性的馈赠与回赠的意念：她赠予其少女贞洁，为此期待丰富的性爱生活。此处，"昂贵的花，人们得为它们付出代价"也可能具有一种现实的、经济上的意义——梦中花的象征也就包括了少女贞操，男性以及对暴力强奸的隐喻。应该指出，性方面的花的象征的确也一向广为传播，用花朵、植物的性器官来象征人的性器官；爱人间送花或许确实有此潜意识的含义。

她在梦中准备的生日大概意味着生孩子。她以其未婚夫自居，代表他为生育做好"准备"，也就是交媾。潜在的意念可能是：如果我是他，我就不会等，而是不问新娘就给她破贞，使用暴力。"violate"一词就指出了这一点。这样也表露出力比多的施虐欲成分。

// 梦的解析

在梦的一个更深层次中,"我……安排"这句话可能具有自体性欲,也就是具有一种幼儿期意义。

她对其身体欠缺的认识也只有在梦中可能表达出来;她看见自己的身体平得像张桌子;"中心"(她另一次称为"花的中心部分")的珍贵性——其少女贞洁就越发得到突出。桌子的水平属性也可能助了象征一臂之力。值得注意的是梦的浓缩,没有什么是多余的,每个词都是象征。

她后来对梦做了补充:"我用绿色、卷曲的纸来装饰花。"她补充道,那是"装饰纸",人们通常用它装扮花盆。她继续说道:"为了隐藏那些看起来不整齐、不顺眼的东西,花中间有一道缝隙、一小块间隙。纸看起来像丝绒或苔藓。"对于"装饰(decorate)",她联想到"体面(decorum)",正如我预计的那样。绿色占统治地位,她对此联想到"希望",又是与妊娠的一种关系。在梦的这部分里,占统治地位的并非对人的模拟,而是关于羞耻和自我暴露的观念。她为他扮美,承认身体的缺陷,她羞于这些缺陷并试图纠正之。丝绒、苔藓这些联想明显是指阴毛。

梦表达了姑娘的清醒思维几乎不了解的那些思想——关于性爱及性器官的思想。她"为生日而准备",即交媾。表达出害怕破贞,或许还有强调情欲的忧患。她承认其身体缺陷,通过高估其少女贞洁的价值来对此过度补偿。她的羞耻心是肉欲信号的借口,其目的是想生一个孩子。对爱人们来说少见的物质上的考虑也得到表示。简单的梦的情感——幸福感——显示,此处强烈的感情复合体得到了满足。

费伦茨(《一无所知者的梦》,1917年)很有道理地让人注意,恰恰在不愿求助于精神分析的那些人的梦中,最容易让人猜出象征的意义与梦的含义。[1919年]

我在此插入对一个当代历史人物的梦的分析，因为在这个梦里，通过一种补充限定最清晰地表明一个物件是阳具的象征，在其他情况下也适于代表阴茎。马鞭的"无限延长"除了意味着勃起，没有别的象征。此外，这个梦提供了一个漂亮的例子，表明严肃的、远离性事的意念如何通过幼儿期的性材料得到表现。[1919年]

（十一）俾斯麦的一个梦 [1919年]

（来自汉斯·萨克斯博士，《俾斯麦的一个梦》，1913年）

俾斯麦在其《思考与回忆》（普及本，第2卷，第222页）中，报告了他于1881年12月18日写给威廉皇帝的一封信。此信包含如下一段："陛下的通知鼓励我讲述1863年春天在冲突最严重的日子里的一个梦，人们看不出那些日子有可行的出路。我做了梦，早晨就立即告诉我妻子和其他在场者。我梦见我在一条狭窄的阿尔卑斯式牧场小径上骑马，右边是深渊，左边是山崖。小径变窄了，马抗拒着，折回或下马是不可能的，因为缺乏场地。这时，我用左手中的马鞭击向光滑的悬崖峭壁并祈求上帝。马鞭变得无限长，悬崖峭壁像布景一样坠落，开启了一条宽阔的道路，可眺望如波希米亚的丘陵与林地的景色，普鲁士部队举着旗帜，我尚在梦中就想到要急速向陛下呈报此事。此梦应验了，我庆幸而精神振作地从梦里苏醒……"

梦的情节分成两部分。第一部分中，做梦者陷入窘境，在第二部分中以奇妙的方式得救。马与骑手所处的困境是对这位政治家危急处境的一种容易辨认的梦表现，他在做梦前的晚上深思着政治问题，可能对此危急处境感到特别痛苦。借助得到表现的譬喻式转折，俾斯麦本人在上面复述过的书信段落里描述了他当时的无望境况。所以他对于这个梦景的意义必定是非常清楚的。此外，我们面前大概还有西尔伯勒的"功能现象"的一个漂亮例子［见后文］。做梦者在每个由其意念所尝试的解决办法上都遇到无法逾越的障碍，却依然无法让其思想脱离对问题的思考，骑手既无法向前亦无法向后，相当确切地给出做梦者思想中的过程。自尊心禁止他想到让步或后退，这种自尊心在梦中通过"折回或下马是不可能的……"这些话表达出来。作为一个不断激励自己并为他人幸福而操劳的人，俾斯麦必定发现容易自比为一匹马，事实上，他在许多场合都如此说过，例如他的名言："一匹好马死于劳作"。如此来解释，"马抗拒着"这些话无非意味着过劳者感受到需要避开目前的忧虑，或者换言之，他正准备通过睡眠与梦来摆脱现实原则的羁绊。于是，欲望的满足在第二部分强烈地表现出来，在"阿尔卑斯式牧场"这些词句中已暗示出来。俾斯麦当时大概已经知道，他下次会在阿尔卑斯山——也就是在加斯泰因度假，把他置于彼处的梦就一下子让他摆脱了所有烦人的国务活动。

第二部分中，做梦者的欲望以双重方式——不加掩饰、触手可及地，同时还象征性地——获得了满足。碍事的山崖消失，取而代之的是宽阔的道路，也就是他所寻求的最舒适形式的出路，这是象征性的，因望见推进的普鲁士部队而不加掩饰。要解释这种预言式的幻景，完全无须构建神秘的关联，弗洛伊德的欲望满足理论完全够用了。俾斯麦当时就盼望与奥地利开战得胜，作为摆脱普鲁士内部纠纷的最好出路。如果他看见普鲁士部队在波希米亚，也就是在敌国举着自己的旗帜，那如弗洛伊德所假设的那样，梦就由此对他表现此欲望实现了。这个梦的唯一特点是，我们在此研究的做梦者不满足于梦应验，而是还会强求现实的圆梦。一个特征必定引起所有熟悉精神分析释梦技巧的人的注意，就是变得"无限长"的马鞭。鞭子、棍棒、长矛与类似之物作为阳具象征

第六章　梦的工作

为我们所熟悉，但如果这根鞭子还具有阳具最瞩目的特性即膨胀能力，那几乎就不可能有疑问了。通过延长至"无限"来夸大现象似乎暗示幼儿期的一种过度精力倾注①。把鞭子拿在手里明显暗示手淫，当然不该想到做梦者的当前处境，而应想到远在过去的童年性欲。在此十分珍贵的是由斯特克博士［《解梦文集》，1909年，第466页以下］所发现的解释。据此，左边在梦中意味着错误、禁事、罪孽，可以很好地用于儿童期违反禁令所行的手淫。在这个幼儿期的最深层与作为政治家的当前计划的表面层次之间，还可以证明与另两层有关的一个中间层。用力击打岩壁，祈求上帝帮助，从而奇迹般地摆脱困境，整个过程让人忆起《圣经》中的一个场景，即摩西为以色列口渴的儿童从岩石中打水。我们可以毫不犹豫地假定，出自相信《圣经》的新教之家的俾斯麦详知这一段细节。身处冲突时代的俾斯麦不难自比领头人摩西，他想解放的民众对他报以反抗、憎恨与忘恩。由此却会有对当前欲望的借鉴。另一方面，《圣经》的段落包含某些细节，可以很好地用于手淫幻想。摩西违反上帝的禁令而抓起棍子，上帝因他的违法而惩罚他，对他宣布，他得死，不得进入"希望之乡"。被禁止手握杆杖（梦中无疑为手握阳具），杆杖叩击而产生液体与死亡威胁——这样，我们可以找到幼儿期手淫的所有主要因素。有意思的是，通过《圣经》段落的中介把那两幅异质图画结合起来，其中一幅源自一名天才政治家的心理，另一幅源自原始的儿童心灵的冲动，这种处理成功地抹去了所有尴尬的元素。握住杆杖是一种受禁、反叛行为，这一点更多通过发生此事时所用的"左"手象征性地得到暗示。在显性梦境中，此时却呼唤上帝，像是为了极富挑衅性

---

① ［萨克斯显然只在"附加的"精力倾注的意义上使用此概念，而非在弗洛伊德在后面赋予它的特殊意义上。］

339

// 梦的解析

地拒绝任何一种禁令或一种隐秘的思想。上帝对摩西有两个预言。第一个是他会看见希望之乡，但不能进入。第一个预言已经明显有了获得满足的表现（"眺望丘陵与林地"）。另一个令人困扰的预言则根本未提及。水很可能成为润饰工作的牺牲品，它成功地使该场景与前一个场景形成一个统一体，以岩石的倒塌代替了水的流出。

幼儿期手淫幻想中有禁令动机，我们必定会如此预期此幻想的结尾，即儿童希望其周围的权威人物对发生之事一无所知。梦中，该欲望被相反物——即刻把发生之事向国王呈报这种欲望所代替。这种颠倒却巧妙而不露痕迹地衔接包含在梦意念的最上层和一部分显性梦境中的胜利幻想。这样一种胜利梦与征服梦常常是一种性爱征服欲望的外衣。梦的各个特征，例如反抗侵入、使用延长的鞭子后却显出一条宽阔的道路，可能预示它们还不足以从中探究一个特定的、贯穿梦的意念方向与欲望方向。我们在此看见一个十分完美的梦伪装的范例。有失体统之事受到审查，不会透过表面的保护层浮现出来，从而避免任何焦虑的产生。这是在不损害审查的情况下成功使欲望得到满足的一种理想情况，使得我们可以领会，做梦者从这样的梦中"庆幸而精神振作地"苏醒。

最后一个梦如下：

（十二）一名化学家的梦［1909年］

这是一名年轻人的梦，他努力跟女人性交以改掉其手淫习惯。

前言：做梦前的日间，他给一名学生说明格林尼亚反应，遇有此反应时，镁在碘的催化作用下溶于绝对纯的乙醚中。两天前，遇到相同反应时有过一次爆炸，一名工人烧伤了手。

梦：（一）他正在制造苯基溴化镁，特别清晰地看见整套设备，却用自己替换了镁。他处于奇怪的不稳定的状况，总是说："对了，行了，

第六章 梦的工作

我的脚已经化了,我的膝盖变软了。"于是,他伸开双手摸索他的脚,在此期间(他不知如何)将其脚从烧瓶中拿出来,又对自己说:"这不可能。然而它却是这样。"此时他已半醒,对自己重复这个梦,因为他想给我讲述。他简直害怕梦消散,在这种半睡半醒期间相当激动,不断重复:"苯基、苯基。"

(二)他与全家人在某地(此地名以 ing 结尾),他应在 11 点半与一位夫人在苏格兰城门约会,他却在 11 点半才醒来。他对自己说:"现在太晚了。等你到了,就 12 点半了。"过了一会儿,他看见全家人聚在桌旁,特别清晰的是母亲和拿着汤锅的女仆。他就对自己说:"好吧,既然我们已经吃饭了,我要出去就太晚了。"

分析:他肯定第一个梦跟与他约会的夫人有关(所期待的会面前的夜里梦见此梦)。他认为自己指导的那名学生是一个特别讨厌的家伙。他告诉后者:"这不对,因为镁还未产生任何反应。"而那名学生好像心不在焉地说:"这就是不对。"那名学生必定是他自己——他就这样无所谓地对待其分析,就像那名学生对合成物一样。梦中完成操作的那个"他",却是"我"。他以其对结果的无所谓让我觉得不高兴!

另一方面,他是我用来分析(或合成)的材料。问题在于治疗的效果如何。梦中的腿让人忆起昨晚的印象。他在舞蹈课时与他想征服的一位夫人相遇;他把她抱得很紧,使她一下子叫起来。他停止压她的腿时,感觉到她有力地反压到他的小腿上直至膝盖以上——正是在梦中提及的部位。在此情境下,这名女人就是曲颈瓶里的镁——事情最终成了。他对我来说是女性,就像他对女人来说有男子气概一样。如果与这位夫人成了,那治疗也成了。他对本人以及膝盖的感觉暗示手淫,与他前一天的疲倦相应——约会确实约定在 11 点半。他要睡懒觉,并把他的性对象留在家里（即保持手淫）这种欲望相当于他的抵抗。

关于重复"苯基（phenyl）"这个词，他告诉我，以"yl"结尾的所有这些"基（radicals）"总是让他很喜欢，它们用起来很舒服，如苄基（benzyl）、乙酰基（acetyl）等。这解释不了什么，但我对他提到另一系列基中的"Schlemihl[①]"时，他大笑，告诉我他夏天时读过普雷沃的一本书，书中在《被爱情摒弃者》一章中说到"倒霉的人"这个词，在描述之时，他对自己说："这就是我的情况。"——要是他错过了约会，也会是倒霉的人。

似乎梦中出现的性的象征已经得到了直接的实验性证实。经斯沃博达建议，施勒特医生于1912年在深度催眠者身上通过一项暗示性的任务制造了梦，这种任务确定了一大部分梦境。如果暗示带来任务，要梦见正常或不正常的性交，则梦执行这些任务，它使用由精神分析解梦而为人所知的象征来代替性材料。例如，如果向一位女性被试者发出暗示，要她与女友发生同性恋关系，在梦中，这位女友手里就会拿着一只破旧的旅行袋，上面贴着一张条子，印着"女士专用"这些话。据说做梦女人对于梦中象征与解梦一无所知。可惜，施勒特医生此后不久自杀了，对这些实验的价值的评估因这个不幸的事实而受到干扰。报道其梦实验的只有《精神分析公报》上的初步通讯（施勒特，《实验梦》，1912年）。[1914年]

1923年，罗芬斯坦医生发表了一些类似的结果。显得尤其有意思的却是贝特尔海姆与哈特曼所做的实验，因为实验时排除了催眠。这些著作者（《论遇有科萨科夫精神病时的错误反应》，1924年）对具有此

---

① ［来源于希伯来语，意为"倒霉的人、不灵巧的人"。］

第六章 梦的工作

类慌乱状态的患者讲述具有粗俗性内容的故事,并且注意患者在复述时出现的伪装现象。情况表明,此时,由解梦而为人所知的象征显露出来(登楼梯、刺和射击是交媾的象征,刀子与卷烟是阴茎的象征)。作者们特别重视楼梯这个象征的出现,他们不无道理地指出,"对一个有意识进行伪装的欲望来说,这样一种象征是不可及的。"[1925年]

我们评价了梦中的象征后,才能继续前面中断的对典型梦的讨论[1914年]。我认为有理由把这些梦大致分成两类,一类确实每次都具有相同意义;另一类尽管内容相同或相似,但必须得到迥异的解释。在第一类典型梦里,我已经深入讨论过考试梦了。[1909年]

未赶上火车的梦应当与考试梦并列。对它们的解释表明这样做是正确的。对于在睡眠中感受到的另一种焦虑(对死亡的恐惧)来说,它们是安慰梦。"上路"是最频繁、最典型的死亡象征之一。梦就安慰性地说:"冷静些,你不会死(上路)。"正如考试梦所抚慰的:"别怕,你这次也不会遇到什么。"理解两类梦时的困难来源于焦虑感受恰恰与表示安慰相连。[1911年]

我经常在我的患者身上分析"牙齿刺激梦"[1],这些梦的意义长时间被我忽略,因为令我意外的是,经常有强烈的抵抗阻挡对这些梦的解释。

最终,我有充分的根据表明,对男人来说,无非是青春期的手淫欲望充当这些梦的内驱力。我想分析两个这样的梦,其一同时也是"飞行梦"。两者均源自同一名年轻男子,他具有强烈的同性恋倾向,但在生活中受抑制:

---

[1] [该段和下面几段出自1909年。]

// 梦的解析

他置身于歌剧院正厅前排观看《菲岱里奥》的演出，在 L 先生身旁。L 先生是让他有好感的人，他想要赢得后者的友谊。突然，他斜着飞过正厅，然后把手伸进嘴里，拔出两颗牙齿。

他描述这种飞行时说他似乎被"抛"入空中。因为事关《菲岱里奥》的演出，所以他想到作家的话：

他争得了一位可爱的女人……

但争得哪怕最可爱的女人也不属于做梦者的欲望。另外两行诗与这些欲望更相配：

他完成了伟大的抛掷，成为一位朋友的朋友……①

梦就包含这种"伟大的抛掷"，这种"伟大的抛掷"却不仅是欲望的满足，后面还隐藏着痛苦的思考，即梦者在结交朋友上经常不幸"被抛弃"，还有惧怕遭到在他身边欣赏《菲岱里奥》演出的年轻男子的拒绝。与之相连的就是对这位敏感的做梦者而言羞耻的供认，在被一位朋友拒绝后，他曾经出于渴望一连在性冲动中手淫了两次。

另一个梦：两名他认识的大学教授代替我给他治疗。一个在他的肢体上做了些什么，他害怕手术。另一个用一根铁棍捅他的嘴，使他失去了一两颗牙。他被四块丝巾绑住。

---

① ［席勒的诗《欢乐颂》第 2 节的起始行，由贝多芬在第九交响曲中谱曲。上面由弗洛伊德引用的诗行其实是席勒这节诗的第 3 行，不过也是贝多芬的歌剧《菲岱里奥》结尾合唱最后部分的开始——他的歌剧的脚本作者剽窃了席勒。］

第六章　梦的工作

此梦的性意味大概无可怀疑。丝巾使他等同于他认识的一位同性恋者。做梦者从来没有实施过交媾，也从未在现实中尝试过与男人性交，他根据他曾熟悉的青春期手淫模式来想象性交。

我认为，即使对典型的牙齿刺激梦做常见的修改（例如另一人给做梦者拔牙和诸如此类的事），它们也因相同的解释而变得可以理解①。显得谜一般的却可能是，为何牙刺激会获得这种含义。我在此提醒注意常见的由下向上的迁移，它服务于性压抑②，由于性压抑，在癔症中，会在生殖器上发生各种感觉与意向，至少可能在其他不受非议的身体部分上得到体现。如果在潜意识思维的象征中，生殖器被面容代替，也是此类迁移的一种情况。语言惯用法也在这方面参与，它承认"屁股③"是面颊的同源词，把"阴唇"与构成嘴部的口唇并称。在众多暗示中，鼻子等同于阴茎，这两个地方出现的毛发的相似性则更为逼真。只有牙齿的构造在任何比喻的可能性之外，而恰恰是这种相似性和非相似性的结合才使牙齿在性压抑的压力下适合于表现的目的。

把牙齿刺激梦解释成手淫梦，我无法怀疑这种解释的合理性，我不愿声称，这种解释已经完全被搞清楚④。我对解释知道多少，就提供多

---

① ［1914年补充］由另一人拔牙大多可解释成阉割（据斯特克所说，类似于由理发师剪发）。应区分牙齿刺激梦与一般的牙医梦，如科里亚（《牙医梦的两个典型性象征例子》，1913年）所报告的那些牙医梦。

② ［对此的例证见于"朵拉"的病史（弗洛伊德，《癔症分析片段》，1905年，第6卷，第106及下页与第152页注）。］

③ Hinterbacke，在德文中，hinter意为在后面，Backe是面颊、脸蛋、腮的意思。——译注

④ ［1909年补充］根据卡尔·古斯塔夫·荣格的报告，牙齿刺激梦在妇女那里具有生育梦的含义。［1919年补充］E. 琼斯对此提供了一个良好的证明［《拔牙与生育》，1914年］。这种解释与上面主张的解释的共性在于，在两种情况下（阉割与分娩），都是身体的一部分从整体脱落。

// 梦的解析

少，剩下来未及解决的问题只能暂时搁置。但我也必须指明包含在语言表达中的另一种关联。在我们国家，对手淫行为有不雅的名称："拔出"或"拉下"①。我不知道这些话根据何种想象而来，但牙齿与两者中的前者很相符。

因为拔牙或掉牙的梦②在民间迷信中预示一位亲属死亡，精神分析却至多只能在上面略述过的讽刺模仿的意义上承认它们有此类含义，我在此插入由奥托·兰克提供的牙齿刺激梦。

一段时间以来，我的一名同事开始对解梦问题感兴趣，他写信告诉了我一个以牙刺激为主题的梦：

"我最近梦见，我在牙医那里，他给我钻空了下颌后面的一颗牙齿。他长时间地钻，直到牙齿被毁坏了。然后，他用钳子握住它，轻松地把它拔出来，这让我大吃一惊。他说要我别介意，因为这根本不是本来要治的牙，就把它放到桌上，牙（我觉得是一颗上门牙）裂成若干层。我从手术椅上起身，好奇地走近，感兴趣地提出一个医学问题。医生把白得出奇的牙齿的各部分分开，用一件工具将其磨碎（研磨成粉末），一边对我解释，这与青春期有关，牙齿只在青春期之前容易脱落；在妇女那里，对此的决定性因素是分娩。

"我后来发觉（我相信在半睡醒状态），此梦伴随着遗精，但说不准是在哪一部分梦中遗精的；我觉得最可能的是牙被拔出之时。

"然后，我继续梦见一个我再也记不起来的过程，它以此结束——我怀着希望，有人会给我把衣服送来，就把帽子和外套留在什么地方

---

① ［1911年补充］对此参见前面的传记梦。
② ［该段与下面兰克的引文首次出现于1911年的版本中。引文出自兰克，《论牙齿刺激梦的主题》，1911年。参见前面同一做梦者的楼梯梦。］

（可能在牙医的衣帽间里），我只穿着礼服大衣，急忙去赶要开走的火车。我也在最后一刻成功地跳上后面的车厢，已经有人站在那里。可我再也不能进入车厢内部，而不得不以一种不舒服的姿势开始旅行，我尝试自己摆脱这种姿势，最后成功了。我们驶经一条大隧道，此时，反方向有两列火车如同从我们的火车中驶过，似乎它们是隧道。我像是从外面透过车窗望进去。

"前一天的如下经历与思想为解释此梦提供了材料：

"① 我近来确实在治牙，做梦时下颌的牙齿持续疼痛，梦中在钻牙，而现实生活中，医生给我治牙的时间比我预想的要长。做梦日的上午，我再次因疼痛去找医生，他劝我拔除同一侧颌骨上在治的牙齿以外的另一颗牙，疼痛很可能来自它。这是同样顶出来的一颗'智齿'。我趁机对他的医德提出一个与此相关的问题。

"② 同一天上午，我因牙痛而情绪恶劣，不得不请求一位夫人谅解，对此，她告诉我，她害怕被人拔掉牙根，其冠齿几乎全部脱落。她以为，如果是上颚犬齿，拔除它就会特别痛而危险，尽管另一方面，一个熟人告诉过她，要是拔除上颚的牙齿（她坏掉的牙正是在上颚）会容易些。这个熟人还对她讲，自己曾在麻醉状态下被拔错了牙，这一告知只是增加了她对必要手术的胆怯。她就问我，上颚犬齿到底是臼齿还是犬齿，如何辨认它们。我一方面让她注意所有这些意见中的迷信特点，却不忘强调某些民间观点的正确内核。对此，她告诉了我一种她所深信的古老的、人所共知的民间迷信，即如果一名孕妇牙痛，她就会生男孩。

"③ 考虑到由弗洛伊德在其《梦的解析》中所告知的牙齿刺激梦代替手淫梦的典型含义，这句俗话让我感兴趣，因为的确在民谚中，牙齿被与阴茎（或男孩）扯上某种关系。我就在同一天晚上在《梦的解析》的

// 梦的解析

相关处查阅，在彼处还发现以下论述，其对我的梦的影响像前面提及的两次经历一样容易识别。对牙齿刺激梦，弗洛伊德写道：'对男人来说，无非是青春期的手淫欲望充当这些梦的内驱力'。又写道：'我认为，即使对典型的牙齿刺激梦做常见修改（例如另一人给做梦者拔牙与诸如此类的事），它们也因同样的解释而变得可以理解。显得谜一般的却可能是，为何牙刺激会获得这种含义。我在此提醒注意常见的由下向上的迁移（在眼前的梦中，也是由下颌移到上颌），它服务于性压抑，由于性压抑，在癔症中，会在生殖器上发生各种感觉与意向，至少可能在其他不受非议的身体部分上得到实现。''但我也必须指明包含在语言表达中的另一种关联。在我们国家，对手淫行为有不雅的名称：拔出或拉下。'早在少年时代，这种表达就作为手淫的名称而为我所熟悉，由此，训练有素的解梦者不难发现通往以此梦作为根据的童年材料的通道。我只是再提及，梦中的牙齿在拔出后变成一颗上门牙，牙齿脱离的那种容易劲儿让我记起我童年时代的一次事故，当时我一颗松动的上门牙轻松而无痛地自行脱落。如今我仍能清晰地记起这一事件的所有细节。我的第一次有意识的手淫尝试也是发生在这同一早期阶段（这是一种屏蔽性记忆）。

"弗洛伊德提示卡尔·荣格有一项报告，据此报告，牙齿刺激梦在妇女那里具有生育梦的含义，以及关于在孕妇那里牙痛含义的民间迷信推动梦中的女性含义对男性（青春期）含义的对照。对此，我记起以前的一个梦，我在一名牙医那里治疗后不久，梦见我刚镶上的金牙套掉了出来，对此我在梦中十分生气，因为金牙套费用昂贵，这太得不偿失了。鉴于某种经历，与任何形式中经济上更不利的客体之爱相比，现在我可以理解此梦是夸耀手淫的物质优点（金牙套[①]），而我相信，那位

---

① Goldkronen，亦指金冠、金币。——译注

第六章 梦的工作

夫人告知的牙痛在孕妇那里的意义,在我身上再度唤醒了这些思路。

"这就是直接易懂之事,我相信,也是同行没有异议的解释。对此,我能补充的无非是指明梦的第二部分很有可能的意义,梦的这个部分通过词语桥"牙齿(拔—火车[①];拉—旅行[②])"表现了做梦者十分困难地完成的从手淫到性交(火车在不同方向上驶进驶出的隧道)的过渡以及性交的危险(参见怀孕和礼服大衣)。

"而我觉得这种情况在理论上的两个方面都很有意思。其一证明由弗洛伊德揭示的关联,即梦中在发生拔牙这一行为时发生射精。无论手淫可能以何种形式出现,我们还是不得不把遗精看作不借助机械刺激而完成的一种手淫式满足。还有,在此情况下,遗精式满足并非像其他情况下借助一个哪怕只是想象的客体而发生,而是无客体,如果可以这么说,是纯粹自体情欲的,至多让人识别轻微的(与牙医的)同性恋倾向。

"我觉得值得强调的第二点如下:有人说在此试图提出弗洛伊德之见是完全多余的,这种异议的理由是仅前一日的经历就足以让我们理解梦的内容。在牙医处就诊、与夫人谈话和阅读《梦的解析》足以解释,夜间因牙痛而不安的睡眠者也会制造此梦。如果需要的话,还可以解释这个梦是如何排除干扰睡眠的疼痛的——利用拔除痛牙的观念,同时用力比多来盖过所害怕的痛感。但甚至在此方向上做最大程度的让步时,人们也不愿认真持这种主张,即阅读弗洛伊德的解释会建立拔牙与做梦者身上手淫行为的关联,除非像做梦者本人承认的那样(表现于'拔出来'这句话中)早就事先形成这种关联。其实,在除与夫人谈话之外,什么

[①] ziehen,"拔、拉"的动词形式,Zug,"拔、拉"的名词形式,亦指火车。——译注
[②] reißen,"撕、扯"的动词形式,reisen,"旅行"的动词形式,两词发音相近。——译注

活跃了这种关联,做梦者后来的报告表明了这一点,出于可以领会的缘故,他在阅读《梦的解析》时不愿真正相信牙齿刺激梦的这种典型含义,他想知道,这是否切中所有此类梦。至少对他来说,梦证实了这一点,并对他表明,为何他会怀疑这一点。即使在此方面,梦也是欲望的满足,即希望自己对弗洛伊德这个观点的应用范围及其可靠性深信不疑。"

属于第二类典型梦的有人在梦中飞行或飘浮、落下、游泳,诸如此类。这些梦意味着什么?无法统而言之。正如我们会知道的,它们在每种情况下都意味着不同之事,只有它们所包含的感觉材料才出自同一来源。[1909年]

人们通过精神分析得到信息,从这些信息中必定推断出,这些梦也重复童年时光的印象,即涉及对儿童具有非同寻常吸引力的运动游戏。哪个叔叔(伯父)没有举起双臂带着儿童在房间里冲来冲去,告诉他如何飞翔,或者把儿童放在自己的膝盖上,突然伸腿,让他滚落下来,或者把儿童举高,假装让他跌下?于是,儿童们欢呼,乐此不疲地要求重复,特别是他们感到有点惊恐与眩晕时。几年后,他们在梦中重复这些体验,却略去了抓住他们的手,使得他们自由飘浮、落下。人们知道,儿童偏爱此类游戏及秋千、跷跷板。他们后来看见马戏团中的杂技表演时,就会重温记忆。在某些男孩身上,只是由于再现他们非常娴熟地完成的此类技艺而有癔症发作。并非罕见的是,在进行这些本身很纯真的运动游戏时也唤起了性感受。如果用一个常用的词来描述这类活动,则梦中反复出现的飞行、下落、眩晕等都可以概括为儿童的嬉笑蹦跳,其中的愉悦感现在反转成焦虑。正如每个母亲所知,在现实中,儿童的嬉笑蹦跳常常以纷争与哭泣收场。[1900年]

我就有充分的根据拒绝这种解释,即我们睡眠期间皮肤感觉的状

第六章 梦的工作

态、肺运动的感觉等招致关于飞行与下落的梦。我发觉，这些感觉本身由梦所涉及的回忆再现，它们就是梦的一部分内容，而不是梦来源[①]。[1900年]

这种同类并且出自同一来源的关于运动感受的材料就用于表现最多种多样的梦意念。关于飞行或者飘浮的梦大多强调乐趣，需要迥异的解释，在一些人那里需要十分特殊的解释，在其他人那里需要甚至典型性质的解释。我的一位女患者经常梦见她飘浮到街道之上的某一高度，而不接触地面。她长得很矮小，怕碰着别人而弄脏自己。她的飘浮梦满足了她的两个欲望，一是把她的脚从地面抬起，二是让她的头突出到较高的部位。在其他做梦的女人那里，飞行梦是表现"像一只鸟"的欲望，还有一些梦者在夜里成为天使，日间少有人被这样称呼。飞行与对鸟的想象的联系使人明白，飞行梦在男子那里大多具有十足的性含义。我们也不会惊讶于听到，有些做梦者每次都对其能够飞行感到很骄傲。[1909年]

保罗·费德恩医生（维也纳）提出了富有吸引力的猜测[②]，即这些飞行梦的很大一部分是勃起梦，因为勃起这种现象值得注意，让人的幻想不断忙碌，必定令人印象深刻（对此参考古典时期有翅膀的阳具）。[1911年]

值得注意的是，一位冷静的、反感任何解释的梦研究者穆列·沃尔德同样支持用情欲来解释飞行（飘浮）梦。他称情欲是"飘浮梦最重要的动机"，他提醒大家这些梦伴有身体的强烈振动感，并指出此类梦经常与勃起或遗精有联系。[1914年]

[①] [1930年补充] 因上下文的缘故，在此重复关于运动梦的一段文字［前面有一些补充说明］。

[②] [在维也纳精神分析协会的一次聚会上。参见费德恩随后发表的关于该主题的文章（费德恩，《论两种典型的梦感觉》，1914年，第126页）]。

// 梦的解析

　　跌落的梦常具有焦虑性质。在女子那里,解释这些梦不会遇到困难,因为她们几乎常常以跌落象征对一种性爱诱惑的屈服。我们尚未详尽阐述跌落梦的幼儿期来源。几乎所有儿童都偶尔掉下来过,然后被扶起、爱抚;如果他们夜间从小床上掉下,会被其母亲或保姆抱到床上。[1909年]

　　频繁梦见游泳和破浪而感到极大快乐的人通常曾是尿床者,他们就在梦中重复他们早已知道应戒除的一种乐趣。我们很快会借助下面不止一个例子来获悉,关于游泳的梦最容易用来代表什么。

　　解释关于火的梦证实了儿童室禁止儿童"玩火"的规定,以便他们不会在夜间把床尿湿。因为这些梦也以对童年岁月中夜间遗尿的记忆恢复为根据。在《癔症分析片段》(1905年)① 中,在与做梦女人病史的关联中,我提供了对这样一个关于火的梦的完整分析与综合,并表明这种幼儿期材料可用于表现成人期的冲动。[1911年]

　　如果把大量典型的梦理解成同一显性梦境在不同的做梦者那里频繁再现这个事实,还可以列举大量典型的梦,例如:关于走过窄巷的梦,关于走过一整排房间的梦,关于盗贼的梦(神经质者临睡前总要采取预防措施),关于被野兽(或被公牛或马)追逐的梦,关于被用刀、匕首或长矛威胁的梦,对受焦虑之苦者的显性梦境而言,后两者是典型的,诸如此类。专门对此类材料进行探究是完全值得的。取而代之的是,我得提供两项② 说明,它们却不仅涉及典型梦。[1909年]

---

① [第2节,朵拉的第一个梦。]
② [这个"两"字是1909年和1911年版本的残余,在这两版中,关于"典型"梦的全部讨论合并到了第五章。在后来的版本中,这些段落却通过补充新材料而得到极明显的扩展。在1909年的版本中,"两项"说明总共只占约5页,而1930年有42页。]

第六章 梦的工作

越深入解梦，就不禁越乐意承认，成人的多数梦都与性材料有关并有情欲的表现。只有真正分析梦，即从梦的显意进入隐意，才能对此形成判断，如果只满足于记录梦的显意（如内克在其关于性梦的著作中），就绝不可能对此形成判断。我现在可以说，此事实没让我们感到意外，而是与我们的解梦原则一致。自童年起，没有任何别的内驱力像性驱力及其各种组成部分这样不得不经历如此多的压抑[1]，任何别的内驱力都没有余下如此多、如此强烈的潜意识欲望，这些欲望就在睡眠状态中起制造梦的作用。我们在解梦时绝不能忘记性情结的这种意义，当然也不能过分夸大，把它看成独一无二的因素。[1909年]

在许多梦上，若仔细解释就可以确定，许多梦都是双性性欲的，它们不可置疑地容许多重性解释，在这种多重性解释中，这些梦实现同性的，即与做梦人正常的性活动对立的冲动。但如斯特克[2]和阿尔弗雷德·阿德勒[3][4]所声称的那样，所有梦都可作双性性欲的解释，这让我觉得既是不可证明的又是不可能的泛化，我不想支持它。我尤其不会去除这个表面印象，即有众多的梦，如饥渴梦与舒适梦等满足的并非最广义上的性爱需求。"每个梦后面都能发现死亡的幽灵"（斯特克，《梦的语言》，1911年，第34页），每个梦都表明"从女性路线进展到男性路线"（阿德勒，《生活中与神经症中的心理两性体》，1910年），类似的立论也让我觉得远远逾越了解梦中允许的尺度。[1911年]——所有梦都需要性方面的解释，文献中对此主张乐此不疲地进行论战，对我的

---

[1] 参见弗洛伊德《性学三论》，1905年。
[2] 《梦的语言》，1911年［第71页］。
[3] 1870—1937年，奥地利精神病学家、心理学家。——译注
[4] 《生活中与神经症中的心理两性体》（1910年）与后来在《精神分析中央刊物》上的文章，第1卷（1910—1911年）。

《梦的解析》而言，这种主张是陌生的。在该书的 7 个版次中找不到这种主张，它与本书中的其他内容明显矛盾。[1919 年]①

我们已经在别处表明过并可以通过众多新的例子来证实，看起来天真无邪的梦也可以代表粗俗的性爱欲望。但也有许多显得无关紧要的梦，人们不会在任何方面觉察出特别之处，分析之后，它们常可追溯至性的欲望冲动，往往出人意料。例如，谁会在解梦工作之前猜测如下的梦里有性的欲望？**做梦者讲述：两座雄伟的宫殿之间稍靠后一点，有一座小屋，大门都锁着。我妻子带我沿着一条街径直走到小屋，推门而入，于是，我迅捷而轻松地溜进一座向上倾斜的院子内。** [1909 年]

对解梦稍有经验的人立即会想到闯入狭窄的空间、打开闭锁的门属于最常用的性象征，很容易发现此梦里表现了从背后性交的尝试（在女体的两瓣肥大的臀部之间）。斜着上升的狭窄通道当然代表阴道。做梦者得到妻子帮助，这迫使人解释，在现实中只是出于对妻子的顾及才使做梦者未能完成这样一种尝试。做梦当天，有一名年轻姑娘进入做梦者的家，她激起了他的欢愉，给他留下印象，似乎她不会抗拒这种接近方式。两座宫殿之间的小屋取自对布拉格的哈拉钦城堡的回忆，进而暗示来自这座城市的同一名姑娘。[1909 年]

如果我对患者强调与自己母亲性交这种俄狄浦斯梦的频繁程度，就会得到回答："我记不起这样一个梦。"对此马上浮现对另外一个无法辨认而无关紧要的梦的回忆，它在当事人那里频繁重复，而分析表明，这是一个内容相同的梦，即又是俄狄浦斯梦。我可以保证，与母亲性交的

---

① [弗洛伊德在前面对这一点论述得更详细。]

第六章 梦的工作

梦绝大多数经过伪装，很少是直接呈现的①。[1909年]

在关于风景或地点的梦中，梦本身总是强调一种确信：我之前去过

---

① [1911年补充]我在《精神分析中央刊物》第1期上公布过这样一个伪装的俄狄浦斯梦的典型例子。[弗洛伊德，《伪装的俄狄浦斯梦的典型例子》，1910年；现在刊登于本注脚的末尾]另一个例子有奥·兰克详细的解释（《乔装打扮的俄狄浦斯梦的例子》，1911年）——[1914年补充]关于别的伪装的俄狄浦斯梦，其中显露出眼睛的象征，参见兰克（《俄狄浦斯梦尚未得到描写的形式》，1913年）。彼处还有埃德[《眼睛梦》，1913年]、费伦茨[《论眼睛象征》，1913年]、赖德勒[《论眼睛象征》，1913年]关于眼睛梦和眼睛象征的文章。俄狄浦斯传说中的瞎眼，与别处一样，是阉割的代表。[1911年补充]古人对不加掩饰的俄狄浦斯梦的象征性解释也不陌生（参见奥·兰克，《自解的一个梦》，1910年，第534页）："因此，关于尤利乌斯·恺撒有一个与母亲性交的俄狄浦斯梦流传，解释者把它解释成占有土地（大地母亲）的吉兆。"同样为人所知的是提供给塔奎尼乌斯人的预言，即罗马的统治权将落到他们中最先亲吻母亲的那个人身上，布鲁图将其理解成对大地母亲的暗示（"布鲁图……亲吻……大地，当作所有尘世人的共同母亲。"由C.F.克莱贝尔翻译）。[1914年补充]对此参见希罗多德第四卷第107页的希庇亚斯的梦："波斯人被希庇亚斯带到了马拉松，前一晚希庇亚斯梦见他睡在自己的母亲身边。从此梦中，他就推断，他会回到雅典，再度得到统治权，在他暮年时死在祖国。"[1911年补充]这些神话与解释暗示正确的心理认识。我发现，知道自己被母亲偏爱或称赞的人，在生活中表现出一种对自己的信心、一种不可动摇的乐观主义，经常显得英勇并在事业中取得成功[在其著作《出自〈诗与真〉的一段童年回忆》(《选自精神分析工作的一些性格类型》，1917年)中，弗洛伊德提及歌德作为母亲最宠爱的孩子而生活成功的例子（第10卷，第265—266页）]。

[在本注解开头提及的弗洛伊德的短文（《伪装的俄狄浦斯梦的典型例子》，1910年）从1925年的版本开始重印如下：]

"一个伪装的俄狄浦斯梦的典型例子：一名男子梦见他与一位夫人有秘密关系，另一人想娶这位夫人为妻。他担心那另一人可能发现这种关系，使得婚事泡汤，因此就对那名男子很温柔，他紧贴着他，亲吻他——做梦者生活中的事实只在一点上切合梦的内容。他与一位已婚妇女保持秘密关系，他跟其丈夫很友善，因为一句含糊其词的话，他怀疑她丈夫可能觉察到了什么。但实际上还有其他事起作用，梦中避免提及，可只有这事提供理解此梦的关键。那个丈夫的生命受一种器质性疾病的威胁。其妻对他暴死的可能性有准备，而我们的做梦者有意识想在那个丈夫死后娶年轻的寡妇为妻。通过这种外在的情境，做梦者发现自己被置身于俄狄浦斯梦的状况中。他的欲望是杀死丈夫以娶这个女子为妻；他的梦以虚伪的变形表达这种欲望。梦不是以与另一人结婚开始，而是另一人想娶她，这与他自己的秘密意图相应，而对女子丈夫的敌意欲望隐藏在外露的温存后面，这些温存出其童年与父亲交流的记忆[虚伪的梦在前面探讨过了]。"

// 梦的解析

那里［1909年］。这种"似曾相识、既视感"却在梦中具有特殊意义①。［1914年］这些地方总是指母亲的生殖器。事实上，对其他任何地方，人们都不能如此肯定地声称"我之前去过那里"［1909年］。只有一次，一位强迫性神经症患者的梦使我感到疑惑不解，梦中据说他去看一套他已经去过两次的住宅。这个患者在较长时间之前给我讲述了他6岁时发生的事情，他当时与母亲同床，误把手指插入了正在睡觉的母亲的生殖器内。［1914年］

许多梦往往充满焦虑，经常以通过狭窄的房间或浸在水中为内容，其所依据的都是关于子宫内生活、居住在子宫内和分娩行为的幻想。以下我复述一名年轻男子的梦，他在幻想中已经利用在子宫内的机会来偷窥父母之间的交媾。［1909年］

他置身于一口深井中，里面有像塞默林隧道中那样的一扇窗户。通过这扇窗户，他先看见空荡荡的地形，然后他想象一幅图画，这幅图画马上出现在那里，填补了空白。图画表现了一块耕地，被工具深深犁过，而新鲜的空气、勤奋工作的感觉、蓝黑土块给人留下了美好的印象。他就继续向前，看见一本教育学的书打开……使他惊异的是书中大量提到了（儿童的）性感觉，此时他不禁想到我。［1909年］

一位女患者可爱的关于水的梦如下，它在治疗中起到了一定作用。

夏季，她在海滨逗留时，坠入灰暗的水中，那里苍白的月亮映在水中［1909年］。

这个梦是生育梦，如果颠倒显性梦里告知的事实，就得到对它的解释，即并非坠入水里——而是从水里出来，亦即生出来②。如果想到法

---

① ［该主题在后面再次提及。］
② ［1914年补充］关于水中生育的神话意义，参见兰克《英雄诞生的神话》，1909年）。

第六章 梦的工作

文中"月亮（lune）"的俚语意义［即"底部"］，就会辨出人生出来的地方。苍白的月亮就指白屁股，孩子很快就猜出他们由此而来。那位女患者希望在暑假修养地"被生出来"意味着什么？我询问做梦女人，她不加犹豫地回答："我经过治疗不是如同新生吗？"这样，这个梦就成了邀请我为她在修养地继续治疗，亦即到那里出诊。这个梦也许还包含对自己要成为母亲这种欲望的一种非常羞怯的暗示①。［1909 年］

我从琼斯的一篇文章［《弗洛伊德的梦理论》，1910 年］②中再引用一个生育梦及对它的解释："她站在海岸上，照管一个似乎是她自己的小男孩，他在蹚水。他越走越深，直到水淹没了他，使得她只能看见他的头，他在水面上下移动。场景后来变成旅馆中满是人的大厅。其丈夫离开她，而她跟一个生人开始交谈。"

在分析时，梦的后半部分直截了当地表明她想逃避其丈夫并与第三者建立暧昧关系。梦的第一部分是明显的生育幻想。在梦中与在神话中一样，从羊水中分娩孩子通常借助颠倒被表现成孩子入水。除了许多其他例子外，阿窦尼③、俄塞里斯④、摩西和巴克科斯⑤的出生都对此提供了广为人知的例证。脑袋在水中的上浮下隐马上让女患者记起她在其唯

---

① ［1909 年补充］关于子宫中生活的幻想和潜意识的意念的意义，我后来才学会评价。它们既包含许多人对活埋感到极度恐惧的解释，也成了深刻信仰死后复生的基础。永生只是表现这种产前不可名状的生命投射到未来。分娩行为是首次焦虑经历，进而是焦虑情绪的来源与原型［参考《抑制、病征与焦虑》（弗洛伊德，1926 年，第 6 卷，第 274 以下），第 8 章接近开头的一段中对此梦有充分的探讨］。

② ［此段和后面两段于 1914 年补充。］

③ 原本为叙利亚的植物神，后作为年轻美男与阿佛洛狄忒的情人被纳入希腊神话。——译注

④ 一译"奥西里斯"，埃及宗教中的王室丧葬神、死神的主宰。——译注

⑤ 狄俄尼索斯的拉丁文名字，希腊罗马宗教中丰产与植物之神，亦是酒与狂欢之神，宙斯与塞墨勒之子。——译注

// 梦的解析

——次妊娠期间了解的胎动的感受。想到入水的男孩，唤起一种幻想，她在其中看见自己把他从水中拉出来，把他带入儿童室，给他洗涤、穿衣，最后将他带到她屋里。

梦的后半部分就表现了涉及私奔的思想，这与梦的隐意的前半部分有关，梦的前半部分符合梦的隐意的后半部分即生育幻想。除了先前提及的颠倒外，其他颠倒在梦的两半部分中都占据位置。在前半部分，孩子入水，然后他的脑袋上下浮动；在作为基础的梦意念中，胎动才浮现，然后孩子离水（一种双重颠倒）。在后半部分，她丈夫离开她；在梦意念中，她离开她丈夫。（由奥·兰克翻译）

亚伯拉罕[1]讲述了一个盼望其首次分娩的少妇的另一个生育梦［《梦与神话：民族心理学研究》，1909年，第22页以下[2]］。房间地面上有一条地下渠道直接通入水中（产道——羊水）。她从地面上揭起一个盖子，立即出现一个裹在浅棕色毛皮里面的家伙，几乎与海豹相同。这个家伙变成做梦女人的弟弟，她跟他向来有如母子般的关系。［1911年］

兰克［《唤醒梦的象征交叉及其在荒唐思维中的再现》，1912年］借助一系列梦表明，生育梦与尿刺激梦使用相同的象征。性爱刺激在这些梦中被表现成尿刺激；这些梦中的意义分层符合自童年起象征的意义变迁。［1914年］

此处，我们可以追溯到我们中断过的主题，追溯到干扰睡眠的器质性刺激对成梦的作用。在这些影响下形成的梦十分坦率地对我们展示的不仅是欲望的满足的趋势，还很频繁地展示完全显而易见的象征，因为

---

[1] 卡尔·亚伯拉罕（1877—1925年），德国精神病学家。——译注
[2] ［在"人类自然性（Conditio Humana）"系列的亚伯拉罕版本中，1969—1971年，第1卷，第280页。］

第六章　梦的工作

一种刺激常常在梦中以象征性伪装企图蒙混过关,而在遭到失败之后把梦者惊醒。这适用于遗精梦和由尿急和大便急迫而引起的梦。"遗精梦的真正特点不仅使我们有可能直接揭示某些已经被识别为典型的,却仍争论激烈的性象征,而且能够使我们确信,某些表面无伤大雅的梦情境也只是一个粗俗的性场景的象征性前奏,这种场景却大多只在相对罕见的遗精梦中得到直接表现。而它经常突变成一个焦虑梦,后者同样导致苏醒。"[兰克,出处同上,第55页][1919年]

尿刺激梦的象征尤其显而易见,自古以来就为人所承认。希波克拉底[《古老医术》,1962年,第259页]就已经持此见解,即如果梦见喷泉与井,就意味着膀胱的失调(哈夫洛克·霭理士,《梦的世界》,1911年,第164页)。施尔纳[《梦的寿命》,1861年,第189页]研究了尿刺激象征的多种多样性,他认为,"较强烈的尿刺激总是骤变成性领域的刺激及其象征性产物……尿刺激梦常常同时是性梦的代表。"[出处同上,第192页。][1919年]

我在此遵循奥·兰克在其关于唤醒梦的象征分层[1912年]的文章中的阐述,他认为很有可能的是,大量尿刺激梦其实由性刺激引起,后者起先试图"倒退地"从尿道性欲的幼儿期形式中得到满足[出处同上,第78页]。有些梦特别富有启示性,在这些梦中产生的尿刺激让人醒过来排尿。不过随后梦会继续进行,而梦中的需求就以不加掩饰的性意象表现出来[1]。[1919年]

---

[1] [1919年补充]构成幼儿膀胱梦的同一象征,在"最近的"意义上以突出的性意味出现:水＝尿＝精液＝羊水;船＝撒尿(pump ship)＝子宫(box);变湿＝遗尿＝交媾＝妊娠;游泳＝膀胱充盈＝未出生者的住所;雨＝泌尿＝受精象征;旅行(行驶、下车)＝起床＝性交(新婚旅行);泌尿＝性排泄＝遗精)(兰克,《唤醒梦的象征交叉及其在荒唐思维中的再现》,1912年,第95页)。

// 梦的解析

　　肠刺激梦以极相似的方式揭示相关的象征，同时也证实了社会人类学家充分证明了的金子（Gold）与粪便（Kot）的关联①。例如，一名妇人因为肠胃病而在接受医生治疗，她就梦见一个人在一座看起来像乡间厕所的小木屋附近埋藏金银财宝。梦的第二部分内容是，她如何给她拉完屎的小女孩擦屁股［兰克，《唤醒梦的象征交叉及其在荒唐思维中的再现》，1912年，第55页］。［1919年］

　　与分娩梦有关的是关于"拯救"的梦。如果是一名妇人梦见救人，尤其是从水里救人，则拯救与分娩同义。但如果做梦者是一名男子，意义就不同了（参见普菲斯特1909年《采用精神分析的精神关怀与精神治疗一例》中的这样一个梦）。关于"拯救"这个象征，参见我的报告：《精神分析疗法未来的机遇》（1910年）以及《性爱生活心理学文集I：论男子选择目标的特别类型》（1910年）。［1911年］②

　　人们上床前害怕的、使他们的睡眠受到干扰的强盗、夜间闯入者与鬼怪都源自同一种幼儿期记忆。正是夜访者把孩子从睡眠中唤醒，把他们置于便盆上，以使其不尿湿床，或者掀起他们的被子，仔细查看他们睡眠期间手怎么放。从对一些这样的焦虑梦的分析中，我还能够验明夜访者的身份。强盗每次都代表睡眠者的父亲，鬼怪大概更多相当于穿着白色睡衣的女人。［1909年］

---

　　①　参见弗洛伊德（《性格与肛欲》，1908年）；兰克（《唤醒梦的象征交叉及其在荒唐思维中的再现》，1912年）；达特纳（《金子与粪便》，1913年）；里克（《金子与粪便》，1915年）［也参见弗洛伊德《民间创作中的梦》，1957年］。
　　②　［1914年补充］也见兰克（《拯救幻想例证》，1911年）；里克（《论拯救象征》，1911年）。［1919年补充］更见兰克（《梦与创作》《梦与神话》《梦与创作中的"生育拯救幻想"》1914年）。

第六章 梦的工作

六、一些梦例——梦中的计算与言语[①]

在我把控制成梦的第四个因素置于其应有的位置之前,我想从我的梦的汇编中提出一些例子,它们部分能够解释三种我们所知的因素的共同作用,部分能够为自说自话的论断增补证明或从中阐明不容驳回的结论。对我而言,在上面对梦工作的说明中变得相当困难的是,要借助例子来证明我的结论。适用于各项定理的例子只在解梦的语境中才有证明力;脱离语境,它们就丧失了自己的价值,而哪怕不怎么深入的解梦也很快会变得千头万绪,让人失去探讨的线索,它本该服务于这种探讨。只是通过与前面一节的文本的关系而集中起来的各种事物,如果我将其罗列在一起,那我也只好说是由于这种技术上的困难了。[1900年]

先举几个表现方式极其怪异、不同寻常的例子。一位夫人梦见:一名女仆站在梯子上,像是要擦窗户,身边有一只黑猩猩和一只大猩猩猫(梦者后来纠正为安哥拉猫)。女仆把动物扔向做梦女人。黑猩猩拥抱了做梦女人,这很恶心。此梦通过一种非常简单的手段达到目的,即它按字面意义对待习语,按其原文来表现。"猴子"像一般动物名一样是骂人的话,而梦情境所说的无非是"向周围投掷骂人的话"。不久,我们还可以看到,在许多其他梦的工作中也利用了这个简单的方法。[1900年]

另一个梦采取了极相似的方法:一名妇人带着一个孩子,孩子的头

[①] [如在第五节中的情况一样,本节前半部分一大部分在该著作后来的版本中才补充。相应地,每段首次出现的日期也在方括号中标明。本节后半部分出自初版——搜集的另一些释梦的例子,可见弗洛伊德的《精神分析引论》(1916—1917年)第12篇。]

颅明显畸形。她听说，这是由于胎位不正造成的。医生说，可以通过压迫法使头颅形状更好，只是会损伤大脑。她想，因为是男孩，畸形也无大碍——此梦包含对"童年印象"这一抽象概念的形象表现，在治疗期间的解释过程中，做梦女人听说了这个概念。[1900年]

梦的工作在如下例子中选取了一条略有不同的道路。梦的内容是回忆格拉茨附近的希姆湖的一次郊游：外面的天气很可怕。一家寒酸的旅馆，墙上滴着水，床是潮湿的（梦的后一部分没有我说得那么直接）。这个梦意味着"多余"。梦意念中出现的一些抽象观念最初被有力地歪曲了，表现为诸如"泛滥""淹没"或"流体"等形式，然后用一大堆同类印象来表现。外面是水，里面墙上是水，潮湿的床上也是水，一切都是溢出或泛滥的[1900年]。为了表现的目的，在梦中，词语的拼写大大让位于语音，比如，如果韵脚允许类似的自由，不怎么会让我们惊异。在由兰克详细叙述的一名年轻姑娘的梦里，她在田地间散步，她在那里割下大麦穗和谷穗（Ähren）。她的一位少年时代的朋友迎面向她走来，而她想避免遇见他。分析表明，这个梦事关接吻（《自解的一个梦》，1910年，第482页）。穗子不是被拔出，而是被割下，与"尊敬（Ehre）""敬意（Ehrungen）"浓缩在一起，用于表现一整个系列的其他［潜在的］意念。[1911年]

为此，语言在其他情况下让梦很轻松地表现其意念，因为语言拥有大量词汇可供支配之用，这些词原初指的是形象而具体的意思，但在今天的使用中已变得平淡和抽象了。梦只需把原先完整的意义还给这些话或者追溯到词语的意义变迁的某个早期阶段。例如某人梦见其弟弟待在一只箱子里。解梦工作中，箱子由一只"柜子（Schrank）"替代，而梦意念就是，他的弟弟应该"约束（Einschränken）"自己——而不是做梦者本人这样做①［1909年］。另一个做梦者登上一座山，他在山上看到非同寻常的辽远景色（extensive view）。他此时模拟了自己的一个兄弟，后者是远东事务概观（survey，亦译眺望）的编辑。［1911年］

在《绿衣亨利》②中的一个梦里，一匹忘情的马在美丽的麦田中打滚，每颗麦粒都是"一颗甜蜜的杏仁核、一颗葡萄干和一枚新便士……裹在红绸里，用一小段猪鬃捆扎着"。作家（或者做梦者）立即给我们提供了对这种梦表现的解释，因为马被麦子搔得痒痒的，它就喊道："我飘飘然了。"③［1914年］

古北欧语时期的萨加文学经常使用习语梦与双关诙谐语梦（参见亨岑《论北欧萨加文学中的梦》，1890年），在这种文学中几乎找不到没有双关意义或文字游戏的一个梦例。［1914年］

搜集此类表现方式并根据它们的基本原则加以分类，会是一项特殊的工作［1909年］。某些表现方式几乎可以被称为笑话。它们给人们的印象是，如果做梦者不告知它们，人们对它们恐怕永远无法了解。［1911年］

① 一名男子梦见他被问起某人的名字，他却记不起来。他自己解释道，这意味着"他本不该梦见此事"。［1911年］

② 一位女患者讲述了一个梦，梦中，所有人都特别高大。她补充道："这必定事关我童年早期的一个事件，因为那时我当然觉得所有成人都异常高大。"她本人在此梦境中未出现④。

---

① ［此例子与下一个例子（连同略有不同的评论）也包含在《精神分析引论》第7与第8篇（1916—1917年，第1卷，第135页与第142页）中。］

② ［戈特弗里德·凯勒所作，第4部分，第6章。］

③ Der Hafer sticht mich，德文字面意思为"燕麦刺痛我了"，指得意忘形、忘乎所以、飘飘然。——译注

④ ［此例与后面两例是在一篇短文《解梦补遗》（弗洛伊德，1911年）中第一次公开。］

梦中有关童年的事实在其他梦中也有不同的表示，方法是时间转换为空间。人们看见当事人与场景如同远在一条漫长的道路的尽头，或者好像用方向颠倒的一副望远镜去看。［1911年］

③ 一名男子在清醒状态时倾向于用抽象与不确定的表达方式，素有幽默的天分。他有一次梦见，他抵达火车站，正好一列火车到达。随后，却是站台趋向停着的火车。这是对现实的一种荒诞的颠倒。此细节也无非是一种标志，提醒人梦境中会颠倒不同的事。对同一个梦的分析引向对图画书的回忆，书中画了一些男人倒立着，用手走路。［1911年］

④ 同一个做梦者另外一次报告了一个短梦，此梦几乎让人想起制画谜的技巧。他梦见他叔叔在汽车（automobil）里给他一个吻。他马上向我做出了我绝不会想到的解释，即这意味着自淫（auto-erotism）。这个梦的内容在清醒生活中很可能被当作笑话看待[1]。［1911年］

⑤ 做梦的男子梦见他从床后面拉出一名妇人。这意味着他对她有所偏爱[2]。［1914年］

⑥ 做梦者作为军官在桌旁与皇帝对坐。这个梦表明他与父亲对立。［1914年］

⑦ 一名男子梦见他正为一个人治疗骨折（knochenbruchen）。分析表明这里的骨折是对通奸（ehebruch）之类的表现[3]。［1914年］

---

[1] ［在《精神分析引论》第15篇（1916—1917年，第1卷，237页）中也以略有不同的表述报告过此梦。］

[2] ［此处为文字游戏，在德文中"拉出来"（hervorziehen）和"偏爱"（vorziehen）具有相似性。此梦也在《精神分析引论》中被引用，在讲座第7篇中，出处同上，第135页。现有的一系列例子中第5、第6、第8和第9个中的梦是在弗洛伊德的《精神分析经验与例证》（1913年）中第一次公开。］

[3] 弗洛伊德在其《精神分析引论》第11篇（出处同上，第183页）中涉及此例子，他在彼处一个脚注中描写了证实有关解梦的"症状治疗"。

第六章　梦的工作

⑧ 在梦境中，日间时间非常频繁地代表童年这个人生阶段。例如，在一个做梦者那里，晨间 5 点 1 刻意味着 5 岁 3 个月这个年纪。这个年纪很重要，因为这是做梦者在他的小弟弟出生时的年纪。[1914 年]

⑨ 梦中对人生阶段的另一种表现：一名妇人与两个相差 1 岁 3 个月的小女孩同行。做梦女人在她所熟识的家庭中没有发现一家与此事有关。她自己解释，两个孩子代表她本人，而梦提醒她，她童年的两起创伤事件的间隔时间与此时差相同（3 岁半与 4 岁 9 个月）。[1914 年]

⑩ 不足为奇的是，接受精神分析治疗的人经常梦见这种治疗，不禁在梦中表达这种治疗所激发的许多思想与期望。所选择的代表性意象最多的是旅行，大多在汽车中，汽车是一个新型的、错综复杂的工具。这时汽车的速度往往被患者作为进行讽刺性评论的机会。如果"潜意识"作为清醒意念的要素在梦中得到表现，则它完全合乎目的地通过"地下的"地方来代替，这些地方在其他时候与分析治疗全无关系，曾经意味着女体或母体。"下面"在梦中非常频繁地代表生殖器，相反，"上面"代表脸、嘴或胸部。梦工作通常以野兽象征做梦者所害怕的热情冲动，不管是做梦者的也是其他人的。拥有这些热情冲动的人带有极微小的移置象征，他们是这些热情的载体。由此，离用猛兽、狗或野马来代表令人惧怕的父亲就不远了——一种使人想起图腾的表现①。可以说，野兽用来代替比多，一种为自我所恐惧并用压抑与之对抗的力量。神经症本身、病态人格也常常被做梦者分裂，作为独立的人在梦中被形象化。[1919 年]

⑪ 这是汉斯·萨克斯（《论梦的表现技巧》，1911 年）报告的一个梦例："我们从《梦的解析》中知道，梦工作利用不同的方法，感性而直

---

① [参见弗洛伊德，《图腾与禁忌》（1912—1913 年），第 4 章第 3 节。]

// 梦的解析

观地表现一句话或一句习用语。例如，它能利用表达方式模棱两可这种情况，把双关含义用作'道岔'，不采纳在梦意念中出现的第一种意义，而把第二种意义纳入显性梦境。这发生在下面报告的短梦里，而且把最近的适当的日间印象巧妙地用作表现材料。我做梦当日患了感冒，因此晚上决定，只要可能，夜间就不离床。梦表面上只让我延续我的日间工作；我忙于把剪报粘到一本书上，当时我努力给每段剪报分配一个合适的位置。我梦见：我努力把一段剪报粘到书中，但是它粘不到纸页上，这令我十分痛苦。我苏醒了，不禁察觉，梦中的痛苦依然持续，也就强迫我背离我的意图。作为'睡眠的守护者'，梦通过表现'它粘不到纸页上'这些话对我假装实现了我待在床上的欲望。"［1914年］

简直可以说，为了对梦意念做视觉表现，梦工作使用了所有它可用的手段，无论后者是否允许清醒时的批评。这对于仅仅听说过解梦而没有亲身体验过的人来说，就不免把梦的工作看成笑话而产生怀疑了。斯特克的书《梦的语言》（1911年）中此类例子非常丰富，不过我避免从彼处提取证据，因为著作者的不加批评与技巧上的任意性也让不囿于偏见者难免产生怀疑。［1919年］

⑫选自 V. 陶斯克的一篇文章《服务于梦表现的衣服与色彩》（1914年）：

a. 甲梦见，他看见他以前的家庭女教师穿着黑色的发光衣服（lüster），紧绷着她的臀部——这被解释为此妇人是淫荡的（lüstern）。

b. 乙在梦中看见公路上有一名姑娘，被白色的灯光环绕，穿着一件白色（Weiß）罩衣。做梦者曾在那条公路上与一位魏斯（Weiß）小姐初次亲热过。

c. 丙女士梦见，她看见年老的布拉瑟尔（Alten Blasel）（一名80岁的维也纳戏剧演员）全副武装地（Rüstung）躺在长沙发上。然后，他跳上桌椅，抽出剑，一边在镜中看着自己，用剑在空中来回乱舞，似乎他在跟想象中的敌手战斗。

解梦：做梦女人有长期的膀胱疾患（Altes Blasenleiden）。分析时，她躺在长沙发上，每当她在镜中看见自己，就不顾其年龄与疾病，仍暗自想象自己相当硬朗（Rüstig）。

⑬ 梦中的"巨大成就"——一名男子梦见自己作为妊娠的女人躺在床上。对他而言，情况变得相当麻烦。他喊道："我宁可……"（分析时，他在想到一名护士后补充道："敲石头"）他床后挂着一张地图，下沿由板条夹固着。他从两端抓住板条，把这个板条扯下来，它却不是横着折断，而是碎裂成纵向的两半。这样，他就轻松了，也促进了分娩。

他把不经帮助就扯下板条（Leiste）解释成一项巨大的"成就（Leistung）"，由此，他摆脱了其（在治疗中）不快的处境，脱离了其女性的姿态……板条不仅折断，而且纵向碎裂，这一荒谬的细节得到解释。做梦者回忆起，加倍与摧毁的结合包含对阉割的暗示。在固执的相反欲望中，梦相当频繁地通过两种阴茎象征同时出现的方式来表现阉割。"腹股沟（Leiste）"的确也是接近生殖器的身体区域。他于是把解释拼合起来，说他由于受到阉割的威胁而宁可采取女性姿势。［1919 年］[①]

⑭ 在我用法语进行的一次分析中，我要解一个梦，我在其中作为大象出现。我自然要问梦者我为什么会得到这种表现。做梦者回答"您在欺骗我（Vous me trompez）"（trompe= 象鼻）。［1919 年］

通过牵强地利用相当疏远的关系，梦工作也常常成功地表现相当

---

① ［此例最初以略为详细的文本作为独立的文章发表（弗洛伊德，《对梦中"巨大成就"的表现》，1914 年）。］

难以塑造的材料，如专有名词。在我的一个梦里，老布吕克对我提出了一项任务，要我进行解剖……我仔细寻找出了某种像揉皱的锡箔似的东西①（关于此梦，以后还有更多讨论）。与此有关的不易发现的联想是："stanniol"，我就知道，我指的是名字 Stannius，是我早年非常敬佩的论述鱼的神经系统的一位作者。我的教师布吕克对我提出的首项学术任务确实涉及一种鱼（鳗鲡）幼体的神经系统［弗洛伊德,《论鳗鲡幼体脊髓中后神经根的起源》，1877 年］。显然在画谜中是不可能利用这种鱼的名称的。［1900 年］

我不愿放弃在此再插入一个具有特别内容的梦，它也作为儿童梦值得注意，通过分析很容易得到解释。一位夫人讲述道："我能够回忆起，我是孩子时反复梦见，上帝头上有一顶尖尖的纸帽。因为家长惯常在我吃饭时给我戴上这样一顶纸帽，让我不能张望其他孩子的盘子，看他们得到了多少食物。因为我知道上帝无所不知，所以这个梦意味着，我尽管戴上帽子也知晓一切。"②［1910 年］

梦工作的内容是什么③？它如何对待梦材料和梦意念？可以用富有启发性的方式借助梦中出现的数字与计算来说明。梦中的数字还被迷信地认为对未来具有特别意义。我要从我的记忆中找出一些此类例子。

（一）

选自一位夫人在治疗结束前不久所做的梦：

她想给什么东西付钱，她的女儿从她（母亲）的钱袋中拿出 3 弗洛林 65 克朗；梦者却说："你干吗？那只要 21 克朗。"由于做梦女人的状

---

① ［锡箔 = 锡纸；stanniol 由 stannium（锡）派生而来。］
② ［此梦也在弗洛伊德的《精神分析引论》（1916—1917 年，第 7 篇讲座，第 1 卷，第 132 页）中得到讨论。］
③ ［除第 4 个例子外，该节的剩余部分已经包含在 1900 年的初版中。］

第六章 梦的工作

况,不经她进一步解释,我就能理解这一小段梦。夫人是外地人,她把她女儿安置在一所维也纳的学校,只要她女儿留在维也纳,她就能继续接受我的治疗。3周后,她女儿的学年就结束了,这样,治疗也就结束了。做梦前一天,学校领导来问她是否考虑让孩子再读1年。从这个暗示出发,她当然会想到,在此情况下,她也可以把治疗延长1年。这就是这个梦的真正意义。1年有365天,至学年与治疗结束时的3周可以用21天替代(虽然真正用于治疗的时数没有这么多)。在梦意念中表示时间的数字在梦中被附加了货币价值——这并非更深的意义,因为"时间就是金钱"。365克朗就是3弗洛林和65克朗。梦中出现的金额比较小是明显的欲望满足。梦者的欲望缩减了治疗费用与在学校中1学年的费用。

(二)

另一个梦中的数字包含了更为错综复杂的关系。一名结婚已经有些年头的少妇获悉,一个与她年纪相仿的女友爱丽丝刚订婚。于是,她梦见:她与丈夫坐在剧院里,正厅前排的一侧完全无人。丈夫告诉她,爱丽丝与她的未婚夫本也想来,但只买到不好的座位,1弗洛林50克朗3个座位,他们当然不能要这些座位。她想,如果他们买了,也不会有什么损失。

这1弗罗林50克朗缘何而来?来自前一日无关紧要的诱因。她的小姑从她丈夫处获赠150弗洛林,便匆忙地花了这些钱,买了一件首饰。我们要说明,150弗洛林是1弗洛林50克朗的100倍。剧院中3个座位的3这一数字从何而来呢?为此,只得出一种联系,她那个订婚的女友恰好比她小3个月。等到正厅前排空着的意义被发现后,整个梦的意思便可解了。这个特征未作变动地暗示一件小事,此事给她丈夫提供了很好的理由来打趣。她打算去看预告过的本周的一次剧院演出,她有备在先,提前好几天订了票,为此,她得支付预购费。后来他们进剧院

369

时,发现剧院的一边几乎会是空的,看来她本不必如此匆忙。

我现在可以发现这个梦后面的梦意念了。"如此早结婚可是不明智的,我本不必如此匆忙。由爱丽丝的例子看来,我总还能找到丈夫。而且,只要我等(与小姑的匆忙相反),会找到一个比现在强上百倍的(财富)。我都能用钱(嫁妆)买来3个这样的丈夫!"我们注意到,比起先前讲述过的梦来,此梦中数字的意义和前后关系的变动程度要高得多。梦的转换与变形工作在此更深入。这一点可解释为,这些梦意念在能够获得表现以前,必须克服一种特别强大的内部精神阻力。我们也不要忽视,此梦中包含一个荒谬的元素,即两个人会要3个座位。如果我们提出,梦内容的这个荒谬的细节要特别强调这一梦意念:如此早婚是不明智的,我们就延伸至对梦中荒谬性的解释。3(年龄上相差3个月)包含在两个人无关紧要的差别中,就巧妙地被用于制造梦所需的荒谬性。实际的150弗洛林缩小至1弗洛林50克朗,符合做梦女人被压抑的意念中对丈夫(或财宝)的轻视[①]。

(三)

另一个例子给我们显示了梦的计算方法,这种计算方法曾让这个梦饱受非议。一名男子梦见:他坐在B家的椅子上……(B是他的一个熟人)并说:"您不让我娶玛莉,真是不明智。"随后,他问那姑娘:"您多大年纪了?"她回答:"我生于1882年。"——"哦,那您28岁了。"

因为梦发生于1898年,显然这是一个误算,而做梦者的运算能力之差如果不能得到别的解释,可以与麻痹症患者相提并论了。我的这位患者

---

① [此梦在弗洛伊德的《精神分析引论》(1916—1917年)中得到更详细的分析,尤其在第7篇末与第14篇讲座中(第1卷,第136—138页、第223—224页和第227—228页)。]

第六章　梦的工作

属于这种人，他们放不下任何他们看见的女人。在我的诊室，排在他后面的人经常是一名少妇，他频繁打听她，对她献殷勤。他估计这名少妇年龄为28岁。这就足以解释梦中表面上的计算结果了。1882年正是他结婚的年份。他还忍不住要和在我这里遇见的两位别的女性谈话，那两个不再青春年少的姑娘中总有一个常常给他开门，他觉得姑娘们不怎么亲切时，就对自己解释道，她们大概以为他是较年长的"老成持重的"先生。

（四）①

另一个数字梦的特征是梦被决定或被多重性决定的明显方式，对此梦连同对其解释，我感谢B.达特纳医生：

"我的房主是安全警卫人员。他梦见，他在街上站岗（这是欲望的满足）。这时，一名督察朝他走来，领牌上的号码是22和62或26。总之上面有若干个2。

"复述梦时，把2262这个数字分开就可以让人推断，这些组成部分分别具有意义。他想起来，他们昨天在机关里谈论自己服务时间的长短。起因是一名督察在62岁时退休了。做梦者才服务22年，要得到90％的退休金，还需2年2个月。梦先是佯装满足一个夙愿，以督察级别来蒙蔽他。领子上带有2262的上级是他本人，他在街上履职，也是他渴求的欲望——他已经服务完他余下的2年2个月，他已经能像62岁的督察那样以全额退休金退休。"②

如果我们聚合这些梦以及后面要提到的梦例，我们可以说，无论正

---

① ［此例于1911年补充。］
② ［1914年补充］对其他数字梦的分析参见荣格［《论对数字梦的认识》，1911年］、马尔齐诺夫斯基［《数字中的三篇小说》，1912年］与其他人。这些梦常常包含十分错综复杂的数字运算，却由做梦者以令人惊愕的准确性完成。也参见琼斯（《潜意识的数字运算》，1912年）。

// 梦的解析

确还是错误，梦工作根本不进行计算，只以计算的形式拼合那些数字，那些数字在梦意念中出现并能用来暗示一种不可表现的材料。梦此时以完全相同的方式把数字用作表达其意图的材料，就像对待所有别的想象一样，比如专有名词与可以识别为词语想象的话语。

梦工作也不可能新造话语。不管梦中出现多少话语与答语，也不管其正确与否，分析每次都对我们表明，在这方面，梦只从梦意念中选取确实做过或听见过的讲话的片段，极其任意地处理它们。梦不仅使这些片段脱离上下文并肢解它们，吸收一块，摒弃一块，而且经常重新拼合，使得相关的梦中话语在分析时被分解成几块。在这种重新利用中，梦经常把言辞在梦意念中具有的意义置于一旁，并且从原文中找出全新的意义[①]。如果

[①] ［1909年补充］与梦行事方式相同的还有神经症。我认识一位女患者，她患的病是，她不由自主或不情愿地听见歌曲或歌曲的片段（幻觉），而不能理解它们对她的精神生活的意义。她肯定不是偏执狂。分析表明，她允许自己在一定程度上乱用这些歌词。"轻轻地，轻轻地，虔诚的曲调（Weise）。"［韦伯的《自由射手》中阿加特的歌曲］。这对她的潜意识意味着：虔诚的孤儿（Waise），而她本人是孤儿。"哦，你这有福者，你这欢愉者"是一首圣诞歌曲的开头，她没有接着唱出"圣诞时光"，她把它变成一首婚礼歌曲，诸如此类。这同一种变形机制还可以无幻觉地在单纯的联想中得以实现。为何我的一位患者被对一首诗的回忆袭扰，他年轻时必定学过这首诗："夜间在布森托（Busento）河畔低吟……"因为他的想象停留在诗的这一部分：

"夜间在胸脯（Busen）上……"

我们知道，一些擅长以滑稽方式模仿经典作品的人不会放弃这种雕虫小技。发表在《捕蝇》［著名漫画期刊］上的《德国古典著作说明》系列中，对席勒的《庆祝胜利》有如下的说明：

阿特里厄斯的胜利的儿子坐着，
在他漂亮的俘虏身旁编织着。

需要接续的诗句为：

他的双臂幸福地搂着
她那可爱的迷人的胴体。

第六章　梦的工作

细看，会在梦中话语上把较清晰的、严密的组成部分与其他部分区别开来，后者用作黏合剂，很可能得到补充，就像我们在阅读时补充遗漏的字母与音节。梦中话语就具有角砾岩的结构，其中不同材料的较大碎块通过硬化的中间团块得到黏结。

严格说来，这种描述仅适用于梦中带有感官性质并且为梦者本人描述为言谈的那些话语。梦者不觉得是听见或说过的其他种类的话语（梦中没有在听觉上或运动感觉上得到强调）只不过像出现于我们清醒思想活动中的思想，并且不作变动地转入许多梦中。对梦的被视为无关紧要的话语材料而言，似乎阅读充当了富有流动性而难以追踪的来源。但在梦中作为话语而以某种方式突显的一切，都可以溯源至实际的、自己说过的或听见的真实内容。

为了其他目的，我们报告过一些梦，在分析这些梦时，我们已经发现了梦中的讲话具有这种来源。例如在"天真单纯的市场梦"中，其中"再也买不到这个了"这样的话语用来把我们与屠夫等同，而其他话语的另一部分"我不了解这个，我不要"，实际上是履行要让梦天真单纯的任务。因为做梦女人在前一天驳回了其厨娘的过分的要求："我不了解这个，请您品行端正些。"这段话的第一部分听起来天真单纯，在梦中却暗指第二部分，巧妙地满足了潜藏在梦中的想象，但也会暴露这种想象。

下面是可以导出同一结论的许多梦中的一个梦例：有一个大院子，里面在焚烧尸体。梦者说："我走了，我受不了这种场面。"（不清晰的话语）此后，他遇见屠夫的两个儿子，他问："喂，味道好吗？"一个孩子回答："不，一点也不好，好像是人肉似的。"

此梦天真单纯的诱因如下：晚餐后，梦者和他妻子拜访了规矩但并

373

不可爱的①邻居。好客的老夫人正在用晚饭，强迫他（男人之间戏谑地用一个具有性意味的复合词代替之）尝尝。他拒绝了，说他没有胃口。她回答了"来吧，您会吃得下"或类似的话。他就不得不品尝了，然后在她面前称赞："味道真好。"他又跟他妻子单独在一起时，他就抱怨女邻居缠人而且菜的味道也不好。梦中出现的"我受不了这种场面"这句话并非以真正的话语出现，而是一种意念，暗示请吃饭的夫人的外貌，可以解释成他不想看此人。

分析另一个梦会更有启发性，我就在此处报告此梦，因为构成其中心的话语很清晰，但在评价梦中情绪时才会充分解释此梦。我很清楚地梦见：我在夜间走入布吕克的实验室，轻轻的一记敲门声后，我给（逝去的）弗莱施尔②教授开门，他与若干陌生人一起走进来，说了几句话后，就坐到他的桌旁。此后跟着第二个梦：七月，我的朋友弗利斯悄悄地来到维也纳。我在街上遇见他，他在与我（逝去）的朋友P交谈，我跟他们到某个地方去，他们在那里像是在一张小桌旁对坐，我坐在小桌狭窄的一侧的前部。弗利斯讲到他妹妹，说："3刻钟后，她死了。"后来又说了"这是极限"这句话。因为P没听明白他的话③，弗利斯转向我，问我究竟把他的多少事告诉了P。对此，我被奇怪的情绪攫住，想告诉弗利斯，P（根本什么都不可能知道，因为他）已经死了。我却说了"Nonvixit"，自己都注意到这个错误。我于是盯着P看，在我的目光下，P变得苍白、模糊，他的眼睛变成病态的蓝色——最终，他消散了。我对此极为喜悦，现在明白，恩斯特·弗莱施尔也只是一个幻象、

---

① Appetitlich，德文原意为鲜美的、引起食欲的、美味可口的。——译注
② ［见后面对所提及人员的解释。］
③ ［此细节在后面得到分析。］

第六章 梦的工作

一个亡灵（Nevenant）。我发现完全可能的是，这样一个人很可能仅因为一个人高兴而存在，也能随着别人的欲望而消失。

这个巧妙的梦聚合了许多梦的特点——做梦期间就有批评，说我自己发觉了错误，说"Non vixit"而非"Non vivit"［即说"他没活过"而非"他没活着"］，与逝世者无拘无束地交往，梦本身宣告他们已经逝世，结论荒诞，以及此结论给予我的极大满足，等等——这个梦显示出如此多的谜一般的特性，如果要解开梦中这些难题，势必要花费很多时间。在现实中，我无法做到我在梦中做的事——为了我的野心而去牺牲我非常尊重的人。但若遇到任何遮掩，我熟知的梦的意义就会被破坏。所以，我就满足于在此和以后的段落中选择梦的一些成分来解释。

构成梦的中心是一个场景，其中，我用目光消灭了P。他的眼睛此时变得如此奇怪，蓝得不可名状，然后他消散了。这个场景明白无误地复制了一个实际经历过的场景。我曾是生理研究所的解说员，上早班，而布吕克得知，我有几次到学生实验室太晚了。于是，他有一次准时来开门，静等着我。他说的话简短而明确，但我对这些并不在意。使我惊慌失措的是他那双注释着我的蓝眼睛，我在它们前面无地自容——如梦中的P，幸运的是角色转换了。任何人都忘不了这位大师即使到了老年仍异常美丽的眼睛，而有谁曾见过他发怒，就不难理解那位犯错的年轻人当时的心情。

但我很长时间以来都搞不明白自己为什么在梦中认为"Non vixit"的说法是错误的。直至我记起来，梦中这两个非常清晰的字并非听见或喊出的，而是看见的，于是我立即知道它们缘何而来了。在维也纳霍夫堡宫内的约瑟夫皇帝纪念碑基座上可以读到如下动人的话：

375

// 梦的解析

        Saluti patriae vixit

        Non diu sed totus.①

我摘引这个碑文正好符合我的梦意念中一系列敌意观念，并且应该意味着：这家伙的确不足挂齿，他的确根本没活着。我就不禁回忆起，位于大学拱廊的弗莱施尔纪念碑揭幕②后没几天我做了此梦，揭幕时我又见到了布吕克的纪念碑并（在潜意识中）不禁感到惋惜，因过早死亡，我那天分极高、完全献身于科学的朋友P失去了在这些地方立碑的资格，所以我在梦中给他立碑。我的朋友P名字也叫约瑟夫③。

按照解梦的规则，我总是无理由把我所需要的"Non vivit"用"Non vixit"来代替，对约瑟夫纪念碑的回忆让后者供我支配。梦意念的另一要素必定因其贡献而促成了这一点。其他一些元素让我注意到，在梦的场景中，对于我的朋友P，一种敌意的感情与一种温柔的感情相遇，前者肤浅，后者被掩饰，而且在"Non vixit"这些相同的话中得到表现。因为他为科学做出了贡献，我为他立碑。但因为他有恶意的欲望④（在梦的末尾表达出来），所以我消灭了他。我注意到上面的说法有一种特殊的调子，我必定在心中先有了一个模式。只是何处能找到一个类似的

---

    ①　["他活得并不长久，但完全为国家的利益而活过。"——1925年补充]正确的碑文是：
Saluti publicae vixit
Non diu sed totus.
维特尔斯［《西格蒙特·弗洛伊德：其人、学说、学派》，1924年，第86页］很可能猜对了失误的动机：patriae 代替了 publicae。
    ②　[1898年10月16日。]
    ③　作为对多因性决定的贡献，我为我来得太晚辩白道，在漫长的夜间工作后，我早晨得走远路从约瑟夫皇帝街到韦林街。
    ④　[该细节在后面得到更详细的解释。]

第六章 梦的工作

对偶句,对同一人有两种并列的对立反应,这两种反应既完全正确又互不相容呢?只有文学上的一段话,却使读者深刻铭记:在莎士比亚的《恺撒大帝》中布鲁图的辩解辞中[第3幕第2场]:"因为恺撒爱过我,我为他哭泣;因为他曾幸福,我就喜悦;因为他勇敢,我尊敬他;但因为他野心太大,我就杀死他。"这难道不是与我所揭示的梦意念中相同的句子构造与对立意义?我就在梦中扮演布鲁图。但愿我能在梦境中对这种意外的细枝末梢的联系找到另一点证据来证实!我想,这可能是"我的朋友弗利斯在7月来到维也纳"。这个细节在现实中根本找不到依据。据我所知,我的朋友从来没在7月来过维也纳。但7月(Juli)这个月份根据恺撒大帝(Julius Cäsar)命名,所以很可能暗示着我所期望的我扮演布鲁图这个角色的中间思想①。

值得注意的是,我确实曾经扮演过布鲁图。在一群儿童面前,我表演过选自席勒的诗②的布鲁图与恺撒的场景。那时我才14岁,与小1岁的侄子共同演出,他当时从英国来到我们这里——这样他也是一个归来者(Revenant)。他是我童年时代最早的玩伴,直到我满3岁,我们都分不开,互爱又互斗。而正如我已经略提过的那样,这种儿童关系决定了我与后来同龄人交往中所有的感情。我的侄子约翰从那时起就有了许多化身,复活了在我潜意识的记忆中不可磨灭地固着的他的人格的某一方面。他必定有时对我很差,而我必定在这个暴虐者面前表现得很勇敢,因为在后来的岁月里,常常有人对我复述一段简短的辩解辞,我父亲——他的祖父——责问我:"你为何打约翰?"我用尚不足两岁者的语

---

① 在恺撒大帝和奥地利皇帝 Kaiser 之间还有进一步的联系。
② [这实际上是卡尔·摩尔所引的席勒《强盗》第4幕第5场较早一节中的一首对话体的诗。]

言为自己辩护，原话是："我打他，是因为他打我。"这幕童年场景必定把"Non vivit"转移至"Non vixit"，因为在后来的童年岁月的语言中，"打"的确是"殴打"的意思。梦工作不拒绝使用此类关联。我的朋友P在多方面优于我，因而也能够充当我的童年玩伴的翻版。我在现实中对他怀有没来由的敌意，肯定可以溯源至我与约翰错综复杂的幼儿期关系①。后面我还会讨论这个梦。

七、荒谬的梦——梦中的理智活动 ②

迄今为止，我们解梦时频繁遇见梦中的荒谬性这个要素，使得我们再也不愿拖延，要探究这个要素来自何方，大致意味着什么。我们的确记得，梦的荒谬性给反对评估梦的人提供了一个主要论据，从而把梦看作一种压缩的和破碎的精神活动的一个无意义产物。

我以一些梦例开始，其中荒谬性只是表象，若更深入地考察梦的意义，这种表象马上消失。下面是几个关于梦者死去的父亲的梦，乍看起来像是巧合。

(一)

6年前丧父的一位患者的梦：他的父亲遭遇巨大的不幸。他的父亲坐夜车，这时发生脱轨，座位碰到一起，父亲的头被夹在中间。然后他看见父亲躺在床上，左眉框上方带着纵向的伤。他惊异于父亲遇难（他在讲述时补充道，因为父亲已经死了）。他父亲的眼睛是那么明亮！

---

① ［梦中的话语的主题在前面与后面都有提及。］
② ［除一些特地用后来的日期标明的段落外，以下直到本书末尾的全部问题都已经包含在初版（1900年）中。］

第六章 梦的工作

根据对梦的主流评判，本该如此解释此梦：做梦者在想象这起意外时，必定忘了父亲已经在坟墓中安息了几年；做梦的进一步过程中，他又记起了此事，导致他一边做梦一边惊异于自己的梦。分析却表明，采取这种解释显然无济于事。做梦者在一名艺术家那里预订了父亲的一尊胸像，做梦前两天，他察看过胸像。他正是把这件事看作一场灾难。雕塑家从未见过做梦者的父亲，他根据交给他的照片来雕塑。做梦前一天，这位孝子打发一名老家仆去了工作室，看是否会对大理石的头部有相同的意见，也就是太阳穴之间是否太窄。随之而来的就是回忆材料，促成了此梦的结构安排。如果业务上的失败或家中难事折磨父亲，他习惯用双手按住太阳穴，似乎想把让他觉得太宽的头压扁———把偶然走火的手枪弄黑了父亲的眼睛时（他的眼睛是那么明亮），我们的那个做梦者在场，他当时是一个4岁的孩子。在梦显示的父亲的伤口处，他生前深思或者悲哀时，就会显出深深的横向皱纹。这道皱纹在梦中由一道伤口替代，表明梦的第二个起因。做梦者给小女儿拍了照，底片从他手中落下，他捡起时，发现照片上小女儿的前额下有一道裂缝，像一道垂直的皱纹经过小女孩的额头，直至眉弓。他对此不禁产生了一种迷信的预感，因为母亲死前一天，他也把她照片的底片弄裂了。

可见，梦的荒谬性只是语言表达不严谨的结果，这种表达不会区分胸像、照片与本人。我们［在看一张照片时］总会说："你不觉得父亲有什么地方不对劲吗？"当然，此梦中荒谬的表象本该容易避免。如果人们可以根据唯一的经验来判断，就可能会想到，这种荒谬的表象是可以接受的，甚至是故意设想出来的。

（二）

第二个十分相似的例子选自我自己的梦（我于1896年丧父）。

// 梦的解析

　　父亲死后在马札尔人①那里扮演一个政治角色,把他们在政治上联合起来。对此,我看见一幅不清晰的小画面:一群人像是在德国国会大厦内,一个人站在一把或两把椅子上,其他人围着他。我回忆起来,他死在床上时看上去如此像加里波第②,这一预兆还是成真了,我很高兴。

　　这个梦真够荒谬的。做梦的时间正值匈牙利人因议会故意拖延议案而陷入无政府状态,结果陷入一场危机,科洛曼·塞尔把他们从危机中解救出来③。梦中所见场景由很小的画面组成,这个微不足道的情况对解释这一要素并非没有意义。梦通常用视觉来表现我们的意念,这种梦表现产生图像,这些图像大致给我们留下生动的印象;我的梦象却是再现一幅插在一段图解奥地利历史的文本中的木刻画,这幅木刻画表现了玛丽亚·特蕾莎④在普雷斯堡⑤的帝国议会上说"我们誓死效忠国王"的著名场景⑥。正如图中的玛丽亚·特蕾西亚一样,梦中,父亲就这样被人群围绕着;他却站在一把或两把椅子(Stuhl)上,也就是当判官(Stuhlrichter)(充当二者联系的是一句德国谚语:我们不需要判官)。我的父亲死在床上时,我们围绕着他,其中有人确实说过,他在床上看起来很像加里波第。他死后体温升高,他的脸颊烧得越来越红……我们

---

① 匈牙利人口最多的一个民族。——译注
② 朱塞佩·加里波第(1807—1882年),意大利自由斗士、政治家。——译注
③ [通过在塞尔领导下组成联合政府,解决了1898—1899年匈牙利的一场紧急的政治危机。]
④ 1717—1780年,奥地利女大公、匈牙利女王、波希米亚女王、罗马帝国弗兰西斯一世的皇后。——译注
⑤ 布拉迪斯拉发的旧称,斯洛伐克共和国的首都。——译注
⑥ [玛丽亚·特蕾西亚于1740年登基后请求匈牙利贵族支持奥地利王位继承战时,他们喊出"我们誓死效忠国王!"]——我不记得我在哪儿谈过一个梦,其中有异常小的人物,被证实其来源是雅克·卡洛的版画之一,做梦者日间看过它们。这些版画包含无数很小的人物,其中有一套描绘了三十年战争的恐怖情景。

第六章 梦的工作

不由自主地想道：

> 在他后面，在无本质的表象中，
> 有着羁绊我们大家的命运①。

这些提高了的思想为"共同命运"的另一意义［在分析梦时］的出现铺平了道路。"死后"升温符合梦境中"他死后"这样的话。他的疾病最折磨人的是最后几周完全的肠麻痹（梗阻）。与此相连的是各种不恭敬的思想。我的一个同龄人还是中学生时就丧父，对此我深受震动，并因此对他表示我的友谊。他有一次轻蔑地对我讲述他的一个女亲戚的痛苦，她父亲在街上死去并被送回家，后来家人在给尸体脱衣时发现，死亡的瞬间或死后发生过排便②。女儿对此深感不快，这一可憎的细节不由得干扰了她对父亲的回忆。在这一点上，我们已触及在此梦中体现的欲望，即他死后以纯粹而伟大的形象出现在其子女面前。谁不愿这样呢？此梦的荒谬性是如何产生的呢？只有一种可能性：一句完全正常的俗语，它的组成部分之间存在某种荒谬性，却被我们习惯性地忽视了。可是，梦却将这句俗语忠实地再现出来了。在此，我们也不能拒绝这种印象，即荒谬性的表象是人们想要的、有意引起的③。

在梦中④，死者经常如活着般出现、行动并与我们发生联系，难免引起一些不必要的惊讶，并产生奇怪的解释，从这些解释中，显示出我

---

① ［这些诗句源自席勒的《钟之歌》的后记，歌德于 1805 年 8 月 10 日为这位朋友的葬礼而写。］
② Stuhlentleerung，"椅子"与"大便"在词形上完全相同。——译注
③ ［此梦还在后面得到论述。］
④ ［该段于 1909 年补充。］

// 梦的解析

们对梦不够理解。不过，对这些梦的解释是相当显而易见的。我们常常发现自己这样想：如果父亲还活着，他会对这件事说什么？梦只能通过把所说的人表现于一个特定情境中来表达这种"如果"。例如，一名年轻男子，其祖父给他留下一大笔遗产，他有一次梦见被责备支出款项巨大，他梦见祖父又活了，要求他解释。当我们更清楚地认识到这个人已经死了，我们就会把这个梦的批评性质看成一种安慰的意念，即逝世者不能复生亲眼看到此事；或者满足于他不用再干涉此事。

另一类荒谬性可在关于死去亲属的梦中发现，并不表示讥笑和嘲讽①，而是表示极端的拒绝，表现一种受压抑的思想，人们愿意把此思想说成最不可想象的思想。我们只有记住这个事实，即梦在所希望之事与现实之间不构成差别，此类梦才显得可解。例如，一名男子护理了病中的父亲并深受丧父之苦。一段时间之后，他做了下面这个荒唐的梦：父亲又活着了，像往常一样跟他说话，但（这是奇怪之处）父亲真的死了，只是他不知道这一点。如果在"父亲真的死了"后面插入"由于做梦者的欲望"，并把"他不知道"解释成做梦者确实有这种欲望，就理解了这个梦。儿子在护理患者期间多次希望父亲死去，亦即他有过充满怜悯的想法，但愿死神可以结束这种折磨。在父亲死后的悲哀中，这种同情的欲望成为潜意识的指责，似乎他因这种欲望真的缩短了患者的生命。要激发最早幼儿期对父亲的感情冲动，才可能把这种指责表达为梦，但恰恰因为梦刺激源与日间思想之间有广泛的对立，才让此梦看起

---

① ［此段于 1911 年补充。首句意味着在早先的段落中，弗洛伊德已经用梦意念的"讥笑和嘲讽"解释了梦中的荒谬。不过，情况并非如此，在此节后面才做出这种解释，弗洛伊德在彼处概括了其关于荒谬梦的理论。可能因某种疏忽，本段把后面的这一点提前在本段中介绍了。］

第六章 梦的工作

来是那么荒谬[1]。

关于所爱的死者的梦在解梦上的确是一个困难的问题，往往得不到令人满意的解决。可能得在特别突出的矛盾感情中寻找缘由，这种矛盾感情支配着做梦者与死者的关系。通常，在此类梦中，逝世者先被当作活着的人来对待，后来突然说他死了。而在梦的延续部分，他还是活着。这让人糊涂。我最终猜出，这种生死更替应是表现做梦者的无所谓（"他活着还是死了，对我都一样"）。当然，这种无所谓并非真的，而是一种欲望，会帮助否认做梦者十分强烈、经常对立的情绪态度，这样就成为用梦表现的他的矛盾心态。对梦者在梦中与死者发生联系的其他梦而言，如下规则经常有助于我们理解：如果梦中不提到死者已经死了这个事实，则做梦者与死者等同，即做梦者梦见自己死亡。"可是，这人的确早已死了！"如果突然在梦中出现这种惊讶，就是做梦者在否认这个梦意味着自己的死亡。但我承认，解梦远未揭示这类梦的所有秘密。

（三）

在我下面举的例子中，我可以指出梦的工作在有意制造根本不存在于梦材料中的荒谬性。此例出自我在假日旅行前邂逅图恩伯爵而导致的梦。"我坐进出租车，发令驶往火车站。司机提出异议，似乎我让他过度疲劳。'在铁路区段上我当然就不能与您同行了。'我说。此时似乎我已经与他走了人们平常都坐火车走的一段路。"对这段混乱而无意义的故事，分析给出如下解释：日间我叫了出租车，应把我送往多恩巴赫的一条偏僻街道。司机却不认路，按一般司机的方式一直走下去，直到我

---

[1] ［1911年补充］对此参考《关于心理事件两个原则的表述》（1911年）［末尾处探讨了同一个梦——一个十分相似的梦（第三个梦），在弗洛伊德《精神分析引论》第12篇中（1916—1917，第1卷，第193页以下）中得到分析。下一段于1919年补充。］

// 梦的解析

发现了问题并给他指路，同时嘲弄了他几句。从这个司机那里接上了关于贵族的一种联想，我后来还会遇见这种联想。现在我想到的仅仅是，贵族给我们平民留下的最深刻的印象是他们偏爱坐在司机的位置上。图恩伯爵的确也是奥地利的汽车司机。梦中下一句涉及我弟弟，我就把他与出租车司机等同了。我今年拒绝跟他同游意大利（"在铁路区段上我不能与您同行"），而这种拒绝是对他平素抱怨的惩罚，他说我惯于让他在这些旅行中过于疲劳（这一点未作变动地入梦），因为我坚持要快速地从一地赶到另一地，好在一日内看更多美景。这天晚上，我弟弟陪我去火车站，但他在快到站时在郊区铁路火车站跳下车，乘郊区铁路前往普克斯多夫①。我对他说，他本可以跟我再待一阵子，不用乘郊区铁路，而乘主线铁路前往普克斯多夫。这事入了梦，我坐马车走了人们平常坐火车走的一段路。现实情况却颠倒过来。我告诉我弟弟："你可以陪我乘主线走完你要乘郊区线的那段旅程。"我由此导致整个梦的混乱，我不是把"郊区铁路"，而是把"出租车"用到梦中，这当然大大帮助了把司机与我弟弟扯到一起。于是我在梦中制造了无意义的内容，这在解释时显得几乎不可厘清，几乎与我先前的话矛盾（"在铁路区段上我不能与您同行"）。但因为我根本无须混淆郊区铁路与出租车，我就必定在梦中有意如此安排了整段谜一般的故事。

但意图何在呢？我们现在就来探索梦中的荒谬性意味着什么，出于哪些动机承认或创造荒谬性。现在对这个例子解密如下：我在梦中需要一种荒谬性和与"行驶"相联系的不解之事，因为梦意念中，我有某种要求得到表现的判断。那位好客而富于才智的夫人在同一个梦的另一场

---

① 维也纳森林中的下奥地利城市，东与维也纳相依，为休养地。——译注

第六章　梦的工作

景中作为女管家出现。一天晚上，在她那里，我听到我无法解开的两个谜。因为聚会的其他人知晓它们，我无果地努力找到答案，成了有点可笑的人物。那是两个带有"Nachkommen①"和"Vorfahren②"的双关语。我相信字谜原文如下：

　　主保佑它，车夫做它，人人有它，坟墓里安息着它。
　　（谜底是"Vonfahren"）

第二个谜有一半与第一个谜相同，让人困惑：

　　主保佑它，车夫做它，并非人人有它，摇篮里静卧着它。
　　（谜底是"Nachkommon"）

我看见图恩伯爵生动地驾驶到面前时，陷入了费加罗的情绪，他说伟大绅士们的功绩就是他们努力出生（成为后裔）。这两个谜就成为梦工作的中间意念。因为人们可能容易把贵族与车夫混淆，而且我们这个地方以前还常将司机称为"Schwage③先生"。所以，梦的压缩工作能把我弟弟纳入同一种表现中。其后起作用的梦意念却是：为祖先骄傲是荒谬的，我宁愿自己是祖先。因为有某种事情"是荒谬的"的判断，所以产生了梦中的荒谬性。现在梦的这个模糊之处的最后谜团也解开了，即

---

① 做名词时意为"后裔"，做动词时意为"跟上"。——译注
② 做名词时意为"祖先"，做动词时意为"前行"。——译注
③ 意为"邮政车夫；姐夫，妹夫，内兄，内弟，大舅子，小舅子，连襟，大伯，小叔子"。——译注

385

// 梦的解析

我为什么想起以前与司机驾驶过一段路程了［vorhergefahren（以前驾驶过）—vorgefahren（驾驶过）—vorfahren（祖先）］。

如果在梦意念中，作为内容的要素之一，出现这种判断：这是荒谬的，如果批评与嘲弄确实激发做梦者潜意识的思路之一，就把梦变得荒谬了。荒谬性进而成为梦工作由此来表现矛盾的手段之一——其他手段还有颠倒梦意念与梦内容之间的材料关系，还有对运动抑制感的利用。梦的荒谬之处却不能用一个简单的"不"字来翻译，而应再现梦意念那种带着矛盾来嘲笑或大笑的倾向。只有以此意图，梦工作才提供可笑之事。梦工作在此又变一部分隐性内容为显性形式①。

其实我们已经遇见过一个令人信服的例子具有荒谬梦的这种意义。那个不经分析就得到解释的关于瓦格纳演出的梦——演出持续至早晨7点3刻，演出时，从一座塔上指挥乐队，等等——显然想说明：这是一个扭曲的世界、一个疯狂的社会。谁理应得到，就得不到，而谁满不在乎，就得到了它。梦者将她自己的命运与她表妹的命运相比较。作为梦的荒谬性的例子，首先呈现给我们的是关于亡父的梦，也绝非偶然。在这类例子中，以典型方式汇聚了创造荒谬梦的条件。父亲特有的权威很早就引起孩子的批评；父亲对孩子的严格要求促使孩子为了自卫而敏锐地注意父亲的任何弱点。但是父亲的形象唤起了他们的孝心，特别是在父亲死后，这使得审查作用加强抑制这种批评，将其从意识中排挤出去。

---

① 梦的工作就炫耀对它而言被称为可笑的意念，创造了与此意念有关的可笑之事。海涅想嘲弄巴伐利亚国王糟糕的诗句时，引用了同样的诗句，甚至写出了更糟糕的诗：

"路德维希先生是个大诗人，只要他一唱，阿波罗就双膝跪在他面前求饶：'打住吧！否则我会死的，哦！'"

［《路德维希国王颂歌》，I］

（四）

又一个关于亡父的梦：

我从家乡的议会得到一封函件，有关1851年某人住院的费用通知，他在我家发病而不得不住院。我对此发笑，因为首先，1851年我还没出生呢。其次，可能与此事有关的我的父亲已经死了。我到隔壁一间房去看他，他躺在床上，我告诉了他此事。令我意外的是，他想起来，他1851年时曾喝醉过，不得不被关起来或被看管起来。似乎他为T公司工作。我问："那你也喝了酒？随后不久你结婚了？"我计算着，我的确生于1856年，让我觉得这事紧随其后。

此梦流露出荒谬性，带有那种纠缠不休的劲头，在刚才的探讨之后，我们只会把这种纠缠不休的劲头解译成梦意念中一处特别激烈而狂热的争论的迹象。我们却带着更大的惊讶发觉，此梦中的争论是公开进行的，我的父亲又是被公开嘲笑的对象。这样的公开性似乎和我们认为梦的审查作用与梦工作有联系的假设是相互矛盾的。有助于解释的却是，此处父亲只是一个假托的人，而与另一人争吵，后者在梦中通过唯一的暗示而露面。在其他情况下，梦涉及反对别人，父亲隐身在这些人之后。而此处颠倒了，父亲成为掩盖他人的稻草人，而梦可以因此不加掩饰地处理平素被神化的人，因为此时有可靠的认识一同起作用，即他并非真的指父亲。我们从梦的诱因获悉这个实情。一位较年长的同事的判断被视为毋庸置疑的。他表示轻蔑并且惊讶的是，我的一位患者的精神分析治疗已经持续至第5年。在我听说此事之后，就出现了这个梦。梦开头的句子以显而易见的掩饰来暗示，该同事有一阵子承担了父亲再也不能执行的任务（支付费用、住院）；我们的友好关系开始瓦解时，我陷入相同的感受冲突，在父子不和的情况下，因父亲的角色和先前的功绩，这种感受冲突会被强加于人。我没有更快的进展，梦意念就激烈地抗拒这种指责，这种指责也就从对该患者的治疗延伸到其他事情上。难道他知道某人能够更快地做此事吗？他不知道，这种状况在其他情况下根本不可治愈而且会持续终生吗？四五年与终生相比又算得了什么？尤其是，如果在治疗期间患者又觉得生活变得轻松多了呢？

荒谬性的烙印在此梦中有很大一部分由此造成，即从梦意念的不同领域不经中介过渡就排列句子。比如"我到隔壁一间房去看他"这个句子，与前面句子的主题失去了联系，忠实地再现我在什么情况下告知父亲我擅自订婚。此句就想提醒我，这位老人当时表现出高贵的无私，并和某人——还有另外一个人——的行为形成对照。我在此说明，梦之所以嘲弄父亲，可能是因为他在梦意念中被视为当之无愧的榜样。而审查作用的本质在于，可以对不被允许的事情说谎，而不可以谈论它们的真相。下一句话的大意是，他想起来，有一次他喝醉了，因而被关起来，这实际上与我的父亲已毫无关系。在此，被他掩盖的人并非小人物，而是伟大的梅勒特①。我带着高度的敬仰跟随其足迹，而在短暂的优待后，他对我的态度骤变成不加掩饰的敌意。梦让我忆起他曾亲自告诉我他在年轻岁月里曾经一度耽于服氯仿中毒而被送进一家疗养院。梦还让我忆起我在他死前不久与他的第二次经历。在男性癔症事宜上，我与他有过一场激烈的笔战，他否认有男性癔症。而我去看望垂死的他并询问其健康状况时，他详细地描述其状况，以这些话作结："您知道，我始终是男性癔症最好的病例之一。"令我满足并令我惊讶的是，他就这样承认他如此长久而固执地反对之事。在梦的这一场景中，我却能够用我的父

---

① ［特奥多尔·梅勒特（1833—1892年），维也纳大学的精神病学教授。］

亲来代替梅勒特,其缘由并非在于我所发现的两人之间的相似之处,而是梦意念中对一个条件从句简短却完全足够的表现,这个句子详细的原话是:"对,如果我是一名教授或枢密官的第二代,是他的儿子,那我当然会迅速有进展。"梦中,我就让我的父亲成为枢密官与教授。梦最引人注目与最扰人的荒谬性在于对1851年这个年份数字的处理,它让我觉得与1856年根本无甚分别,似乎5年的差距毫无意义。这一点却从梦意念中得到表达。4～5年是我享有开始时提及的那位同事的支持的时间,也是我让我的未婚妻等待结婚的时间。而因为偶然的、梦意念喜欢充分利用的重合,这也是一段我现在让我最亲密的患者等待痊愈的时间。"5年是什么呢?"梦意念问。"这对我不算什么时间,不在考虑之列。我前面有足够的时间,正如您不愿相信的那件事最终也成了,我也会完成此事。"此外,51这个数字还不一样,除去前面表示世纪的数字,它由另外一个相反的意义所决定,因而也多次在梦中出现。51岁似乎是特别危险的年纪,据我所知,有好几位同事死于这个年纪,其中有一位在去世几天前被任命为期待已久的教授[①]。

(五)

此处又是另一个玩弄数字的荒谬梦。

在一篇文章中,我的一个熟人M先生被歌德而非小人物抨击,我们都以为,抨击的程度极为猛烈而不公。M先生当然因此攻击而垮台了。在一次餐叙时,他苦涩地抱怨此事。他对歌德的敬仰却未因这种个人经验而受损。我试图弄清时间,但似乎不太可能。歌德死于1832年。因为他对M的攻击必定比那个时间更早,所以M先生当时是很年轻的人。

---

① [这无疑是暗示弗利斯的周期学说。51 = 23+18,分别为男性及女性的周期。51这个数字多次出现,后面会指明此事实。对梦的分析在后面继续。]

// 梦的解析

我觉得可信的是,他那时只有18岁。我不敢肯定,我们实际上是在哪一年,所以整个计算就变得模糊不清了。这种抨击还包含在歌德著名的文章《自然》中。

我们很快将会发现弄清这个梦中胡言乱语的方法。我因一次餐叙而认识M先生,他不久前要求我给他弟弟做检查,后者身上瘫痪性精神病的症状引人注意。猜测是正确的。这次出诊时发生了尴尬的事,患者无缘无故地谈起了他哥哥年轻时的荒唐事。我向患者询问他的出生年份,促使他重复做小小的计算,以测试他记忆上的弱点——他相当不错地通过了检验。我已经发觉,我在梦中的举止像瘫痪患者(我不敢肯定,我们实际上是在哪一年)。梦的其他材料源自另一个最近的事件。我在柏林的朋友弗利斯出了一本新书后,一名不怎么有判断力的年轻的评论家撰写了一篇"毁灭性的"书评。一名与我交好的医学杂志编辑将它收入杂志。我相信自己有权掺和,就质问编辑,他对采纳这篇评论文章很是遗憾,但不愿承诺补救。于是,我与这家杂志断绝关系,在我的绝交信中,我强调期望我们个人的关系不会因此事件而受损。此梦的第三个来源是一位女患者刚刚讲述的她弟弟的心理疾患,他喊着"自然、自然"而陷入躁狂。医生们以为,她叫喊是因为阅读了歌德的那篇漂亮的文章,叫喊表明患者在自然哲学研究上劳累过度。我宁愿想到性意味,在此意义上,即使是未受教育的人也会想到"自然天性[①]"。而这个不幸的男青年后来自己割掉了生殖器,这至少让我觉得我的这种想法未被否定。出现躁狂发作时,这位患者的年龄是18岁。

如果我再补充,我那位朋友的受到严厉批评的书(另一位批评者

---

① Natur,德文中也有"生殖器,阴部"之意。——译注

这样说,"人们不知道是作者疯了还是自己疯了")是关于人生的年代资料的,并说明歌德的一生也不过是具有生物学意义的[日子]的许多倍数,就容易看出,我在梦中代替了我那位朋友(我试图弄清年月)。我的举止却像瘫痪患者,而梦沉浸在荒谬中。这就是说,梦意念嘲讽地说:"自然啊,他(我的朋友)是愚人、疯子,而诸位(批评者)是天才,懂得更多。但难道不能颠倒过来吗?"而这种颠倒就在梦境中大量存在,歌德抨击年轻人,这很荒谬,而一个年轻人抨击不朽的歌德倒是可能的。又如,我计算歌德的死期,却用了瘫痪患者的年龄[①]。

我却也允诺过要表明,没有一个梦不是被利己冲动促成的。所以我不得不辩白,我在此梦中把我朋友的事当成我的事并且代替他。我在清醒时的批判性信念对此不够用了。但18岁患者的故事与对其呼喊"自然"的不同解释就暗示我发现自己站到了大多数医生的对立面,因为我相信精神神经症有性方面的病因。我可以告诉自己:"就像你的朋友一样,你也会遇到批评,某种程度上你已经有此境遇。"而我就可以用一个"我们"来代替梦意念中的"他"。"对,你们有理,我俩是愚人。"梦中提及歌德那篇优美的论文,让我回忆起了"我正在考虑中"的情形:正是因为在一次演讲中听到了这篇文章,我这个摇摆不定的高中毕业生才决定学习自然科学[②]。

(六)

我的自我未在其中出现的另一个梦表明,梦是利己主义的。我在前面提到一个短梦,M教授说:"我的儿子是近视眼……"我说明,这只

---

① [参见前面已经提及此梦之处。]
② [此梦在后面继续得到探讨。根据裴斯泰洛齐的说法,《关于自然的断想》一文确实出自瑞士作者 G.C. 托布勒;歌德因记忆错误而把该文列入自己的作品。]

// 梦的解析

是另一个梦的序梦,在另一个梦中,我扮演了一个角色。此处是缺少的主梦,它给我们提供荒谬而令人不解的构词,需要详细的解释。

因为罗马城中发生了某些事,而有必要帮助孩子们逃到安全的地方,这一点也做到了。场景就在一座古典样式的双道门前(位于锡耶纳的罗马门,我在梦中就认出来了)。我坐在井沿,很忧郁,快哭了。一个女人——女侍者或修女——把两名男童带出来,把他们交给他们的父亲(不是我)。两名男童中那个年长的明显是我的大儿子,我看不见另一个人的脸。带领男童的女人告别时要求他吻一下自己。她因为红鼻子而显得突出。男童拒绝吻她,却在告别时一边向她伸手一边说"Auf Geseres",又对我们俩(或对我们中的一个)说:"Auf Ungeseres。"我想后面这个短语意味着"偏爱"。

此梦基于一大堆杂乱思绪,因我在剧院中看了戏剧《新犹太聚居区》而激发。这是一个犹太人问题,关系到对子女未来的担忧,人们无法给子女一个祖国,担心这样教养他们可能让他们变得不羁——这些在相关的梦意念中不难识别出来。

"我们坐在巴比伦的水边哭泣。"锡耶纳像罗马一样因其漂亮的井而闻名。对于罗马,我不得不在梦中从已知的地点给自己寻找一个替代物。在锡耶纳的罗马门附近,我们看见一座灯火通明的大房子。我们获悉,那是 Manicomio 疯人院。做梦前不久,我听说,一位教友不得不放弃他费力获得的在一家公办疯人院的职位。

唤起我们兴趣的是"Auf Geseres"这句话,根据梦中保留下来的情境,使我们不禁估计是"再见"的意思,再有就是完全无意义的对立物:Auf Ungeseres。

根据我从文字学者那里得到的答复,Geseres 是一个纯正的希伯来词,

第六章 梦的工作

来源于动词 goiser，最好用"痛苦、厄运"来翻译。根据该词在谚语中的使用，我们会认为，它意为"抱怨与悲叹"。Ungeseres 是我最独特的构词，最先引起我注意，却最先让我没了主意。Ungeseres 意味着对 Geseres 的偏爱，梦结尾处这个小小的说明为联想，进而为理解开启了门户。关于鱼子酱，的确有这样一种说法：未加盐的比加盐的更受重视。将军的鱼子酱——高雅的嗜好：其中隐含着对我的一位家庭成员的戏谑的暗喻，我希望比我年轻的她将来会照料我的孩子。与此相称的是，我家另一个人，即我们能干的保姆可能明显由梦表现成女侍者或修女。在加盐—不加盐和 Geseres—Ungeseres 之间却还缺乏中介性的过渡。这个过渡可在"发酵与未发酵"中找到。在以色列的孩子们逃也似的迁出埃及时，他们没有时间让面团发酵，为了纪念此事，时至今日他们还在复活节时吃未发酵的面包。此处，我要插入我在做这段分析时突发的联想。我想起，上次复活节时，来自柏林的朋友和我在陌生的城市布雷斯劳①街上来回漫步。一个小女孩问我去某条街道的路。我不得不致歉，说我不知道，于是我对我朋友表示："但愿小女孩以后在生活中在挑选引导她的人时有更多敏锐目光。"不久后，一块牌子映入我眼帘，上面写着"赫罗德斯大夫，接诊时间……"我说："但愿这名同行不是儿科医生。"我的朋友在此期间对我讲起了两侧对称性在生物学上的意义，以这样一个句子开头："如果我们像独眼巨人（Cyclops）那样在额头中间有一只眼睛……"这就导致前梦中教授的话："我的儿子是近视眼（Myops）。"这使我想起 Geseres 这个词的主要来源。M 教授的这个儿子如今是独立的思考家，许多年前，他还在学校念书时，患了眼疾。医生认为这种眼疾很让人担忧。他以为，

---

① 即弗罗茨瓦夫，波兰城市。——译注

只要疾病保持在一侧，就没什么大碍，但如果蔓延到另一只眼，就严重了。一只眼的疾患痊愈了。随后不久，却真的出现了第二只眼患病的迹象。惊慌的母亲立即让医生来到她偏僻乡下的家中。医生却转向另一侧。"你怎么能把这看成一个 Geseres 呢？"他训斥母亲："如果一侧变好了，另一侧也会变好。"情况确实是这样。

现在我要说一下这个故事与我和我家人的关系。M 教授的儿子最初上学时的课桌由他母亲赠送给我家大儿子，我在梦中借他之口说出了告别的话。不难猜出这种转换所产生的一个欲望。这个课桌会因其构造而使儿童防止近视和身体偏侧。因而，梦中有近视（其后是独眼巨人）和关于两侧性的探讨。我对单侧性的担心是多义的：除了身体的片面发育外，也可以包括智力的片面发展。的确，不觉得梦场景在癫狂中恰恰反驳了这种担心吗？孩子朝一侧说他的告别辞，朝另一侧喊出其相反物，像是为了建立平衡。他仿佛在注意两侧对称性！

所以，梦在显得最癫狂之处常常最有深意。在任何时代，有话想说而又怕招惹风险的那些人，惯常愿意戴上愚人帽。遭禁的话是给听者的，如果他能够一边笑一边用这种判断来迎合自己，即不爱听的话明显是蠢话，他就更愿意容忍这些话。梦行事完全像在现实中一样，在戏剧中，不得不假扮愚人的王子也这样行事。因而我们可以用哈姆雷特自己说的话来谈论梦，用机智和晦涩难懂的外衣来掩盖真相。他说："我只是在有西北风时癫狂；如果风从南方吹来，我就能区分鹭与鹰。"[①]

[①] [《哈姆雷特》，第2幕第2场] 此梦也给普遍有效的定律提供了一个良好的例子，即同一夜的梦，即使在记忆中被分开，也在相同的意念材料基础上形成。我让我的孩子们逃出罗马城，这个梦情境还由于涉及一个类似的属于我童年的事件而变形。我羡慕我的一些亲戚，他们在多年前就有机会将其子女送到外国去。

第六章　梦的工作

我已经解决了梦的荒谬性问题，即梦意念从不荒谬——至少精神健康者的梦不荒谬。而梦工作如果在梦意念中有批评、嘲笑和讽刺作为表现形式，就制造荒谬的梦与具有各项荒谬要素的梦。

我的第二个任务是要表明，梦工作通过三种已经提及的因素[①]的共同作用（还有第四种还会提及的因素）而得到详尽阐述。除此之外，梦工作完成的无非是在重视四项对它规定的条件的情况下翻译梦意念，而心灵在梦中是以其全部智力来工作还是只以其中一部分来工作，这个问题本身就是错误的和没有考虑事实的。但因为梦内容中常常出现评判、批评与欣赏，在这些梦中，出现对梦的某个特殊元素的惊奇，并企图加以解释，进行辩论，我不得不借助选出的例子来解决由此类事件产生的异议。

我的反驳是：作为表面上实现判断功能而在梦中存在的一切，绝不能理解成梦工作的思维成就，而属于梦意念的材料，以一种现成的结构形式从隐意不断上升而进入梦的显意。我还能对这条定律做进一步解释。在我们苏醒后对记起的梦所下的判断，以及对此梦的再现在我们身上唤起的感受中，有很大一部分属于梦的隐意，应补入解梦中。

（一）

我已经为此引用过一个引人注目的例子。一位女患者不愿讲述她的梦，因为它过于不清晰。她在梦中看见一个人，不知道那是她的丈夫还是她的父亲。后面跟着第二个梦片段，其中出现一只垃圾桶，紧接着的回忆与它相连。作为年轻的家庭主妇，她有一次对一位来访的年轻亲戚戏谑地表示，她下一个担心的事必定是置办一只新的垃圾桶。次日早晨，她收到一只垃圾桶，但里面装满了铃兰。这部分梦用来表现"不是

[①]　[即压缩作用、移置作用和对表现力的考虑。]

长在我自己的肥料上①"这句俗语。全部分析完成之后就会获悉,梦意念中涉及梦者青年时代听说过的一个故事所产生的后果:一名姑娘有了一个孩子,但不清楚究竟谁是孩子的父亲。梦表现在此跨入清醒思维,让清醒时对整个梦所下的判断来表现梦意念的一个元素。

(二)

下面是一个相似的梦例。我的一位患者有一个梦,让他觉得有意思,因为他在苏醒后直接对自己说:"我得将它告诉医生。"梦得到了分析,表明这是在治疗期间开始的私通,而且她已决定不告诉我②。

(三)

出自我自己经验的第三个梦例:

我与P穿过有许多房屋与花园的一个地方,走入医院。同时我觉得我已经多次在梦中见过这个地方。我不是很熟悉路。他给我指了一条路,那条路穿过一个角落,通往一家餐厅(大厅,并非园子)。在那里,我打听多妮女士,听说她跟三个孩子住在后面一个小房间里。我向小房间走去,在到达之前遇到一个模糊不清的人影带着我的两个小姑娘,我跟她们站了一会儿后,就把她们留在自己身边。我责备妻子,说她把她们丢在那里。

苏醒时,我感到非常满意,原因是通过这一分析我能发现"我以前梦见过这地方"的意义③。对此,分析却没向我证明什么;它只是对我表明,"满意"属于梦的隐意而不属于对梦的判断。我之所以感到满意,

---

① [Nicht auf meinem eigenen. Mist gewachsen. 意思是"这不是我的责任"或"这不是我的孩子。"德文"Mist"原意为肥料,在俗语中指垃圾。]
② [1909年补充] 尚包含在梦中的提醒或意图:我得将此告诉医生。在精神分析治疗期间的梦中经常表示梦者极力抗拒告知此梦——而且往往接着就将它遗忘了。
③ [见上。]最近几卷《哲学评论》[1896—1898年]中有对这个题目(梦中的记忆错误)的长期的讨论[后面会再次提及此梦]。

第六章　梦的工作

是因为我在我的婚姻中得到了孩子。P这个人的生活经历有一段与我相同，然后，他在社会地位与物质上远远超过我，但在其婚姻中依旧无子女。梦的两个诱因能够通过一次完整的分析来代替证明。前一天，我在报上读到有关多娜夫人的讣告（我在梦中把她变成多妮），她在产褥期死去；我从我妻子处听说，死者的助产士正是我妻子在生我们两个最小的孩子时的那个助产士。多娜这个名字引起我注意，因为我不久前在一本英文小说中首次发现它。梦的另一个诱因由梦的日期产生，那是我大儿子生日的前一天——他似乎是个有诗人天分的男孩。

（四）

当我从父亲死后在马札尔人那里扮演政治角色那个梦中苏醒后，留存着同一种满意心情。我之所以感到满意，是因为它是伴随着这个梦的最后一段而产生的情感的继续：我回忆起来，他在停尸床上看上去如此像加里波第，我很高兴，这一预兆成真了……（梦的后续部分我忘记了）从分析中，我就能够插入应该放在梦的空缺处的东西。这是指我的第二个儿子，我给他起了个一伟大的历史人物的名字［克伦威尔］。此人在我的少年时光强烈地吸引过我，特别是在我访问了英国之后。在这个孩子出生的前一年，我就下定决心，如果是个儿子，就用此名字，我高度满足地用这个名字迎接了他的诞生。容易看出，父亲受压抑的当大人物的欲望在其意念中转移到子女身上。的确，人们会愿意相信，这是生活中变得必要的对当大人物的欲望的压抑得以实现的方式之一。小家伙之所以能在这个梦的背景中出现，是因为他有把屎拉在床单上的弱点——儿童和将死之人都容易被原谅。对此可以比较"判官"这种暗示与梦的欲望：在其子女面前显得伟大和纯洁。

397

（五）

那些判断的表现留存在梦本身中，没有延续到或移到清醒生活中。如果要我现在把那些判断的表现找出来，那我会感到大为轻松的是，我对此可以使用已经在别的意图上告知过的那些梦。关于歌德抨击 M 先生的梦似乎包含不少判断行为。"我企图弄清年月，但似乎不太可能。"这极像对歌德会在文学上抨击我熟悉的一名年轻人这一荒谬观念的批评。"让我觉得可信的是，他那时只有 18 岁。"这听上去完全像一种由糊涂的脑筋计算的结果。而"我不敢肯定，我们实际上是在哪一年"，可以说是梦中感到无把握或怀疑的一个例证。

现在我却从对此梦的分析中知道，这种表面上在梦中才完成的判断行为允许另一种见解，通过这种见解，判断行为对解梦变得必不可少，同时避免任何荒谬。"我企图弄清年月"这句话把我和我的朋友［弗利斯］的位置调换了，事实上是他试图解释生命的时间状况。这个句子就丧失了反对前一句荒谬性的判断意义了。"但似乎不太可能"，这个插入成分与后面的"让我觉得可信"配套。大致以相同的话语，我回答对我讲述其弟弟病史的那位夫人："我觉得不可能的是，'自然、自然'这种叫喊与歌德有关；让我觉得更可信的是，它有您所知晓的性意味。"此处当然做了判断，但并非在梦中，而是在现实中，在具有被梦意念所忆起并使用的诱因时。梦内容把这一判断据为己有，就像对梦意念的任何一个别的碎片一样。

梦中的判断对于 18 这个数字的关联是没有意义的，却也留下了判断在脱离真实背景时的痕迹。最后，"我不敢肯定，我们实际上是在哪一年"，要实现的无非是我与瘫痪患者的认同，在对后者的检查中，确实得出过这一个线索。

在解明梦的表面判断行为时，使我们想起了本书开头给出的实施

第六章　梦的工作

解梦工作的规则，即要把梦中建立的梦的各个组成部分的关联作为一种非本质的表象置于一旁；我们应追溯梦的每一个元素的来源，恢复其本来面目。梦是混杂物，为了探究的目的要再将其分割成片段。但另一方面，要注意，梦中表现出一种精神力量，它建立这种表面的关联，也就是把梦工作所产生的材料加以润饰。此处，我们面前有一种力量的表现，我们以后会把它们列为参与成梦的第四个因素。

（六）

　　我在已经提及过的梦中寻找判断工作的其他例子。在关于市议会函件的荒谬梦中，我问道："你随后很快就结婚了？"我计算着，我的确生于1856年，让我觉得那好像就是紧接着所说的那一年之后的一年。这完全用一种推理的形式来表达。父亲发病不久后于1851年结婚。我的确是老大，于1856年出生，这就对了。我们知道，这个错误的结论出于对欲望满足的兴趣。梦意念中占统治地位的句子是："4年或5年，这不算什么时间，不值得考虑。"但按内容及形式，应从梦意念中对这种推理的每个片段做不同决定：正是那位患者想着结束治疗后就结婚，同事抱怨那位患者的耐心。我与父亲在梦中交往的方式，让人忆起审问或考试，进而想到一名大学教师，在登记听课的学生时，他惯常记录完整的个人情况："出生年月？"——"1856年"——"父亲名字？"接着，学生说出自己父亲的拉丁字尾的教名，而我们学生认为，这名教授能从父亲的名字中得出结论，而被登记听课者的名字不会让他有这些结论。因此，梦中结论的推衍不过是作为梦念中一段材料的推衍结论的重复而已。这里出现的新的东西是，如果在梦境中出现一个结论，那它肯定来自梦意念；它却可能作为一部分被忆起的材料而包含在梦意念中，或者它可能作为逻辑纽带把一系列梦意念联系起来。无论如何，梦中的结论

399

// 梦的解析

总是代表着出自梦意念的结论①。

我们可以由这一点继续对此梦的分析。教授的盘问让我想起（我那时候用拉丁文写的）大学生的注册簿。此外，我还回忆起我的学习过程。学医所规定的五年对我来说太少了。我悄悄地继续工作了好几年，在我的熟人圈子里，人家都以为我虚度光阴，怀疑我能否及格。于是我迅速决定参加考试而且还通过了，尽管迟了些。这是对那些梦意念新的强化，促使我挑战似的面对批评我的人，"尽管我拖长了时间，你们不愿相信我，我还是取得成功，我的医学训练终将得出结论。事情往往就是这样。"

这个梦的开头几句话难免不引起争论。而这种争论一点都不荒谬，同样可以归入清醒思维。我在梦中为市议会的函件发笑，因为首先，我1851年尚未出生，其次，与此事有关的我父亲已经死了。这两条不仅本身正确，而且与我在有这种函件的情况下会使用的真正论据完全符合。我们从先前的分析中知道，此梦的形成基于痛苦的嘲讽的梦意念。如果我们再假设审查的理由是强有力的，那我们就会理解，梦工作有万般理由，依照梦意念中包含的样板，无可指责地反驳一种无意义的苛求。分析却对我们表明，梦工作并不能自由地构造这种平行物，为了这个目的，只能使用出自梦意念的材料。似乎在一个代数方程式中，除了数字外，出现了加号、减号、乘号和根号。抄下这个方程式的某人没有理解它，把运算符号与数字搞混了。[梦境中的]两个论据可以追溯到如下材料上。我很痛苦地想到，我把某些前提作为我对神经症的心理学解释的基础，如果它们变得为人所知，就会使人怀疑发笑。所以，我必须声称，出自两岁的、偶尔也出自一岁的印象就已经在后来患病者的情感生活中留下持久的痕

---

① 这些结果在若干点上纠正了我先前关于逻辑关系表现的说明。这些说明描写梦工作的一般举止，却没有顾及其最细微、最细致的表现。

第六章 梦的工作

迹——尽管回忆多有歪曲与夸张——可能是癔症症状的最初与最深的根据。我在适当之处对那些患者分析这一点，他们惯常戏谑地模仿新获得的解释，宣布愿意从他们尚未活着的时间中寻找回忆。根据我的预期，得到类似反应的是揭示那种出乎意料的角色，在女性患者那里，父亲在最早的性冲动中扮演此角色（参见前面的分析）。而根据我有充分根据的信念，两者都是真的。为了确证，我想到一些例子，在那些例子中，父亲之死恰在子女幼年时期发生，而后来的事件证明，子女还是在潜意识中保留了对那个早亡者的回忆。我知道，我的两个断言都基于人们会争论其有效性的结论。我担心这些结论受指摘，如果为了制造无可指责的结论，梦的工作恰恰使用这些结论的材料，那就是欲望满足的一个成就。

（七）

在我迄今为止只是一带而过的一个梦里，在开头就突然出现的题材引起令人惊奇的清晰印象。

老布吕克必定对我提出了一项任务。足够奇特的是，它涉及展示我自己的下半部即骨盆与腿，我好像以前在解剖室里看见过它们，不过没有感觉到身体上的缺陷，也没有一丝恐惧。N.路易丝站在那里，跟我一起工作。骨盆被取出来，我忽而看见其上面，忽而看见其下面，混在一起。可以看见肉色的厚块（梦中使我想到了痔疮）。覆盖在它上面的某些东西被仔细地挑出来，像捏皱的锡纸①。后来，我又有了腿，在城里穿行，却（因为疲倦）叫了一辆马车。令我惊讶的是，马车驶入一处宅门，宅门打开，车穿过一条巷子，巷子在尽头拐弯，最终远远通往野外②。最后，我带着一名阿尔卑斯向导漫游，他背着我的东西，穿过变换

---

① Stanniol，暗示 Stannius（斯坦尼乌斯）所著《鱼的神经系统》，参见上述引文。
② 这个地方是我住宅的底层，那里停着住户的童车。此外却是多因性决定。

// 梦的解析

的风景。在一段路上,他顾及我疲乏的腿而背着我。地面泥泞。我们靠着边走。人们坐在地上,他们中有一个姑娘,像印第安人或吉卜赛人。先前我在湿滑的地上继续移动,一直惊奇自己经历解剖后还能够做得这么好。终于,我们到了一座小木屋,房屋末端有一个敞开的窗户。在那里,向导把我放下,把两块准备好的木板放到窗台上,以渡过要从窗户开始逾越的深渊。我现在真的为我的腿担忧了。与预期中的跨越相反,我看见两名成年男子躺在紧靠小屋墙壁的木凳上,好像有两个孩子睡在他们旁边。似乎并非木板,而是孩子会促成跨越。我带着惊恐苏醒。

有谁曾经对梦的压缩作用的繁复程度有所了解,就会容易想象,详尽分析此梦得占多少页。幸好,就此上下文而言,我从此梦中却只借用"梦中惊奇"的一个例子,这种惊奇表现在插入"足够奇怪"这句话。我深入分析梦的诱因。那是那位 N. 路易丝女士有一次来访,她在梦中也协助我工作。"借我点东西读。"我给她提供了哈格德[①]的《她》。"一本奇特的书,但充满隐晦的意义,"我想给她分析,"永恒的女性、我们情感的不朽……"这时,她打断我:"我已经知道这一点了。你没有什么自己的东西吗?""没有,我自己的不朽作品尚未写就。""那你所谓最后的解释何时出版?你保证对我们来说也易读?"她有些挖苦地问。我现在发觉,另一人借她的口在提醒我,我就沉默不语了。我想到哪怕只是公开我关于梦的文章,我在其中也不得不大量牺牲自己的隐秘本性。

  能贯通的最高真理,
  却不能告诉学生。

[①] 亨利·赖德·哈格德(1856—1925 年),英国作家。——译注

第六章 梦的工作

梦中交给我在自己身上解剖的任务，就是与告知这些梦相连的自我分析[①]。老布吕克不无道理地为此到来。早在我进行学术工作的头几年，我搁置一项发现，直到他坚决布置任务逼迫我公开发表。但与跟N.路易丝商谈相连的其他思想由于过于深邃而不能进入意识。它们因材料而转移，在我身上还是因提及赖德·哈格德的《她》而唤起这种材料。"足够奇特"这一判断要追溯到那本书与同一作者的第二本书《世界的心》，而此梦的众多要素取自这两部离奇的小说。把人背过泥泞地面，要借助带来的板子而跨越的深渊，都源自《她》；印第安人、姑娘、木屋源自《世界的心》。两部小说中，向导都是妇女；两部小说讲的都是危险的旅程。《她》描写的是一条未知的、几乎未曾有人涉足的冒险道路。根据我发现的为此梦所作的笔记，双腿疲乏是那些日子的真实感觉。与疲乏双腿相应的很可能是倦怠的情绪与疑问：我的腿还能支撑我走多远？在《她》中，冒险以此告终，女向导没能为自己与他人带来永生，反而在神秘的地下烈火中身亡。在梦意念中明白无误地激起一种焦虑。木屋肯定也是棺材，也就是坟墓。但在通过一种欲望的满足表现所有意念中这个最非人所愿的意念时，梦工作完成其杰作。因为我进过一次坟墓，但那是奥尔维耶托附近一处清空的伊特拉斯坎人的坟墓，一个狭窄的墓室，墙上有两条石凳，上面存放着两个成人的骷髅。梦中木屋内部看上去同样如此，只是石头被木头代替。梦似乎在说："如果你一定要在坟墓中安息，那住在伊特拉斯坎人的坟墓中吧！"而随着这种置换，梦把最悲哀的预期变成最迫切的期望[②]。可惜，正如我们会看到的，

---

① ［发表《梦的解析》之前那些年，弗洛伊德的自我分析是其致弗利斯的信件的主题之一（弗洛伊德，《精神分析肇始》，1950年）。］

② ［在弗洛伊德的《错觉的未来》（1927年）第3章中，这个细节被当作一个例证。］

// 梦的解析

梦能颠倒成反面的只是伴随情感的想象，并非总是情感本身。我后来就这样带着"意念中的惊恐"醒来，因为或许子女们会实现父亲一直干不好之事这样的观念成功出现，这是重新暗喻那部奇特的小说，其中通过两千年的代际顺序记录一个人的同一性[①]。

（八）

我的另一个梦也包含了对某种体验表示惊异。但这种惊异伴随着一种引人注目、牵强附会、几乎充满机巧的解释尝试。这个梦除了具有两个吸引我的特点之外，仅就梦本身来说，我也禁不住要将整个梦加以分析。我于7月18日到19日夜间在南部铁路区段上旅行，在梦中听见通报："豪尔图恩（Hollthum），停车10分钟"。我立即想到棘皮动物（Holothurian），想到一家自然博物馆。此处是一个地点，勇敢的人们在此无果地反抗过国君的强势——是的，奥地利的反改造运动！似乎是在施蒂利亚州或蒂罗尔州的一个地方，现在我隐约看见一座小博物馆，里面保存着这些人的遗物和残骸。我想下车，却迟疑着。有妇人拿着水果站在月台上，她们蹲在地上，非常吸引人地把篮子伸出去。我们是否还有时间？我出于这种怀疑而踟蹰，现在我们还站着。突然，我出现在另一间包房里，里面的家具和座位非常狭窄，使人的背部直接碰到车厢壁[②]。我惊异于此，但我的确可能在睡眠状态下换了车厢了。这儿有若干人，其中有一对英国兄妹；一排书显眼地摆在墙上的书架上。我看见《国富论》和《物质与运动》（麦克斯韦[③]著），很厚，用亚麻布包着。男子

---

① ［此梦在后面会得到进一步分析。］

② 对我自己来说，也不能理解这种描写，但我遵循原则，要以我在记录下来时想起来的话再现梦。话语的文本本身是梦表现的一部分。

③ 詹姆士·克拉克·麦克斯韦（1831—1879年），英国物理学家。——译注

第六章 梦的工作

询问妹妹是否记得席勒的一本书。那些书忽而像是我的,忽而像是他俩的。此时,我想参与他们的谈话,为了证实或支持这些话——我醒来,全身冒汗,因为所有窗户都关着。火车正驶近马尔堡。

在我记录这个梦时,又想起一个梦片段,这是我的记忆故意要漏掉的。我对那对兄妹说到某本书:它来自(from)……,却纠正自己说:它由(by)……男子对妹妹说:"他的确说对了①。"

梦以大车站的站名开始。这个站名必定把我弄得半醒了。我用豪尔图恩代替马尔堡这个名字。我在第一次通报(或许后来的一次通报)时听见马尔堡,证明梦中提及席勒,他的确生于马尔堡,虽然不是施蒂利亚州的那个马尔堡②。这次我在相当不适的情况下旅行,尽管是在一等车厢。火车太挤,在包房内,我遇到一位先生与一位夫人,他们显得相当傲慢,没有礼貌,丝毫未想到掩盖他们对闯入者的不快。我礼貌的问候没有得到回应。尽管男子与女子并排坐着(逆着行车方向),那女子还是连忙在我眼前用一把伞占了她对面窗边的一个位置。门立即被锁上了,他们示威性地就开窗之事交谈着。很可能他们很快看出我渴望空气。那是一个炎热的夜晚,窗户全关的车厢内的空气让人窒息。根据我的旅行经验,一种如此无所顾忌和冒犯的举止表明他们未买票或只买了半票。列车员进来,我出示我那高价买来的车票时,从那位夫人的嘴里说出轻蔑的话,似乎在威胁:"我丈夫有免票。"她外貌庄重,神情不快,已近美人迟暮之年。男人根本不说话,一动不动地坐在那里。我试

---

① [对这个梦片段的分析在后面将继续。]
② [1909年补充]席勒并非生于马尔堡,而是生于马尔巴赫,每个德国中学生都知道,我也知道。这又一个口误,作为对有意作伪的替代而在别处潜入,我在《日常生活的心理病理学》[1901年,第5章第1节]中尝试解释它们。

着睡觉。梦中，我对我不可爱的旅伴做了可怕的报复。没有人能够怀疑，在梦的前半部分支离破碎的片段后面隐藏着怎样的轻蔑与羞辱。这个需求得到满足后，产生了第二个欲望——换包厢。梦如此频繁地变换场景，而对变化没有一丝反感，如果我即刻用出自我记忆的更可爱的旅伴来代替他们，丝毫不会引人注目。但在这个梦中有某一种情况不同意变换场景，认为有必要解释这种变换。我如何突然进了另一个车厢？我可想不起来调换过。那只有一种解释：我必定在睡眠状态下离开了车厢。这是一个罕见的事件，但神经病理学的经验还是对此提供了例证。我们知道有人在昏昏沉沉的状态下坐火车，而看不出有任何非正常迹象，直至在旅行的某一站完全苏醒过来，惊异于其记忆中的空缺。我还在梦中就宣布自己是一个"自动漫游症患者"。

分析有可能提供另一种解法。解释的企图并不是出于我的本意，而是从我的一位患者的神经症中摘录的。当我把这种解释归之于梦的工作时，似乎使我十分惊讶。我已经在别处讲过一个教养很高、心肠很软的男子，在其父母死后不久，开始谴责自己有谋杀倾向，现在就苦于为了防范这些倾向而不得不采取的预防措施。这是一个在完全自觉的情况下具有严重强迫观念的病例。起先，他一到街上就有顾虑，他被迫注意他遇到的每个人消失于何方。如果有一个人突然脱离了他追踪的目光，他就会产生一种痛苦的感觉，认为或许就是他自己除掉了此人。后面还有杀弟幻想，因为"尽人皆兄弟"。因为不可能完成此任务，他放弃了散步，把自己关在屋里消磨时光。但通过报纸，不断有关于外面发生的谋杀行为的消息传入其房间，而其良知想以怀疑的形式让他明了，他就是要找的那个谋杀者。几周来，他的确未曾离开过其住宅，这种确信有一阵子防止他有这些指责。直至有一天，他突然想到，他可能在无意识

第六章 梦的工作

的状态下离开房子,去行凶,而他对此一无所知。从那时起,他锁上宅门,把锁匙交给年老的女管家,严格禁止她将钥匙交到他手里,哪怕她不答应他的要求。

我在无意识状态下换车厢,这种解释的尝试就来源于此——它从梦意念的材料中完善地记入梦中,在梦中显然要用于让我与那位患者认同。在我身上,由明摆着的联想而唤起对他的回忆。事前几周,我上一次夜游就是由此人陪伴。他被治愈了,陪我到外省去看望那些邀请我的亲属。我们占有一间车厢,让所有窗户整夜开着,我们睡觉前过得非常愉快。我知道,他对父亲的敌意冲动是其疾患的根源,可以追溯到他的童年,而且与性的情境有关。我就与他认同,想对自己承认类似之事。事实上梦的第二部分是以某种夸大的幻想结束的,即认为我那两个上了年纪的旅伴之所以对我排斥,是因为我的到来而妨碍了他们事先计划好了的调情。这种幻想却追溯至一个早年的童年场景,他很可能被性好奇驱动闯入父母的卧室,被父亲强令赶出来。

堆砌其他例子,我认为多余。它们只会证实我们从已经列举的例子中推断出来之事,即梦中的判断行为只是梦意念中某种原型的再现。这种再现一般并不恰当,有时插入很不相称的内容,偶尔却正如在我们最近的例子中那样,运用得如此巧妙,以致一开始就使人觉得这是梦中独立的心智活动。由此,我们可以注意到,虽然心理活动似乎没有规律地配合成梦,但在它这么做之时,努力按其来源没有矛盾、富有意义地融合不同类的梦元素。然而在探讨这个题目以前,我们迫切需要研究梦中出现的情感表现,并把这些情感表现与分析在梦意念中所揭示的情感相比较。

八、梦中的情感

施特里克[《意识研究》，1879年，第51页]的详尽观察提醒我们注意，梦中的情感表现是不容轻视的，不能像在醒后对梦的内容那样轻易被忘掉。他说："如果我在梦中害怕强盗，则强盗虽然是想象中的，但恐惧是真实的。"如果我在梦中感到愉快，情况也是一样。我们的感受证明，梦中体验到的感情强度绝不亚于清醒时体验到的感情强度，而梦因其情感内容比其想象内容更有力而提出要求，要被纳入我们的真正精神体验之中。我们清醒时并不能用这种方式把感情包括进来，因为如果感情与某种观念材料没有密切联想，我们就不能在精神上评价这种情感。如果情感与想象在种类与强度上不相容，那我们的清醒判断也变得迷乱。

梦中的观念内容经常脱离清醒时刻那种不可避免的感情后果，是一个令人惊讶的问题。施特吕姆佩尔[《梦的本性与形成》，1877年，第27页及以下]表示，在梦中，想象被剥夺其心理价值。梦中却也不乏相反的事件，即强烈的情感表现为与毫不相干的题材联系着。我在梦中处于一个可怕、充满危险、令人恶心的情境，同时却感觉不到任何恐惧或厌恶。而其他时候，我惊愕于无害之事，对孩子气的东西感到高兴。如果我们从显性梦境转到隐性梦境，或许没有什么别的谜像梦生活之谜这样突然完全消失。我们与解谜毫无关系，因为谜再也不存在了。分析对我们表明，想象内容经历了移置与替代，而情感保持不动。不足为奇的是，被梦伪装所改变的想象内容不再适合保存下来的情感。但如果分

第六章 梦的工作

析把恰当的内容放回原来的位置,也就不必惊奇了①。

一种心理情结经历了阻抗性审查的影响,在此情结上,情感是受影响最小的部分,它单独就能指点我们如何去填补遗漏的思想。这种关系在精神神经症上比在做梦时揭示得更明显。情感在此总是有理,至少按其质量来说,其强度的确可以通过移置神经症的注意力来抬升。如果癔症患者惊异于他不禁害怕琐事,或者有强迫观念的人因对自己无中生有的痛苦而感到自责,那两人都错了,他们把观念内容——小事或没有之事当作本质之事,而他们使这种想象内容成为其思想活动的起始点,因而进行的斗争是徒劳的。精神分析就给他们指明了正确的途径,承认情感是合理的,寻找属于情感的但已被压抑或被代替物所移置的观念。此时的前提是,情感的释放和观念内容不构成那种我们已经惯于对待的不可解的有机统一体,但是这两个分离的实体又可以联结在一起,因而可以通过精神分析把它们分离。解梦表明,事实正是如此。

我首先举一个梦例,此例中,分析在一项观念内容上解释了表面的情感缺位,这一观念内容强求摆脱情感。

(一)

她在一片荒漠上看见三头狮子,其中一头在笑,她却不怕它们。后来,她还是不禁害怕它们了,因为她想爬上树,却发现其身为法语教师

---

① [1919年补充] 如果我没有大错,那我从我那20个月大的孙子处能够获悉的第一个梦表明,梦工作成功地将其材料转变成一种欲望的满足,而与此相关的情感即使在睡眠状态中也未作变动地得到认同。孩子在其父要开赴战场那天之前的夜里,大声啼哭,啜泣说:"爸爸、爸爸……宝宝!"这只能意味着爸爸与宝宝待在一起,而哭泣则承认摆在面前的告别。孩子当时很可能能够表达分离的概念。"离开(fort)"(由一个独特强调的、拖长的o—o—o来代替)是他最初的话语之一,而他在这第一个梦之前的几个月,用他所有玩具做"离开"的游戏,这溯源至早先成功的自我克制,即允许母亲离开[关于该孩子的另一篇报告见于《超越愉悦原则》(1920年)第2章]。

的表姐已经在上面了，等等。

对此，分析带来了如下材料：她英语作业中的一个句子成了对梦无关紧要的诱因：鬃毛是狮子的饰物。她父亲的胡子像一丛鬃毛把脸围起来。她的英语女教师叫莱昂斯（Lyons）小姐（lions = 狮子）。一个熟人给她寄过关于狮子的民歌集。这就是三头狮子的来历。她为何要害怕它们呢？她读过一篇小说，其中有一个黑人煽动其他人起义，被猎犬追赶，他爬到一棵树上逃命。她又兴奋地说出了若干记忆碎片，如如何捕狮的指导，出自《飞叶》：将一片荒漠放在筛子上筛，狮子就被筛选下来了。此外是非常有趣但并不正经的关于一名官员的逸事，他被问到他究竟为何不努力争取其上司的宠爱，而他给出回答，说他很努力拍马钻营，但他前面的人已经在上面了。如果得知这名女子在做梦当天接待了其丈夫的上司，整个梦的内容就变得可以理解了。这位上司对她很有礼貌，吻她的手，而她根本不怕他，尽管他是一个"大人物[①]"，在她国家的首都扮演"社会头面人物[②]"的角色。这头狮子就堪比《仲夏夜之梦》中的狮子，原来是施诺克——那个木匠，凡是梦见狮子而不感到害怕的人都属于这种情况。

（二）

我将那个姑娘的梦作为第二个例子，她看见其姐的幼子躺在棺材里。我现在补充，她当时丝毫感觉不到痛苦与悲哀。我们从分析中得知为何如此。梦只是掩盖了她要再见所爱的男子的欲望。情感必定与欲望协调一致，而非与其伪装协调一致，所以根本没有悲哀的诱因。

在一些梦里，情感至少还与其原先依附但已被替代了的观念材料有

[①] Grosses Tier，原义为大动物。——译注
[②] Löwe der Gesellschaft，原义为社会的狮子。——译注

所联系。在其他梦里，情结继续松动。情感似乎脱离了相关的观念，发现自己被安置于梦中别的地方，在那里适应对梦要素新的安排。这就类似于我们在梦的判断行为上已经获悉之事。如果在梦意念中有一个重要的结论，则梦也包含这样一个结论。但梦中结论可能被移置到另一种材料上。这种移置往往遵循对立性原则。

我借助下面的梦例来解释后一种可能性，此例可以说是我分析得最为详尽的梦例之一。

（三）

海滨有一座城堡，后来它不再直接位于海滨，而是位于入海的一条狭窄的运河旁。一位 P 先生是总督。我跟他站在一座巨大的有三扇窗户的大厅里，窗前耸立着突出的堡壁，看上去像城垛。我大约作为志愿海军军官被分派到驻防部队。我们担心敌方战舰抵达，因为我们处于战争状态。P 先生有意离开，他给我下达指示，告诉我如果我们担心的事发生应该做什么。他的病妻与孩子们在受威胁的城堡中。如果开始轰炸，就要清空大厅。他呼吸沉重，想离去。我拦住他问，必要时我该以何方式让他得到消息。对此，他还说了几句话，随后却立即倒地身亡。无疑是我的问题增加了不必要的紧张所导致的。他的死没有再给我留下印象，他死后，我考虑他的遗孀是否要留在城堡内，我是否该向总司令部报告死讯并作为下一个有指挥权者接管城堡。我就站在窗边，端详着驶过的船只。那是商船，在昏暗的水域上疾驶而过，一些船带有若干烟囱，其他船带有膨胀的甲板（整体类似于序梦中的车站建筑——此处未做报告）。后来，我弟弟站在我身边，我俩从窗户望着运河。看见一艘船时，我们吃惊了，喊道："那边来了战舰！"但情况表明，只是我熟悉的同一批船在返回。这时来了一艘小船，滑稽地被从中间截断。甲板上

// 梦的解析

看得见奇特的杯状或罐状物品。我们异口同声喊道:"这是早餐船。"

船只迅速运动,海水的深蓝色、烟囱里冒出的褐色烟尘——这一切加在一起产生一种高度紧张、阴暗的印象。

此梦中的地点由到亚得里亚海滨的若干次旅行汇集而成(米拉马雷、杜伊诺、威尼斯、阿奎莱亚①)。在做梦前几周,我与我弟弟前往阿奎莱亚做短暂而愉快的复活节旅行,我还记忆犹新。美国与西班牙之间的海战和与之相连的为我在美国生活的亲属忧虑也一同起作用。在此梦的两处,突显了情感作用。一处缺乏一种可以预期的情感,着力突出的是,总督之死没给我留下印象;在另一处,我以为看见战舰,我吃惊并在睡眠中觉察到惊吓的感觉。在这个构造良好的梦里如此实行对情感的安排,避免了任何引人注目的矛盾。没有理由认为我在总督死时要感到害怕,也有充分理由说明,作为城堡的指挥官,我在看见战舰时不免惊恐万分。但分析证明,P 先生只是我的自我的替代者(梦中我是他的替代者)。我就是突然死去的总督。梦意念关心着我过早死亡后我家庭的未来,这是梦意念中唯一使我感到痛苦的。梦中惊吓与看见战舰的景象相联系,这种惊吓必定脱离彼处而放到此处。反之,分析表明,作为战舰来源的那一部分梦意念却充满最快乐的回忆。那是前一年在威尼斯,在迷人的一天,我们站在斯基亚沃尼河上我们房间的窗边,看着蓝色的环礁湖,如今湖中可以比以前发现更多活动。大家盼望英国船只到来,并准备隆重接待。突然,我妻子像孩子般快乐地喊道:"英国战舰来了!"梦中,我在听见相同的话时感到吃惊。我们又看见,梦中的话语源自生活中的话语。我会即刻指明,对梦的工作而言,此话语中"英

---

① [阿奎莱亚,往内地几公里,通过一条小运河与环礁湖相连,格拉多位于环礁湖上面的一个岛上。这些地方位于亚得里亚海的北端,1918 年前属于奥地利。]

第六章　梦的工作

国"这个元素并未丢失。我就在此于梦意念与梦境之间把高兴转为惊吓。我只需要指出，我借助这种转变本身表达了一部分隐性梦境。这个梦例也就证明梦的工作可以自由地让情感诱因脱离其在梦意念中的联系，而在梦境中随意插入别处。

我想借此机会对早餐船进行较详细的分析，它在梦中的出现无意义地结束了一个得到合理记录的情境。我事后惊奇地注意到，这个梦对象是黑色的，因其在最宽的中部被切割而与伊特拉斯坎城博物馆里最引人注目的一套器皿非常相似。这是由黑陶制成的长方形浅盘，有两个把手，上面放着如咖啡杯或茶杯之类的东西，与我们现代的早餐餐具有点像。询问后，我们获悉，这是一位伊特拉斯坎贵妇的梳妆台，上有脂粉盒。而我们自己戏谑说，给太太带这么件东西回去会不赖。梦中这个物件也就意味着黑色的丧服，直接暗示一起死亡事件。梦对象的另一端使我想起葬船，正如我那在语言上十分博学的朋友告诉我的，从前人们把尸体放在船上，使其葬入海中。这可以用来解释梦中船只的返航。

> 静静地
> 在得救的船上
> 老翁驶回港口。①

那是船舶失事后返航，早餐船是从中部折断的。但何来早餐船这个名字呢？此处，英语就得到使用，我们在战舰上省略了它。早餐（breakfast）意味着破斋（breaking fast）。破再一次与船舶失事（ship-

---

① ［席勒《讽刺短诗补遗》之《期待与满足》。这一诗句包含关于生死的一则比喻。］

413

break）发生联系，斋则与黑色丧服发生联系。

在这艘早餐船上，只有名字是由梦新造的。确实有过这样的事，而且我想起上次旅行中最快乐的时刻。我们不放心阿奎莱亚的膳食，从格尔茨带了食品，在阿奎莱亚买了一瓶最出色的伊斯特里亚葡萄酒。小邮轮穿过德尔梅运河，缓慢进入荒凉的环礁湖地段驶向格拉多时，只有我们两个乘客以最快乐的心情在甲板上进早餐，以前难得有一顿早餐像这次这样有滋味，这就是早餐船。恰恰在对这种最高兴的生活享受的记忆后面，梦隐藏着对未知与让人莫名害怕的未来的最令人忧郁的思想[①]。

感情与产生感情的观念材料相脱离是情感在成梦时遭遇的最瞩目之事，但在从梦意念到显性梦的路上，这不是情感所遭受的唯一的和最重要的变化。如果比较梦意念中的情感与梦中的情感，则有一点立即变得清晰：梦中找得到一种情感，在梦意念中也找得到这种情感，反之却不然。梦一般比精神材料更缺乏情感，梦来自对精神材料的处理。如果我重建了梦意念，那我就忽略了它们中经常有最强的精神冲动力求为人所察觉，并努力与其他截然对立的力量相抗衡。如果我随后回顾梦，就发现它往往缺乏色彩，没有任何较强烈的感情色调。正是通过梦的工作，不仅我的思维的内容，而且其感情色调也常常降低到平淡无奇的程度。我可以说，通过梦的工作完成了对情感的抑制。以关于植物学专著的梦为例，在思维中，与它相应的是为我的自由做热情洋溢的辩护，我有自由依据自己的选择行事，仿佛要根据本身的权利来安排生活。由此产生的梦看上去平淡无奇：我写了一本专著，它放在我面前，配有彩图，干缩的植物附在每份标本中。就像横尸遍野的战场被打扫后的宁静，再也

---

① ［此梦在后面再次被提及。］

第六章 梦的工作

感觉不到战役的激烈。

也可能有不同的结果，可能有活跃的情感表现进入梦本身，但我们想先停留于不可否认的事实，即有如此众多的梦显得平淡无奇，但只要深入梦意念中，就不能不深受感动。

对梦工作期间这种情感压抑，在此无法提供完全的理论解释，这种解释要以细致钻研情感理论并探究压抑机制为前提。我只想在此提及两个意念。对摆脱情感，我——出于其他理由——被迫把它想象成一个离心的、对准身体内部的过程，类似于运动与分泌过程的神经分布[①]。正如在睡眠状态下向外界发送的运动冲动受到阻挠一样，也可能因睡眠期间的潜意识思维而妨碍对情感的离心唤醒。梦意念过程中完成的情感冲动，本身就是弱冲动，因而，入梦的情感也不会更强。根据此思路，"对情感的压抑"就根本不是梦工作的成果，而是睡眠状态的结果。情况可能是这样，但不可能都是这样。我们也必须想到，任何组合起来的梦也揭示为精神力量冲突的妥协结果。一方面，构成欲望的意念要抵抗审查机构的异议；另一方面，我们经常看见，在潜意识思维自身中，每一条思路都与其矛盾的对立面并驾齐驱。因为所有这些思路都具有情感能力，所以，如果我们把情感压抑理解成抑制的结果，这种抑制使彼此对立并审查由它所压抑的追求，那我们大体上不会误入歧途。情感抑制就会是梦审查的第二个成果，如同梦的伪装是其第一个成果一样。

我想插入一个梦例，其中梦境平淡无奇的情调可以由梦意念中的对立性来解释。这是一个短梦，每个读者都会对它感到厌恶：

[①] ［从精神结构来观察，摆脱情感（尽管对准身体内部）被称为"离心的"。——关于弗洛伊德对"神经分布"这一术语的使用，见后面的注解。］

（四）

有一片高地，上面好像有一个像是野外茅厕一样的东西：一条很长的凳子，尽头是很大的茅坑。它的后缘盖满厚厚的小堆粪便，大小、新鲜程度各异。凳子后面是灌木丛。我朝凳子上小便，一条长尿线冲净了一切，粪便污渍轻松脱落，落入孔中。但似乎末端还余下一些粪便。

为何我在梦中感觉不到厌恶？

因为正如分析所表明的那样，在此梦的形成上，最舒适与最令人满足的意念共同起了作用。在分析时，我立即想起赫拉克利斯清扫的奥吉亚斯牛圈。这个赫拉克利斯就是我。高地与灌木丛属于奥塞，我的孩子们现在待在那里。我揭示了神经症的童年病因，由此保护我自己的孩子免于患病。凳子（当然除了粪坑）是对一件家具最忠实的模仿，一位亲近的女患者把这件家具作为礼物送给我。凳子提醒我，我的患者们多么尊敬我。甚至人的排泄物的陈列也能够得到让人心悦的解释。不管我在现实中对它如何感到恶心，梦中却是对那个美丽国度意大利的回忆。在其小城市里，众所周知，厕所的布置与梦中没有二致。冲净一切的尿线，是明白无误地暗示大人物。格列佛就这样在利立浦特人那里灭了大火，他却由此招致了小人国王后的不快。但高康大——大师拉伯雷笔下的超人也这样报复巴黎人，他跨坐在巴黎圣母院上，把尿线对准这座城市。我恰好昨天睡前翻到加尼埃为拉伯雷所做的插图。而奇怪的是又有一个证据，即我是超人！巴黎圣母院的平台是我在巴黎最喜爱的逗留之地。每个无事的下午，我惯常在教堂塔楼上，在怪物与鬼脸之间爬来爬去。所有粪便因尿线而迅速消失，这使人想起一句格言：它一吹，它们就散了。我想我总有一天会把这句格言作为癔症疗法的章节的标题。

现在是梦的真实诱因。那是夏天一个炎热的下午，我晚间就癔症与

第六章　梦的工作

性倒错的关联做了讲座，而我要讲的内容让我深感不快，让我觉得毫无价值。我疲倦了，没有对我的困难工作的丝毫乐趣，渴望摆脱所有这些有关人类肮脏的唠叨话。我想念我的孩子们，还渴望意大利的美景。在这种情绪中，我从大教室走进一家咖啡馆，在露天下随便吃了点东西，因为食欲离我而去。但我的听众之一与我同行，他请求允许坐在一旁，而我喝着咖啡，被小面包噎住了，他开始对我说恭维话。他说在我这里学到了很多，他现在以不同的眼光看待一切，我清除了神经症学说中奥吉斯王牛栏似的迷误与成见。总而言之，我成了相当伟大的人物。我的情绪极不适应他的赞歌，我与厌恶做着斗争，提早回了家，以让自己解脱，睡前还翻阅拉伯雷的书，阅读迈耶①的小说《一个少年的苦难》。

由此材料产生了那个梦。迈耶的小说还带来了对童年情景的回忆（参见关于图恩伯爵的梦的最后一幅图景）。日间厌恶与厌倦的情绪在梦中得到认同，几乎可以为梦境提供全部材料。但夜里，产生了一种强烈的甚至是夸张的自我肯定的心情，并且代替了前者。梦境必定如此安排，使得它在同样的材料里能同时表达出自卑和自大的妄想。遇有这种妥协产物时，产生一种模棱两可的梦境，但通过对立物的相互抑制也产生平淡无奇的情调。

根据欲望满足的理论，在厌恶的思路之外，如果没有加入虽然受压抑但带着愉悦得到强调的自大狂这一对立思路，就不会促成此梦。因为苦恼之事不大容易进入梦中。出自我们日间意念的苦恼之事如果同时对欲望满足予以表达，才能争得入梦。

除了让感情通过或把它们化为乌有外，梦的工作对它们还可以有不

---

① 孔拉特・费迪南特・迈耶（1825—1898年），瑞士作家。——译注

同的行事方法，可以把它们颠倒至其反面。我们已经熟悉解梦规则，即对解梦而言，梦的每个元素也可以表现梦的反面，就像表现自身一样。人们事先并不知道它代表哪一方面，只有通过上下文关联才能对此做决定。一般人大都怀疑这一点的真实性，即梦书在解梦时经常根据对照原则来处理，通过紧密的联想式链接而把一个事物转为它的反面。在我们的思维中，这种链接把对一事物的想象与对其对立物的想象捆绑起来。正如任何其他移置一样，它服务于审查目的，却也常成为欲望满足的成果，因为欲望满足无非在于用反面来代替一个令人不快的事物。与事物的观念相同，梦意念的情感在梦中也可能颠倒至反面，而很可能的是，这种情感颠倒大多由梦审查办到。情感抑制与情感颠倒在社会生活中也主要用于伪装，社会生活对我们表明了常见的与梦审查的相似之处。例如我对某人讲话不得以要当面表示恭维，而我内心想骂他几句，这时最重要的是，我要在其面前隐藏我的情感表示，其次才是表达思想的词语。如果我对其说并非无礼的话语，但伴以一种憎恨与蔑视的眼光或表情，则产生的效果无异于对他公开鄙视。审查就是让我首先压抑我的情感，而如果我是伪装的大师，我会佯装相反的情感，在我想盛怒时微笑，在我想置人于死地时假装温柔。

我们已经提到了一个最好的梦例，梦中这种情感颠倒代表了梦的审查作用。在"我的叔叔与黄胡子"那个梦里，我对朋友 R 感到巨大的温情，然而梦意念责骂他是笨脑瓜。从关于情感颠倒的这个例子中，我们第一次察觉到梦的审查作用的存在。在此也不必假设，梦工作完全新创一种对立情感。一般人认为这种对立情感早已潜伏在梦意念的材料中，只是用防御动机的精神力量加以强化，直到它们就成梦而言能够占上风。在刚才提及的叔叔梦中，温柔的相反情感很可能源自幼儿期（如梦

第六章 梦的工作

的接续部分已经暗示的）。由于我最早的童年经历有特殊性质，叔侄关系在我身上变成所有友情与憎恨的来源。

由费伦茨报告的一个梦（《梦中情感混淆》，1916年）提供了这样一种情感颠倒的出色例子[①]："一位年长的先生夜间被妻子唤醒，妻子说他在睡眠中抑制不住地大笑，她对此感到害怕。丈夫后来讲述做了如下的梦：我躺在床上，一位熟识的先生走进来，我想打开灯，却做不到，一再尝试，但都是徒劳。于是，我妻子起床要帮我，但办不到。因为她在那位先生面前因为穿着晨服而害羞，她最终放弃了，又躺到床上。这一切如此滑稽，我不禁大笑起来。妻子说：'你笑什么？笑什么？'我却只是接着笑，直到我苏醒。"次日，这位先生垂头丧气，而且头痛——他想大概是由于笑多了而累坏了吧。

"这个梦经过分析，似乎就不那么滑稽可笑了。在隐性梦意念中，进来的'熟识的'先生是前一天唤醒的代表'伟大的未知'的死亡形象。患动脉硬化症的老先生前一天有理由想到死。抑制不住的笑代表他一想到自己肯定要死了就哭泣的情况。他再也不能开亮的是生命之光。这个悲哀的思想可能与他不久前尝试性交却失败有关。即使穿着晨服的妻子帮助他也无济于事。他发觉，他已经在走下坡路了。梦工作善于把关于阳痿与死亡的悲哀念头转成一个滑稽的场景，把抽泣转成大笑。"

有一类梦[②]特别有资格被称为虚伪的梦，让欲望满足理论经受严格考验。希尔弗丁女医生在《维也纳精神分析协会》上提出讨论罗泽格尔记录下来的下面这个梦时，我才注意到这类梦。

---

① ［该段与下一段于1919年补充。］
② ［此段及下面的罗泽格尔的引文连同对此梦例的讨论于1911年补充。彼得·罗泽格尔（1843—1918年）出身于贫穷的农家。］

// 梦的解析

罗泽格尔（在《森林故乡》第二卷中）在他的《解雇》这个故事中写道："我素喜熟睡，但我在某些夜里失去安宁，除了作为一名的学生兼作家的平凡生涯外，我还长年拖着一种裁缝生活的影子。它如同一个幽灵，让我无法摆脱。

"我日间会在意念中如此频繁而活跃地潜心于我的过去，这不符合事实。一个蜕去市侩外壳的征服宇宙的人有别的事要干。当我还是一个无忧无虑的小伙子时，也没有更多地注意到自己夜间所做的梦。后来我惯于沉思一切时，或者市侩习气在我身上又开始蠢蠢欲动时，我才注意到，究竟为何我只要一做梦就总是一名裁缝伙计，我已经在我师傅那里无偿工作了那么久。每当我坐在他旁边缝纫、熨烫，我很清楚，我其实再也不属于那里，我作为城里人要做别的事。可我总是去度假，经常在暑假闲游，这样我就只得坐在师傅那里帮忙。我甚至经常不快，我惋惜失去的时间，我本该懂得在此时间中做更多有益的事情。如果我未完全按照尺寸与纸样做，就得间或容忍师傅一顿训斥，可根本从未说到薪资。我弓着背在黑暗的作坊里坐着时，常常打算辞工离开。一次，我甚至这么做了，可师傅不理会，不久，我还是又坐在他边上缝纫。

"经过如此无聊的时刻后，苏醒让我多么幸福！我就决定，如果这个咄咄逼人的梦再次出现，我就坚决把它从我身上扔掉并高喊：'那只是变戏法，我躺在床上，要睡了……'次日夜里，我还是又坐在裁缝作坊里。

"这种情况就这样以不可名状的规律性延续了几年。有一次，我和我师傅在阿尔彭霍费尔（我当初做学徒时在他家工作的农民）那里干活，我师傅对我的活计表示特别不满。'我只想知道你胡思乱想些什么！'他说着，有些阴沉地注视着我。我想，最明智的该是，我现在起身，向师傅暗示我只是出于好意和他在一起，然后我就走开。但我没这么做。师傅带来一名学徒,命令我给此人让出凳子,我容忍了。我挪到角落里缝纫。当天,还收了一名伙计,是个伪君子,他是波希米亚人。19年前,他在我们这里干过,有一次在从客栈来的路上落入溪中。他想坐下时,没有位置了。我探询地看着师傅,而他对我说:'你不是当裁缝的料,你可以走了,你被开除了!'我听了大吃一惊,苏醒了。

"曙光从明亮的窗户照进我熟悉的房间。艺术品环绕着我。在有格调的书柜里期盼我的是永恒的荷马、巨人般的但丁、无可比拟的莎士比亚、享有盛名的歌德——都是光鲜不朽者。隔壁传来孩子们响亮的童声,他们醒了,与他们的妈妈嬉笑。我似乎找回这种田园般的甜蜜、和睦温和、富有诗意、很有思想的生活,我在其中经常深切地感受到静观默想的悠闲的人类幸福。而还是让我恼火的是,我没有抢在师傅之前辞工,而是被他辞退了。

"而对我来说,非常奇怪的是,师傅'开除'我的那个夜里,我享受着宁静,不再梦见我远在往昔的裁缝时光,因为不苛求而非常快乐,但也把一道长长的阴影投入我以后的岁月。"

在年轻时当过裁缝伙计的诗人的梦系列中,难以辨别欲望满足的存在。一切喜人之事都在日间生活中,而梦似乎总是萦绕着他终于逃脱的那种不愉快生活的幽灵般的影子。我自己的一些类似的梦使我能够对此类梦提供一些解释。作为年轻医生,我长时间在化学研究所工作过,而无法在那里所要求的本领上有所成就,因而在清醒时从不愿想到我学习时这段无所收获、令人蒙羞的插曲。但另一方面,我又照例梦见在实验室里工作,进行分析,以及其他种种体验。这些梦与考试梦类似,令人不快,从未很清晰。在解这些梦之一时,我终于注意到"分析"这个词,它给我提供了理解的关键。我的确从那时起成了"分析师",做很

// 梦的解析

受赞许的分析，然而是精神分析。我现在懂了：如果我日间对此类分析感到骄傲，并近乎高傲自大，夜间梦就把其他不成功的分析拿到我面前，简直毫无骄傲可言。那是对暴发户的惩罚梦，就像那个变成了著名作家的裁缝伙计所做的梦一样。但在暴发户的骄傲与自我批评之间的冲突中，梦如何服务于后者，以理性的警告而非未经允许的欲望满足作为内容呢？我已经提及，对此疑问的回答存在困难。我们可以推断，首先，忘乎所以的虚荣心幻想构成梦的基础，代替它的却是对其的抑制与羞愧。可以忆起，心灵生活中有受虐倾向，可以把这样一种颠倒记在这些倾向名下。如果把此类梦作为惩罚梦与欲望满足梦隔开，我没什么可反对的。我并不认为我迄今为止所提出的梦理论有任何局限性，而只是在语言上迎合那种觉得对立物的重合很异样的见解①。更详细地逐个深入这些梦却还可以看出别的东西。在我的一个实验室梦的一部分模糊不清的背景中，我正处于我的医生生涯中最阴暗、最不成功的年龄。我还没有职位，不知该如何维持生活，但就在此时，我突然发现我有好几个可供选择的结婚对象。我就又变得年轻了，特别是她又变得年轻了——那名与我共度所有艰难岁月的女子。这样，正在变老的男子的一个不停折磨人的欲望就显露为潜意识的梦刺激源。虚荣与自我批评之间在其他心理层次上激烈的冲突虽然决定了梦境，但根源更深的青春欲望才使得这种冲突作为梦内容而表现出来。人有时在清醒时也对自己说："如今一切都很好，过去的时光都很艰苦；但当时还是很好，我那时还年轻。"②

---

① ［前面两段于1919年补充。］

② ［1930年补充］自从精神分析把人分解成自我与超我（《大众心理学与自我分析》，1921年，还有《自我与本我》，1923年），就容易在这些惩罚梦中识别超我的欲望满足。

有另一组梦①，我在自己身上频繁发现它们，我认为这是"虚伪的梦"，其内容是与断交多年的朋友和解。分析就经常揭示一种诱因，它可能要求我和这些曾经的朋友彻底决裂，像生人或像敌人一样对待他们，梦却总是把他们描绘为完全相反的关系。

在评判一名作家所告知的梦时，可以足够经常地假设，他在谈论梦内容的细节时可能已经省略了他认为无关紧要的或分散注意的一些东西。他的梦就给我们出了谜，在精确再现梦境时才会很快解开。

奥·兰克也让我注意，《格林童话》中的"小裁缝"或"一拳七个"便是一个类似暴发户的梦。裁缝成了英雄和国王的女婿，一夜，他在与公主——他的夫人同床时，梦见他过去所学的手艺。公主变得多疑，次夜就安排了武士，要他们窃听他的梦话并逮捕他。但小裁缝事先得到了消息，便把梦纠正过来。

通过删除、缩减与颠倒的复杂过程，梦意念的情感终于成了梦的情感，这些复杂过程在经过详尽分析后适当合成的梦中是可以辨认出来的。我想在此再处理梦中情感冲动的一些例子，它们也许证实了我已列举的某些可能性。

（五）

老布吕克给我提出奇特的任务，要我解剖我自己的骨盆。在这个梦里，我在梦本身中没有发现恐惧。这就是不止一种意义上的欲望的满足。解剖意味着自我分析，我仿佛通过公开发表梦书而完成自我分析，

---

① ［该段于1919年补充，似乎误放在此处，或许它该放在紧接着的两段后面。那两段出自1911年，就像前面关于罗泽格尔梦的讨论，那两段明白无误地与该讨论相连。它们以后的内容再一次追溯到1900年——关于虚伪的梦的其他一些说明见于弗洛伊德关于女性同性恋的一个病例的文章（《论女性同性恋的一个病例的心理发生》，1920年）第3节临近末尾处。］

现实中，自我分析让我如此尴尬，使我把此手稿的付印推迟了一年。后来产生了一个欲望，即要我摆脱这种碍事的感受，因而我在梦中感受不到恐惧。但是我已应该为不再变灰而高兴。我的头发已经变得够灰，提醒我不能再拖延了。我们知道，在梦的结尾，出现了这种思想，即我得听任孩子们在困难的旅程中到达目的地。

两个梦把表达满足移入紧接着苏醒后的瞬间，在这两个梦里，一次是这种满足用期待来说明动机，即我现在会获悉，什么叫"我已经梦见了"，这其实指我的第一个孩子的出生；另一次，这种满足用信念来说明动机，即现在会出现"通过一种预兆而预告过的事"，即第二个孩子的出生使我感到满足。此处梦中留有在梦意念中占优势的情感，但大概在任何一个梦里，情况都不会如此简单。如果我们对这两个梦进一步分析，就会获悉，这种不经受审查的满足从一个来源得到增援，这个来源会害怕审查，而如果它的情感没有为一种被许可产生类似而合法的满足情感所掩饰，悄悄潜入梦中，是肯定会遭到反对的。

可惜我不能借助梦例本身证明这一点，但我可以从生活的另一领域举例来阐明我的本意。我设定如下情况：我周围有我憎恨的一个人，我身上形成一种活跃的冲动，如果其遭遇什么事，会让我高兴。但我本性中的道德不屈服于这种冲动。我不敢表示这种愿人不幸的心情，在其无辜地遇到什么事后，我压抑自己对此的满足，逼迫自己有遗憾的表示与思想。人人都肯定身处过这种境地：假使现在被我憎恨的人因逾矩而招致理所当然的麻烦，我就可以让自己对此的满足放任自流，认为此人受到了公正的惩罚，而我在这件事上表现得与其他胸无成竹的人一致。我却能够观察到，我的满足比其他人强烈。这种满足来自我的憎恨这一来源的强化。这种憎恨一直在内心被抑制而未生发，但是情况一旦改变，便如脱缰的马一般自

第六章　梦的工作

由奔驰了。一个引起反感的人或一个不受欢迎的少数派的成员犯下过失时便是如此。他们所受的惩罚通常与其过错不相应，这是因为还得加上对他们以前没有机会发泄的敌意。惩罚者在这时无疑不公，却因满足于长期的压抑得到解除而对此毫无察觉。在此类情况下，情感依其质量虽然有理，却无度，而在一点上安然的自我批评却容易忽略对第二点的检验。一旦开了门，就很容易挤入更多人，多于原先打算放入的人。

神经症性格的一个瞩目特征是有情感能力的诱因在它那里取得效果，这种效果在质量上有理，在数量上却大大超出了限度，这种特征可以以此方式解释。这种过度来源于过去保留在潜意识中受压抑的情感。这些来源可能与真实的诱因建立联想关系，并凭借情感上其他正当而合理的来源，于是这些情感本身获得释放的理想道路就被打通了。我们就会这样被提醒注意，在受压抑与压抑人的精神动因之间，我们不能只着眼于相互抑制的关系。同样值得多注意的是那些情况，其中两种精神动因通过协作和相互增强而实现病理效果。为了理解梦的情感表示，要利用关于心理机理的这些暗示性意见。一种满足在梦中显示出来，当然，随即在其于梦意念中的位置上可以找到它，仅通过这种证明无法总是完整地解释这种满足。通常要为它在梦意念中寻找第二个来源，审查的压力压在这第二个来源上，第二个来源在这种压力之下得出的不会是满足，而是相反的情感。但由于存在第一个梦来源，第二个梦来源能够让其满足情感，摆脱压抑，并且作为增援与出自其他来源的满足会合。所以，梦中情感似乎由若干支流合并而成，在梦意念的材料上由多因决定，能够提供相同情感的来源在梦工作时为形成情感而相聚[1]。

---

[1] ［1909年补充］类似地，我解释了有倾向性的玩笑异常强烈的逗乐作用［参见《诙谐及其与潜意识的关系》，1905年，临近第4章末，第4卷，第127页以下］。

// 梦的解析

　　通过分析"他没活过"在其中构成中心的那个绝妙的梦例,得以略微瞥见这些纠结的状况。在此梦中,具有不同质量的情感表示挤在两处显性梦境中。敌对和痛苦的感觉(在梦本身中则用了"被奇怪的情感攫住"这句话)重叠于我以两句话毁了敌对的朋友之处。梦的末尾,我非常高兴,于是肯定地评判清醒时被识别为荒谬的可能性,即存在只通过欲望就能除掉的亡灵。

　　我尚未告知此梦的诱因。它非常重要,而且可以导致对此梦的深入理解。我从我在柏林的朋友(弗利斯)处得到消息,他要接受手术,生活于维也纳的亲属会给我提供关于他健康状况的其他情况。术后的初步消息听起来不太好,让我担心。我最好自己动身去他那里,但我那时恰好痛症缠身,任何运动对我都成为折磨。我就从梦意念中获悉,我为珍爱的朋友的生命担忧。据我所知,他唯一的妹妹年轻时生病不久后去世了,我并不认识她。(梦中,弗利斯讲到其妹妹,说:"3刻钟后,她死了。")我不禁幻想,他自己的体质并不更有抵抗力,又想象到了在接到有关他的很多糟糕的消息后,我终于还是动身了——然而来得太晚,对此我可能永远自责①。因来得太晚而责备成为梦的中心,却呈现在一个场景中,其中我学生岁月中尊敬的大师布吕克以其蓝眼睛的可怕目光责备我。什么完成了这种场景的转移?很快会得出结果。梦不可能再现我经历过的场景本身。梦虽然允许另一人保留蓝眼睛,但由我来扮演毁灭的角色——这显然是欲望满足做出的颠倒工作。忧虑朋友的生命,指责我没有动身去他那里,我感到羞愧(他"悄悄地"到我这里——前来维也纳),我需要认为自己因生病而有借口,这一切现在组成感情风暴,

---

① 正是出自潜意识梦意念的这种幻想专横地要求 non vivit(他没活着),而非 non vixit(他没活过)。"你来得太晚,他不在了。"梦的显性情境也针对 non vivit,在前面得到说明。

第六章 梦的工作

在睡眠中明显被感觉到,在梦意念的领域中闹腾。

在梦的诱因上却还有别的东西,对我有过截然相反的作用。手术头几天,有不好的消息,我还接到警告,别与任何人说起整个事件,这一警告伤害了我,因为它以不必要地怀疑我为前提。我虽然知道,这一委托并非出自我的朋友,而是出于传递消息者的笨拙和过分担忧。但我很尴尬地被隐晦的指责触动,因为它——并非全无道理。众所周知,只有实质性的责备才有伤害性,才使我们感到难堪。我记得有一件事与我的朋友没有关系,而是发生在我很年轻时。那一次我在两个朋友之间惹了麻烦。他们都以友谊对我表示尊重,我却在他们之间不必要地抖搂了一个人说另一个人的话。我也没有忘记我当时听到的指责。我那时在两位朋友之间成了不和制造者,他们两者中一人是弗莱施尔教授,另一人可以用约瑟夫这个名来代替,我那在梦中出现的朋友兼对手P也用此名①。

我无力对什么秘而不宣,在梦中,诸要素不显眼地证明这种指责,证明此指责的还有弗利斯的疑问,我究竟把多少关于他的事告知了P?但正是这种[对泄密及其后果的]回忆的介入,把"来得太晚"这种指责从眼下移入我在布吕克实验室工作的时期,我用一个约瑟夫代替梦中歼灭的场景中的第二人,我不仅让此场景表现一种指责,即我来得太

---

① [为更好地理解下文,应提及由贝恩费尔德(《弗洛伊德最早期的理论与赫尔姆霍茨学派》,1944年)告知的一些事实。自1876年至1882年,弗洛伊德在维也纳心理学研究所工作("布吕克的实验室"),其领导人是恩斯特·布吕克(1819—1892年)。他在弗洛伊德时期的两名助手是西格蒙特·埃克斯纳(1846—1925年)与恩斯特·弗莱施尔·冯·马克索夫(1846—1891年),两者均比弗洛伊德年长10岁。弗莱施尔在后来的岁月里罹患一种严重的器质性疾病。在同一家研究所,弗洛伊德遇见约瑟夫·布罗伊尔(1842—1925年)——比他年长得多的《癔症研究》的合著者(1895年),此人是这个分析中第二个约瑟夫。第一个——弗洛伊德早逝的"朋友兼对手P"——是约瑟夫·帕内特(1857—1890年),成为弗洛伊德在心理研究所的继任者。参见厄尼斯特·琼斯的《弗洛伊德传》第一卷(1960年)。]

晚，而且表现被强烈压抑着的对我保守不了秘密的指责。梦的压缩与移置工作及其动机在此引人注目。

别泄露［有关弗利斯的］任何事情，我对这种警告的轻微气恼却从在深处流动的来源得到强化，膨胀成针对现实中所爱者的敌意冲动的洪流。这种强化来源于我的童年。我已经讲过，我对同龄人热情的友谊与我的敌意追溯至我与一个比我年长1岁的侄子的童年交往，在交往中，他是优越者，我很早就学会自卫，我们不可分离地共同生活并相亲相爱，如年长者证明的那样，我们在此期间互相扭打并且彼此抱怨。在某种意义上，我所有的朋友都是这个最初人物的化身，把"当初曾在我蒙眬的眼前浮现"。我侄子本人在少年岁月归来，而当时我们的举止如同恺撒与布鲁图。对我而言，一位密友兼憎恨的敌手是我感情生活始终必需的。我总能使自己不断获得这两者，而且往往能把童年的理想情境完全再现，并将敌友重合于一人——当然不再同时或者多次重复交替，而最初的童年岁月里可能是这种情况。

在遇有如此存续的关联时，情感的一种最近诱因能够以何方式追溯至幼儿期情感，以通过幼儿期情感代替情感作用？我在此不想关注此事。它属于潜意识思维心理学，会在对神经症的心理解释中找到其位置。让我们为了解梦的目的而假设出现一段童年回忆，或者幻想性地形成这样一种回忆，内容大致如下：两个孩子为一样东西彼此争吵——至于是哪样东西，让我们把它置于一旁，尽管回忆或回忆错觉中有一样完全确定的东西——每个人都声称比对方先抢到手，也就有优先权。于是两人发生了打斗，因为强权就是公理。根据梦的暗示，我可能知道我是无理的（自己发觉错误）。这次我却坚持做强者，坚守战场，战败者赶去父亲或祖父那里告我的状，而我用从父亲那里听来的话为自己辩护："我打他，是因为他

第六章 梦的工作

打了我。"这种回忆或者更可能是幻想,在我分析此梦期间出现在我的脑中(因为没有更多证据,我说不出所以然)①,是梦意念的一个中心部分,这个中心部分集中了在梦意念中起主宰作用的情感冲动,就像贮水池集聚注入的水流。由此,梦意念以如下途径进行:你不得不给我让位,你完全活该。为何你想挤掉我的位置?我不需要你,我肯定会找到别的玩伴,诸如此类。于是开辟了途径,这些意念以这些途径再度汇入梦表现。我当时不禁用一种"你走开,这里是我的位置"的态度指责我逝去的朋友约瑟夫[P]。他代替我作为演示员进入布吕克的实验室,但那里的晋升很缓慢。两名助手都没有离开的迹象,青年人自然就不耐烦了。我的朋友知道寿命有限,他与其前面的人没有亲密关系,有时就张扬地表达他的不耐烦。因为这个前面的人[弗莱施尔]是个重病号,所以希望他离开就很可能不仅是希望他晋升,而是还有其他更加丑陋的欲望在内。当然,要占据空出来的一个位置,几年前这相同的欲望在我身上强烈得多。只要有等级与晋升的机会,就为被压抑的欲望开辟了道路。莎士比亚笔下的王子哈姆雷特甚至不能在病父的床边摆脱诱惑,要试一试王冠②。但正如可以领会的,梦没有因这种无所顾忌的欲望而惩罚我,而是惩罚了我的朋友③。

"因为他有野心,所以我杀死他。"④ 因为他不能等到另一个人离开,他自己便离开了。我在大学里出席为别人所立的纪念碑揭幕典礼后,就怀有这些思想。我在梦中感觉到的满足中有一部分就可以解释成:这是

---

① [这一点将在后面得到讨论。]
② [《亨利四世》第2部,第4幕第2场。]
③ 引人注目的是,约瑟夫这个名字在我的梦中起着如此巨大的作用(参见叔叔梦)。在叫此名的这个人背后,我在梦中的自我特别容易隐藏,因为出自《圣经》的为人所知的解梦者也叫约瑟夫。
④ [莎士比亚的《尤利乌斯·恺撒》中的布鲁图,第3幕第2场。]

个公正的惩罚,你活该。

　　在这位朋友[P.]的葬礼上,一名年轻人做了显得不当的评论,大意是说,少了这一个人,世界就不存在了。在他身上活跃着诚实者的反抗,他的悲痛被夸大的言辞扰乱了。但与此谈论相连的是梦意念:确实无人不可替代;我已经把多少人送进坟墓,我却还活着,我比他们活得都长,我守住了位置。那一瞬间有这样一种思想,当时我担心我动身去我朋友[弗利斯]那里,而他已不再活着。这种思想只会允许进一步发展,即我很高兴又比某人活得久,不是我死,而是他,我像当时在幻想出来的童年场景中那样保住了位置。我保住位置,出自幼儿期的对此事的这种满足覆盖了被纳入梦中的情感的主要部分。我活着,我对此感到高兴。我那表达出来的天生的利己主义的喜悦心情,就像传说中所说的那样,一对夫妻中的一个对另一个说:"如果我们中间有一人死了,我就移居巴黎。"就我的期望而言,理所当然的是,死的那个人一定不是我。

　　我无法对自己隐瞒的是,解自己的梦并报告自己的梦,需要困难的自我克制。必须揭示自己是所有高尚者中唯一的坏蛋,人们与这些高尚者共同生活。我就觉得完全可以领会的是,幽灵的存在只会如人们所喜欢的那么久,而它们可以通过欲望被排除。这就是我的朋友约瑟夫为此受罚之事。幽灵却是我的童年朋友前后相继的化身。我一再代替此人,我对此也感到满足,而对我现在正要失去的人,肯定会找到替代者。无人不可替代。

　　但此处梦审查何在呢?为何它不对这种最粗鲁的利己主义的思路提出最坚决的异议,不把附着于此的满足转成极度不愉快呢?我以为,因为关于同一些人的其他无异议的思路同样以满足而结束,以他们的情感覆盖了出自受压抑的幼年的情感。在另一层思想上,我在那次隆重的纪

第六章 梦的工作

念碑揭幕仪式上对自己说："我失去了这么多珍爱的朋友，一些人是死去了，一些人却是因为友情的消散。幸而我已经为他们找到了一个替身，比起其他人能够做到的事来，他对我意味着更多，而我现在于不再轻易缔结友情的年纪始终坚守他的友谊。我为失去的朋友找到了替代品。这种满足的心情是可以不受干扰地进入梦中的，但在它后面潜入了出自幼儿期的敌意的满足。幼儿期的感情肯定有助于增强如今合理的感情，但幼儿期的憎恨也成功地得到了再现。"

梦中却还含有对另一条思路的明显提示，这条思路可能引起满意思想。不久前，我那位朋友〔弗利斯〕在经过长久的等候后有了一个小女儿。我知道他对早逝的妹妹有多痛惜，就写信给他，要他把对妹妹的爱转移到这个孩子身上，这个小姑娘最终会让他忘却不可弥补的损失。

这样，这一组思想也与隐性梦境的中间思想相连，由此，各条道路朝着相反的方向分岔：无人不可替代。"都不过是些幽灵，失去的一切又回来了。"现在，梦意念充满矛盾的组成部分之间的联想纽带因此事态而拉得更紧，即我那朋友的小女儿与我自己的少年小玩伴名字相同，后者与我同龄，是我最早的朋友兼对手的姐姐。我带着满足听到"保利娜"这个名字，为了暗示这种重合，我在梦中用另一个约瑟夫代替约瑟夫，发现无法压抑"弗利契"和"弗利斯"中相同的开头音。由此，就有一条思路流向我自己孩子们的名字方面。我注重的是，不按今日时尚来选择他们的名字，而是要通过对珍爱者的纪念来决定他们的名字。孩子们的名字使他们成为幽灵。最终，对我们大家而言，有孩子不也是通往不朽的唯一通道吗？

关于梦的情感，我再由另一视角添加少数意见。在睡眠者的心灵中，一种情感倾向——我们称为情绪——可能作为主导的要素包括在内，可以对他的梦产生决定性影响。这种情绪可能源自日间的经历与思路，可能具有躯体来源。在两种情况下，它伴有与它相应的思路。梦意念的这种想象内容一次原发性地决定情感倾向，另一次继发性地由躯体上可以解释的感情元素唤醒，对成梦来说都无所谓。成梦每次都处于限制中，即它只能表现欲望的满足，只能从欲望中借用它自己的心理内驱力。当前存在的情绪会得到的处理与睡眠期间现实出现的感觉一样，后者或者被忽略，或者在欲望满足的意义上得到重新解释。睡眠期间的痛苦情绪成为梦的内驱力，唤醒梦会实现的坚决欲望。它们所附着的材料会得到如此长久的重新加工，直至可用于表达欲望的满足。梦意念中痛苦情绪这个要素越强烈，越占主导地位，遭受压抑最强烈的欲望冲动就越肯定会利用得到表现的机会。因为当前存在不愉快情感，它们在其他情况下会不禁自行产生这种不愉快情感，通过这种不愉快情感的存在，它们发现要让自己得到表现这种困难任务便已经完成了。而随着这些探讨，我们再度触及焦虑梦的问题，这些梦会被证明在梦的功能中属于边缘性质。

九、润饰工作

现在我们终于可以讨论关于成梦的第四个因素了。

如果继续以开始时的方式探究梦内容，审核梦内容中引人注目的事件在梦意念中的来历，那也会遇见那些元素，解释它们需要全新的假设。我回忆起那些病例，人在梦中惊讶、生气、反抗，而且是由梦内容本身的一个片段所引起。梦中这些批评的冲动多数并非针对梦内容，而是被证明是梦材料被采纳并得到恰当使用的那些部分，我借助适当的例子阐述过。但是，许多这一类材料却不适合这种推导，梦材料中无法找到相关事物。例

第六章 梦的工作

如，这的确只是梦吗？梦中经常出现的这种评论意味着什么？这是对梦的一种现实评论，我在清醒时也可能做此评论。实际上它常常是苏醒的前导，更常见的是，在它之前总有一种痛苦的感觉，这种感觉在发觉做梦状态后平息下来。睡眠期间，"这的确只是梦"这个意念想要的却是它在奥芬巴赫的歌剧中美丽的海伦娜所说的话①；它想贬低刚才经历之事的意义并促成对下一步的容忍。它可以使当时有充分理由使自己骚动的某种特殊因素平静下来并使梦——或歌剧中的一幕不能继续。但更舒适的是，继续睡眠并容忍梦，"因为它只是个梦"。我设想，如果从未完全睡着的审查觉得自己被已经获准的梦突然袭击，梦中就会出现轻蔑的评论：这的确只是个梦。要压抑梦已经太晚了，所以审查以这种评论对付由于梦而出现的焦虑或痛苦的感受。这是精神审查作用的一个马后炮的例子。

借助此例，我们却有了一项无可争辩的证据，证明梦包含的一切并非都源自梦意念，而是与我们的清醒思维无法区分的一种心理机能能够对梦境提供帮助。问题就是，这只是例外地出现，还是平素只作为审查而活动的精神动因经常参与成梦？

我们毫不犹豫地赞成后者。无疑，精神动因也对插入并增多梦境负有责任，我们至今只在梦境中的限制与忽略中看出精神动因的影响。这些插入常常容易识别，它们被迟疑地告知，以"似乎"开始，本身没有特别高的生动性，始终被置于它们能够用于连接两部分梦境、开辟两个梦局部之间的关联之处。比起梦材料的原真衍生物来，它们显示出梦中记忆的可靠性较小。如果梦被遗忘，首先就取消它们，而我抱有强烈的猜测，即我们经常抱怨说我们做了这么多梦，其中多数被遗忘，只保

---

① [《美丽的海伦》第 2 幕中帕里斯与海伦娜的爱情二重唱，在这一幕的末尾，他们因见到墨涅拉俄斯夫妇而大吃一惊。]

433

// 梦的解析

留了碎片,这种抱怨是由于恰恰这些接合意念即刻被取消。在完整分析时,有时由此泄露出这些插入的内容与梦意念中的材料毫无联系。不过,经过仔细审核,我不得不把此情况称为较罕见的情况。插入的内容大多总还可以溯源至梦意念中的材料,但这种材料既不能因其特有价值亦不能因多因性决定而有资格被纳入梦中。看来,我们现在观照的成梦时的精神机能只在极端情况下抬升为新的创造。只要还有可能,它就利用它在梦材料中能够挑出的适用之物。

精神功能的目的就是把梦工作的这一片段加以标明并揭示[1]。这种机能表现的方式类似于作家对哲学家的恶意讽刺:它用其碎片与补丁来填补梦的结构上的漏洞[2]。它努力的后果是,梦失去荒谬与无关联的表象,接近一种可以理解的经验模式。但努力并非每次都圆满成功。

那些梦就这样完成了,就表面观察而言,它们可能显得合乎逻辑和合理无误。它们从一种可能的情境出发,经过一系列有连贯性的变化而继续下去,虽然至为罕见,还是获得并不令人诧异的结局。其实,有一种与清醒思维相似的精神功能,将这些梦都做了深度润饰。它们似乎有了意义,但这种意义与梦的实际含义离得最远。如果分析它们,则人们确信,此处对梦的润饰最自由地对待材料,最少保留材料的联系。可以说这些梦在清醒时经受解释之前,就已经得到了解释[3]。在其他梦里,这种倾向性的润饰只获得了部分的成功。梦在一时之间看似合理连贯,随后就变得无意义或杂乱,或许随着情节的推进,梦又显得可以理解了。在其他梦里,润饰工

---

[1] [弗洛伊德在别处说明,严格说来,润饰工作不属于梦的工作。]
[2] [暗示出自海涅的诗《归乡》中的一些诗句(LVIII):"以其睡帽和晨服碎片填补世界结构的漏洞。"弗洛伊德在其《精神分析引论新编》最后一集逐字引用这些诗行(1933年,第1卷,第588页)。]
[3] [参见后面列举的梦。]

第六章 梦的工作

作可以说全盘失败,我们无助地面对大堆无意义的支离破碎的材料。

我不想否认塑造梦的这第四种力量,它很快就会让我们觉得是一种已知的力量——在四种因素中,它确实是我们唯一熟悉的一个,我就不想断然否认这第四个因素有能力创造性地为梦提供新的帮助。但无疑,如同其他因素的影响一样,这种力量的影响也主要表现在偏爱并挑选在梦意念中已经形成的心理材料。有一种情况,其中依旧对这种力量免除了仿佛给梦加建门面这项工作,较大部分是由于在梦意念的材料中发现这样一种门面已经存在,只等着使用罢了。对我所着眼的梦意念的元素,我惯常称为幻想。如果我立即查明白日梦是出自清醒状态的相似物,我或许就避开了误解。这个元素在我们心灵生活中的作用尚未被精神病科医生充分认识到并揭示出来,M. 本尼迪克特[1]以对这种元素的评价开了一个让我觉得大有希望的头[2]。白日梦的意义没有逃过作家不受影响的敏锐目光,众所周知的是这样一段描写,都德在《富豪》中对小说的一个次要人物的白日梦做了绝妙的描写。对心理神经症的研究导致惊人的认识,这些幻想或白日梦是癔症症状的直接先兆,或者至少也是其中一大部分。癔症症状不取决于回忆本身,而取决于基于回忆的想象物。频繁出现有意识的日间幻想使我们的认识接近这些想象物,但正如存在有意识的此类幻想,过多地出现了潜意识的幻想,它们因其内容与来源于受压抑的材料而不得不依旧是潜意识的。更深入白日幻想的特性向我们证明,这些构成物理应获得我们赋予夜间想象产物——梦——的同一名称。这些构成物有一部分本质特性与夜梦相同,对其的探究本该

---

[1] 莫里斯·本尼迪克特(1835—1920年),匈牙利裔奥地利神经症学家。——译注
[2] [弗洛伊德本人后来有两篇文章致力于白日梦主题:《癔症幻想及其与双性恋的关系》(1908年)和《诗人与幻想》(1908年)。1921年,J. 瓦伦东克发表了《白日梦心理学》一书,弗洛伊德为此书撰写了序言。]

能够为我们开辟通往理解夜梦的最近与最佳的通道。

与梦一样，它们是欲望的满足；与梦一样，它们在很大部分上基于幼儿期经历的印象；与梦一样，它们从审查作用的松动中获得一定的好处。如果探究其结构，就会觉察到，在它们的产物中活动的欲望动机搞乱了构建它们的材料，重新整理并且拼合成一个新的整体。它们与来源于童年的回忆之间的关系大致和罗马的某些巴洛克宫殿与古典废墟所的关系相同，这些废墟的方石为现代形式的建筑提供了材料。

我们把润饰工作作为我们成梦的第四个因素，在润饰工作中，我们又发现了同一种活动，它可以不受其他影响的抑制而在创造白日梦时表现出来。我们可以直截了当地说，我们这第四个因素试图用献给它的材料塑造如白日梦之事。但在梦意念的关联中已经形成这样一个白日梦之处，梦工作的这个因素就会带着偏好攫住它，让它没法进入梦内容。有些梦的内容只在于重复一种白日幻想，或许依旧是潜意识的幻想，例如那名男童的梦，他与特洛伊战争的英雄们坐在战车里。在我的"Autodidasker"的梦里，至少第二个梦片段是忠实重复天真单纯的对我与 N 教授交往的白日幻想。它源自那些错综复杂的条件，梦在形成时必须满足这些条件，因而现在的幻想只构成梦的一个片段，或者只有一部分幻想渗入梦中。整体上，幻想就像隐性梦境的其他组成部分一样得到处理，却经常在梦中仍被认为是一个实体。在我的梦中，经常有一些部分比其他部分更加突出，产生一种不同的印象。我感到他们像在流动，关联性更好，同时比同一个梦的其他片段更易逝。我知道，这是潜意识的幻想，在上下文中入梦，但我从未办到固定这样一种幻想。另外，这些幻想就像梦意念的所有其他组成部分一样被压制、压缩，一个被另一个叠加，诸如此类。但还有一些过渡的例子，从它们可以几乎不做变动地构

第六章 梦的工作

成梦内容（或至少构成梦的门面）这种情况，直至相反的情况，即它们在梦内容中仅再现其中一个元素，或者表现为一种遥远的隐喻。显然，对梦意念中幻想的命运而言，依旧决定其命运的是，对审查的要求和强制压缩的要求，这些幻想能够提供哪些益处。

在我选择用于解梦的例子时，我尽可能避开潜意识的幻想在其中起明显作用的那些梦，因为介绍这种心理要素需要广泛探讨潜意识思维心理学。即使在此上下文中，我也不能完全回避幻想，因为它经常完全入梦，而且更频繁地明显从梦内容中透出微光。我还想列举一个梦例，它似乎由两个对立但在某些点上又彼此符合的幻想组成，其一是表面的，另一个仿佛成为对前者的解释①。

那个梦——我唯一没有详细记录的梦——大致如此：做梦者——一名未婚的年轻男子坐在他经常去的餐馆里。梦中的餐馆非常逼真。这时出现了几个人要带走他，其中有一个人想逮捕他。他对同桌者说："我回头付账，马上回来。"但他们讥笑着喊道："我们都已经知道了，人人都这么说。"一位客人还在后面冲他喊："又走了一个。"他后来被带到一个狭窄的房间，他发现一名妇人抱着一个孩子。陪伴着他的一个人说："这是米勒先生。"一名警官或类似的公职人员翻着一堆纸张或卡片，一边重复："米勒、米勒、米勒。"最终，这个人对他提了个问题，他回答"是"。然后他转身再看那名妇人，发觉她长了大胡子。

两个组成部分在此容易分开。表面是逮捕幻想，我们觉得它是梦

---

① ［1909年补充］这样一个因若干幻想重叠而产生的梦有一个良好的例子，我在《癔症分析片段》1905年［第2节］中分析过。此外，我低估了此类幻想对成梦的意义，我一直偏重处理我自己的梦，它们较为罕见地以白日梦、大多以讨论和意念冲突为基础，而很少根据白日梦。在其他人那里，要证明夜梦与白日梦完全相似常常容易得多。在癔症患者身上，发病常常由梦来替代。于是我们容易确信，对两种心理形成物而言，白日梦幻想是紧接着的预备阶段。

的工作的新产品。其后却可见结婚幻想，作为被梦的工作轻微变形的材料，两者可能共有的特征又如同高尔顿的合成照片一样特别清晰地突显出来。这位年轻的单身汉答应回来与同桌人共餐，因经历太多而学乖了的酒友们不相信，在后面喊："又走了一个（去结婚）。"即使对别的解释来说，这些也是容易理解的特征。他对公职人员给出同意的答复也是如此。翻阅一叠文件，一边重复同一个名字，符合婚礼上一个从属性的但足以辨别的特征——朗读成叠的祝福电报，它们的确都以同一个名字为内容。新娘出现在梦中的事实，表明结婚幻想甚至胜过与它重合的逮捕幻想。该新娘最终露出胡子，我可以通过询问来获得解释（此梦尚未分析）。前一日白天，做梦者与像他一样敌视婚姻的朋友走过街道，提醒这位朋友注意迎面向他们走来的一位褐色头发的美人。朋友却说："是啊，但愿这些女人不会随着年纪增长而像她们的父亲一样长胡子。"

当然，即使在此梦中也不乏更为隐蔽的梦的伪装因素。"我回头付账"这句话就可能针对岳父在嫁妆方面令人担忧的举止。显然，各种疑虑都没有妨碍做梦者带着欢愉沉溺于结婚幻想。结婚会失去自由，这些疑虑之一体现在转变成一个逮捕场景上。

如果我们愿意再次回到这一点上，即梦的工作愿意使用一种已经完成的幻想，而非由梦意念的材料才组成这样一种幻想，那我们或许以这种洞见解开了梦最有意思的谜之一。我在前面讲过莫里的梦，他被一块小板打中颈部，从一个长梦——出自大革命时代的一段完整的离奇故事中苏醒。因为梦被说成是连贯的，完全着眼于解释唤醒刺激，睡眠者对这种刺激的出现不可能有什么预感，所以似乎只剩下一种假设，整个丰富的梦必定在板子落到莫里的颈椎上与他被此击打强迫苏醒之间的短暂时刻形成和显现。我们不敢于把这样一种迅捷记在清醒时的思维工作名

第六章 梦的工作

下，这样就得以承认梦的工作值得注意的加速过程是特权。

对这一迅速流行的结论，新近的著作者们（勒洛兰、埃热还有别人）提出了强烈的异议。他们有的怀疑莫里报告的梦的准确性，有的试着阐明，我们清醒的思维效率的迅捷性并不落后于人们能够不加缩减地容忍梦工作所做之事。讨论引起了原则性的问题，我觉得它们并不会马上得到解决。我却不得不坦白，恰恰针对莫里的断头台梦的论证（例如埃热的论证）没给我留下令人信服的印象。我会建议对此梦做如下解释：莫里的梦表现了一种幻想，几年来完善地保留在他的记忆中，在他认识到唤醒刺激的那一瞬间被唤醒——我想说，得到暗示，难道这不可能吗？要在此处供做梦者支配的极其短暂的时段里编排这么长的一段故事连同其所有细节，全部困难就会迎刃而解——因为这个故事已经编排好了。如果木板击中莫里的颈部是在他清醒时，那就会有空间留给意念：这好像砍头一样。但因为他在睡眠中被木板击中，梦的工作就把到达的刺激迅速用作欲望的满足，似乎它会思考（这一点完全可做形象的设想）："现在是个好机会，让我在阅读时形成的欲望成真。"少年在激动人心的印象影响下，能编出这种离奇故事，我觉得这一点无可争辩。在那传奇般的"恐怖时代"，对于那些贵族男女、民族精英，在面临死亡时，仍能谈笑自若，保持着高度机智和文雅风度，视死如归，谁又不会为之心驰神往，尤其作为法国人与文化历史学家呢？对于一个沉浸在幻想中的年轻人，想象着自己正以吻手礼与贵妇告别，无所畏惧地登上断头架，这多么诱人！或者如果虚荣心曾是幻想的主导动机，要把自己置身于那些强有力的人物之中，他们只是通过其意念的力量与其煽动性口才的力量统治城市，在那座城市中，当时人类的心在抽动，成千上万的人出于信念赴死，为欧洲的转变开辟道路，然而他们自己的脑袋却随

// 梦的解析

时难保,总有一天会置于断头台的刀之下,把自己想象为吉伦特党人或英雄丹东,这又是多么诱人啊!莫里的幻想曾是这样一种虚荣的幻想,保留在回忆中的特征"由望不到边际的人群陪着"似乎指明了这一点。

在睡眠期间,却也无须从头至尾经历整个早就完成的幻想,可以说,"触及"它就足够了。我的意思是说,如果演奏几小节音乐,某个人像在《唐璜》中一样对此说"这出自莫扎特的《费加罗的婚礼》",那在我身上一下子涌起回忆,这些回忆起初并不是单独地进入我的意识。关键的词句就像一个入口,由此把一个整体置于冲动中,潜意识思维可能也与此相同。唤醒的刺激使精神入口兴奋起来,开辟通往整个断头台幻想的通道。这种幻想却并非尚在睡眠中就被从头到尾经历,而是在苏醒者的回忆中才被从头至尾经历。苏醒后,人们回忆幻想的细节,幻想作为整体在梦中被触及,此时没有手段来保证确实忆起所梦见之事。完成了的幻想通过唤醒刺激而作为整体被激起,这同一解释还可用于其他因唤醒刺激而出现的梦,例如拿破仑因定时炸弹爆炸所做的战役梦。朱丝蒂娜·托博沃尔斯卡在她关于梦中表面持续时间的论文中收集了那些梦,我觉得其中最有证明力的是马卡里奥告知的一名剧作家卡齐米尔·邦茹的梦[①]。一天晚上,他出席他的剧作之一的首演,却疲乏得恰恰在大幕拉起的那一瞬间在幕后的座位上打盹。在睡眠中,他就经历了其剧作的全部五幕,觉察观众在各个场景表现出来的所有不同的激动表现。演出结束后,他就极其幸福地听见在最热烈的喝彩中喊出他的名字。突然,他醒来了。他既不敢相信自己的眼睛也不敢相信自己的耳朵,因为戏不过才上演了第一幕的开头几句话。他睡了还不到两分钟。我敢大胆假定,在这个梦中,梦者看

---

① [除了末句已经包含在初版中,该段的剩余部分均于1914年补充。]

第六章　梦的工作

完全剧的五幕以及看到观众在各段中的举止并不需要在睡眠中用材料制造新产品，而是可能重复在所说的意义上已经完成的幻想工作。被托博沃尔斯卡与其他著作者们当作带有加速想象过程的梦的共性来强调的是，它们显得特别连贯，根本不像其他梦，而对它们的回忆更多是总括的而非详述的。这恰恰会是这类完成的、被梦的工作勾起的幻想必定得到的标志，却是著作者们没有得出的一个结论。我不愿声称，所有唤醒梦都允许这种解释，或者以此方式完全可以排除梦中想象过程加速的问题。

我们在这一点上不能不考虑梦内容的这种润饰工作与梦的工作的元素之间的关系。成梦的元素、压缩的努力、避开审查的强迫，还有顾及梦的心理手段中的可表现性，首先用材料构成一个暂时的梦内容，事后再变形，直至它尽可能满足第二个精神动因的要求，难道是这样吗？这几乎不可能。不如假设，这一精神动因的要求从一开始就充当梦必须满足的条件之一，而该条件就如压缩、阻抗与可表现性的条件一样，同时对梦意念的大量材料产生归纳性与甄选性的影响。在成梦的这种条件中，我们最后认识到的这个因素的要求对梦的影响最小。

对梦内容实施所谓润饰工作，将此精神功能与我们清醒思维的工作认同，很有可能由如下考虑产生：我们清醒的（前意识的[①]）思维对待任何知觉材料的态度与我们考虑对待梦内容的功能完全相同。对我们的清醒思维而言，很自然的是，在这样一种材料中创造秩序、建立关系，把材料置于对一种可理解的整体的期待中。事实上，我们在这一点上走得太远了。变戏法者利用我们的理智习惯愚弄了我们。要把呈现的感官印象组合得可以理解，在这种追求中，我们经常犯下最不寻常的错误，或者甚至伪造摆在我们面前的材料的真实性。

[①] ［似乎弗洛伊德在前面首次使用该术语，它将在后面得到解释。］

// 梦的解析

归入此处的证据众所周知，无须广征博引。我们阅读时，常常忽略错别字，总以为自己的阅读材料是正确的。据说读者众多的一本法国期刊的一名编辑打赌，他会在一篇长文的每个句子中印入"从前面"或"从后面"，而读者无一人会发觉。他赌赢了。几年前，在读报时，一个错误联想的滑稽例子引起我的注意。法国议会正在开会，会上，迪皮伊用"继续开会"这句果决的话平息了由一个无政府主义者扔入大厅的炸弹爆炸引起的惊慌。那次会议之后，走廊里的访客被作为证人就其对行刺的印象接受讯问。他们中有两个外省人，其中一个人说演讲一结束，他就肯定听见了爆炸声，但他以为，每名演讲者演讲后鸣炮，在议会里是惯例。另一人很可能已经听过若干个讲演者讲话，他发表了相同的看法，不过略有变动，说鸣炮表示一种敬意，只在特别成功的演讲后才施行。

除了我们的正常思维，大概没有其他精神动因向梦内容提出梦境必须易懂的要求，它让梦内容经受初次解释，由此引来对梦内容的完全误解。对我们的解释而言，保持不变的规则是，当梦来历可疑时，在任何情况下都不必考虑梦中的表面关联，无论梦本身是清晰还是杂乱，都选取溯源至梦材料这条相同的道路。

同时，我们现在已能看出前面讨论的梦的混乱和清晰度产生的原因了。让我们觉得清晰的是润饰工作对梦能够产生影响的那些部分，影响不到的那些部分则是杂乱的。因为杂乱的梦的部分经常也是特征不那么鲜明的。所以，我们可以得出结论，梦的润饰工作对于梦的不同元素的可变强度也做出了一定的贡献。

梦的确定形态在正常思维的协助下产生，如果要我为梦的确定形态在某处寻找一个比较对象，则呈现在我面前的无非是那些谜一般的铭文，凭借它们，《飞叶》长久地吸引着读者。《飞叶》旨在使读者相信某

第六章 梦的工作

个句子是一句拉丁铭文——为了对比起见,总是一句粗俗的土语。为此目的,把单词中的字母按组成的音节分离开来并重新排列。有的形成一个纯正的拉丁词,有的像拉丁词的缩写,而在铭文的另外一些地方,因铭文局部剥蚀或有遗漏这种假象,我们听凭自己对零散字母的无意义视而不见。如果我们不愿上此玩笑的当,就必须首先放弃寻找铭文的企图,着眼于字母,毫不关心呈现出来的编排,而把这些字母组合成我们母语的单词[①]。

润饰工作[②]是梦工作的一个因素,得到多数著作者的注意,其意义得到评价。哈夫洛克·霭理士曾有趣地描述了其成就(《梦的世界》,1911年,引言,第10页):

"我们确实可以如此考虑此事,即睡眠意识对自己说:此处来的是我们的主人即清醒意识,它极为注重理性、逻辑,诸如此类。快点!在它进来支配一切之前,把事物整理好,按次序排好——什么次序都行。"

德拉克鲁瓦特别明确地断言这种工作方式与清醒思维工作方式的同一性:

"此功能并非梦所特有,我们清醒时用于感觉的逻辑协调工作也是相同的。"

J.萨利持有相同意见〔《作为启示的梦》,1893年,第355页及下页〕,托博沃斯卡也同样:

"有了这一系列不连贯的幻觉,精神必须做与清醒时对感觉所做的

---

① 〔前面列举过润饰工作在童话及在《俄狄浦斯王》中的作用的例子。前面提及过在强迫与恐怖症上的相同过程,在弗洛伊德的《精神分析引论》第24页(1916—1917年,第1卷,第370页)中提及在偏执狂上的相同过程。在《图腾与禁忌》(1912—1913年)第3章第4节中相当详尽地讨论了润饰工作与思维"系统"的结构之间的类比。〕

② 〔除了已经包含在初版中的最后一段外,本章的剩余部分于1914年补充。〕

相同的工作。有了想象纽带，它把所有不连贯的想象重新聚合起来，填补发现的过大缺口。"

一些著作者让这种整理与解释工作还在做梦期间就开始，并在清醒时延续。例如保尔汉就是这样：

"然而，我经常想，或许梦被忆起时有某种变形，或者不如说改革……而在睡眠中开始倾向于系统化的想象在醒后才能完成。于是，思想的真正速度由于清醒时想象的改进而有明显的增加。"

贝尔纳—勒鲁瓦与托博沃斯卡：

"正相反，在梦中，解释与协调不仅由梦所给定的目标，而且由苏醒的精神所给定之事构成。"

于是不可能落空的是，成梦的这个唯一得到认识的因素的意义被高估了，使得人们把造梦的整个成就都推给它。戈布洛和福柯都认为这种创造会在苏醒的瞬间完成，他们把用睡眠中浮现的意念来成梦这种能力记在清醒思维名下。贝尔纳—勒鲁瓦与托博沃斯卡对此见解说道："人们认为梦能够被置于苏醒的瞬间，而他们记在清醒思维名下的机能是用睡眠思维中存在的想象来成梦。"

在对润饰工作的评价之后，我接上对梦工作的一项新贡献的评价，海·西尔伯勒感觉细腻的观察指明了这种贡献。正如在别处提及的那样，西尔伯勒仿佛当场抓住意念到图景的转化，他在疲倦与睡眼惺忪的状态下逼迫自己做精神活动。此时，他正在考虑的思想消失了，取而代之的是一种幻象，它被证明大多为抽象的思想的替代物。在这些尝试中发生的就是，显露出来的、可与另一梦要素等同的图景所表现的是与正待处理的思想不同之事，即疲倦本身、困难或对此工作的无兴趣，也就是正在努力者的主观状态与功能方式，而非其努力的对象。西尔伯勒称

第六章 梦的工作

这种在他身上经常出现的情况为功能现象,与所期望出现的材料现象形成对照。

例如,"一日午后,我极其困倦地躺在沙发上,却强迫自己深思一个哲学问题。我就试图比较康德与叔本华关于时间的观点。由于睡眼惺忪,我没有成功地把两个人的论点立即浮现在脑海中,这本来是进行比较所必需的。若干次徒劳的尝试之后,我再次以全部的意志力使康德的推论浮现在自己脑中,以便与叔本华的言论相比较。此后,我把自己的注意力引向后者。但是,当我把思想回到康德身上时,我发现他的论点又从我这里消失了,我徒劳地想把它找回来。要在我脑中即刻重新找到不知在何处的康德学说,这种徒劳的努力在我闭上双眼时突然如在梦景中一样对我呈现为直观形象的象征:我向一名闷闷不乐的秘书要求答复,他弓身向着桌子,不让我的催促打扰他。他直起半个身子,不情不愿、拒却地望着我。"{西尔伯勒,《关于引起并观察某些象征性幻觉现象的一种方法的报告》,1909年,第513及下页[由弗洛伊德用粗体强调]}

以下是其他几个在睡眠与清醒之间摇摆不定的梦例。

例2 情况:早晨苏醒时。我在某个睡眠深度(昏沉状态)深思先前的一个梦,某种程度上温习此梦并设法做下去。我觉得自己接近清醒意识,我却想留在昏沉状态。

梦景:我一只脚迈过一条小溪,却随即退回,仍想留在岸的这一边(西尔伯勒,《苏醒的象征与一般门槛象征》,1912年,第625页)。

例6 情况与例4相同(他还想再稍稍躺一躺,而不睡过头)。我想再稍微睡一会儿。

梦景:我与某人告别并与他(或者她)约定不久后再见[出处同上,第627页]。

功能现象是一种状态而非客体的表现，是西尔伯勒在入睡与醒来两种主要情况下的观察所得。我们容易理解，对解梦而言，只有后一种情况在考虑之列。西尔伯勒借助良好的例子表明，苏醒与许多梦的显性梦境的末段直接相连，这些末段表现的无非是苏醒的意向或过程。服务于这种意图的是：跨越门槛（门槛象征），离开一个空间，以踏入另一个空间，启程、归家、与陪伴者分离、沉入水中，等等。我却忍不住要说明，在我自己的梦与对别人分析的梦中，比起人们根据西尔伯勒的告知所预料的来，我所遇见的有关门槛象征的梦元素要罕见得多。

绝非不可想象或不可能的是，对一个梦的上下文中的某些元素而言，这种门槛象征也会是解释性的，例如在事关睡眠深度波动与要中断梦的倾向之处。不过，尚未发现出现此情况的确例[①]。似乎更经常存在的是多因决定的情况，即梦有一处从梦意念的架构中取得其实质内容，这一处还被用于表现精神活动的一些状态。

西尔伯勒很有意思的功能现象招致许多滥用，该现象的发现者并无过错，抽象和象征性解梦的旧倾向模仿了这种现象。某些人非常热衷于功能现象，只要在梦意念的内容中出现智力活动或感情过程，他们就说是功能现象，尽管这种材料比起其他一切材料来，不多不少，正好有权作为日间残留物深入梦。

我们愿意承认，西尔伯勒现象构成清醒思维对成梦的第二个贡献，比起第一个在润饰工作名下得到介绍的贡献来，它却不那么恒定与有意义。情况表明，即使在睡眠状态期间，日间活动的注意力的一部分也依旧专注于梦，督导、批评它并保留打断它的权利。我们可想而知的是，

---

① ［参见弗洛伊德在后面的注解。］

第六章 梦的工作

把这个保持清醒的精神动因识别为审查者①，对梦的形成具有强大的约束力。西尔伯勒的观察另外提供的是此事实，即也许一种自我观察同时在活动，为梦内容做贡献。这一自我观察的精神动因可能尤其在哲学人物身上变得紧迫，关于该精神动因与内心知觉、观察妄想、良知和与梦审查者可能的关系，适于在别处处理②。

我现在着手总结关于梦工作的广泛探讨。我们发现了一个问题：心灵是将其不受阻拦地发挥的所有能力用到成梦上，还是只使用效率受抑制的一小部分能力？我们的探究引导我们，将此提问视为与情况不相称而摒弃。但在回答时，如果我们停留于疑问把我们逼到的那同一个基础上，则我们必定肯定两种表面上因对立而相互排斥的见解。成梦时的心灵工作分解成两项成就：建立梦意念并将其转变成梦内容。梦意念完全合理，是我们竭尽全部精神能量制造出来的。它们属于我们未被意识到的思维，通过某种转换，也由这种思维产生自觉的意念。尽管在它们上面有如此多有趣的令人困惑不解的问题，这些问题与梦没有丝毫特殊关系，不值得在梦问题中得到处理③。而要把潜意识意念转成梦内容，那

---

① ［弗洛伊德在其他情况下几乎总是使用"审查"一词，而非此处与以下几行所用的人称化形式"审查者"。］
② ［1914年补充］《自恋引论》（1914年）［第3节］。
③ ［1925年补充］我先前一度觉得异常困难的是，让读者习惯区分显性梦境与隐性梦意念。从回忆所保持的未经解释的梦中一再汲取出论据与异议，不理会解梦的要求。现在，因为至少分析师习惯为显性梦投入其经解释而被发现的意义，他们中许多人又陷入了另一种混乱，他们同样顽固地拘执于这种混乱。他们在此隐性内容中寻找梦的本质，忽略了隐性梦意念与梦工作之间的差异。梦归根结底无非是我们思维的一种特殊形式，这种形式由睡眠状态的条件促成。正是梦的工作确立了这种形式，只有它是梦的本质，是对梦特性的解释。我这样说是为了纠正"梦具有预测性"的错误看法。梦忙于尝试解决摆在我们心灵生活面前的任务，与我们在有意识的清醒状态中想要做的一样。对此，要补充的只是，这种工作即使在前意识中也可能实行，我们早已知晓这一点了。

447

// 梦的解析

另一部分工作为梦生活所特有，表示梦生活的特征。这种梦工作本身与我们清醒思维的分歧远比我们想象的要大，即使在梦的形成时对精神功能做最低的估价也是如此。梦的工作绝非比清醒思维更漫不经心、更不正确、更健忘、更不完整。梦的工作在质量上是完全不同之事，因而首先就与后者不可比。梦的工作根本不思考、不计算、不判断，只规定自己给事物以新的形式。如果着眼于梦的工作的结果要满足的条件，梦的工作可以得到详尽的描写。而那个结果——梦，首先要逃脱审查，而为此目的，梦的工作使用对精神强度的移置，直至重估一切精神价值思想必须完全或主要以视觉或听觉的回忆痕迹材料再现出来。因此又使梦的工作在进行新的移置作用时必须做出对表现力的考虑。大概为了建立比夜间的梦意念更大的强度，就由梦意念的组成部分实施广泛的压缩作用来达到这个目的。无须注意各意念材料的逻辑关系，最终，这些逻辑关系在梦的形式特性上得到隐蔽的表现。梦意念的情感比其想象内容遭受更小的变化。它们通常受压抑，在它们得到保存之处，脱离想象并且根据其同类性得到组合。梦工作在其规模上由部分唤醒的清醒思维做不稳定的加工，只有一部分梦工作适应那些著作者就成梦的整个活动提出的见解①。

---

① ［此处在第4、5、6、7版中（自1914至1922年）接续奥托·兰克题为《梦与创作》（1914年）和《梦与神话》（1914年）的两篇独立论文。从全集出版起，也就是在自1925年起的版本中，它们又被删去。］

第七章

梦过程的心理学

第七章　梦过程的心理学

在我因他人告知而获悉的梦中,有一个梦现在有资格要我们特别重视。它由一位女患者讲给我听,她在一次关于梦的讲座中了解到它。我依旧不清楚这个梦真正的来源。它却因其内容而给那位夫人留下了印象,因为她也做了这个梦,即在自己的梦里重复此梦的元素;而通过这种方式她就可以对某个特殊要点表示赞同。

这个典型的梦的前提条件如下:一位父亲日夜守在他孩子的病榻旁。孩子死后,他进入隔壁休息,却让门开着,以从其卧室望入停放孩子尸体的房间。大蜡烛围着孩子的尸体。一位老叟被聘来守夜,他坐在尸体旁,嘟哝着祷文。父亲睡了几小时后,梦见孩子站在他床边,抓住他的胳膊,充满责备地对他低语:"爸爸,你难道看不见我被烧着了吗?"父亲苏醒了,发觉来自灵堂的一道亮光,他就赶过去,发现年迈的守夜人蒙眬入睡,一根燃着的蜡烛落到心爱的孩子的尸体上,烧着了衣服与一条胳膊。

对这个动人的梦的解释足够简单,正如我的女患者所讲述的那样,也由演讲者提供了正确的解释。亮光穿过敞开的门射进睡眠者的眼睛,在他身上激起他作为清醒者也会得出的相同结论,是因为蜡烛翻倒而在尸体附近起火。或许父亲甚至把这样一种担忧带入睡眠中,即年迈的守夜人不能胜任其任务。

我们发现这种解释没什么问题,不过要补充几句:梦的内容必定是多因决定,孩子的话语由其在活着时确实说过的话组成,它们在父亲身上与重要事件相连。例如"我被烧着了"这种抱怨与孩子临死前发烧有关。"爸爸,你难道看不见……"这些话与我们所不知晓的另一情况有关。

但我们把此梦断定为富有意义、可以插入心理事件的关联中的一个过程之后，我们仍不免感到惊讶，为什么梦恰恰在急需醒来的情况下才发生。在此我们注意到，此梦也包含欲望的满足。梦中，死去的孩子举止像活着时的孩子，他自己提醒父亲，来到父亲床边，拉父亲的胳膊，很可能在那段回忆中，孩子是这么做的，孩子的上半截话就由此而来。为了满足这个欲望，父亲就将其睡眠延长了一会儿。梦得到先于清醒时的考虑的优先权，因为它能够再次活生生地展现孩子。如果父亲先苏醒，得出结论，再跑入灵堂，他就仿佛把孩子的生命缩短了这一梦中出现的时间。

这个短梦通过何种独特性吸引我们的兴趣，对此不可能有疑问。我们迄今为止偏重关心梦的隐秘意义何在，以何途径发现它，梦工作使用哪些手段来隐藏它。解梦的任务至今处于我们视野的中心。而现在，我们撞上了此梦，它没给解梦提出任务，其意义不加掩饰地存在，我们注意到，此梦依旧保持着本质的特征，一个梦因这些特征而明显偏离我们的清醒思维，激发我们对解释的需求。排除解梦工作所涉及的一切之后，我们才会发觉，我们的梦心理学是多么不完整。

但在我们以我们的思想选取这条新的道路之前，我们想止步并回顾我们走过来的道路上是否漏掉了重要之事。因为我们必须清楚，舒适而惬意的路段在我们身后。如果我没有大错的话，迄今为止，我们走过的所有道路都在引导我们走向光明、求得解释而获得充分的理解。我们想更深入做梦时的精神过程，从这一瞬间起，所有路径都汇入昏暗。我们不可能把梦解释为一种精神过程，因为解释意味着溯源至已知之事，而现在还没有把对梦的心理考察包括在内的确定的心理学知识，可供解梦的基础之用。相反，我们被迫提出一系列新的假设，如类似于精神机构的结构及其中发生作用的力量那样的假设。所以我们必须小心，不要让这些假设超过最初的逻辑结构太远，否则其价值不可确定。即使我们在推断中不犯错误，考虑所有符合逻辑地得出的可能性，我们仍面临的是，各要素的征兆很可能不完整，完全失算。通过最细致地探究梦或另一种个别的功效，不会获得关于心灵工具的结构与工作方式的启发，或者至少无法说明，而是为此目的必须集聚在对整个系列的心理功效做比较研究时表明恒定所需之事。这样，我们从分析梦过程中汲取的心理学假设仿佛不得不在一个停车站等候，直至它们找到与其他探究结果的衔接车，那些探究想从另一个进攻点钻研至同一问题的核心。

一、对梦的遗忘

我的意见就是，我们事先转向一个主题，由此导出一项迄今为止不受重视的题目，它有削弱我们释梦基础的危险。不止一方指责我们其实根本不了解我们要解的梦，说得准确些，我们根本没有把握了解实际发生的梦。

我们对梦的回忆与我们凭此来练习解梦术之事，首先因我们记忆的不忠而残缺不全，记忆似乎在极高程度上无力保留梦，或许恰恰丢失了梦内容中最重要的部分。如果我们想要注意我们的梦，那我们的确非常频繁地发现自己有理由抱怨，我们梦见的多得多，可惜，除了这样一个碎片，再也一无所知，甚至对这个碎片的回忆本身也让我们觉得没有把握。其次，一切情况却说明，我们的回忆对梦的再现不仅有缺陷，而且不忠实，常常作假。正如我们一方面怀疑所梦见之事是否确实像我们记忆中那样不连贯而模糊；另一方面，我们怀疑一个梦是否像我们所讲述的那样连贯，在尝试再现时，我们是否用任意选择的新材料填补不存在

// 梦的解析

的或因遗忘而造成的漏洞，粉饰、完善、修整梦，使得判断我们的梦的真实内容是什么变得不可能。的确，在一位作者（斯皮塔，《人类心灵的睡眠与梦状态》，1882年，第338页）处[①]，我们发现了推测，即成为秩序与关联的一切确实在尝试唤回梦时才被带入梦中。这样，我们就处于危险中，即人们从我们手里夺走我们试图确定其价值的对象本身。

迄今为止，我们在解梦时忽略了这些警告。的确，恰恰相反，在梦内容最小、最不显眼与最无把握的组成部分中，我们发现解梦的要求并不亚于在梦内容明确的组成部分中。在关于给爱玛打针的梦中就有这样的句子："我迅速叫来 M 医生。"我们猜测，这一假设如果没有特殊的来源，也不会入梦。我因此想到不幸的女患者的故事，我迅速把那位较年长的同事召到她床边。在认为51与56之间无甚差别的那个明显荒谬的梦中，51这个数字多次被提及。我们没有认为这一点理所当然或者无所谓，而是由此推断隐性梦境中通向51这个数字的第二条思路，随着这条思路，我们才发现原来我害怕51岁是人的寿限，与梦中夸耀长寿的主导思路尖锐对立。在"他没活过"那个梦里，出现了一个我起初忽视的不显眼的插入句："因为 P 没听明白他的话，弗利斯转身问我"，等等。后来解梦停滞不前时，我回溯到这些话上，由它们发现通往儿童幻想的道路，这种幻想在梦意念中作为中间接点出现。这是从下面几句诗中悟出来的：

你们难得理解我，
我也难得理解你们，

---

① ［1914年补充］又见福柯与塔内里。

第七章　梦过程的心理学

只有我们发现自己在泥坑中，

我们才会彼此理解①！

　　每次分析都可能以例子来证明，对解梦而言，恰恰是梦的那些最微小的特征不可或缺，而且如果我们推迟对它们的审查，就会耽误对梦的圆满解释。在解梦时，我们给予其中所发现的语言表达的任何细微差别以相同的评价。的确，如果把无意义的或不充分的词句放到我们面前，似乎把梦译成恰当的文本这种努力没有成功，那我们也尊重表达上的这些缺陷。简而言之，著作者们认为是任意的、在尴尬中匆忙调配的即兴创作，对其我们也像对待圣典一样。这种矛盾需要解释。

　　这种解释听起来有利于我们，虽然别的著作者们也不能算错。从我们新获得的关于成梦的认识的立场来看，诸矛盾完全统一了。我们在尝试再现梦时，确实将它们伪装起来，我们在其中重新找到由正常思维动因对梦做易被误解的润饰工作之事。但这种伪装本身无非是整合的一部分，由于有梦审查，梦意念合乎规律地经受这种整合。著作者们在此预感到或发觉梦变形的显性工作部分，这对我们益处不大。因为我们知道，可观得多的变形工作不那么容易把握，已经从隐蔽的梦意念中把梦选作客体。著作者们弄错了的只是，他们认为梦在回忆中与以言语表达时的矫正是任意的，也就是认为梦不可再解，因而认为会在对梦的认识上误导我们。他们低估了精神事件对梦的决定作用。梦绝不是任意发生的。在所有梦例中都可以发现，第一条思路未确定的要素，第二条思路立即接管对它的确定。例如，我想任意想出一个数字，这不可能。我想起的数字，由我身上的思想明确而必然地确定，这些思想可能远离我瞬

---

① ［海涅《叙事诗集·归乡》。］

间的意图①。清醒时对梦的编排而产生的改变也绝不是任意的。这些变动与它们取而代之的内容保持联想关系，用于给我们指明通往这项内容的道路，这条道路本身又可能是另一项内容的替代物。

在对患者做梦分析时，我惯于对此论断做如下检验，从未徒劳无功。如果对一个梦的报告起先让我觉得难懂，我就请求讲述者重复。他重述时很少用相同的言辞。他改变表达之处恰恰能使我看出梦伪装的弱点，它们对我的益处如同齐格弗里德的衣服上所绣标记对哈根的用处一样。彼处可以开始解梦。讲述者因我的要求而得到告诫，我想要特别努力解梦。在阻抗的压迫下，他就迅速保护梦伪装的弱点，他用一种更为无关的表达来代替暴露真相的表达。因此，他就让我注意到他放弃的表达。他努力防止梦被分析，而我也可以由此推断出他要防卫的衣服上的绣记所在。

然而上述著作者主张我们在判断梦的价值时要特别强调怀疑的重要性，这是没有多少道理的。因为这种怀疑缺乏理智担保，我们的记忆根本没有保证，可比起客观证明来，我们还是频繁得多地遭受强迫，要相信记忆的说明。怀疑对梦或各项梦资料的正确再现，这又只是梦审查的衍生物、阻抗梦意念渗入意识的衍生物②。这种阻抗并非总是因其实施的移置与替代而耗尽，随后还以怀疑的形式附着于被允许出现的材料上。我们能很容易认出这种怀疑，因为它绝不触动梦的强烈元素，而只接触虚弱与模糊的元素。我们现在已经知道，梦意念与梦之间发生了对所有精神价值的完全重估。伪装只有在贬低精神价值的情况下才能发

---

① ［1909年补充］参见《日常生活心理病理学》(《论日常生活心理病理学》, 1901年）［第7章（1）注释2—7］。

② ［关于癔症病例的相同怀疑机制参见"朵拉"病史的第1节中的一段（《癔症分析片段》, 1905年, 第6卷, 第95—96页)。］

第七章　梦过程的心理学

生。它习惯于用这种方式表现自己，偶尔也满足于现状。如果在梦内容的一个模糊要素外再增添怀疑，那我们可以根据这一迹象，把这个元素断定为遭排斥的梦意念的较直接的衍生物。这有些像古代某个国家的一场伟大革命或文艺复兴之后的情况：先前有权势的贵族家庭现在被驱逐，所有高位由革命者占据。被允许留在城里的只有赤贫者与无权无势的人或被推翻者的一些随声附和者。但即使这些人也享受不到完全的市民权，他们不被信任，受到监视。这种不信任就像我们的情况中的怀疑。因此，我在分析梦时要求摆脱可靠性估计的一切标准，把梦中出现某类事的最微小可能性当作完全肯定的来处理。只要有人在追踪一个梦元素时未决定放弃这种顾忌，分析就在此停顿。在被分析者那里，对相关元素的轻视具有心理作用，相关元素后面的非自主观念都不会进入他的脑中。此类作用其实并非理所当然。不会悖理的是，有人说："我不确定梦中是否包含某个观念，但我想起与它有关的东西。"他从未这么说，而恰恰怀疑所起的这种干扰分析的作用把怀疑揭露为心理阻抗的衍生物与工具。精神分析的猜疑则是合理的。其规则之一是：只要梦的分析进程受到干扰，则必有阻抗的存在[①]。

只要不同时把精神审查的力量用于解释对梦的遗忘，对梦的遗忘就依旧高深莫测。一夜做了许多梦，只记住其中很少的部分，这种感受可能在一系列病例中有其他意义，例如梦的工作彻夜明显地发生，只留

[①] ［1925年补充］"只要梦的分析进程受到干扰，则必有阻抗的存在"，这种断然的说法可能容易被误解。对分析者而言，它不过是作为一种技术规则对分析的一种警告。不应否认的是，分析期间可能发生不同事件，无法归咎于被分析者的意图。患者没有杀害父亲，后者也可能死去，也可能爆发战争而终结分析。但在那个明显夸大的病例背后，还隐藏着一种新的良好意义。即使干扰性的事件是现实的，与患者无关，承认它有多少干扰性作用还是经常只取决于患者；而阻抗明白无误地表现出他对这一类干扰是准备接受还是对它过分夸大。

457

// 梦的解析

下一个短梦。梦在苏醒后逐渐被遗忘是无可怀疑的。尽管我们勉为其难地努力记住梦,还是经常遗忘。我却以为,正如一个人通常高估遗忘的程度一样,人们也高估与梦的残缺不全相连的对梦的认识的丧失。由于遗忘而失去的梦的全部内容经常可以通过分析再补回来;至少在许多例子中,从个别留下的碎块虽然不能找到梦——这是无关紧要的——却能找到整个梦意念。我们在分析时需要多花费注意力与自制力,如此而已——但也表明梦的遗忘不乏敌对的[抵抗]意图[①]。

根据对遗忘的初级阶段的研究分析,获得一种令人信服的证据,证明对梦的遗忘有服务于阻抗的倾向性[②]。人们常常发现在解梦工作中,

---

① [1919年补充]梦中的怀疑与不确定是有意义的,同时梦内容压缩为一个单独的元素,我从我的《精神分析引论》[1916—1917年,第7讲,第1卷,第132及下页]中摘引如下的梦作为例子。经过短暂的拖延后,对此梦的分析还是成功了:

"一位多疑的女患者有一个较长的梦,其中出现一些人给她讲我那本论'诙谐'的书,对它多有称赞。后来提及关于'海峡'的事,或许是另一本书,其中出现海峡,或者有海峡的其他什么事……她不知道……很模糊。"

"你们现在肯定倾向于相信,'海峡'这个元素逃脱了解释,因为它本身十分模糊。你们有理由认为有困难,但并非因为不清晰而困难,解释此梦的困难另有原因。做梦的女人对于海峡想不起什么,我当然也不会有什么可说的。过了一阵子,说得精确些是次日,她讲道,她想起或许属于此中的什么事,也就是她听说的一则笑话。在多佛与克莱斯河之间的一艘船上,一名知名作家与一个英国人聊天,后者在说到某个问题时引用这个句子:'从崇高到可笑只有一步。'作家答道:'是的,那就是 Pas de Calais。'他想以此说的是,他认为法国了不起而英国可笑。Pas de Calais 是一条水道,也就是英吉利海峡。我是否以为这个联想与梦有关?当然,我以为,它确实提供了对谜一般的梦元素的解答。或者你们会怀疑,在做梦之前,这则笑话作为海峡这一元素的潜意识已经存在。你们或许以为它们是后来捏造出来的。由联想看来,她的怀疑为过分的赞美所掩饰,而阻抗大概是两者共同的缘由,既是她的联想如此迟缓的缘由,也是相应的梦元素如此不确定的缘由。现在来看看梦要素与其潜意识的关系,它如同这种潜意识的一个小片段,如同对其的暗示。因为梦元素与潜意识思想相隔太远,所以变得全然不可理解。"

② 关于一般遗忘的意图,参见我在《精神病学与神经病学月刊》上关于"健忘的心理机制"的小论文(1898年)——[1909年补充](后来成为1901年《日常生活心理病理学》的第1章)。

第七章　梦过程的心理学

突然冒出梦的一个被遗漏的片段，并被说成是先前一直遗忘了的。从遗忘中挣扎出来的这个梦的部分每次都是最重要的。它以最短的途径通往解梦，因而遭受的阻抗最多。在本书散见的许多梦例中，有一个梦就是像这样事后思考而插入的一段梦内容[①]。那是一个旅行梦，梦中我报复两个不可爱的旅伴。因为这部分内容令人憎恶，我几乎对它不加解释。遗漏的部分是：我就席勒的一本书说："它来自……"但当我发觉错误就自纠道："它由……"于是这名男子对其妹妹说："他的确说对了。"[②]

让某些著作者觉得如此奇异的梦中自纠，可能不值得我们花时间。我要做的是从我的记忆中举出一个典型的语言错误的梦例。我19岁时，初次到英国，在爱尔兰海滩逗留了一整天。我沉醉于捕捉被潮水冲上来的海洋动物，正忙于捕捉一只海星——梦以Hollthurn和Holothurians（海参类）这类词开始——这时，一个迷人的小姑娘走向我，问我："这是海星吗？是活的吗？"我回答："是的，他（He）还活着。"随后我因自己语法上的错误而感到羞愧，于是正确地复述了这个句子。在我当时犯下语言错误之处，梦就用德国人同样容易犯的一个错误来替代。"这是席勒的书"，不应用"from……"，而应用"by……"来翻译。梦的工作完成了这种替代，因为from与德语形容词"虔诚的（fromm）"同音而促成出色的压缩，我们听说了梦工作的意图与其在选择手段时的无所顾忌之后，就不必感到惊异了。但是这个关于海滩的无伤大雅的回忆与我的梦有什么关系呢？它借助一个尽可能无辜的例子来解释，我在不当之处

[①]〔另一例在前面；还有一例包含在对"朵拉"第二个梦的分析中（弗洛伊德，《癔症分析片段》，1905年，第6卷，第167页与注释2）。〕

[②]〔1914年补充〕梦中使用外语时，此类纠正很常见，但它通常由外国人加以纠正。莫里曾经在他学习英语的那段时间梦见，他用这样的言辞告知另一人昨日拜访过他："I called for you yesterday."另一人纠正说："你的意思是说'I called on you yesterday.'吧？"

459

// 梦的解析

用了冠词,也就是把性别词(He)放到不当之处。这却是解梦的一个关键。凡是听过《物质与运动》这本书名的来源的人就会容易补充所缺之处:它来源于莫里哀的"Le Malede Imaginaire"[幻想病]——"Lamatière est-elle laudable[事情顺利吗]?"①——肠子的运动(a motion of the bowels)。

我还能用亲眼所见的事实来证明。对梦的遗忘大部分是阻抗造成的。一位患者讲述,他做了梦,但把梦忘得踪迹全无,好像什么也没发生似的。我们于是开始进行分析工作,我遇到阻抗就向患者解释,通过劝说并催促抵消某个不快意念来帮他,这事还没成功,他就叫出来:"现在我又知道我梦见什么了!"那天干扰他工作的相同阻抗也让他忘记了梦。通过克服这种阻抗,我帮助人们回忆起梦。

同样,患者到达某种分析进程之后,可能忆起三四天或更多天前一直完全忘记了的梦②。

对梦的遗忘更多取决于阻抗,而非如著作者们所以为的那样取决于清醒与睡眠状态之间互不相容的性质。为此,精神分析的经验还给予我们另一个证据③。在我以及其他分析师和接受此类治疗的人员身上,经常发生的是,我们被一个梦从睡眠中唤醒,就马上动用我们的全部思维活动开始解梦。在此类情况下,我经常直至获得对梦的完全理解才罢休。不过可能发生的是,我苏醒后一样完全忘却解梦工作与梦内容,尽管我知道,我做过梦并且解过梦。频繁发生的是,梦把解梦工作的结果

---

① [源于英文医学用语"排泄正常吗?"]
② [1914年补充]厄·琼斯[《被遗忘的梦》,1912年]描写了频繁出现的类似病例,即分析一个梦时忆起同一夜的第二个梦,但是它的存在未被想到过。
③ [此段于1911年补充。]

第七章 梦过程的心理学

一同拖入遗忘,而不是精神活动成功地为回忆而保留梦。在这种解梦工作与清醒思维之间,却不存在这样的精神鸿沟,那些著作者们愿意通过它来排他性地解释对梦的遗忘。

莫顿·普林斯[①][《梦的机理与解释》,1910年,第141页]反对我对梦的遗忘的解释,说那只是遗忘症在精神分裂状态时的特殊情况,而不可能把我对这种特殊遗忘症的解释套用到其他类型的遗忘症上,这种不可能性也使这种解释即使对其下一步意图也无价值。所以,他提醒读者,在其对此类分裂状态的所有描写中,他从未尝试过为这些现象寻找动态的解释。否则他必定会发现,压抑(或由它造成的阻抗)就其精神内容而言,既是这些分裂的原因,也是遗忘症的原因。

梦像其他精神行为一样不怎么被遗忘,在附着于记忆方面,它们可不加削减地与其他精神功能相提并论,我在撰写本书底稿时的体会对我表明这一点。我在自己的笔记中大量记录了自己的梦。由于某种原因,我未能加以解释,或者解释得很不完全。一两年后,我尝试过解释它们中的一些梦,意在使自己取得材料来说明自己的论断,我无一例外地成功了。的确,我想声称,如此长时间之后,解梦比起梦还是新鲜经历时更容易,对此我想作为可能的解释来说明的是,我从那时起跨越了当时干扰我的内心的阻抗。而在其后的解释中,我把过去的梦意念与现在的结果相比,现在的梦意念总是比过去的更丰富,而且旧的梦意念毫无改变地包含在新的梦意念中。我很快就不感到惊奇了,我思忖着,的确,在我的患者那里,我早就练习让患者把他们偶然告诉我的早年的梦就像对昨晚的梦似的加以解释——按照相同的做法,取得相同的成果。讨论

---

① 1854—1929年,美国精神病学家、心理学家。——译注

// 梦的解析

焦虑梦时，我会报告两个这种推迟解梦的例子。我初次这样尝试时，引导我的是合理期待，即梦在这一点上的表现应当与神经症症状类似。因为如果我借助精神分析治疗精神神经症患者，例如癔症患者，我就必须为他那些早就消失了的症状取得解释，如同为迫使他前来就医的现存病状取得解释一样。我就发现，前一项任务只会比如今迫切的任务更易完成。在1895年出版的《癔症研究》①中，我对于一名年逾40的妇人在她15岁时首次发作癔症，就已经能够做出解释了②。

在松散的排列中，我在此想再讲一些我就解梦要说明的话，对想通过再处理自己的梦来考查我的读者来说，这些话或许会提供引导。

不要以为分析自己的梦是一件轻而易举的事。要察觉内心现象与其他平时未加注意的感觉，就需要练习，尽管没有任何精神动机的干扰。要把握"不随意观念"是非常困难的。有谁要求这一点，就会不得不以在本文中激发的期待来满足自己，就会遵守此处给定的规则，力求在工作期间抑制自己身上的任何批评、任何先入之见、任何情感上或理智上的偏袒。他必须记住克洛德·贝尔纳③为生理实验室的实验员制定的规定：像野兽般地忍耐，不关心结果。他如果遵循这些建议，就不会再觉得任务艰巨。我们并非一口气解一个梦；当你进行一连串联想后常常感到精疲力尽，无能为力，你从当天的梦中不再获得什么的最好的办法就是暂时放弃不问并在次日恢复工作，那时也许另一部分梦内容吸引了你

---

① ［布洛伊尔与弗洛伊德，1895年。这位女患者是加西尼女士，在病例5临近末尾处提及。］

② ［1919年补充］在童年早期发生的梦，有时能经历几十年而感觉鲜明地保存在记忆中，对理解做梦者的发育与神经症而言，这些梦几乎总是具有重大意义。分析这些梦使医生避免错误和不确定性，这些错误和不确定性在理论上也可能使医生困惑［此处，弗洛伊德无疑首先想到"狼人"的梦（《幼儿期神经症史》，1918年）］。

③ ［1813—1878年，法国生理学家。］

的注意力，你会发现通往新一层梦意念的通道。我们可以将此称为"分次解梦"。

最困难的是使初学者在解梦时承认此事实，即便他对一个单纯而连贯的梦已经做出完全解释，并且对梦内容的所有元素都有所理解，其任务并未充分完成。对同一个梦还可能有另一种解释，即他漏掉的多重性解释。确实不容易的是，在我们思维中大量潜意识的、争取得到表达的思路中做出想象，相信梦工作有采用多义表达方式这种技巧，仿佛童话中的裁缝伙计一样一举击中七只苍蝇。读者会始终倾向于指责著作者，说他滥用诙谐。但只要是有过解梦的亲身体验的人，他知道的一定比我讲的还多。

另一方面[1]，我却不能附和最初由西尔伯勒［如《神秘主义及其象征问题》，1914年，第2部分第5节］提出的论断，即每个梦——甚至许多梦和某种类型的梦——需要有固定关系的两种不同的解释。这些解释中的一种，西尔伯勒称之为精神分析解释，它赋予梦一种随意的、大多是幼儿期的性意味；另一种更为重要的解释被他称为理想精神的解释，揭示更严肃、更深邃的思想，梦工作把这些思想吸纳为材料。西尔伯勒没有通过报告一系列他本该朝两个方向分析的梦来证明这种论断。我不禁对此提出异议，即不存在这样一种事实。多数梦并不需要多重性解释，特别不需要理想精神的解释。不容忽视的是，西尔伯勒的理论和近年来其他理论一样，其目的都是在不同程度上掩饰成梦的基本情况并把我们的注意力从其内驱力根源上引开。就一些梦例而言，我可以证实西尔伯勒的说明。但分析随后却对我表明，梦工作不得不面临把一系列

---

[1] ［此段于1919年补充。］

// 梦的解析

相当抽象并且无力直接表现的思想从清醒状态变成梦这样一个问题。梦工作试图解决这个问题，强占了另一份思想材料，后者与抽象思想有较松散、常可被称为寓意的关系，同时给表现造成的困难较小。由做梦者直接提供对如此产生的梦的抽象解释，但是对于那些插入材料的正确解释，只有借助于我的现已成熟的技术才能获得[1]。

是否每个梦都能得到解释？此疑问该用"否"来回答。别忘了，在做解梦工作时，有精神力量反对自己，它们对梦的变形负有责任。人是否能以其理智兴趣、自制能力、心理学知识与释梦的经验而克服内心的阻抗，这要视反对力量的相对强度而定。一般来说，我们都能取得某些进展；至少足以使我们深信梦是意义丰富的产物，一般都是由此窥见梦的某些意义。常常出现这种情况：紧接着的一个梦能使我们证实对第一个梦的暂时解释。一整个系列的梦经周累月，常常基于共同的基础，所以应当作为互相有关的梦加以解释。从相继的梦上，经常可以发觉，第一个梦的中心在第二个梦中只处于边缘地位，反之亦然，所以对它们的解释也应当是互补的。我已经通过例子证明了，在解梦的工作中，同一夜不同的梦应该被当作一个整体来处理。

在解得最好的梦里，必定让一处留在模糊处，因为我们在解梦时发觉，那里有一团梦意念，怎么也解不开，但对梦内容也无进一步的帮助。这就是梦的关键所在，它从这一点伸向未知的深处。解梦时遇到的梦意念，一般说来没有止境，朝各个方向流入我们思想世界的网中。梦的欲望正是从这个组织的某些最错综复杂之处生长出来，如同真菌从其菌丝体中长出来一样。

---

[1] ［弗洛伊德也在其文章《对梦学说的元心理学（后设心理学）补充》（1917年）的一个长注脚中探讨过这一点。］

第七章　梦过程的心理学

让我们回到梦的遗忘的事实上。直到现在，我们还没有从中得出一个重要的结论。如果清醒状态表现出明白无误的意图，要遗忘夜间形成的梦，要么在苏醒之后将梦整个遗忘，要么在日间将部分梦遗忘。而如果我们把心灵对梦的阻抗断定为遗忘时的主要参与者，这种阻抗在夜间就做了其对梦的反对之事，那问题就明摆着：究竟是什么顶着这种阻抗促成了梦？让我们取最显眼的情况为例，其中清醒状态再度排除了梦，似乎梦根本不曾发生过，如果我们此时考虑精神力量，那我们必定会说，如果阻抗在夜间像在日间一样有力，则根本未形成梦。我们的结论是，阻抗在夜间丧失了部分力量。我们知道，它未被抵消，因为我们在梦的变形中证明它参与了成梦。我们因此考虑到，梦之所以可能形成，是由于阻抗力量的减弱，从而我们也就容易理解，苏醒时，阻抗恢复其全部力量，立即又清除它在虚弱时不得不允许之事。描述心理学告诉我们，成梦的主要条件是心灵的睡眠状态。我们就可以增添解释：睡眠状态使梦得以形成，它降低了内心的审查作用。

把此结论看成出自梦的遗忘的那些事实中唯一可能的结论，由它生发出关于睡眠与清醒的精力状况的进一步推断，我们肯定处于这种诱惑中，但我们却想暂时停止此事。如果我们对梦的心理学深入一步，我们对梦的形成的因素就会有不同的看法了。那企图阻止梦意念进入意识的阻抗，也许会消失不见而又不减弱其本身的力量。也容易理解的是，经睡眠状态而同时促成有利于成梦的两个因素，降低以及回避阻抗。我们在此打住，稍后继续讨论。

针对我们解梦时的做法，存在另一系列异议，我们现在不得不关心这些异议。我们的程序是，放弃平素主宰深思的目标想象，把我们的注意力对准一个单独梦元素，然后记下与这个元素有关的自由浮现的思想。然后，我们再处理梦内容的下一个组成部分，在它那里重复相同的工作。让我们不管思想飘忽的方向而由思想继续引导，此时我们——如人们惯常所说的——离题万里。此时，我们满怀期待，深信我们无须干预就会遇到梦由此产生的那些梦意念。

对此，批评者大约就会有如下异议：从梦的一个单独要素到达某处，并非奇异之事。每个观念总可以与某个事物发生联系。在这个无目标与任意的思想过程中，恰恰会遇到梦意念，这太值得注意了。这很可能是一种自欺。我们从一个元素出发追踪联想链，直至发觉它出于某一缘故中断了。如果随后重拾第二个元素，联想的这种原初无限性现在自然会经受限制。我们还记着先前的思想链，因而在分析第二个梦想象时更容易遇到与第一串联想有关的一些联想。于是，我们自以为找到了一个构成两个梦元素之间的结点的思想。因为我们平素允许任何思路的自由，而且排除了发生在正常思维中从一个观念转移到另一个观念这个唯一情况，所以终究不难的是，用一系列中间思想编造出我们称之为梦意念的东西；这些梦意念没有任何担保，因为它们平素不为人知，我们把它说成梦的精神替代物。但一切都是任意的，同时是显得滑稽的对偶然事件的利用。而对任何一个梦，任何人只要不怕麻烦，都可能由此途径编出对他所指望得到的解释。

如果此类异议确实摆到我们面前，为了辩护，我们就可以引证我们解梦的印象，引证与其他梦元素令人意外的联系，在追踪各种观念期间产生这些联系。如果我们追随的精神联系不是事先联系着的，我们对梦的解释就不可能达到如此详尽无遗的程度。我们在辩护中还可以提出，解梦时的做法与解除癔症症状时的做法是相同的。在后者那里，在需要时，通过症状的出现与消失来保障做法的正确性，也就是在插入的说明

第七章　梦过程的心理学

上，对文本的解释找到依据。通过追踪任意地与无目标地继续编结的思想链，为何能够到达一个事先存在的目的地？我们无理由绕开此问题。我们虽然不能解决此问题，但完全能够排除它。

如果我们如同在解梦工作时那样放弃深思，并且让那些不随意观念自行浮现，我们就沉醉于一个无目标的思想过程，这种说法其实是不正确的。可以表明，我们始终只能放弃我们已知的有意向的观念，而随着这些有意向的观念的停止，未知的——如果说得不明确些，就是潜意识的——有意向的观念立即得势，从而决定着不随意观念的进程。通过我们自己影响我们的心灵，根本无法确立没有意向性观念的思维。但我也不清楚的是，在精神错乱的哪些状态下会确立这样一种思维[①]。精神病

[①] ［1914年补充］后来才让我注意到，在这个心理学要点上，爱德华·冯·哈特曼持有相同观点："在探讨潜意识在艺术创作中的作用时（《潜意识的哲学》，1890年，第1卷，第2部分第5章），爱德华·冯·哈特曼以清晰的言辞宣布了由潜意识的有意向观念所引导的联想规律，不过，他没有意识到此规律的影响范围。因而，对他来说，关键是证明'每一个感觉观念的联结，当其不纯属偶然，而是指向一个特定的目标时，就需要潜意识的帮助。'［出处同上，第1卷，第245页］而对潜意识而言，对一种特定的联想有意识地感兴趣是一种动力，要从无数可能的观念中找出符合目的的观念。正是潜意识按照兴趣的目的进行了适当的选择，而这适用于抽象思维的联想和感觉上的现象、艺术上的配合以及插科打诨［出处同上，第1卷，第247页］。因而，要把联想限于在纯粹联想心理学意义上引发或者被引发的想象，这无法维持下去。这样一种限制'要在实际上得到辩白，只有在人生中出现那些状况，人在其中不仅脱离任何有意识的目的，而且脱离任何潜意识兴趣、任何情绪的宰制或协助。这却是一种几乎不会出现的状况，因为即便人似乎将其思想顺序完全交给偶然事件，或者即便人完全沉湎于幻想的非任意梦中，在那一时刻占优势的始终还是其他主要兴趣、气质中权威性的感情与情绪，而这些总会对联想施加影响。'（出处同上，第1卷，第246页）。在半潜意识的梦里，始终只出现此类观念，符合眼前的（潜意识的）主要兴趣（在上述引文中）。即使从哈特曼心理学的立场出发，突出感情与情绪对自由的意念顺序的影响就让精神分析有条理的做法也显得完全有理。"（波霍里莱斯《爱德华·冯·哈特曼关于由潜意识目标想象所引导的联想的规律》，1913年）我们徒劳地回想的一个名字，常常意外地又忽然想起，迪普雷尔由该事实推断，这是发生了一种潜意识的但仍然是有目的的思维，其结果后来又突然进入意识（《神秘主义哲学》，1885年，第107页）。

科医生在此过早放弃了关于精神过程有联系性的信念。我知道，漫无目标的思想在癔症与偏执狂范围内不怎么出现，如同成梦时或解梦时一样。这种情况在内源性精神疾病中也许是根本不存在的。根据勒雷富于见解的猜想，甚至错乱者的谵妄也富有意义，并且只是由于遗漏了一些环节而对我们来说不可理解。我曾有机会观察过这些癔症，我也曾持有相同的想法。谵妄是审查所为，审查再也不费力掩饰自身的工作，不再去支持那些无害的思想，而是肆无忌惮地抹去它所反对的一切，剩余之事由此变得不连贯。这种审查作用完全类似于俄国边境上的报纸检查，它只让遍布黑杠的外国报纸到达有待保护的读者手中。

在一些严重器质性脑病中，可以发现观念与偶然的联想链自由推演，然而在精神神经症中的自由联想却往往被认为是审查作用对于被隐藏的有意向观念推到前台的一连串思想施加影响的结果[①]。如果浮现的想象（或图景）通过所谓肤浅联想的纽带而相连，包括谐音、言语双关和没有内在意义关系的时间巧合，或者在玩笑和文字游戏中出现的那一类联想，我们就将此视为摆脱了目标想象的那种联想的一种特性。这种特性适用于把我们从梦境的要素带到中间思想处，并从中间思想带到真正的梦意念中。我们在做许多梦分析时发现了对此的例证，这些例证不禁激起我们的诧异。没有一种联系过于松散，没有一种笑话过于可鄙，使得它不能构成从一个思想到另一个思想的桥梁。但在这种稳妥的事物状态中却不难发现正确的解释。每当有一个精神元素通过令人反感的与肤浅的联想与另一个精神元素相连时，这两者之间也存在一种正确而深

---

① ［1909年补充］对此比较荣格通过在精神分裂症上的分析而提供的对此论断出色的证明（《论精神分裂症心理学》，1907年）。

第七章　梦过程的心理学

刻的联系，这种联系遭受审查的阻抗[1]。

审查的压力，而非有意向观念受到压制是对肤浅联想占上风的正确说明。如果审查让这些正常的联系途径不可行，肤浅的联想就在表现中代替深刻的联想。似乎有一种普遍的交通障碍，例如洪水泛滥，公路变得难以通行，于是利用在不舒适而陡峭的人行小道上维持交通，平素只有猎人走这些路。

在此可以把本质上同一的两种情况彼此分离。或者审查只针对两个思想的关联，这两个思想彼此脱离，逃脱异议。随后，这两个思想相继进入意识，其关联依旧隐蔽。但对此，我们想起两者之间的表面联系，我们在其他情况下本不会想到这种联系。这种联系通常不依附于那些受压抑的主要联结，而是依附于另一部分复杂观念。抑或两个思想本身因为其内容遭受审查。于是两者不以真正的，而以修改过的、被替代的形式显现，而两个替代思想经受这样的挑选，使得它们经由一种表面的联想再现本质联系，被它们替代者处于此联系中。在审查的压力下，此处两种情况中，发生从一种正常的、严肃的联想到一种表面的、显得荒谬的联想的移置。

因为我们知道这些移置，我们在解梦时也毫无疑虑地信赖表面的联想[2]。

---

[1]　[在本书中，弗洛伊德在其他情况下总是谈到"阻抗的审查"。后来在《讲座新系列》第 29 篇（1933 年，第 1 卷，第 458 页及下页与第 461 页以下）中，"阻抗"与"审查"这两个概念之间的关系得到进一步解释。]

[2]　移置作用自然也可应用于梦内容中公开呈现表面联想的那些梦。例如在由莫里报告的两个梦里 [pélerinage（朝圣之旅）— Pelletier（佩尔蒂埃）— pelle（铲）；Kilometer（公里）— Kilogramm（千克）— Gilolo（吉洛洛岛）— Lobelia（半山莲）— Lopez（洛佩斯）— Lotto（盖牌游戏）]。从治疗神经症患者的工作中，我知道他们在何种记忆中喜欢利用这种表现方法。有时患者去查阅百科全书（一般词典），多数青春期好奇者的确从中满足了其解开性之谜的需求 [对此的一个例子见于对"朵拉"的第二个梦的分析（弗洛伊德《癔症分析片段》，1905 年，第 3 节，第 6 卷，第 166 页以下）]。

469

// 梦的解析

　　随着放弃有意识的有意向观念，对观念的流动的控制转到隐蔽的目标想象，表面的联想只是受压抑的更深刻的联想的一种移置替代物。在对神经症的精神分析中，对这两条定律的使用最多。精神分析甚至把这两条定律抬升成其技巧的支柱。如果我嘱咐一位患者放弃一切深思，向我报告一切浮现在他脑中的思想，那我就坚持这样一种前提，即他不能放弃对治疗的有意向观念，而且我认为有理由推断，他对我报告的表面上最无伤大雅与最任意之事与其病情有关。患者一无所知的另一种有意向观念是对我本人不抱怀疑。因此，完全承认以及深入证明这两种解释就属于把精神分析技巧表现为疗法。我们在此达到一个衔接，只好把解梦这个主题再搁置一下了[①]。

　　在诸异议中，只有一件事是正确的并继续有效，就是我们无须把解梦工作的所有联想都置于夜间的梦工作中。我们的确在清醒状态中解梦时开辟了一条道路，从梦元素倒回梦意念。梦工作取了相反的道路，而根本不可能的是，这些道路在相反方向上可行。情况其实表明，我们日间通过新联想来打井，它们忽而在此处，忽而在彼处遇见中间思想与梦意念。我们可能看见，日间的新鲜思想材料如何插入解梦行列，很可能连自夜间起出现的阻抗加剧也迫使人走新的更远的弯路。但我们这样在日间积累的旁门左道如果只把我们指向通往所寻求的梦意念的道路，它们的数量或种类在心理学上就毫无意义。

---

　　① ［1909年补充］此处陈述的、当时听起来极不可能的定律后来经由荣格及其弟子"诊断性联想研究"得到了实验性的辩护与利用［荣格《诊断性联想研究》，1906年］。

二、回归作用

在我们驳斥了异议或至少显示了我们用来防御的武器之后,我们就再也不能拖延对早已有所准备的心理学的探究了。我们汇集我们迄今为止探究的主要结果:梦是一种分量十足的精神活动,其内驱力每次都是一种有待满足的欲望;梦之所以不被辨认为欲望,而且具有许多特异性与荒谬性,都是由于精神审查的影响;除了必须逃脱这种审查,参与成梦的还有必须压缩精神材料、顾及象征中的可表现性,还有——哪怕并非有规律地——顾及梦象的一种合理与理智的外表。上述每一前提都为心理学假设与推测开辟了新的道路。我们现在应探究欲望动机与这四个条件的相互关系以及这些条件之间彼此的关系;应把梦列入精神生活的关联中。

我们把一个梦置于本章的开头,以提醒我们一些悬而未决的问题。即使并未在我们所说的意思上完整地提供解释,解孩子烧着那个梦并未给我们造成困难。我们自问,究竟为何在此处做梦,而非苏醒?我们断定做梦者的一个动机是希望孩子活着的欲望。此时还有另一欲望起作用,稍后我们会进一步探讨。但我们现在可以这么说,睡眠时的思想过程转变成梦,乃是为了欲望的满足。

如果取消这种欲望的满足,那就只剩一种特性,它把两类精神事件分离。梦意念本该是:我看见一道光亮出自灵堂。或许是一根蜡烛翻倒了,孩子烧着了!梦把这些思想表现为一种实际存在的情境,而且能借助感官像清醒时的一次经历那样被感觉到。这却是做梦最普遍、最引人注目的心理特性。一个思想(通常是表明某种欲望的思想)在梦中会被客体化，被表现成场景，而且好像是我们亲身体验到的场景。

该如何解释梦工作的这种典型特性或——表达得简朴一些——把它插入精神过程的关联中？

如果细看，大概会发觉，在此梦的表现形式上，突出了两种彼此几乎无关的特征。其一是表现为直接情境，略去"或许"这个字眼；另一个是把思想转化成视觉图景与话语。

在梦意念中得到表达的期待被置于现在，梦意念由此经历的转换或许恰恰在此梦中显得不甚引人注目。这与欲望的满足在此梦中特殊的、其实无关紧要的作用有关。让我们先处理另一个梦，其中梦欲望并未脱离使之入睡的清醒意念，如关于给爱玛打针的那个梦。此处，得到表现的梦意念是希求式的：但愿奥托对爱玛患病有过错！梦压抑了希求式，代之以一个简单的现在时：的确，奥托对爱玛患病有过错。这就是在梦意念中实现的第一个变换，梦中甚至没有变形。在梦的这第一个特性上，我们不会久留。我们通过指明潜意识的幻想、指明同样对待其想象内容的白日梦来解决这种特性。如果都德笔下的乔耶西先生[①]因失业而在巴黎的街道上徘徊，而其女儿们却以为，他有了职位，坐在办公室里。他就必定梦见对他有利并帮助他得到职位的那些事件——同样用现在时。梦就像白日梦一样以相同的方式使用现在时，有相同的权利。现在时是欲望得到满足所表现的时态。

但第二种特征是梦区别于白日梦而特有的，即想象内容不是想出来的，而是转换成视觉图景，于是人们相信这些图景，而且好像在亲身体验似的。让我们马上补充，并非所有梦都表现为从想象转至象征。有的梦只

---

① [《富豪》中的人物。]

第七章　梦过程的心理学

由思想组成，但不能因此就否定梦的本质。我的那个"Autodidasker——对 N 教授的日间幻想"的梦就是这样一个梦，就像我在日间想到它时一样缺少感觉元素。在每个较长的梦里，总有一些元素和其余元素不一样，没有被赋予感觉形成，仅仅是被想到或者为人所知，如我们清醒时所习惯的那样。此外，让我们在此立刻想到，想象这样转成象征不仅适用于梦，而且同样适用于幻觉、幻象，独立地在健康状况中出现，或者作为精神神经症的症状。简而言之，我们在此探究的关系朝任何方向都不是排他的关系。但继续存在的是，梦的这种特征在它出现之处，让我们觉得是最值得注意的，使得我们无法想到把它从梦生活中拿走。理解它还需要进行漫长的讨论。

在著作者们那里能够找到的对做梦理论的所有意见中，我想特别提出一位作者的说法。伟大的古·特·费希纳在其《心理物理学》（《心理物理学原理》，1889 年，第 2 卷，第 520 及下页）中，于其关于梦这个题目的若干探讨中表达了一种猜测，即梦中的活动景象不同于清醒时刻的观念生活。任何其他假设都不会使人有可能把握梦生活的异常特性。

这句话向我们表示的是"精神位置"的概念。我们想完全置于一旁的是，此处涉及的精神结构也作为解剖标本为我们所知，我们将小心翼翼地避免以任何解剖学方式决定精神位置的企图。我们停留于心理学基础上，只打算遵循这样一种要求，即我们把服务于精神功能的工具大致想象成复式显微镜、照相机等。精神位置就相当于一种装置内部的一个位置，在那里形成图景的一个预备阶段。在显微镜与望远镜上，这却众所周知地部分成为精神的场所、地带，其中没有那种装置可把握的组成部分。为这些或任何类似图景的不完整求得原谅，我认为多余。这种类比不过是用来帮助我们理解精神功能的错综复杂,我们分解这项功能,并把单项功能分配给该装置的各组成部分。要用这种分解方法探究精神工具的组成,据我所知,尚未有人敢做此尝试。我觉得这种尝试无伤大雅。我以为,只要我们保持冷静的判断,不使理论大厦的支柱陷于错误,我们就可以放任我们的思想。因为我们所需无非是辅助想象以初步接近未知之事,所以,我们将暂且偏爱最粗略、最具体的假设,先于其他所有假设。

我们就把精神结构想象成一种复杂的工具,我们想把其组成部分称为"动因",或者为了直观性而称为"系统"。于是我们形成期待,即这些系统或许互相有恒定的空间定位,就像望远镜不同的透镜系统前后相继。严格说来,我们无须假设精神系统有确实的空间秩序。如果由此建立一种固定的顺序,使得某些心理过程中,诸系统以一种特定的时间顺序经历刺激,那就让我们满足了。在其他过程中,顺序可能遭受轻微改动,这种可能性是存在的。从现在起,为了简便起见,我们把这种结构的组成部分说成"Ψ系统"。

引起我们注意的第一件事就是,这种由Ψ系统组成的结构具有感觉或方向性。我们所有精神活动都始于(内部或外部的)刺激,结束于神经分布[①]。这样,我们将赋予这个结构一个感觉端和一个运动端。在感觉端有一个接收知觉的系统,在运动端有另一个系统,可以打开运动力的闸门。精神过程一般从感觉端进行到运动端。精神结构最普遍的图式如下:

---

① [神经分布是一个多义词,常常意指结构,意味着某个器官或身体部位内神经的解剖学上的分布。在朝一个神经系统或(如在上面的情况下)尤其朝一个传出系统输送能量的意义上,弗洛伊德经常(不过并非仅仅)使用它——以描写一个专注于能量释放的过程。]

第七章 梦过程的心理学

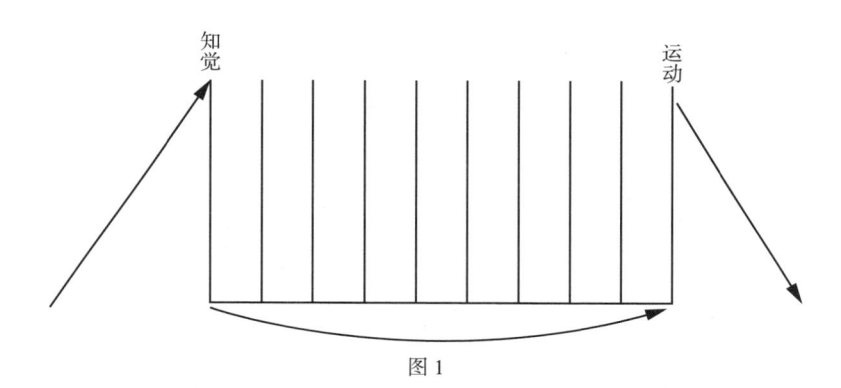

知觉　　　运动

图 1

这却只是满足我们早就熟悉的要求，即精神结构要建得如同一个反射系统。反射过程依旧是所有精神功能的模式。

我们就有理由让感觉端出现首个分化。当知觉与精神结构发生密切接触后便留下一种痕迹，我们称之为"记忆痕迹"。与这种记忆痕迹有关的功能，我们称之为"记忆"。如果我们认真实施意图，要把精神过程与诸系统挂钩，则记忆痕迹只能使系统的各元素产生永久性的变化。如果同一系统既能正确地保持本身各元素的变化，又能永远接受新的变化，就正如已经从另一方面阐述过的那样[①]，显然是十分困难的。根据引导我们尝试的原则，我们就会把这两项功能分布到不同的系统上。我们假设，该结构最前面的一个系统接受知觉刺激，但对它们什么都不保存，也就是没有记忆，这个系统后面有第二个系统，把第一个系统的瞬间刺激转化成持续痕迹。下面是我们精神结构的示意图：

---

① ［由布洛伊尔在其对布洛伊尔与弗洛伊德1895年《癔症研究》的理论文章第一节中一个脚注中阐述，他还在彼处写道："反射望远镜的镜面不可能同时是照相用的底片。"］

图2

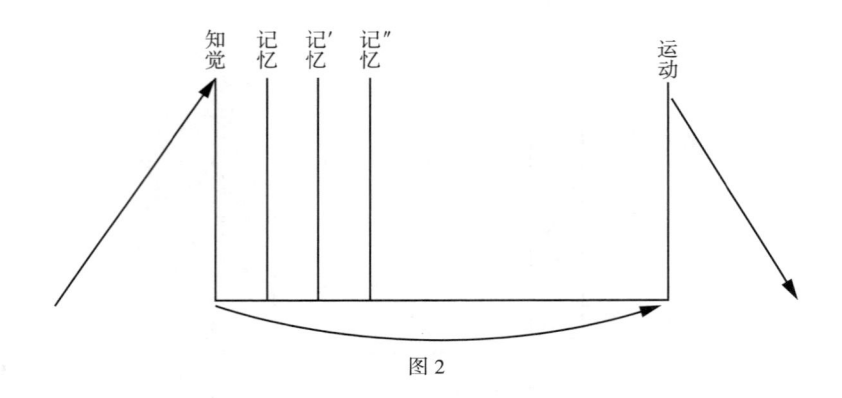

已知的是，从影响知觉系统的知觉中，我们还持久留存了不同于其内容的其他东西。我们的知觉也被证明在记忆中彼此相连——首先是按照发生的同时性。我们称此事实为"联想"。因此很清楚，如果知觉系统根本没有记忆，也不可能保留用于联想的痕迹；如果针对一种新的知觉，会有先前联系的一种残余起作用，各个知觉元素在执行其功能时就会受到阻碍。我们就得把记忆系统假设成联想的基础。联想的事实就在于，由于阻抗减小并由记忆元素之一铺平道路，兴奋就传播至第二个而非第三个记忆元素。

如果进一步探讨，就产生一种必然性，要假设并非一个，而是若干个此类记忆元素，其中，通过知觉元素传播的同一种兴奋留下了许多不同的永久性痕迹。这些回忆系统的第一个无论如何会包含有关时间上同时性的联想痕迹。在离得更远的记忆系统中，同一种知觉材料按照其他种类的重合得到编排，使得相似性的关系由这些后来的系统来表现。想用话语来说明这样一种系统的心理学意义，当然会是多余的。这样一种系统的特征就在于它与记忆原料不同元素的密切关系，亦即如果我们想提出一种更深刻的理论，要视在传递这些元素的兴奋时这个系统所提供

第七章　梦过程的心理学

的传导上的抵抗程度而定。

在此应该插入一种一般性质的意见，或许它指明具有重大意义之事。知觉系统无力保留变化，因而也没有记忆为我们的意识提供多样化的感觉性质。反之，我们的回忆不排除我们脑海中最深处的回忆，它们本身是潜意识的，能够被意识到，但毫无疑问的是，它们在潜意识状态中发挥其全部作用。被我们称为"性格"之事，的确基于我们印象的记忆痕迹，而且恰恰对我们有过最强烈影响的印象是我们早年的那些印象，这些印象几乎从未被意识到。但如果记忆再度被意识到，那它们并未表现出感觉性质，或者较之于知觉，表现出微不足道的感觉性质。如果可以证实，针对意识的记忆与质量在 Ψ 系统上彼此排斥，则我们大有希望洞察神经刺激条件①。

迄今为止，对于我们在感觉端上对精神结构的组成所假设之事，还未涉及梦和可由它导出的心理学知识。然而梦所提供的证据可以帮助我们了解精神结构的另一部分。我们已经知道，如果我们不敢假设存在两种精神动因，其一让另一个的活动遭受批评，包括将其排除于意识之外，我们就不可能解释梦的形成。

我们得出的结论是，比起被批评的动因，批评性动因与意识维持更亲近的关系，它像一个筛子，立在被批评的动因与意识之间。我们还发现了依据，把批评性动因看成这样一个机构，它引导我们的清醒状态并

---

① ［1925年补充］我一直认为，意识实际上是代替记忆痕迹而形成的。见我的《关于"神奇本子"的笔记》，1925年［对此也参见《远离愉悦原则》中的第4章（1920年），那里作出相同的论断——如果查阅弗洛伊德提及的后来的阐述中相应的两段，上面关于记忆的整个探讨就变得更易理解。然而，它在弗洛伊德早期的思考中更有启发性，在他致弗利斯的信函中发现了这些思考（弗洛伊德，《精神分析肇始》，1950年）。如《心理学提纲》第一部分第3节（写于1895年秋）以及第52号信函（1896年12月6日）］。

// 梦的解析

决定我们自主的、有意识的活动。根据我们的假设,如果我们用系统代替这些动因,则通过最后提及的认识,批评性系统被移至运动端。我们就把这两个系统引入我们的图式中,并为它们命名,以表达它们与意识的关系:

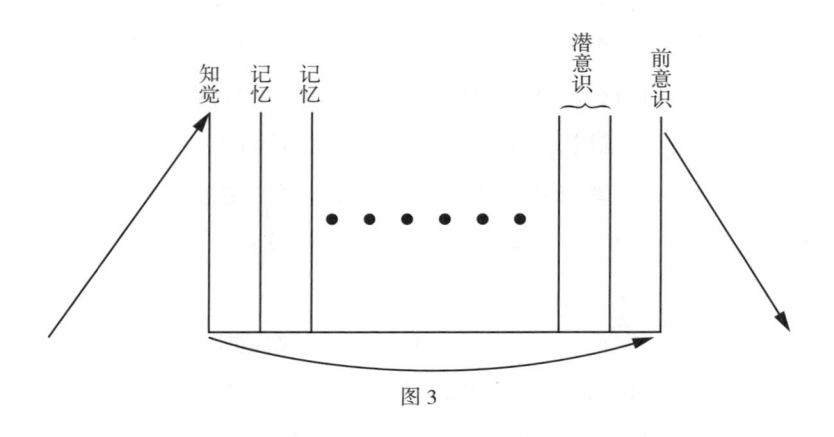

图 3

我们将运动端上诸系统的最后一个称为"前意识",表明发生于其中的兴奋过程可以不再遇到障碍而进入意识,只有具备其他某些条件,例如达到某种强度,会被称为"注意"的那种功能有某种特殊方式的分配,等等。同时该系统也是支配自主运动的关键。我们把其后的系统称为潜意识系统,因为它没有通往意识的通道(除非通过前意识系统),在通过前意识系统时,潜意识系统的兴奋过程不得不稍作变动[1]。

---

[1] [1919年补充]进一步阐述这个线性展开的图式要考虑到这样一种假设,即接续前意识的系统是意识系统,也就是知觉=意识[见后文。较详细的讨论见于弗洛伊德关于梦的元心理学著作(《对梦学说的元心理学补充》,1917年)。弗洛伊德后来在《自我与本我》(1923年)第2章中对心灵结构作图式表现,也在《精神分析引论新编》(1933年)第31讲(第1卷,第515页)中(有所变动地)提供这种表现,更多强调作为功能的结构]。

第七章 梦过程的心理学

我们把成梦的动力置于哪一个系统中呢？为了简便，就置于潜意识系统中。我们虽然会在以后的探讨中知道，这并非完全正确，而且成梦的过程被迫与属于前意识系统的梦意念相连。如果我们论及梦欲望，就还会在别处获悉，梦的内驱力由潜意识提供。而因为这个元素，我们想把潜意识系统假设为成梦的出发点。这种梦刺激就如所有其他意念产物一样，努力延伸入前意识并由此赢得通往意识的通道。

经验教会我们，日间，这条道路穿过前意识而导向意识，通过阻抗审查截住了梦意念的去路。夜间，梦意念设法得到了通往意识的通道，但问题在于它们如何才能做到这一点并要借助什么样的变化？如果促成梦意念这么做的是夜间在潜意识与前意识之间守界的阻抗降低，那我们在我们的观念材料中得到梦，这些观念没有显示出现在让我们感兴趣的幻觉特征。在潜意识与前意识这两个系统之间审查作用的削弱只能给我们解释"Autodidasker"这一类梦的形成，却不能解释如关于孩子烧着的梦。

对于幻觉式的梦可作的解释，我们能够说的无非是，兴奋以一种回归的方向运动。它并非传向运动端，而是向感觉端移动，最终到达知觉系统。如果我们把清醒生活时由潜意识产生的精神过程的方向称为"前进的"，那我们可以说梦具有"回归"的性质[1]。

这种回归作用无疑是梦过程的心理学特性之一，但我们别忘了，它

---

[1] ［1914年补充］第一个提出回归这个因素的是大阿尔伯图斯（阿尔伯图斯·马格努斯）。这个因素在他那里被称为想象，用保存下来的显而易见的客体的图景造梦，其产生的过程与在清醒时相反（据迪普根《梦与解梦作为中世纪医学——自然科学问题》，1912年，第14页）。霍布斯（《利维坦》，1651年，第1部分第2章）说："总之，我们的梦是我们清醒时的想象的反向，我们醒着时，运动开始于一端，我们做梦时，运动开始于另一端。"（据哈夫洛克·霭理士，《梦的世界》，1911年，第112页。）

不只在梦中产生。有意回忆与我们正常思维的其他部分过程也相当于心理结构中从任一错综复杂的观念倒退到记忆痕迹的原料上，倒退以这些记忆痕迹作为根据。但清醒期间，这种回归活动从未超越回忆意象，它无力引起幻觉来复苏知觉意象。但在梦中为什么不是这样呢？我们说到梦的压缩工作时，不能回避的假设是，通过梦工作，附着于诸观念的强度从一个观念完全转到另一个观念。很可能正是这种正常精神程序中的改变促成在与意念相反的方向上对知觉系统的精力倾注，直到感性完全活跃。

我希望，我们没有错误估计这些探讨的影响规模。我们做的无非是给一个无法解释的现象命名。如果在梦中，一个观念退回到产生它的感觉影像，我们就称之为"回归作用"。此做法却也需要加以验证。如果这个名称没有什么新意，那命名的目的何在？我认为，由于把我们已知的事实与具有方向的精神结构的图式相连，回归作用这个名称就对我们有益。无须多加思索，只要把这个图考察一下，就可以看出梦的形成的另一个特征。如果我们把梦过程视为在我们假设的精神结构内部的回归，那对我们而言，凭经验确定的事实立即得到解释，即梦意念的所有思维关系在梦工作上消失或难以表达。根据我们的图式，这些思维关系并非包含在最初的回忆系统中，而是包含在远在前面的那些回忆系统中，必定在回归至知觉意象时丧失其表达手段。梦意念的构架在回归时消解于其原料中。

但通过哪些变化促成日间不可能的回归呢？此处，我们想只做猜测。这无疑是一个依附于各个不同系统的能量倾注的变化问题，就兴奋的过程而言，通过这些变化，这些系统变得可以通行或难以通行。但在每个此类结构中，通过不止一种这样的略微变化，可以对兴奋途径实现相同的效果。我们当然立即想到睡眠状态与它在该结构的感觉端招致的精力倾注的变化。日间有从知觉的 Ψ 系统到运动力的连续流动，这种流动在夜间结束，不再可能给兴奋回流造成障碍。我们此时仿佛处于与外界隔绝的状态。一些权威著作者认为，这正可以用作梦的心理学特征的理论依据。然而，在解释梦的回归时，必须顾及在病态清醒状态下形成的回归作用。上面的解释在此处是行不通的。尽管进行方向上有不间断的感觉流动，还是发生了回归现象。对癔症幻觉、偏执狂的幻觉、精神正常者的幻象，我可以提供解释，它们实际上也属于回归作用，即思想转换为意象，但是能够进行转换的，只限于与受压抑记忆有着密切联系或保持着潜意识状态的那些思想。例如我最年轻的癔症患者之一——一个12岁的男孩，因极度害怕"红眼绿脸"而无法入睡。这一现象的来源是遭压抑的，但曾有意识的对一个男孩的回忆。他4年前经常看见这个男孩，这个男孩给他看了一幅画着许多儿童顽劣举止的后果的画，其中包括手淫的恶习，我的小患者正为了手淫而自责。他的妈妈当时说，那个没教养的孩子面色淡绿，眼睛红红（亦即眼眶红红）。这就是他心中鬼怪的来源。而这个鬼怪恰好又让他忆起妈妈的另一预言，说这种孩子会变成白痴，在学校什么也学不会，并且会早死。我们的小患者让一部分预言应验了。正如查问其不随意联想所表明的那样，他在学校中成绩很差，他极害怕第二部分预言。然而，短时间后，治疗有了成果，他已能入睡，其神经过敏消失了。他在学年结束时获得了优等成绩。

此处，我可以将一种幻象的消解串联起来——一位40岁的癔症女患者讲述出自其健康时日的那种幻象。一日早晨，她睁开眼，看见她的弟弟在房间里，而她知道，他实际上应该在精神病院里。她的小儿子睡在她旁边的床上。为了怕孩子看见舅舅时受到惊吓并发生痉挛,她拉起被子盖到孩子身上,然后那怪影消失了。这个幻象是这位夫人的一个变了形的童年回忆,这个回忆虽然被意识到,但与她内心的所有潜意识材料关系最为密切。她的保姆告诉她,她早逝的母亲(她本人在母亲死亡时才一岁半)患过癫痫性或癔症性痉挛,而且是由她弟弟(我的患者的舅舅)头上蒙着被子装鬼吓人而引起的。幻象与回忆一样包含相同的元素:弟弟的出现、被子、惊吓及其结果。这些元素却被排列成新的关联并转到其他人身上。幻象的明显动机、由幻象代替的思想是这样一种担忧,即她的小儿子与他舅舅长得很像,可能会有跟他舅舅一样的命运。

两个在此引用的例子均未脱离与睡眠状态的各种关系,因而或许不适合做我需要它们做的证明。所以我要向读者们再谈谈我对一位患幻觉性妄想狂的女患者的分析[1],以及我对精神神经症心理学尚未公开的研究结果[2],用以证明在回归性思想转变的这些病例中,不可忽视受压抑的或依旧是潜意识的回忆——大多为幼儿期回忆的影响。这种回忆把与之有联系、被审查阻止表达的思想吸引到回归作用之中,而作为记忆本身得以隐藏于其中的表现形式。我可以在此作为对癔症研究的结果来引用的是[3],如果成功地把幼儿期的场景(无论它们究竟是回忆还是幻想)引入意识之中,它们就会在幻觉中被人看见,在报告时才去掉这种特征。也为人所知的是,即使在平素于回忆中不可见者身上,最早的童年回忆也把感性鲜活的特征保留至以后的岁月。

---

[1] 《关于防御性精神神经症的进一步说明》(1896年)[第3节]。
[2] [从未在这一类题目下发表过。]
[3] [参见《关于癔症的研究》,布洛伊尔与弗洛伊德,1895年——例如布洛伊尔的第一个病史。]

第七章 梦过程的心理学

如果我们现在能注意到,在梦意念中,幼儿期的经历或基于它们的幻想承担何种角色,它们的片段多么频繁地在梦内容中重现,如何频繁由它们导出梦欲望本身,那即使就梦而言,也不能否定,梦中思想之所以转变成视觉图景,很可能就是隐藏于视觉形象中并渴望复活的那些记忆,对被排斥于意识之外的思想施加压力并因力求表现自己而产生吸引力的部分结果。根据这种见解,梦也可以描写成由于转到近事而改变的幼儿期场景的替代物。幼儿期场景本身无法复活,不得不转变为梦以求满足了。

由此看来,如果幼儿期场景(或其想象物的复现)在一定程度上作为梦内容的模式在起作用,施尔纳及其追随者关于内部刺激源的假设之一便是多余的了。施尔纳[《梦的寿命》,1861年]假设,如果梦让人识别其视觉要素的一种特殊生动性或特别丰富性,就有一种"视觉刺激"状态,也就是视觉器官内部兴奋的状态。我们无须抗拒这种假设,大致可以满足于把这样一种兴奋状态只是确定为视觉器官的心理知觉系统,但我们要提出,这种兴奋状态是因回忆而建立的状态,是由最近记忆所产生的视觉兴奋的复活。我手边没有出自自身经验的良好例子说明幼儿期回忆的这种结果。我猜想我梦中的感觉元素一般不如别人梦中那么丰富。但在过去这几年中最美、最生动的梦中,我轻松地把幻觉般清晰的梦内容溯源至最近或更近印象的感觉性质。我在前面提及一个梦,其中水的深蓝色、船上烟囱冒出的烟的褐色与我看见的建筑物较暗的褐色与红色给我留下了深刻的印象。这个梦如果有来源的话,就必定会追溯到某个视觉刺激。而什么把我的视觉器官置于这种刺激状态中呢?是一种近来的印象,一个与一系列早先的印象紧密联系着的印象。我看见的颜色首先是积木的颜色,在我做梦前一天日间,孩子们用此积木搭建

483

了漂亮的建筑物，想博得我的称赞。较暗的红色可见于大积木上，而蓝色与褐色见于小积木上。与这些颜色有联系的还有上次意大利之旅的色彩印象：伊松佐河与环礁湖漂亮的蓝色、卡斯特①平原的褐色。梦中的美丽色彩只是重复在回忆中所见的美丽色彩。

让我们概括我们对于梦将其观念内容转换成感觉意象的这一特性获悉了什么。我们并没有解释梦工作的这种特征，我们也没有把这个特征追溯至心理学的已知定律，而是把这种特征挑出来表明未知的状况，通过"回归的"这个字眼来突出它。我们以为，这种回归大概在其出现之处均是阻抗的作用，很可能就是一种反对思想以正常途径深入意识。回归大概同时还是具有鲜明感觉的回忆对思想产生吸引的结果②。做梦时，或许会为了方便这方面的回归而停止感官的进行性日间流动，在回归的其他形式上，必定通过增强其他回归动机来弥补这种辅助手段。我们必须记住，梦中和病态的回归作用一样，其能量转移的过程可能不同于在正常心灵生活中发生的回归作用，因为通过此过程，促成了知觉系统的幻觉倾注。在分析梦工作时我们所描写的"表现力"则可能涉及被梦意念触及、视觉上得到回忆的场景的选择性吸引。

关于回归作用，我们还要说明③，它在神经症症状形成理论中所扮演的重要角色不亚于在梦的理论中。我们于是区分出回归的三种类型：①地形学的回归作用：我们在上述系统的示意图中已经解释过了；②时间性的回归作用：我们讨论的是追溯到较老的精神结构；③形式

---

① ［的里雅斯特后面的石灰石平原。］

② ［1914年补充］在阐述压抑学说时应阐明，一个思想通过两个影响它的因素的共同作用而陷入压抑。它被一方（意识的审查）推开，被另一方（潜意识）吸引，就像一个人被送到大金字塔顶尖一样。［1919年补充］（参见《压抑》一文，1915年，第1页）。

③ ［此段于1914年补充。］

第七章　梦过程的心理学

的回归作用：用原始的表达和表现方法代替惯常的方法。这三类回归作用归根结底却是一件事，在多数情况下重合，因为时间上较老的同时是形式上更为原始的，在心理地形学上接近感觉端。

在我们结束回归作用这个题目时[1]，不能不说到一个我们总是摆脱不了的概念，当我们深入研究精神神经症时，这个概念会以不同的强度再现：做梦在整体上是做梦者回归至早年状态，复苏童年时曾占统治地位的驱动力与曾经占支配地位的表达方式。在这个人的童年后面，我们就可望有一幅种族发生的童年图画——一幅人类发展的图画——在人类的发展中，个人的发展确实是缩短了的、受偶然的生活状况影响的重复。我们感到，尼采的话多么确切，梦中"残存着一部分古老的人性，我们几乎不能以直接的途径再到达这部分人性"，我们有理由期待，通过分析梦来认识人的远古遗产，理解人的精神天赋。似乎梦与神经症给我们更多保留了精神上的古老遗物，多于我们能够预料的，使得精神分析可以在努力重建人类起源的那些最早和最昏暗时期的科学中名列前茅。

也许我们对梦的心理学研究的这第一部分并不感到满意。但令我们欣慰的是，我们毕竟是在黑暗中摸索着前进。如果我们没有完全陷入迷误，那我们必定从其他途径到达同一地带，或许会在其中更好地理出头绪。

三、欲望的满足

本章开始时的关于孩子烧着的梦给我们提供了一个很好的契机来考虑关于欲望满足的学说所遇到的困难。如果说梦无非是欲望的满足肯定

---

[1]　[此段于1919年补充。]

会使我们感到惊讶，这还不仅仅因为与焦虑梦有所矛盾。梦后面隐藏着意义与精神价值，最初的那些解释通过分析告诉我们这一点之后，我们根本还没有料到该意义竟有如此单一的性质。根据亚里士多德正确但简单的界定，梦是（人睡着时）延伸入睡眠状态的思维。如果我们的思维在日间完成各种不同的精神活动——判断、推论、反驳、期待、决心，等等，我们的思维何以在夜间被迫只限于制造欲望？相反，难道没有大量梦把其他各种精神活动——例如焦虑——转成梦形态吗？本章开头那个特别显而易见的父亲的梦不恰恰是这样一种梦吗？由于在睡眠时，火光落入他的眼帘，他得出忧虑的推论，即一支蜡烛翻倒，可能点燃尸体。他用一个一目了然的情境来表达这个推论，给它穿上现在时的外衣，把这一推论转成一个梦。此时，欲望满足起什么作用？难道由清醒生活延续而来的或因新的感官印象而激发的思想的优势会在其中以某种方式被错认吗？这一切都对，因此我们不得不深究欲望满足在梦中的作用与延伸入睡眠的清醒思想有何意义。

恰恰欲望满足已经促使我们把梦分成两类。我们发现了经常公开表现为欲望满足的梦；我们发现了其他梦，其中欲望的满足无法辨认，经常用一种手段来藏匿。在后面那些梦中，我们看出了梦审查的成就。我们主要在孩子们身上发现未变形的欲望梦。短而坦诚的欲望梦似乎（我强调这个字眼）也在成人身上出现。

我们就会问，在梦中实现的愿望从何而来？但我们用此"从何"指涉何种对立或何种多样性呢？我以为，指涉被意识到的日间生活与潜意识的精神活动之间的对立，这种精神活动在夜间才可能使人觉察到。我发现一个欲望的来源有三种可能性：① 它可能在日间被激发，由于外部状态而不能得到满足，于是为夜间留下一个得到承认、未了结的欲

第七章 梦过程的心理学

望；②它可能在日间冒出来，但被摒弃，于是给我们留下一个未了结却受压抑的欲望；③它可能在与日间生活的关系之外，属于夜间才脱离压抑之事而在我们身上变得活跃起来的那些欲望。如果我们回顾一下我们的精神结构图式，那我们把第一类欲望定位于前意识系统；对第二类欲望，我们假设，它从前意识系统被退回潜意识，如果确实如此，只在彼处保存了自我；而对第三类欲望冲动，我们相信，它根本无力逾越潜意识系统。那出自这些不同来源的欲望对梦有同等价值吗？有同等力量来激发梦吗？

如果我们概览为回答此问题而供我们支配的那些梦，马上就会知道，还得加上梦欲望的第四个来源，也就是当晚发生的欲望冲动（例如口渴刺激、性需求）。其次，我们认为梦欲望的来源在激发梦的能力上没什么改变。我忆起小女儿的梦，它继续日间中断的游湖，我忆起我记下来的另外一些儿童梦，它们由一个未及满足也未受抑制的日间欲望得到解释。一个日间受抑制的欲望在梦中发泄，对此可以指出极充裕的例证，我可以在此添补一个最简单的例子。有一位有些爱嘲弄人的夫人，其较年轻的女友订婚了，夫人日间不断被熟人询问是否了解新郎，对他有何评价，她答以无限赞美之辞。她除了赞美之辞外，什么都没讲，因为她本愿说实话："他是个平常人。"夜间，她梦见有人对她提出同一个问题，她就答以套语："补订时说明号码就行了。"在遭受变形的所有梦里，欲望源自潜意识，而且此欲望在日间是不能察觉的。所以，起先所有欲望似乎对成梦具有相同的价值与相同的力量。

然而事实并非如此，虽然我还提不出任何证据。但我很倾向于假设梦欲望有较严格的制约性。儿童梦的确证明了一个日间未及了结的欲望可能是梦刺激源。但不能忘记，这是儿童的欲望，具有幼儿期特有的欲望冲动力量。对我而言，完全可疑的是，一个日间未及满足的欲望在成年人身上是否足以塑造一个梦？我其实觉得，随着我们通过思维活动进一步掌握我们的内驱力状态，我们越来越倾向于放弃形成或保持孩子有所体验的强烈的欲望，认为它们无益。此时个体差异可能起作用，有的人保持幼儿型的心灵过程的时间比别人长，就像在童年非常鲜明的视觉意象的减弱也存在着个别差异一样。但我相信，一般在成人身上未及满足的日间残余欲望不足以塑造一个梦。我愿意承认，源自意识的欲望冲动会有助于激发梦，但它的作用也仅止步于此。如果前意识的欲望不会从别处得到增援，梦就不会形成。

  实际上助力来源于潜意识。我假设，有意识的欲望只有成功地唤醒一个类似的潜意识欲望，通过后者使自己增强，才成为梦刺激源。根据对神经症的精神分析的迹象，我认为，如果给这些潜意识的欲望提供机会，与出自意识的一种冲动结盟，把自己的巨大力量传递给较弱的后者，这些潜意识的欲望就始终活跃，随时在寻找出路[①]。于是必定导致这样一种假象，似乎只是有意识的欲望在梦中实现。只有从梦的构成中某些细微的特点才能使我们认出潜意识的标志。我们潜意识中这些始终活跃，可以说不朽的欲望让人忆起传说中的巨人。自远古以来，沉重的山压在他们身上，此前，这些山由获胜的诸神推到他们身上，在这些巨人肢体的抽搐下，山现在还时不时颤动。我们认为这些处于压抑中的欲望本身却有幼儿期来历，正如我们通过对神经症的心理学研究而获悉的

---

  ① 它们与所有其他真正潜意识的，即仅属于潜意识系统的精神活动共有这种不可摧毁的特征。这些途径已被永远打开，只要潜意识的冲动再度倾注于它们，它们就从不荒芜，一再将兴奋过程加以传导和释放。让我使用一个比喻：它们就像《奥德赛》中下界的幽灵一样，只要饮了血就复活过来。依赖前意识系统的那些过程在另一种意义上是可以摧毁的。对神经症的精神治疗正是基于这种区别。

第七章 梦过程的心理学

那样。所以我要以下面这个说法代替刚才提出的梦欲望的来源是无足轻重的那一说法：梦中得到表现的欲望必定是幼儿期的一个欲望，在成人身上源自潜意识；在儿童身上，还没有或者逐渐才确立前意识与潜意识之间的分类与审查，在儿童身上有清醒生活中未及实现、不受压抑的欲望。我知道，这种观点无法得到普遍证明，但也常常被证明属实，有时甚至不能加以怀疑。所以我们未尝不可把它当作一个普遍命题来看待。

对于有意识的清醒状态中剩余的欲望冲动，我就为了成梦而让其退居其次。除了承认例如睡眠期间当前感觉上的材料对梦内容有作用外，我不愿承认这些欲望有其他作用。如果我现在考虑其他精神刺激，它们由日间生活遗留下来而不同于欲望，我就保持这条思维给我规定的路线。如果我们决定探访睡眠，我们可能成功地暂时终结我们清醒思维的能量倾注。谁能精于此道，他就是良好的睡眠者，据说拿破仑是这方面的典范。但我们往往不能做到或不能完全做到这一点。未及解决的问题、烦人的忧虑、印象的优势即使在睡眠期间也继续进行思维活动，在我们称为前意识的系统中进行心理活动。如果我们想把这些延伸入睡眠的思想冲动加以分类，那我们可以把它们分为以下几组：① 日间因偶然受阻而未结束之事；② 因我们的智力不足而未及了结、未解决之事；③ 日间遭回绝与压抑之事；④ 因前意识的活动而在我们的潜意识中变得活跃之事；最后，我们还可以加上第五组；⑤ 日间未被注意因而未被处理的印象。

无须低估通过日间生活的这些残留物被引入睡眠状态的精神强度，尤其是对出自未及解决之事那一类的精神强度。即使在夜间，这些冲动也肯定争取表达，而我们可以同样肯定地假设，睡眠状态使前意识中对

// 梦的解析

冲动过程的惯常延续变得不可能，并且不可能由于被意识到而终结这种延续。夜间，只要我们能够以正常途径意识到我们的思维过程，我们就没有入睡。睡眠状态在前意识系统中招致什么样的变化，我无法说明①，但无疑，恰恰可以在该系统的精力倾注的变化中寻找睡眠的心理学特色本质，该系统也掌控着在睡眠时瘫痪了的获得运动的能力。与此相反，我不知有出自梦心理学的任何诱因会让我们假设，在潜意识状况中，睡眠不是继发性地改变什么。留给前意识中的夜间冲动的途径无非是欲望冲动从潜意识中所取的道路。前意识中的夜间冲动必须从潜意识中寻求增援，同走潜意识冲动的弯路。但前意识的日间残留物对梦取何态度呢？无疑，它们大量渗入梦中，并利用梦内容以便即使在夜间也能深入意识之中。它们甚至偶尔主宰梦内容，逼迫它继续日间工作，但也可以肯定，日间残留物同样可能具有任何其他特征，正如欲望的特征一样。在这方面，观察日间残留物在什么条件下才能被纳入梦中是很有启发性的，并且对欲望满足的学说具有决定性的重大意义。

让我们挑出以前的梦例中的一个，例如使我的朋友奥托带着巴塞多氏病的病症出现的那个梦。我那天日间产生了担忧，奥托的外表给了我担忧的诱因，而忧虑正如涉及此人的任何事情一样使我伤心。我可以猜测，忧虑也随我进入睡眠。很可能我想探究他可能得了什么病。夜间，这种忧虑在我报告的梦中得到表达，梦内容既无意义，也与欲望满足无关。我却开始追查日间感受到的担忧何来不恰当的表达。通过分析，我发现一种关联，我用我的朋友模拟了 L 男爵，而我自己则以教授自居。为何我偏偏选择日间思想的这个替代物？为此只有一种解释。我必定

---

① ［1919 年补充］在《对梦学说的元心理学补充》（1917 年）一文中，我尝试过进一步探究对睡眠状态与幻觉条件的认识。

在潜意识中始终准备模拟 R 教授，因为我想通过这种模拟来实现我的一个持久的儿童欲望——夸大妄想狂欲望。日间肯定被摒弃的针对我的朋友丑恶的思想在夜间抓住机会和欲望一起悄悄在梦中表现出来。但日间的忧虑也通过梦内容的一个替代物得到某种表达。日间思想本身并非欲望，相反是一种担忧，必定通过某种途径寻求接续一个当前处于潜意识中而且受压制的幼儿期的欲望，即使经过乔装打扮，日间思想随后让此欲望在意识中成为发源地。这种忧虑越占优势，待建立的联系就可能越深远；在欲望内容与担忧内容之间根本无须存在关联。在我们的梦例中，实际上就是如此。

我们可以继续考察这同一个问题，如果在梦意念中给梦提供与欲望完全矛盾的一种材料——如有根据的忧虑、痛苦的反思、困扰的现实，梦将如何表现？其所产生的许多结果就可以划分如下：① 梦工作成功地用相反的观念来代替痛苦的观念，压抑与此相关的不愉快的情感。这就产生一个纯粹的满足梦、一种可把握的欲望满足，似乎没什么可进一步探讨的了；② 痛苦的观念或多或少略有变动，还是足可辨认，进入显性梦境。正是这种情况唤醒对梦的欲望理论的怀疑，需要进一步探究。此类带有痛苦内容的梦或者被感受为无关紧要的，或者也带来十分痛苦的情感，这种情感似乎因其观念内容得到辩白，此类梦甚至可以在生发焦虑的情况下导致苏醒。

分析后来证明，这些不愉快的梦也是欲望的满足。一个潜意识的受压抑的欲望，尽管做梦者的自我对其满足的体验是痛苦的，这个欲望利用因痛苦的日间残留物依旧被倾注而给它提供的机会，给予这些日间残留物以支持，通过这种支持使日间残留物能够入梦。但在第一种情况下，潜意识的欲望与有意识的欲望重合；而在第二种情况下，揭露出潜

// 梦的解析

意识与意识——受压抑者与自我——之间的裂隙，就像在童话故事中，神仙答应实现那对夫妻三个愿望的情境。受压抑的欲望在满足后产生的满意的强烈程度可以使依附于日间残留物的痛苦情感得到中和。在这种情况下，梦的情调是平淡无奇的，尽管欲望和恐惧都得到了实现。或者可能发生的是，正在睡眠的自我更大量地参与成梦，对满足受压抑的欲望表现出了强烈的愤怒反应，甚至在焦虑中终结梦。因此，从我们的理论中不难看出，不愉快的梦与焦虑梦如同直接得到满足的梦一样是欲望的满足。

不愉快的梦也可能是"惩罚梦"。应该承认，通过肯定它们，在某种意义上给梦理论增添了新意。这些梦同样是一种潜意识的欲望的满足，做梦者因一种受压抑的未经许可的欲望冲动而希望受罚。就此而言，梦服从此要求，即必须由属于潜意识的一个欲望来提供成梦的内驱力。一种更精细的心理学剖析却让人看出这类梦与其他欲望梦的差异。在第二类梦中，潜意识的成梦的欲望属于受压抑者，在惩罚梦那里，同样是一种潜意识欲望，我们却不能把它算作受压抑者，而必须把它算作自我。惩罚梦就暗示自我可能更广泛地参与成梦。如果用自我与受压抑的对立来代替意识与潜意识的对立，成梦的机制也许就会清楚得多。如果不弄清楚精神神经症的发病过程，是做不到这一点的，因而在本书中没有加以讨论。我只说明，惩罚梦并不一定是白天痛苦意识的残余。不如说，它们最容易在相反的前提下产生，即日间残留物是具有令人满足性质的思想，这些思想却表达未经许可的满足。这些思想中，就没有什么进入作为其直接对立物的显性梦，类似于在第一类梦中的情况。惩罚梦的本质特征就依旧会是，在惩罚梦那里，从受压抑者（潜意识系统）变为成梦者的并非潜意识的欲望，而是反对它的、属于自我的，哪怕是

第七章　梦过程的心理学

潜意识的（亦即前意识的）惩罚欲望[1]。

我愿意借助一个自己的梦来解释在此提出之事，特别是梦工作如何对付痛苦预料的日间残留物：

"模糊的开头。我对我妻子说，我有一个消息要告诉她，是一件很特别的事。她很吃惊，表示什么都不想听。我对她保证这一定会是让她很高兴的事。我就开始讲述，我们儿子的军官团送来一笔钱（5000克朗？）……勋章……分配……同时我跟她走进一个小房间，像是一间储藏室，要找出什么东西。突然，我看见我儿子出现，他没穿制服，穿着紧身的运动服（像海豹？），戴着小帽子。他跨上箱子旁边的一只篮子，像是要把什么放到食柜上。我呼唤他，他没有回答。我似乎看见他包扎着脸或额头。他正把什么东西塞到嘴里。他的头发呈褐色。我想：他怎么如此精疲力竭？他有假牙了吗？在我能再次呼唤他之前，我不带焦虑地苏醒，但心跳很快。我的时钟指向的时刻是两点半。"

这次也不可能进行完整的分析了，我必须限制自己，只解释一些关键点。前一天痛苦的预感提供了梦的诱因：我们那个在前线战斗的儿子，又一次一周多没有消息了。不难看出，梦的内容表达的是我们确信他负伤或阵亡了。在梦的开头，显然要全力用对立物来代替痛苦的思想。我说了一些令人愉快的事情，例如送钱、勋章、分配（钱数源自诊所里一个令人高兴的事件，此处被用来颠倒话题）。但这种努力失败了。我的妻子预感到可怕之事，不想听我说。梦的伪装很不周全，到处透着与应该被压抑之事的关系。如果儿子阵亡了，他的战友会送回他的

---

[1] ［1930年补充］这一点可作为后来被精神分析认识到的"超我"的适当参考［一些梦不遵循欲望满足理论（即遇有创伤性神经症的梦），弗洛伊德在《脱离愉悦原则》（1920年）第2章中与《精神分析引论新编》第29讲最后几页（1933年，卷1，第469页以下）中讨论过此类梦］。

// 梦的解析

遗物，我会把他的遗物分给他的兄弟姐妹与其他人。勋章往往是颁发给阵亡的军官的。梦就直接表达它起先想否认之事。此时，欲望满足的倾向仍然以伪装的形式工作着。梦中地点的变迁大概可以理解为西尔伯勒[《苏醒象征与一般门槛象征》，1912年]所说的门槛象征。我们确实还说不出这个梦使我表达痛苦思想的动机力量。我的儿子并非以一名"倒下"[1]者出现，而是作为一名"上升"者。他的确也曾是名勇敢的登山者。他未穿制服，而是穿着运动服，这意味着我现在担心出现事故的地方正是他以前在运动时发生过的，当时他在越野滑雪时摔倒，摔断了大腿。他的穿着看起来像海豹，立即令人想起一个更年轻者——我们那可爱的小外孙；褐色头发让人记起小外孙的被战争大伤元气的父亲——我们的女婿。这又是什么意思呢？不过我已经说得够多了。地点是一间储藏室，他想从中取什么东西（梦中是放上去什么东西）的箱子，这无疑暗示我自己招致的一起事故，当时我两岁多，尚不足3岁[2]。我在储藏室里爬上小板凳，要给自己取点放在箱子或桌子上的好吃的东西。板凳翻倒，棱角击中了我的下颌后部，我的牙齿几乎都被磕掉了。此时显露出一种警告："你活该。"这又似乎是对勇敢的士兵的一种敌意冲动。经过深入分析，使我发现我那隐蔽的冲动竟在我儿子的可怕意外事故中寻求满足。那是老年人对青年人的妒忌，老年人在生活中觉得彻底扼杀了这种妒忌。而明白无误的是，如果确实发生了这样一种不幸的事情，感情因为过于悲痛，就会寻求这样一种被压抑的欲望的满足以求得某种安慰。

我现在可以清晰地表明，潜意识的欲望对梦意味着什么。我愿意承

---

[1] 德语中"阵亡（fallen）"与"倒下（fallen）"词形相同。
[2] ［参见前面——或许对苏醒时钟点的回忆导致对此年龄的联想。］

第七章 梦过程的心理学

认,有一大类梦,其中,冲动主要或完全源自日间生活的残留物,而我以为,如果不是我当晚一直在为我朋友的健康担心,即使我有成为副教授的欲望,我也会整夜安睡的。但这种担忧本来不会成梦。梦所需的内驱力必定由一种欲望提供;我的担忧必须抓住一个欲望,才能成为梦的动力。用一个比喻来说:一个日间思想在梦中扮演企业家的角色。但如人们所说,企业家有思想,渴望落实思想,可没有资本他还是什么也干不成。他需要资本家付给他费用。而无论日间思想是什么,为梦付出精神费用的这个资本家每次都不可避免的是出自潜意识的一个欲望[①]。

有时这个资本家本人也是企业家。对梦而言,这是常见的情况。正是通过日间工作激发了一个潜意识的欲望,而后者就造成了梦。所以在我用作例子的经济情况中,可能发生的其他一些情况,在梦的过程中也有其相似之处。企业家本人可以带来少量资本;若干企业家可能求助于同一资本家;若干资本家可能共同为企业家提供必要的投资。所以也有的梦由不止一个梦欲望承载,其他一些情况不难一一列举,但我已对此不感兴趣。在关于梦欲望的这一探讨上尚不完整之事,我们以后再加讨论。

此处所用比喻的共同之处,即企业家所能动用的适当资金[②],还允许更精细地用于阐明梦结构。如前面所阐述过的那样,在多数梦中都可以发现一个感觉特别鲜明的中心点,这通常是直接表现欲望的满足。因为,如果我们取消梦工作的移置,我们会发现梦意念中各元素的精神强度已被梦的实际内容中各元素的感觉强度替代。临近欲望满足的元素与欲望满足的意义通常毫无关系,而被证明是与欲望背道而驰的痛苦思

[①] [弗洛伊德在对朵拉第一个梦的分析的末尾处全文引用了这一段(《癔症分析片段》,1905 年,第 2 节,第 6 卷,第 155 及下页)。他还说明,此梦证明了他所有的假设。]
[②] [在比喻中为资金,在梦中则为精神能量。]

// 梦的解析

想的衍生物。它们往往由于与中心元素建立了人为关联而获得足够的强度，所以能够在梦中表现出来。欲望满足的表现力就这样扩散到此关联的某个范围，在此范围内，所有元素——甚至包括那些本身没有资源的元素——都获得力量而有所表现了。遇到具有若干驱动性欲望的梦时，容易成功地划清各种欲望满足的界限，也容易成功地把梦中的间隙理解成边缘地带。

如果我们也用前面的评论限制了日间残留物对梦的意义，那还值得费力再给予它们一些关注。它们必定是成梦的重要成分，因此经验揭示了一个令人惊讶的事实，即在每个梦的内容中，总能发现与一个最近的日间印象的联系，往往是最无关紧要的那类印象。我们尚不能解释这种补充对梦混合物的必要性。只有坚持潜意识欲望的作用，然后到神经症心理学那里搜寻资料，才会明白其中的道理。我们从神经症心理学中获悉，潜意识观念本身根本无力进入前意识，而只有与一种无伤大雅的、已经属于前意识的观念相联系，将其强度转到后者身上，让后者来覆盖自己，才能发挥其作用。这是移情①的事实，为神经症患者精神生活中众多引人注目的现象提供了解释。移情可能不做变动地保留出自前意识的一种观念，观念由此达到一种大得不相配的强度，或者移情可能通过待移情的观念的内容强加给这种观念一种修正。请原谅我倾向于使用出自日常生活的比喻，但我想说，就受压抑的观念而言，情况就像一名奥地利的美国牙医一样，如果他不找一名合法医生做他的掩护，从而获

---

① ［在以后的著作中，弗洛伊德使用移情这一表达通常只用于描写一个略有不同但也不无关系的心理过程，他最初在精神分析治疗实践中发现了此过程——即原初面向一个幼儿期客体的（而且潜意识上也总还是针对该客体的）感情，移情到一个现在的客体上的过程（参见例如弗洛伊德，《癔症分析片段》，1905年，第4节，第6卷，第180—184页）该词的另一种意义也在本卷中出现］。

第七章 梦过程的心理学

得法律上的担保，他就不得行医。正如恰恰是那些最忙的医生最不愿意和这名牙医结成联盟一样，即使在心理中，也并非那些前意识的或有意识的观念被选为一种受压抑的观念的挡箭牌，那些观念吸引了大量在前意识中活动的注意力。潜意识宁愿与之形成联系的是这样一些前意识印象与观念，它们或者无关紧要，一直不受重视，或者受到排挤而暂时不被注意。有一条大家熟悉的联想法则，而且已经为经验证实，即一个观念如果在某一方面形成了密切联系，就会排斥所有其他新的联系。我曾尝试过把癔症麻痹的一种理论建立在这条定律之上。

通过神经症分析，我们知道受压抑的观念可以产生移情作用。如果我们假设，这同一种需求在梦中也起作用，就可以一举解开梦的两个谜，即任何梦分析都被证明交织着一个最新印象，而且这个最近的元素往往是最琐碎的。我还要补充我们已经在别处发现之事，即这些最近与无关紧要的元素作为出自梦意念中最久远的元素的替代物，之所以如此频繁地进入梦内容，是因为它们最不担忧阻抗审查。但免于审查只给我们解释了对普通元素的偏爱，而最近元素的恒定性让人看透移情的强迫性。这两组印象都满足了被压抑观念对仍然未受联想影响的材料的要求——无关紧要的元素是因为它们没有提供充分联想的诱因，最近的元素则是因为还没来得及形成联想。

由此可见，我们现在可以把无关紧要的印象算作日间残留物，日间残留物如果成功地参与了梦的形成，不仅会从潜意识借来某种东西，即受压抑的欲望所拥有的内驱力，而且给潜意识提供不可或缺之事即作为移情作用的必然固着点。如果我们想在此深入精神活动的过程，那我们必须更清晰地阐明前意识与潜意识之间各个兴奋的交互作用——这是我们研究精神神经症要解决的一个课题，但恰恰梦对此不提供依据。

// 梦的解析

对日间残留物我还有一句话要说。无疑，睡眠真正的干扰者是这些日间残留物，而非梦，梦反而在努力守护睡眠。我们以后还会再说到这一点。

我们迄今为止追踪了梦欲望，把它从潜意识领域推导出来，剖析它与日间残留物的关系，这些日间残留物可能是欲望，或者是任一其他种类的精神冲动，或者干脆是最近的印象。在这方面我们还可以解释多种多样的清醒思维工作在成梦上的意义。根本不可能的是，我们基于我们的意念系列本身而解释那些极端情况，在那些情况中，梦作为日间工作的延续者把清醒状态未及解决的问题引向美满的结局。我们只是缺乏一个此类例子，以通过对其分析来揭示幼儿期的或受压抑的欲望来源，而这些欲望已获得支持并卓有成效地增强了前意识活动的努力。我们却没有离这个问题更近一步：为何潜意识在睡眠中能够提供的无非是朝向欲望满足的内驱力？回答此疑问必须阐明欲望的精神性质，而我想借助精神结构的图式来回答这个问题。

我们不怀疑，这种结构经历了漫长的发展才达到其如今的完善程度。让我们尝试将它重置至其能力的一个更早的阶段。我们必须从另一个方向才能证实这个假设，即精神结构的最初安排在于尽可能无刺激地保存自身[①]，因而在其最初结构中采纳反射结构的图式，这种图式允许它随即以运动途径释放由外部抵达它的敏感冲动。但生命的迫切需要干扰了这种简单的功能，要进一步形成这种结构的推动力也归因于生命的迫切需要。生命的迫切需要起先以巨大的身体需求的形式走近这种结构。由内心需求所设置的冲动会寻求流入运动力，我们可以将此称为

---

① ［这是所谓"恒定原则"，在《远离愉悦原则》这篇论文（1920年）开头几页中得到讨论。作为奠基性假设，在弗洛伊德最早的一些心理学论文中就出现了。］

498

第七章 梦过程的心理学

"内心变动"或"感情活动的表达"。饥饿的儿童会无助地叫喊或手脚乱动,但情况并不因此而改变,因为由内心需求发出的冲动并不是来源于一种瞬间冲击力,而是来源于持续生效的力量。只有在某种方式下(如婴儿得到外来的帮助)获得一种满足的体验才能使内部刺激停止,从而可能出现转折。这种经历的一个本质组成部分是出现某种(例如对食物的)知觉,其记忆影像从现在起一直与需求冲动的记忆痕迹保持着联系。这种联系下一次需要出现时就会立即产生精神冲动,会再度投注那种知觉的记忆影像,并再度唤起知觉本身,其实也就是会重建最初满足的情境。这样一种冲动是我们称为欲望之事。知觉再现是欲望的满足,而从需求冲动来对知觉完全投注是欲望的满足的最短路径。对我们毫无妨碍的是,假设曾存在精神结构的一种原始状态,其中确实经历了此路径,也就是欲望通向幻觉。这种最初的精神活动也就旨在知觉一致[①],也就是旨在重复与满足需求相连的那种知觉。

一种较为痛苦的生活经验必定把这种原始的思维活动改变成更为适宜的、继发性的思维活动。以回归的短途径在结构内部建立知觉一致,在别处并未导致与从外部投注同一种知觉相连的后果。满足并未出现,需求在延续。为了使内部投注与外部投注同值,必须持续维持内部投注,正如在幻觉精神病与饥饿幻想中也确实发生的那样,幻觉精神病与饥饿幻想在拘执于所希望的客体中穷尽了它们的全部精神活动。为了更有效地使用精神力量,有必要阻止完全的回归,使其不超越记忆影像,而能够从记忆影像出发寻找其他途径,最终产生它期望的来自外部世界的认同[②]。这种抑制以及随之而来的对冲动的转移成第二个系统的任务,

---

① [一切知觉上的某种事物与满足的体验相一致。]
② [1919年补充]换言之,它变得显然必须具有一种"现实性审核"的手段。

499

// 梦的解析

该系统掌握任意的运动力,亦即为先前记起的目的而使用运动力才与该系统的能力挂钩。但所有错综复杂的思维活动——从记忆影像一直延长到通过外界建立知觉一致——还只是构成因经验而变得必然的通往欲望满足的弯路①。思维无非是幻觉欲望的替代物,而如果梦是欲望的满足,这同样变得理所当然,因为无非是梦能够驱动我们的精神结构去工作。梦以回归的短途径满足其欲望,以此只给我们保存了对精神结构初级的、因不符合目的而被抛弃的工作方式的检验。似乎被驱逐至夜间状态的是曾在清醒生活中主宰之事,当时心灵尚年轻而效能不高,如我们在儿童寝室中重新发现被成年人摈弃的原始武器和弓箭。做梦是已经被取代的儿童精神活动的一部分。在精神病中,这些平素在清醒时遭压抑的精神结构的工作方式又会强求效果,于是表明其无力满足我们对外界的需求②。

潜意识欲望冲动显然在日间也力求生效,而移情的事实以及精神病教会我们,它们想以此途径穿过前意识系统,渗透至意识并掌握运动力。梦把潜意识与前意识之间的审查假设强加给我们,我们就把这种审查断定为我们精神健康的守卫者。这个守卫者夜间减少活动,让受压抑的潜意识的冲动得到表达,又促成幻觉回归,这难道不是守卫者的粗心大意吗?我想不是,因为如果严厉的守卫者去休息——我们有证据,他可没有沉睡——那他也就关上了通往运动力的大门。不管那些出自平素受压抑的潜意识中的冲动在舞台上如何神气活现,人们都可以听其自便,它们依旧无害,因为它们无力使运动结构动起来,

---

① 勒洛兰不无道理地称赞梦的欲望满足活动:"没有严重的疲劳,没有被迫求助于那种漫长而顽强的斗争,穷尽并消磨我们所追求的快乐。"

② [1914年补充]我在别处(《对心理事件两原则的表述》,1911年)进一步阐述这条思想,把愉悦原则与现实性原则称为两项原则[后面将继续讨论该思想]。

第七章 梦过程的心理学

只有运动结构能够一边改变一边影响外界。睡眠状态保障了必须严加防守的要塞的安全。如果不是通过严格的审查在夜间减弱力量消耗，而是通过病态地削弱严格的审查或病态地增强潜意识冲动而确立力量的移置，只要前意识投注而通往运动力的大门敞开，那么情况就会变得有害了。于是，守卫者被制服，潜意识冲动使前意识屈服于自己，从前意识来控制我们的言行或强求幻觉性回归，借助一种引力来驾驭并非为它们准备的结构，知觉对我们心理能量的分配施加这种引力。我们称此状况为精神病。

现在我们处于继续构造心理学架构的最佳途径上，我们曾在插入潜意识与前意识这两个系统时离开此架构。但是我们必须再稍加讨论一下欲望是构成梦的唯一的精神动机力量。我们接受了这种解释，即梦之所以每次都是欲望的满足，是因为它是潜意识这个系统的成就，该系统工作的宗旨无非是欲望的满足，除了欲望冲动的力量，该系统没有别的力量。我们哪怕只想长久一点地坚持这样一种权力，即从解梦开始来阐述广泛的心理学推测，那我们就有义务表明，我们通过这些推测把梦列入一种关联，这种关联也可能包含别的精神结构。如果有一个潜意识系统——或者就我们的探讨而言与它类似之事——存在，梦就不可能是其唯一表现。每个梦都可能是一种欲望的满足，但除了梦，必定还有欲望的满足的其他变态形式。确实，所有精神神经症症状的理论都属于这一主张，它们也可以被认为是潜意识欲望的满足[①]。经过我们的解释，梦只是成为对精神病医生极富意义的一个系列中的第一环，理解此系列意

[①] ［1914年补充］说得更正确些，症状的一部分相当于潜意识的欲望满足，另一部分相当于反对这些潜意识欲望满足的反应产物。

味着完成精神病学任务中纯粹的心理学部分[1]。在这一欲望满足系列的其他环节中，例如在癔症症状中，我却了解一个本质特征，我发觉梦还少了此特征。因为我从撰写本文过程中经常提及的探究中知道，要形成一种癔症症状，我们心灵生活的两股潮流必定重合。症状不仅表达一个已经实现了的潜意识欲望，必定还出现出自前意识的一个欲望，通过同一症状得到满足，使得症状至少由两重因素决定，各由一个处于冲突中的系统来决定。对另一种多因决定——与在梦上相似——没有设限。据我所见，并非源自潜意识的多因决定经常是针对潜意识欲望的反应的思路，例如一种自我惩罚。我就可以笼统地说，一种癔症症状只形成于两种对立的欲望满足可能在一种表达中重合之处，每种欲望满足都源自另一心理系统（对此参见我在1908年《癔症幻想及其与双性恋的关系》一文中对癔症症状形成的最后表述[2]）。此处无须举例，因为只有完全揭示存在的并发症才有最大的说服力。所以我姑且将我的论断搁置一旁，只举一个例子，不是为了论证，而是为了使论点更加清晰。一位女患者身上的癔症性呕吐就一方面被证明是满足出自青春期岁月的一种潜意识幻想，即满足一种欲望，要持续不断地妊娠，得到一大群子女。为了实现这种欲望，她想与尽可能多的男人发生关系。对于这种不羁的欲望，出现了强力的防御冲动。但因为女患者可能因呕吐而丧失美好的身材与容貌，使得再没有一个男人对她有兴趣，所以症状也适合于惩罚性的思路，可以得到双方允许而成为现实。这是接受欲望满足的同一种

---

[1] ［1914年补充］休林斯·杰克逊表示过："如果你们完全理解了梦，你就完全理解了精神错乱。"［由厄尼斯特·琼斯（《梦与精神神经症症状的关系》，1911年）引述，他本人听到过休林斯·杰克逊的这一表示。］

[2] ［加括号的句子于1909年补充。］

第七章 梦过程的心理学

方式，帕提亚女王对罗马三名执政者之一克拉苏喜爱用这种方式。她以为，他因为爱好黄金而远征。所以，她让人把熔化的金子注入他的尸体的喉咙并说："现在，你如愿以偿了。"关于梦，我们迄今只知，它表达潜意识的一种欲望的满足，似乎支配性的前意识系统给欲望的满足强加某些变形后，就听任这种欲望的满足。我们确实也无力笼统地证明与梦欲望对立的思想，该思想如同其对手一样在梦中得以实现。我们只是间或在梦分析中遇到反动创造物的迹象，如在叔叔梦中我对朋友 R 的柔情。我们却也能从前意识别的地方发现遗漏的成分。在经过各种变形后，梦可以表达出自潜意识的一个欲望，而支配性系统退至要睡眠的欲望，通过在心理结构内部建立该欲望可能的投注的改变来实现此欲望，并使该欲望持续贯穿于整个睡眠期间[①]。

属于前意识的这个对睡眠的决定性欲望普遍对成梦具有促进作用。让我们想想那个父亲的梦，出自灵堂的火光刺激他得出结论，说尸体可能着火了。那个欲望把梦中所想象的孩子的生命延长了一刻，我们指明它是精神力量之一，这些力量决定了父亲在梦中得出此结论，而不是让火光使自己惊醒。其他出自被压抑之事的欲望很可能躲开了我们，因为我们无法分析此梦。但是我们可以假定，产生这个梦的另一个动机力量是父亲的睡眠需求。正如通过梦，孩子的生命延长了一刻，父亲的睡眠也延长了一刻。这种动机就是，让梦自便，否则我必定苏醒。正如在此梦上一样，即使在所有其他梦上，睡眠欲望也给予潜意识欲望以支持。我们在前面报告了那些梦，它们明显表明自己是舒适梦。其实，所有梦都有资格得到这个名称。惊醒的梦如此处理外部感官刺激，使得外

[①] 我从李厄保所提出的睡眠理论中借用这个观念，催眠理论在现代的复活应归功于他。

// 梦的解析

部感官刺激与继续睡眠兼容，惊醒梦把外部感官刺激编织入一个梦，以剥夺它作为对外界的提醒而可能提出的要求，在那些唤醒梦上，最容易识别要继续睡眠这一欲望的效果。这同一愿望在其他梦中也可能发挥同样的作用，那些梦只能由内部作为唤醒者动摇睡眠状态。如果梦闹得太过分，前意识在某些情况下告知意识："不要紧，继续睡，那毕竟只是个梦！"这话也很笼统地描述了我们占优势的精神活动对做梦的态度。我不禁得出结论，如同我们在整个睡眠状态期间确知我们正在做梦一样，我们也肯定知道我们正在睡眠。我们有必要轻视对此的异议，即我们的意识从未被引到对一事的知晓上，只是在特殊情况下，即审查作用仿佛在放松警惕之时，我们的意识才被引到对另一事的知晓上。与此相反[1]，有些人非常清楚地意识到自己正在睡觉和做梦，因此好像具有有意识地指导梦的功能。这样一个做梦者就不满于梦所做转折，他不醒来就可以打断梦，并重新开始做梦，以对梦做不同的延续，完全如同一名当红作家按要求给其戏剧一个更幸福的结局一样。或者另一次，梦把他置于一个性冲动的情境时，他想："我不想再梦见此事，让自己在遗精中精疲力竭，而是宁可为一个真实的情境保留此事。"

德埃尔韦侯爵[2]声称他已获得了能够随意加速梦的过程并任意选择梦的方向的能力。在他身上，要睡眠的欲望似乎已经被另一前意识的欲望，即能观察并享受自己梦的欲望所取代。睡眠与这样一种欲望兼容，就如同在某些特殊条件获得满足时不愿醒来的状态一样（例如关于乳母的梦）。也为人所知的是，凡是对自己的梦感兴趣的人，醒后对梦的内容就会记得更多。

---

[1] ［该段的剩余部分于1909年补充。］
[2] ［最后两段于1914年补充。］

关于驾驭梦的其他观察，费伦茨说［《论可驾驭的梦》，1911年］："梦从各方面处理让心灵生活忙碌的思想，面临欲望不能满足的危险时，放弃一个梦的意象，尝试新的解决方式，直到最终完成一种欲望满足，能让心灵生活的两种动因得到妥协性的满足。"

四、梦中惊醒——梦的功能——焦虑梦

自从我们知道，前意识夜间准备迎合睡眠的欲望，我们就能对做梦过程做更进一步的了解。但先让我们总结一下迄今为止对梦过程的认识。据说清醒活动余下日间残留物，能量投注无法完全摆脱日间残留物。或通过日间的清醒活动，潜意识之一变得冲动，或者两者重合，我们已经探讨过此处可能的多样性。早在日间或随着睡眠状况的确立，潜意识欲望开辟了通往残留物的途径，完成对它们的移情。于是形成移情至最近材料上的欲望，或者受压抑的最近欲望因来自潜意识的增援而重新活跃。该欲望就想以思路过程的正常途径通过前意识（它确实部分属于前意识）而深入意识。但它遇到了还存在的审查作用，而且不免仍受它的影响。在此，它接受变形，已经通过移情至近事而为变形铺平道路。到现在为止，它就逐渐成为类似于强迫观念或妄想以及诸如此类之事，也就是正在变成因移情而增强，因审查而在表达上变形的一种思想。但前意识的睡眠状态就不允许进一步深入，很可能该系统通过降低其冲动而防止侵入。梦过程就选取回归的途径，恰恰因睡眠状态的独特性而开辟了此途径，梦过程此时追随记忆组对其施加的吸引力，这些记忆组有些只作为视觉投注，并非作为转成以后诸系统的符号而存在。梦过程以回归的途径争得可表现性（我们以后会论及压缩问题）。现在，

梦的过程已在其迂回曲折的道路上完成了第二部分。第一部分进行性地从潜意识场景或幻想编织至前意识；第二部分又从审查界限奔向知觉。但如果梦过程变成知觉内容，就仿佛绕开了由审查与睡眠状态在前意识中给它设置的障碍。它成功地把注意力拉到自己身上，被意识注意到。

因为意识对我们意味着适用于把握精神性质的一种感官，在清醒生活中有两个兴奋的来源：一是整体结构的末梢，即知觉系统；二是愉悦冲动与无趣冲动，这些作为在结构内部能量转换时几乎唯一的精神性质而产生。此外，Ψ系统中所有过程，包括前意识在内，都不具有任何精神性质，因而，只要它们不把快乐或痛苦引入知觉，就不能作为意识的对象。我们不禁断定，这些快乐与痛苦的释放自动调控着精力投注的过程。但后来表明有必要为了促成更精细的成就而使观念的进程较少受到痛苦的影响。为此目的，前意识系统需要自身质量，这些质量能够吸引意识，前意识系统极可能通过把前意识过程与语言符号并非无质量的回忆系统相联系来得到这些质量。通过该系统的质量，意识现在也成为适用于我们的一部分思维过程的感官。意识先前只是适用于知觉的感官，现在仿佛有两个感官界面，其一专注于知觉，另一个专注于前意识的思维过程。

我不禁假设，比起针对知觉系统的感觉面来，指向前意识的感觉面因睡眠状态而变得远为不易激动。放弃对夜间思维过程的兴趣的确也符合目的：思维之所以停止，是因为前意识要求睡眠。而梦一旦变成知觉，就可能通过现在获得的质量而刺激意识。这种感官刺激不断行使其主要功能，指挥一部分在前意识中可支配的投注能量作为对令人激动之事的注意。这样，就不得不承认，每个梦都具有一种唤醒作用，把前意识一部分静止的力量置于活动中。于是,梦接受了我们称之为润饰工作的影响,以保持其连贯性和可理解性。这就是说,这种力量对待梦与对待其他任何知觉内容是一样的,只要梦的材料恰好允许这些观念,梦就经受同样的预期观念。只要梦过程的第三部分有了方向性,梦就再次成为前进性过程了。

为预防误解,就这些梦过程的时间特性说一句话大概是适合的。戈布洛显然受莫里的断头台梦中那个谜的刺激,他的一个相当吸引人的推测试图阐明,梦要求的时间无非是睡眠与苏醒之间过渡期的时间。苏醒需要时间,梦就发生于这段时间里。人们以为,梦的最后图景强烈到迫使人苏醒。实际上,它之所以强烈,是因为我们在它那里已经非常接近苏醒状态。"梦是苏醒的开始。"

杜加斯已经强调,戈布洛必定排除了许多实情,以笼统地维持其命题。梦是在我们尚未醒时发生的,例如我们有时梦见自己在做梦。根据我们对梦工作的认识,我们不可能承认,梦工作只在苏醒期持续。相反,梦工作的第一部分似乎很可能在日间就已经开始了,不过是在前意识的控制下。梦工作的第二部分因审查而改变,受潜意识场景吸引,深入知觉,可能整夜持续。就此而言,如果我们说明我们整夜都觉得在做梦但又说不出梦见什么,我们往往总是对的。

我却不相信有必要假设,直至被意识到,梦过程都确实遵守我们描写过的时间顺序,即先有遭移情的梦欲望,后来经由审查而发生变形,随后是方向上变成回归的,等等。在描写时,我采用这种顺序是不得已之举,但实际发生的无疑是在时间上检验那些途径,涉及冲动的来回波动,直至最终因这种冲动的积聚符合目的,变成一个永久性的特殊组合。我自己根据个人经验愿意相信,梦工作需要不止一日一夜来提供其结果，此时，非同寻常的造梦的艺术就失去了一切神奇之处。按我的意见，在梦把意识吸引到自己身上之前，甚至要求梦作为一个知觉事件而被了解。由那时起，该过程却得到加速，因为梦现在得到的对待的确如同别的被感知之事一样。就像放烟火一样，准备很长时间，后来于一瞬间点燃。

　　通过梦工作，梦过程或者赢得足够强度，以把意识吸引到自己身上并唤醒前意识，完全不依赖睡眠的时间与深度；或者梦过程的强度不足以如此，而它必须时刻准备，直至苏醒之前，变得灵活的注意力迎向它。多数梦似乎在以相对微小的精神强度工作，因为它们静候苏醒。但也可以这样解释，如果我们从沉睡中突然醒来，我们通常感知到的是梦见之事。这种情况就与我们自动醒来时一样，我们首先看见的是由梦工作创造的知觉内容，随后看见的才是由外界给定的知觉内容。

　　较大的理论兴趣却转向在睡眠中能够唤醒人的梦。如果我们记得在其他情况下照例存在的权宜之计，我们不免自问，为何允许梦也就是潜意识的欲望保留力量去干扰睡眠，也就是去干扰前意识欲望的实现。这想必在于能量关系，我们缺乏对这些关系的洞见。如果我们拥有这种洞见，那我们很可能就会发现，对梦而言，听凭梦自便与耗费某种孤立的注意力可以节省能量，防止潜意识在夜间会与日间一样受限制这种情况。正如经验所表明的，哪怕梦一夜中多次打断睡眠，也依旧可以与睡眠协调一致。人在苏醒的一瞬间，立即再入睡，好似边睡边赶走苍蝇：是一种特定的觉醒状态。如果我们重新入睡，就排除了干扰。如已知的奶妈梦等诸如此类的例子所表明的，睡眠欲望的满足与朝一个特定方向维持对注意力的某种耗费很好地协调一致。

　　此处也出现了一种异议，立足于对潜意识过程更佳的认识。我认为

第七章 梦过程的心理学

潜意识的欲望是活跃的。尽管如此，据说它们在日间的强度并不足以使人察觉到。但如果睡眠状态存在，而潜意识的欲望表明有力量去成梦并以梦来唤醒前意识，为何梦被人获悉之后，这种力量枯竭了呢？难道梦就不能不反复出现，就如扰人的苍蝇被驱赶后又一再返回吗？我们有何理由声称梦排除了睡眠障碍呢？

甚为正确的是，潜意识的欲望始终保持活跃。一定量级的冲动—利用它们，它们就构成始终可行的途径。不可毁灭性确实是潜意识过程的一个显著特性。在潜意识中，无所谓终点，也无所谓消逝或遗忘。在研究神经症，尤其是癔症时，人们对此得到最强烈的印象。如果积聚了足够的冲动，导致疾病发作的潜意识的思想途径就又可行了。30年前受到的伤害，在谋得通往潜意识情感源的通道后，30年来的体验就如同新近的感受一样新鲜。只要勾起对它的回忆，它就又复活。兴奋本身表现出精力倾注，在发作时获得释放。精神治疗就应在此介入，其任务是使潜意识可能得到处理并最后把它忘掉。由于记忆日渐褪色，印象也因日久而在情绪上有所减弱，我们总把这种事视为理所当然，殊不知这其实是继发性改变，通过充满艰辛的工作而完成。正是前意识完成此项工作，而精神治疗能选取的途径无非是让潜意识经受前意识的统治。

对单个潜意识冲动过程而言，就有两个结局。或者它依旧放纵自己，然后终于在某处突破，这一次让其冲动流入运动力；或者它遭受前意识的影响，而其冲动受制于前意识，而非通过前意识得到释放。后者却在梦过程中发生。来自潜意识的精力倾注，当其因受意识中兴奋的指引而变成知觉在半途中与梦会合，就把梦的潜意识兴奋加以约束，使它无力成为干扰的行动。如果做梦者有一刻苏醒，他就确实赶走了即将威胁睡眠的苍蝇。我们现在可以预感，比起在睡眠的整段时间中控制潜意识来，确实更合乎目的、更物美价廉的是，听凭潜意识的欲望自便，对它开放回归的道路，以使它成梦，然后通过少量耗费前意识工作来约束并了结此梦。我们的确可以期待，梦虽然原来可以是无特殊意义的过程，在精神力量的交互作用中也会夺取一项功能。让我们看看此功能是什么。梦承担了任务，要把潜意识中一直无拘无束的兴奋置于前意识的控制之下。此时，它释放潜意识的冲动充当了潜意识的阀门，同时只花费很少的觉醒活动来保证前意识的睡眠。这样，完全如同其系列中的其他精神结构，梦自己作为一种妥协同时服务于两个系统，只要它们相容，梦就满足两者的欲望。如果我们回到前面告知的罗伯特的"排除理论"［《梦被解释成自然必然性》，1886 年］，就会表明，在主因上、在确定梦的功能上，我们不得不认为该著作者是正确的，而我们在梦过程的前提与评价上与他相背①。

"只要两个欲望相容"这个限制包含对可能出现情况的提示，在这

---

① ［1914 年补充］这是我们能够承认的梦的唯一功能吗？我不知道别的功能。梅德确实曾尝试过［《论梦的功能》，1912 年］为梦要求别的继发性功能。他从正确的观察出发，即某些梦包含解决冲突的尝试，这些尝试后来确得到实施，也就是表现得如同守卫活动的预习。他因此把做梦与动物和儿童的游戏同等看待，应把游戏理解成与生俱来的本能的预习活动，并理解成为以后严肃活动做准备，他就提出做梦的游戏功能。在梅德前不久，也由阿尔弗雷德·阿德勒［《关于阻抗学说文集》，1911 年，第 215 页注］强调了梦的"预先思考"功能（在一篇由我于 1905 年公开的分析中［《癔症分析片段》，第 2 节，第 6 卷，尤其是第 136—139 页］，一个应当作为意图来把握的梦夜夜重复，直至得到实施）。

不过，稍作思考，我们就可以相信，在解梦框架内，梦的这种继发性功能不应得到承认。预先思考，形成意向，构成日后也许能在清醒生活中得以实现的尝试性答案，凡此种种后来可能在清醒状态时得以实现，是思想的潜意识与前意识活动的成就，作为日间残留物继续至睡眠状态，后来可能为了成梦而与一个潜意识的欲望聚合。梦的预先思考功能就不如说是前意识清醒思维的一项功能，而通过分析梦或其他现象，我们可以揭示这项功能的结果。如此长久地让梦与其显性梦境重合之后，现在也必须谨防把梦与隐性梦意念混淆。

第七章 梦过程的心理学

些情况中，梦的功能归于失败。梦过程起先作为潜意识的欲望满足得到允许，如果这种尝试过的欲望满足强烈动摇了前意识，使得这种前意识不能再保持平静，梦就打破了妥协，不再完成其任务的另一部分。它于是立即中断，被完全苏醒代替。其实，如果梦这个平素睡眠的守护者不得不作为梦的干扰者出现，在此也并非梦的过错。我们可不必因此而产生偏见，否认其有益的目的。这并非有机体中的唯一情况，即由于条件的改变，原来一些有用的手段已变得无用、有干扰性。于是，干扰至少服务于新目的，要显示变化并唤醒有机体的调控手段来反对之。我脑海中想的当然是焦虑梦的情况，无论我在何处遇到这个违反欲望满足理论的证人，我都避开它，为了不承认这种表象有理，我愿意借助简述来接近对焦虑梦的解释。

一个心理过程生发出焦虑，还可能是一种欲望的满足，对我们而言，这个心理过程早就不含有矛盾了。我们知道对自己如此解释此事件，即欲望属于潜意识系统，而前意识系统摒弃并抑制此欲望[1]。即使

---

[1] ［1919年补充］"非专业人士同样会忽略第二个远为重要与深远的因素。一种欲望的满足肯定会带来愉悦，但也有问题是给谁带来愉悦，当然是给有此欲望者。关于做梦者，我们却知晓，他与其欲望保持着一种十分特殊的关系。他摒弃欲望，审查它们，简言之，他不喜欢它们。满足欲望不可能给他带来愉悦，而只带来愉悦的对立物。经验表明，这种尚待解释的对立物以焦虑的形式出现。就其欲望而言，做梦者判若两人，因某些共同的要点而合为一人。我不再做任何进一步阐述，而是给诸位奉上一则熟悉的童话，诸位会在其中重新发现相同的关系：一名善良的仙女答应一对穷夫妻满足他们三个愿望。他们快乐至极，着手细心挑选这三个愿望。妻子被邻近小屋的烤肠香气所吸引，想要这样一对小香肠。然后香肠飞快地被放在面前了，这是第一次遂愿。丈夫不以为然，恼怒中希望香肠会挂在妻子的鼻子上不能移动。这事也发生了，这是第二次遂愿，却是丈夫的愿望，妻子对此遂愿相当不快。诸位知道，童话中后来发生了什么。因为两人终究是夫妻，第三个愿望必定是要香肠离开妻子的鼻子。我们还可以在其他上下文中多次使用该童话。此处，它只用以说明一个道理，即如果两个人的心意不一致，一人遂愿可能导致另一人无趣。"（弗洛伊德，《精神分析引论》，1916—1917年，第14讲，第1卷，第219页以下。）

在心理完全健康时，潜意识被前意识征服也并非彻底地征服，这种抑制的尺度产生了我们心理正常性的程度。神经症症状对我们显示，两个系统处于彼此冲突中，它们是这种冲突的妥协结果，使冲突暂时终结。一方面，它们允许潜意识有一条出路用于释放其冲动，它们充当其门户；另一方面，它们给前意识提供可能性，在一定程度上控制潜意识。例如，考虑癔症恐怖症或广场恐惧症的意义是有启发性的。据说一位神经症患者无法独自穿过街道，我们有理由将此作为症状来引证。逼迫他采取他以为力所不能的行为，就会消除此症状。随后焦虑发作，正如在街上的焦虑发作也经常成为广场恐怖症的诱因。这样，我们获悉，症状的形成是为了防止焦虑发作。恐怖症如同前沿碉堡被置于焦虑面前。

如果我们不考察情感在这些过程中的作用，我们的探讨就无法继续，但是我们在这方面还做得很不完善。就让我们提出定理，对潜意识的抑制之所以变得必要，是因为如果让潜意识的活动观念自行其是，就会产生一种情感，这种情感原本具有愉悦的特征，但在"压抑"的过程发生后就变成不愉快的了。压抑的目的及其结果就是防止这种痛苦的释放。压抑包括潜意识的观念内容，因为痛苦的释放可能开始于这些观念内容。这需要一个关于情感生发的性质的一种完全确定的假设作为依据①。这种情感生发被视为运动功能或分泌功能，对此，神经分布的关键在于潜意识的观念。通过前意识的控制，这些观念仿佛被堵塞，就无法发出可能产生情感的冲动了。如果前意识方面停止投注，危险就在于，潜意识冲动摆脱此类情感，这种情感——由于先前发生的压抑——只能作为痛苦和焦虑被感觉到。

---

① ［关于此假设参见前面。］

第七章　梦过程的心理学

这种危险由于听凭梦过程自由发展而引起。这种危险成为现实的条件在于，发生了压抑，受压抑的欲望冲动能够变得足够强烈，就完全处于成梦的心理框架之外。如果不是我们的论题与夜间潜意识自由活动是产生焦虑的唯一因素这个观点相关，我可能会放弃谈论焦虑梦，也就可以避免所有与之有关的模糊问题。

正如我一再宣称的，焦虑梦的学说属于神经症心理学。我们指明其与梦过程主题的接触点之后，与它再无瓜葛。我还剩下一件要做的事。因为我声称过，神经症焦虑出自性来源，因此，我不得不分析一些焦虑梦，以证明其梦意念中的性材料[1]。

出于充分的理由，我在此放弃神经症患者给我提供的大量梦例，只举出年轻人的一些焦虑梦。

几十年来，我本人再没做过真正的焦虑梦。我回忆起我七八岁时的一个梦，大约30年后我才对它进行解释。这个梦非常生动，梦中我看见我亲爱的母亲带着特别安详的入睡的表情，由两三个长着鸟喙的人抬入房间，放到床上。我哭喊着苏醒，干扰了父母的睡眠。这种装扮奇特、身材异常高大的长着鸟喙的形象出自菲利普松《圣经》的插图[2]。我猜想那是一处古埃及墓上雕刻的长着鹰头的神祇。此外，分析还使我想起一个看门人的坏男孩，他惯常跟我们这些孩子在房前草地上玩耍，而我想说，他叫菲利普。于是我觉得我从那个男孩那里第一次听到了关于性交的粗话，有教养者都是用拉丁文"交媾"这个字眼的。梦中选择鹰头[3]这个元素便清晰地表明了这一点。我必定是从我那老于世故的年

---

[1]　[以下的某些言论鉴于弗洛伊德后来对焦虑的见解而必须得到修正。]
[2]　[《以色列圣经》，希伯来语和德语版本，莱比锡，1839—1854年（1958年第2版）。《申命记》第4章一处脚注中包含埃及神祇的木刻，其中有一些鸟首。]
[3]　[德文俚语"vögeln"指性交，这个词来源于"Vogel（鸟）"。]

// 梦的解析

轻导师脸上的表情上看出了此词的性意味。母亲在梦中的面部表情是从外公的脸上复制来的，他死前几天，我看见他在昏迷中打鼾。对梦中润饰工作的解释想必就是，我的母亲生命垂危，而墓雕也与此相符合。在这种焦虑中，我苏醒了，一直不肯罢休，直到唤醒父母。我忆起，我看见母亲时，突然安静下来，好像我需要看到她并没有死。这种润饰性解释却早在生发出的焦虑的影响下发生了。我并不因为梦见母亲死去而焦虑，而是我在前意识中如此解梦，是因为我已经处于焦虑的影响之下。焦虑却可以借助抑制而回溯至模糊的、明显是性方面的欲望，在梦的视觉内容中得到良好的表达。

一名患过重病1年的27岁的男子报告说，他在11岁至13岁期间处于严重的焦虑中，经常梦见一名男子拿着斧子紧追他。他想跑，却如同瘫痪了一样，动不了。这大概是相当普通的、在性方面无可怀疑的焦虑梦的一个良好范本。分析时，做梦者首先想起的是他叔叔告诉他的一件事（日期在做梦之后），说他有一晚在街上被一个可疑的人袭击。梦者本人从此联想中推断，他做梦时可能听说了一段类似的经历。关于斧子，他忆起，他那时有一次用斧子劈柴时伤了手。他因此马上想到了他与弟弟的关系，他经常虐待弟弟，把他打倒。他尤其记得有一次，他用靴子踢中弟弟的头，弟弟流血了。他的母亲说："我怕他总有一天会死掉。"在他仍然想着暴行这个主题时，突然，他9岁时的回忆冒了出来。他的父母回家晚了，在他装睡时，他们上了床，他听见一阵喘息声和其他声响，让他觉得不可名状，他还可以猜出父母在床上的姿势。他进一步的想法表明，他把父母的这种关系和他与弟弟的关系做了类比。他把父母之间发生的事归入暴行与扭打的概念之下。对他来说，这种见解的证据是他经常发现母亲床上的血迹。

第七章 梦过程的心理学

成人性交让发觉此事的儿童觉得不可名状，在他们身上激起焦虑，我想说，这是日常生活中常见之事。我为这种焦虑给出解释，认为我们所说的是儿童还不知如何应付的性兴奋，他们无疑弃之不顾，因为父母牵涉于其中，所以性兴奋变为焦虑。正如我们说过的，在一个更早的生活阶段，对父母中异性一方的性冲动尚未遭遇压抑而且自由表现。

我会把同一种解释毫无疑虑地用到在儿童身上经常发作的夜惊，也可能在那里只涉及未得到理解与遭拒绝的性冲动，如果把它记录下来，也很可能会表明时间上的周期性。因为既可能通过偶然激发的印象，也可能通过自发的周期性发展过程而产生性的力比多的增强。

我缺乏足够的观察材料来证实这种解释①。另一方面，无论是从躯体方面还是精神方面，儿科医生们似乎也缺乏可供了解整个这类现象的途径。由于受了医学神话的蒙蔽，我们可能会与对此类病例的理解近在咫尺而失之交臂。我不禁要引证一个有趣的梦例，这个梦例引自德巴克的一篇关于夜惊的论文。

一名体弱的13岁男童开始出现焦虑和多梦，睡眠变得不安，几乎每周一次被伴有幻觉的严重焦虑发作而打断。他对这些梦的回忆始终非常清晰。他总说魔鬼冲他大喊："现在我们抓到你了！现在我们抓到你了！"接着就闻到沥青与硫黄的味道，火烧焦了他的皮肤。他就从梦中惊起，起先喊不出来，直至放声，他听见自己清晰地说："不，不，别抓我，我什么都没干！"或者还有："求求你们，别，我再也不这样做了！"有几次，他也说："奥伯特从来没做过。"后来，他拒绝脱衣服睡觉，"因为只要脱了衣服，火就烧着他"。这些噩梦将他的健康置于危险

---

① ［1919年补充］此后，精神分析文献陆续提供了大量这类材料。

之中，他被送到了乡下。1年半后，他恢复了健康。后来，他15岁时承认："我不敢承认，但我不断觉得我那个地方①刺痒并过度兴奋，使我神经过分紧张，甚至时常想想从寝室窗户跳出去。"

这确实不难猜出：① 这名男童早年手淫，很可能他否认这件事，他被威胁因其恶习而要受重罚（他坦白："我再也不这样做了"；他否认："奥伯特从来没做过。"）② 随着在青春期的开始，手淫的诱惑在生殖器的痒感中复苏。但现在一场压抑之战在他身上爆发，压抑力比多，将其转为焦虑，这种焦虑又使他想起以前对他的威胁和惩罚。

与此相反，让我们看看原作者的推论吧："由此观察得出，① 青春期的影响在一名体弱男童的身上可能招致严重虚弱的状况，此时可能导致相当显著的脑贫血②；② 这种脑贫血产生一种性格变化、魔附幻觉与严重的夜间或日间的焦虑状况；③ 男童的魔附幻觉与自责追溯至在童年所受宗教教育的影响；④ 由于在乡下生活了较长一段时间，身体得到锻炼，他在青春期后恢复了力量，所有症状都消失了；⑤ 或许可以认为遗传与父亲旧有的梅毒对这个孩子的大脑状况有先期影响。"

最后的结论是："我们将此病例归入虚弱引起的无热性谵妄一类，因为病症的原因是大脑局部贫血。"

五、初级过程与次级过程——压抑

为了深入了解梦过程心理学，我承担了一项艰难的任务，我的阐释能力几乎不能胜任此任务。对于这种复杂关系中实际上同时并存的各种

---

① 我自己为这个词加了重点，但它不可能引起误解。
② 重点是我加的。

第七章 梦过程的心理学

因素，我只能逐个地加以描述。同时，在每次立论时都要避免预测其所根据的理由：这对我的力量而言太难了。我在阐述梦心理学时未能指出我的观点的历史沿革，所有这一切我现在必须予以补述。前面关于神经症心理学的文章给我提供了视点来把握梦，我在此不想引证这些文章，却不得不一再引证，而我采取了相反的方向，并且由梦达致与神经症心理学的衔接。我了解由此对读者产生的所有不适，但我无法避免。

由于我不满足于这种事态，我想暂停下来先做别的考虑，这样也许对我的努力有更大价值。我发现自己面临一个主题，著作者们对这个主题的意见有很大的分歧，正如第一节中的引言所表明的那样。我们处理了梦问题之后，为大多数此类矛盾留下了余地。其中有两种观点认为梦是无意义的过程与躯体过程，我们只需对这两种观点坚决反驳。除此之外，我们却可以在我复杂的论点中为所有彼此矛盾的意见找到论证，并且能够证明它们阐明了部分真理。

通过揭示隐蔽的梦意念，证明为很普遍的是，梦延续清醒生活的冲动与兴趣。梦意念只忙于让我们觉得重要并让我们极感兴趣之事。梦从不涉及小事。但我们也承认对立观点，即梦拾起日间生活无关紧要的片段而无法攫取巨大的日间兴趣，除非这种兴趣在一定程度上脱离了清醒活动。我们发现梦的内容也是如此，梦内容对梦意念进行伪装，以另一种形式表现出来。我们说过，梦过程出于联想机理的原因更容易夺取尚未被清醒的思维活动所利用的新鲜或无关紧要的观念材料。而出于审查的原因，梦过程把精神强度由重要之事和有失体统之事移情到无关紧要之事上。梦的记忆增强与对童年材料的支配成为我们学说的基础之一。在我们的梦理论中，我们把成梦不可或缺的动力作用记在源自幼儿期的欲望名下。

// 梦的解析

我们自然无须怀疑实验证明的睡眠期间外部感官刺激的意义，但我们把该材料置于与梦欲望相同的关系中，如同被日间工作余下的意念残留物。我们无须争辩，梦按错觉方式解释客观感官刺激，但我们补充了这种解释的动机，而其他作者并未特别说清这个道理。他们对于感觉刺激的解释是，被感知到的客体并不扰乱睡眠，可达到满足欲望的目的。特朗布尔·莱德［《视觉梦心理学文集》，1892年］似乎证明了睡眠期间感官的主观冲动状态。我们虽然不承认它为特殊的梦来源，却懂得通过在梦后面起作用的回归的记忆复活所产生的结果来解释。在我们的见解中，也给一般被认为是解梦枢纽的内部感官感觉留有一种比较微小的角色。诸如跌落、飘浮和受阻的感觉对我们构成随时准备好的材料，一有必要，梦的工作为了表达梦意念就使用这些材料。

梦过程是迅速的、瞬间的，如果把它看成意识对预先形成的梦的内容的知觉，我们认为是正确的。就梦过程的先前部分而言，我们很可能发现了一个缓慢、起伏的过程。对过于丰富、在最短瞬间被压缩的梦内容这个谜团，我们已能做出解释。我们认为这是一个把已经呈现的心理生活的现成结构加以利用的问题。梦是伪装的而且受记忆的控制，我们承认这个事实对我们的观点无妨碍，因为这只是由成梦开始就起作用的伪装过程的持续显露部分。

心灵在夜间是入睡还是如同在日间一样支配其所有官能，在这种激烈而表面上无法和解的争执中，我们认为双方均有理，但也都不完全正确。在梦意念中，我们发现一种极其错综复杂、用精神结构几乎所有手段工作的智力功能的证据。不过，不可否认，这些梦意念于日间产生，必然要假设存在心灵的一种睡眠状态。这样，即使是关于局部睡眠的学说也发挥作用。但我们发现睡眠状态的特征并非在于心灵关联的瓦解，

第七章 梦过程的心理学

而在于日间占支配地位的精神系统集中精力于睡眠的欲望上。在我们看来，从外部世界退回的因素仍然有意义。哪怕不是唯一的因素，它也帮助促成梦表现的回归。放弃对思想流的有意指导的说法也无可厚非，但心理生活并不因此变得无目标，因为我们听说，放弃随意的有目的的观念之后，不随意的观念就获得统治权。我们不仅承认梦中存在一些松散的联结，而且给其统治权分配了比能够预感的大得多的范围。我们却发现，对正确与富有意义的另外一种联结而言，它只是必然的替代物。当然，我们也把梦视为荒谬的。但许多梦例告诉我们，梦看上去非常荒谬，但也是合乎事理的。

我们并不反对赋予梦各种功能。梦像阀门一样给心灵减负，根据罗伯特的说法[《梦被解释成自然必然性》，1886年，第10页以下]，通过梦中想象而使各种有害之事无害，这些不仅与我们关于梦有两重欲望满足的学说严丝合缝，而且我们对这句话的解释比罗伯特自己还要深一些。心灵可以在梦中自由发挥其功能作用，这也与我的学说中前意识活动听凭梦自便无异。"梦中回归心灵生活的胚胎位置"与哈夫洛克·霭理士的说法[《成梦的材料》，1899年，第721页]"具有大量情感与不完整思想的一个无序世界"，也使我们觉得高兴，因为他们事先说出了我们的主张，即原始的、日间受抑制的工作方式参与成梦。萨利[《作为革命的梦》，1893年，第362页]断言："梦把我们带回早先依次发展的人格。我们在睡眠中回到看待事物的旧方式，以及长久统治着我们的冲动与活动。"德拉格认为"受抑制之事"成为做梦的动力，我们对此完全表示赞同。

我们完全采纳了施尔纳[《梦的寿命》，1861年]记在梦幻想名下的作用与施尔纳本人的解释，但我们似乎不得不把问题转换一个角度。

要点不在于梦构成幻想，而是潜意识幻想活动对梦意念的形成起了最大作用。我们依旧应当感激施尔纳指明梦意念的来源，但他记在梦工作名下的一切几乎都应算作日间活跃的潜意识的活动，这种活动对梦产生的刺激不亚于对神经症症状的刺激。我们必须把梦工作看作另一回事并大大缩小其含义。最后，我们绝没有放弃梦与精神障碍的关系，而是把它建立在一个更牢固的新的基础上。

我们的梦学说如同一种更高级的统一体得到集中，我们就发现著作者们互相矛盾的观点嵌入我们的体系中，某些结果转向别处，只有少数被全盘摒弃。但我们的理论仍然很不完善。除了我们因深入心理学内幕而遇到许多复杂问题外，似乎还有一种新的矛盾使我们压抑。我们一方面通过完全正常的心理活动让梦意念形成，另一方面却在梦意念中发现了一系列极不正常的思维过程。它们扩展到显意中，于是我们在解梦时重复这些思维过程。我们称为梦工作的一切与我们认为是正当的思想过程似乎是如此不同，使得著作者们对做梦低下的精神功能最严厉的判断也必定会让我们觉得是恰当的。

在此，我们或许只有通过更进一步的研究才能解决这一困难。我想举出导致成梦的一种情况：

我们获悉，梦代替了一定数量的意念，后者源自我们的日间生活并完全符合逻辑程序。我们因此不能怀疑，这些意念源自我们正常的心理生活。我们高度评价我们思想的特性，通过所有这些特性，我们的思想表明自己是具有高度秩序的错综复杂的效能，我们在梦意念上找回这些特性。但不必假设，睡眠期间完成这种意念工作，会严重动摇我们迄今为止固守的对心理睡眠状态的想象。这些意念不如说很可能源自日间，从起意开始，未被我们的意识发觉，它们就延续下来，而且在刚刚入睡时就已经完成了。由此我只能得出这样的结论，即它证明了最错综复杂的思想成就也可能无须借助于意识——我们从对癔症患者或具有强迫观念者的精神分析中必定会获悉此事。这些梦意念本身绝不是无法进入意识的，如果它们日间没有被我们意识到，可能有若干缘由。"被意识到"与一项特定的精神功能即注意力的专注相关，注意力似乎只在具有特定数量时才能发挥作用，而且可能由于其他目的从相关思路上转移开去[1]。还有一种方式可以使这种思想系列不能进入意识。我们由我们有意识的深思而得知，我们在运用注意力时谋求一条特定的途径。如果我们在此途径中遇到一个经不起批评的观念，那我们就中止了：我们降低了注意力投注。那已经被启动而又分散了的思想系列似乎仍在进行但不再被注意，一直要等到在某一处达到特别高的强度才能再次引起注意。一个思维过程不被意识发觉而延续至入睡，原因可能是它开始就被断定为不恰当的或不适用于思维行动的当前目的而被排斥于注意力之外。

让我们总结一下，我们把这样一种思想系列称为前意识，认为它完全正确，它既可能是单纯被忽略的，也可能是中止的、被压抑的。让我们也坦率地说出来，我们以何方式对自己形象地说明想象过程。我们相信，由一种有目的的观念出发，我们称为"投注能量"的一定兴奋沿着由此有目的的观念选择的联想途径被移置。一个被忽略的思想系列没有得到这样一种投注；这样一种投注又被从一个被压抑的或被摒弃的思想系列撤回。在这两种情况下，它们只得依靠本身的兴奋了。在某些条件下，有目标投注的思想系列能够把意识的注意力吸引到自己身上，于是通过意识的中介得到过度投注。我们稍后将不得不阐明我们关于意识的

---

[1] ［注意力这个概念在弗洛伊德后来的著作中用得很少，而在他的《心理学提纲》（弗洛伊德，1950年）中占据突出位置。］

性质与效能的假设。

如此在前意识中冲动的思想系列可能自发消散或自己保存下来。我们这样想象前一个结局，其能量朝着由其出发的各个联想方向扩散，把整个意念链置于一种冲动状态中。这种状态持续一段时间，随后渐渐消退，需要释放的冲动变成平静的投注。如果出现第一种结果，则该过程对成梦再无意义。但在我们的前意识中潜伏着其他有目的的观念，源自我们潜意识的、始终活动的欲望。这些有目的的观念能够夺取自行其是的思想群中的兴奋，在这个思想群与潜意识的欲望之间建立联系，把潜意识欲望特有的能量移情到该思想群。这样一来，被忽略或压抑的思想系列就能够自我保存，尽管所接受的强化力量还不足以使自己得到通往意识的通道。我们可以说，迄今为止的一系列前意识思想被拉入潜意识中。

其他导致成梦的情况会是，前意识的思想系列一开始与潜意识的欲望相连，因此遭遇占统治地位的目标投注的拒绝，或者一种潜意识欲望出于其他（如躯体的）缘故变得活跃，从而寻求移情至不加支持的，即前意识未投注的心理残留物上。全部三种情况最终在一个结果上重合，即在前意识中形成一个思想系列，被前意识投注抛弃，从潜意识欲望中得到投注。

由此开始，思想系列遭受一系列变形，我们不能再把它们看成正常的精神过程，它们还导致一种精神病理结构，使我们非常诧异。以下我将列举这些变形过程并加以归类：

① 个别观念的强度变得能够全部释放，从一个传到另一个，因此某些观念可被赋予很大的强度。此过程多次重复，一整个思想系列的强度最终集聚于一个单独的思想元素上。这是我们在梦工作期间了解到

的压缩作用。压缩作用对梦令人诧异的印象负主要责任，因为我们全然不知晓有什么与它类似之事出自正常的、意识可通达的心灵生活。我们在此也能发现一些观念，它们作为整个意念链的结点或最终结果具有巨大的精神意义，但这种价值没有表现在任何就内心知觉而言显著的特征上。它们的知觉表现也绝不因它们的精神意义而更加强烈。在压缩过程中，每一次精神的相互联系对观念内容都变成了一种强化作用。这种情况就像我在一本书中将一个词印成斜体或粗体，我为了把握文章而赋予该词以一种突出价值。在讲话时，我会大声而缓慢地说同一个词并着力强调。前一个比喻马上使我想起梦的工作提供的一个例子（给爱玛打针的梦中的三甲胺）。艺术史家提醒我们注意，最古老的历史雕塑遵循一种相似的原则，通过塑像大小来表示人物的级别高低。国王被塑造成其随从或手下败将的两三倍大。为了相同的目的，出自罗马时代的图片作品使用更精细的手段，会把皇帝这个人物置于中间，显示他高高在上，特别细致地全面塑造其形象，把敌人置于其脚下，但不会让皇帝显得是侏儒中的巨人。而在我们当中，下属在其上司面前鞠躬如今仍是这种古代表现原则的一种反映。

　　梦工作的进行方向一方面通过梦意念正确的前意识关系，另一方面通过潜意识中视觉回忆的吸引力来确定。压缩工作的成果取得突破知觉系统所需的那些强度。

　　② 由于强度能够自由转移，在压缩作用的支配下形成了类似于妥协的一些中介观念（参见我所举的许多这类例子）。同样，正常想象过程中有些闻所未闻之事，在此思想过程中，主要取决于选择并坚持正确的思想元素。而如果我们为前意识的思想寻找言语表达，就极其频繁地形成复合结构与妥协，它们于是被认为是一种口误。

③观念将其强度相互转移，这些观念处于最松散的关系中，通过一种联想而相连，这些联想被我们的思维鄙弃，只用在诙谐上。尤其是同音联想与原文联想被视为与其他联想是一样的。

④相互矛盾的思想不互相排斥，而是并存，似乎没有矛盾存在，而组成压缩产物或构成妥协，这种妥协为我们有意识的思想所不容，但往往为我们的行动所接受。

这会是一些瞩目的异常过程，在梦工作过程中，先前合理构成的梦意念经受这些过程。我们断定这些过程的主要特征是使投注的能量活动起来并且能够释放。这些投注所附着的精神元素的内容与自身意义变成次要之事。我们还可以认为，把意念转成图景则只为服务于回归作用而发生压缩与妥协。不过，分析——更清晰地说是综合——缺乏回归至图景的此类梦，例如"Autodidasker（与N教授谈话）"那个梦，其中虽然不包括意象的回归作用，却同样显示了移置作用和凝缩作用的过程，和其他梦一样。

因此，我们不能拒绝这样的结论，即梦的形成涉及两种完全不同的精神过程，其中一种产生的是完全合理、价值与正常思维等同的梦念；另一种则是以令人吃惊和毫无理性的方式处理思想。对于第二种精神过程，我们在第六章中已经将其视为梦的工作本身了。我们现在对于这种精神过程的来源能说些什么呢？

如果我们没有深入研究过神经症特别是癔症的心理学，我们是无法回答这个问题的。而我们经过研究已经发现，同样也是这些不合理的精神过程（以及我们还没有详细叙述的精神过程）是产生癔症状态的主要原因。在癔症中，我们也曾发现一系列完全合理的思想，其价值与我们有意识的思想一致；但是对于这些合理的思想，我们一开始并没有觉察

第七章 梦过程的心理学

到它们以合理的形式存在，只能后续对他们进行重建。如果这些思想在某一点上引起我们的注意，那么通过分析已经形成的症状，我们会发现这些正常的思想遭受了异常的处理：它们通过凝缩作用和妥协形成，凭借掩盖矛盾冲突的表面的联想，沿着回归作用的途径转变为症状。鉴于梦的工作的特征与精神神经症状的精神活动的完全同一性，我们认为可以把研究癔症得出的结论完全用于梦。

因此，我们从癔症的理论中借用了以下这个原则：一个正常的思维过程只有在被用来转移一个源于幼儿期并处于压抑状态的潜意识欲望时，才经受异常的精神处理过程。根据这个原则，我们将自己的梦的理论建立在如下假设上，即提供动机的梦的欲望总是来自潜意识。我们自己也承认，这一点虽然不能否定，却也无法证明其普遍有效。不过，为了说明我们经常提到的"压抑"这个词的意思，我们必须进一步探讨我们的心理学构架。

我们已经详细探讨了有关原始精神机构的假设，设想它的活动是由于尽量避免刺激的积累以及尽可能保持平静状态而获得调节，所以它的构造遵循的是反射装置的原理。而起初作为实现身体内部变化手段的运动力，其本身可以自由支配释放的渠道。我们还继续探讨了一种"满意体验"的心理后果，在这方面我们已能提出第二个假设，即兴奋的累积（至于如何达到累积的效果我们可以置之不理）使我们感到痛苦，使该结构活动起来，以重复满意的体验，遇有此经历时，兴奋的减少被感觉为愉悦。这样一种从痛苦出发，旨在获得愉悦的趋向，我们称之为欲望。我们说过，除了一种欲望，没有什么能够使该结构运动起来，而通过对愉悦与痛苦的知觉会自动调控该结构中兴奋的过程。最初的小欲望可能是满足回忆的一种幻觉投注。但如果这种幻觉不能坚持到能量消耗殆尽的地步，就证明它们不能终止需求，从而也不能实现因满足而感到的愉悦。

这样，第二项活动——用我们的表达方式是第二个系统的活动——就变得有必要了，它不允许回忆投注深入知觉并由彼处结合精神力量，而是把由需求刺激发出的兴奋引导到一条弯路上。这条弯路最终通过任意的运动力改变了外界，使得个体真实地知觉到那个可以实现满足的客体。我们已经把所讲的精神结构画出了示意图。这两个系统是在充分发展的结构中我所说的潜意识与前意识的萌芽。

为了能够合乎目的地通过运动力改变外界，需要积聚回忆系统中大量经验并多样化地累积由不同目的性观念在此回忆材料中所造成的关系。我们就在我们的假设中继续前行。第二系统中不断摸索的、发出投注并再度开始的活动一方面需要自由支配一切回忆材料；另一方面，如果它把巨大的投注送到各条思路上，这些思路就会不合乎目的地流走并减少改变外界所需的数量，那就会是多余的花费。为了合乎目的，我就假定，第二系统成功地让能量投注较大部分保持平静，只把较小部分用于移置。我不太熟悉这些过程的机理。有谁想认真对待这些观念，就必须找出物理类比性，并能发现一种手段，用以形象说明遇有神经元冲动时运动过程的途径。我只坚持此观念，即第一个 Ψ 系统专注于兴奋量自由释放，而第二个系统通过由它发出的投注导致对此释放的抑制，变成平静的投注，无疑同时也提高了能量的水平。我就假设，在第二个系统的控制下，兴奋过程所衔接的机理状况完全不同于在第一个系统的控制下的状况。如果第二个系统结束其试验性思维工作，则它也取消了对兴奋的抑制，让这些兴奋释放，通往运动力。

第七章 梦过程的心理学

如果我们考察一下第二系统对潜能释放的抑制作用与痛苦原则[1]的调节作用这二者之间的关系，就产生有趣的思路。让我们先来考察一下满意这种基本体验的对立物——外部恐惧的体验。一种知觉刺激影响原始结构，后者是一种痛苦刺激的来源。于是会长久出现无序运动表现，直至这些表现之一摆脱知觉结构同时摆脱痛苦，而这一表现会在知觉再度出现时立即得到重复（也许是一个逃避的动作），直至知觉再度消失。如果是这样的话，就不会有通过幻觉或其他方式唤醒对痛苦源的知觉的倾向了。不如说，在初始结构中存在一种倾向，如果这种痛苦的回忆意象以某种方式被唤醒，就要再度立即离开它，因为如果这种兴奋溢出到知觉，会引起（更确切地说是开始引起）痛苦。对于仅仅作为以前避开知觉的对回忆的重复的回避，还会因如下事实而易于发生，即回忆不像知觉具有足够的质量来激发意识并由此吸引新的投注。心理过程这种毫不费力、经常发生的回避对以前痛苦之事的回忆，给我们提供了精神压抑的原型和最初范例。众所周知，这种回避痛苦之事的鸵鸟策略在成人的正常精神生活中仍然是常见的现象。

依照无趣原则，首个 Ψ 系统就根本无力把不快之事拖入思维关联。该系统除了欲望之外，不能做任何事。如果依旧如此，第二个系统的思维工作就受阻，该系统需要支配所有在经验中记录下来的回忆。现在就开辟了两条道路。或者第二个系统的工作完全脱离痛苦原则，继续其道路，而不关心回忆的痛苦；或者它懂得以此方式投注痛苦回忆，即此时避免释放痛苦。我们可以驳回第一种可能性，因为痛苦原则也被证明是第二个系统兴奋过程的调控者。这样，我们就只剩下第二种可能性，即

---

[1] ［在后来的著作中，弗洛伊德把此因素说成"愉悦原则"。］

该系统如此投注一种回忆，阻止回忆释放，也就是与运动神经分布相比较的释放也用来生发痛苦。所以我们从两个方向出发，即从痛苦原则和（前一段阐述的）最小的神经分布花费原则出发，得到了一个假设，即投注通过第二个系统同时构成对释放兴奋的抑制。让我们坚持这一点，因为这是压抑学说的关键，即第二个系统只有能够抑制由一种观念发出的痛苦生发时，才能对这个观念进行精力投注。有一些观念也许会摆脱这种抑制，即使对第二个系统而言也依旧难以企及，依照痛苦原则会被即刻抛弃。对痛苦的抑制却无须完整，但必须有一个开端，因为对第二个系统显示出来的是回忆的天性，大约还有回忆对思维所寻求的目的的不适当性。

我现在把第一个系统单独承认的精神过程称为初级过程；把在抑制第二个系统的情况下产生的过程称为次级过程[①]。我还能在另一点上指明，第二个系统为何目的而不得不纠正初级过程。初级过程追求释放兴奋，以凭借如此积聚的兴奋总量来建立［与满意经验的］知觉一致性；次级过程抛弃了这种意图，取而代之吸收另一意图，要取得思想同一性。整个思维只是从被认为是有目的的观念的满足回忆到对同一回忆做相同投注的歧路，要通过运动经验再度达致此回忆。思维必定对观念之间的联系途径感兴趣，而不为这些观念的强度所动。但清楚的是，对

[①] ［初级系统与次级系统之间的区别与精神在它们中以不同方式起作用的这种假设，均属于弗洛伊德最重要的基本假设。与它们（如前面和下一段开头说明的）相连的是此假设，即精神能量以两种形式出现：作为"自由的"或"活动的"（如在潜意识系统中）和作为"受约束的"或"静止的"能量（如在前意识系统中）。无论弗洛伊德在后来的著作中在何处探讨该主题（例如在《潜意识》一文中，1915年，第5节末尾；还有在《远离愉悦原则》中，1920年，第4章），他都把后一种区别归之于布洛伊尔在他们合著的《关于癔症的研究》（1895年）中的某些说法。］

第七章　梦过程的心理学

观念、中间产物与妥协产物的压缩有碍于达致这种一致目标。它们用一种观念代替另一种观念，使之脱离本该从前一种观念继续的道路。在次级思维中就要小心避免此类过程。也不难看出，痛苦原则也给思维过程在谋求思想同一性上设置了障碍，痛苦原则平素给思维过程提供最重要的支撑点。思维的趋势必定就是，越来越多地摆脱经由痛苦原则的单独调控，并把经由思维工作的情感生发限于还可用作信号的最低值[①]。通过意识所传递的重新过度投注，要取得效能的精致化。我们却知道，这种精致化甚至在正常的心灵生活中也很难完全成功，我们的思维总是倾向于因痛苦原则的干涉而产生错误。

但这并非我们精神结构的机能上的缺陷，由于此缺陷，呈现为次级思维工作结果的思想沉溺于初级心理过程，借助这种表达方式，我们现在能够描述导致梦和癔症症状的公式。这种不足的情况因出自我们发展史的两个因素重合而产生，其一完全归于精神结构并对两个系统的关系施加决定性的影响，另一因素以变易不定的数量发挥作用并把来源于器官的内驱力引入精神生活。这两个因素都起源于童年，是我们心灵与躯体的有机体自幼儿期以来不断变化的沉淀物。

如果我把精神结构中的精神过程称为初级过程，那我这么做并不只顾及等级与效能，也可以表明其所发生的时间先后。虽然据我们所知，不存在只拥有初级过程的一种精神结构，就此而言是一种理论虚构；但有一点是确实的，即这种精神结构中的初级过程从一开始就给定了，而次级过程在生命发展过程中才逐渐形成，抑制初级过程并与之重叠，或

[①] ［以痛苦的最小量作为信号，以防止更大的无趣，弗洛伊德几年后重拾这个观点并将其应用于焦虑问题。参见《抑制、症状与焦虑》（1926年，第11章，第1节，第6卷，第298页以下）。］

许在生命高峰时才达到对初级过程完全的控制。由于次级过程的迟缓，我们本质的核心由潜意识的欲望冲动构成，对前意识而言，它依旧不可把握、不可抑制，前意识的作用永远限于给源自潜意识的欲望冲动指定最合乎目的的途径。对所有较晚的心灵追求而言，这些潜意识的欲望构成一种强迫，它们必须服从这种强迫，可以努力推导这种强迫并将其引导到更高的目标上。由于这种迟缓，对前意识投注而言，大片回忆材料领域依旧难以企及。

在这些源自幼儿期、不可摧毁、不可抑制的欲望冲动中，有些欲望的满足与次级思维的一些目的性观念发生冲突。满足这些欲望不会再导致愉悦情感，而是会导致痛苦情感，而就是这种情感变迁构成我们称为压抑之事的本质。以何途径、通过哪些内驱力可能发生这样一种变迁，对于这个问题我们只消在此稍稍触及①。在发展过程中出现这样一种情感变迁（只要想想儿童期本不存在的厌恶感是如何出现的就行了），与次级系统的活动相连，坚持这一点对我们来说就足够了。潜意识欲望由那些回忆出发导致情感免除，对前意识而言，那些回忆从未可企及，因而也不能抑制那些回忆的情感免除。就因为这种情感生发，这些观念现在也不能由前意识的思想来企及，这些观念将其欲望力量移情到了潜意识思想上。不如说，痛苦原则生效并促使前意识避开这些移情思想。这些移情思想会放任自己、受压抑，这样，存在一种从一开始就被前意识阻止而大量储存起来的童年记忆就成为压抑的前提条件。

在最有利的情况下，一取消对前意识中的移情思想所做的投注，痛苦生发就终止，而这种成果标志着痛苦原则的介入是合乎目的的。但如

---

① ［该主题此后在弗洛伊德的《论压抑》（1915年）一文中得到的论述详细得多，他后来对此的观点见于《精神分析引论新编》第32讲（1933年，第1卷，第519—529页）。］

第七章 梦过程的心理学

果受压抑的潜意识欲望得到一种器质性增强，再将其转借给自己的移情思想，由此可以使移情思想有能力以它们的冲动去尝试突破（即使被前意识的投注所抛弃），情况就会不同。于是发生防御斗争——前意识增强了对受压抑思想的抵抗（反精力投注[1]），进一步导致移情思想以经由形成症状的某种妥协形式来突破，这些移情思想是潜意识欲望的载体。但从受压抑的思想被潜意识欲望冲动强力投注，而被前意识投注抛弃那一瞬间起，它们就受制于初级心理过程，它们的一个目的就是寻求运动释放，或者如果道路通畅，它们就去寻求所渴求的知觉同一性的幻觉式复活。我们先前凭经验发现，所描写的不当过程只演示处于压抑中的思想。我们现在又能对全局有更深一层的理解了。这些不当过程是精神结构中的初级过程，出现在想象被前意识的投注抛弃、放任自己并能够以来自潜意识的未受抑制的、追求释放的能量来自我实现之处。一些其他观察补充进来，它们支持这种见解，即这些被视为不当的过程并非对正常过程的歪曲——思维错误——而是摆脱了抑制的精神结构的工作方式。这样，我们就看见，前意识的冲动转到运动力上，按照相同的过程而发生，前意识的观念与话语的联系也容易出现由于不注意而产生的移置与混淆。最后，在抑制这些初级进展方式时必然增加工作，这种工作增加的证明可能由此事实产生，即如果我们让思维的这些进展方式深入意识，我们就取得一种滑稽效果，也就是一定要通过笑来释放多余的能量[2]。

关于精神神经症的理论断然主张，只可能有出自幼儿期的性欲冲动，它们在童年发展期遭受了压抑（情感变迁），但是在后来的发展期

---

[1] ［此词于1919年补充。］
[2] ［该题目在论诙谐的书（《诙谐及其与潜意识的关系》，1905年）第5章中得到详细论述。参见第4卷，尤其是第138—142页。］

531

// 梦的解析

中能够更新（无论是由于最初双性发展而成的被试的性体质的结果，还是由于性生活的不利影响），这样就产生了适用于所有精神神经症症状形成的内驱力①。只有通过引入这些性力量，才能排除压抑理论中仍然存在的漏洞。至于是否可以就梦的理论提出性与幼儿期的要求，我暂时不答复这个问题。梦的理论在这一点上是不完整的，因为我已经通过梦欲望永远源自潜意识这一假设进一步超越了可证之事②。我也不想进一步探究，成梦时与形成癔症症状时精神力量的作用的差异何在。我们对于比较的一方还缺乏更详细的认识。

然而我认为还有另一点也很重要，我必须承认，我正是因为这一点才在此开始了关于两个精神系统的工作方式与压抑的所有探讨。现在的问题并不在于我对于大家的心理因素是否已经形成了大体正确的意见，或者我对于这个非常复杂问题的心理因素的描述是否有所歪曲或偏颇。无论对心理审查以及对梦内容进行的合理和变态的修正在解释上有

---

① ［弗洛伊德在其《性学三论》（1905年）中进一步讨论了这一句的主题。］

② 此处就像在别处一样，有我有意保留的论述主题时的漏洞，因为填补漏洞一方面需要巨大的花费，另一方面需要倚仗对梦而言陌生的材料。譬如，我就不曾说明"压制"和"压抑"两个词的不同意义。不过，可能变得清晰的是，后者比前者更强调对潜意识的归属性。我也没有谈到一个明显的问题，即为何梦意念在此情况下也由于审查作用而进行伪装，即梦意念放弃走向意识的前进道路，而选择回归之路，还有更多诸如此类的放弃。我觉得关键是要唤醒对那些问题的印象，对梦工作的解剖导致这些问题，还要提及其他主题，这一问题与这些主题在途径上重合。我往往决定不了该在何处中断我所追求的这条解释路线。我并非详尽地论述性想象生活对梦的作用，避免解释具有明显性内容的梦，这基于一些我的读者们料想不到的特殊理由。完全违背我在神经病理学中所持的观点与学术意见的是，把性生活视为既不会让医生也不会让学术研究者操心的可耻的事。再说，阿特米多鲁斯的《梦的象征》一书的翻译者，竟然出于道德义愤将关于性梦的章节删掉，不让读者了解。对我而言，只有这种洞见是决定性的，即在解释性梦时，我不得不深陷尚未解释的性倒错与双性恋问题，这样我就给自己省下这种材料用于另一关联。

［此外，《梦的象征》的译者 F. S. 克劳斯后来在其杂志《人类学》上公开了删去的章节，弗洛伊德在前面引用过该杂志。］

第七章　梦过程的心理学

过多少变化，依旧有效的是，此类过程在成梦时起作用，在本质上表现出与癔症症状形成过程最大的类比性。不管怎样，梦不是病理现象，事先既不干扰精神平衡，事后也不丧失其效果。从我的梦与我的神经症患者的梦无法推断出健康人的梦，我认为这种异议肯定不能成立。如果我们因此从现象推断其内驱力，那我们会认识到，并非通过攫住精神生活的病态障碍才创造出神经症所利用的精神机制，而是这种精神机制在精神结构的正常构造中就已经准备好了。两个精神系统、它们之间的过渡审查、一项活动由另一项抑制并重叠、两者与意识的关系——或有什么可能取而代之得出对实际状况较为正确的解释——这一切均属于我们精神结构的正常构造，而梦给我们指出通往认识这同一种构造的途径之一。如果我们限制自己，只应用已经确定建立起来的新知识，我们仍然可以说，梦对我们证明，受抑制之事也在正常人身上存续并依旧能够保持其精神功能作用。梦本身是这种受压抑之事的表示。根据理论，每个梦都是这样，根据可把握的经验，至少在大多数梦中是这样，而正是在具有显著特征的梦生活中表现得格外清楚。心灵上受压抑之事在清醒状态中因对矛盾的相反了结而在表达上受阻并与内心知觉隔断。但是到了夜间，由于本能力量突破了妥协局面，被压抑的材料于是找到了强行进入意识的手段与途径。

　　若我不能使上界的威力屈服，
　　我就推动下界①。

---

① ［弗洛伊德在《全集》第 3 卷（1925 年）第 169 页的一处注脚中说明，维吉尔的这句诗（《埃涅阿斯记》，第 7 卷，第 312 页）"旨在描述受压抑的驱动力的努力"。他也把它作为全书的题词——下一句于 1909 年插入。］

解梦是通往理解心灵生活中的潜意识活动的康庄大道。

我们追踪对梦的分析，就能进一步理解这种最为神奇和神秘的精神结构的组成，当然只是前进了一小步，但这就开始从其他——应称为病理学的——形成物上深入对该精神结构的解剖。因为疾病——至少那些被正当地称为"功能性"的疾病——并不需要假定为结构的解体或结构内部新的分裂的产物。我们应通过力的相互作用下组成部分的增强与削弱对疾病做动态解释，功能正常的情况下，许多作用被这种力量掩盖。我在别处还可能表明，该结构是如何由两种动因组成，从而有可能把正常效能精细化，这对仅有一种动因而言是不可能的[①]。

六、潜意识与意识——现实

如果我们仔细思考，就会发现前面几节有关心理学的讨论会使我们这样假定：精神结构的运动末梢附近不是两个系统，而是兴奋的两种过程或者两种释放方式。这对我们来说是一样的，因为如果我们相信自己有能力将更接近未知实际之事作为代替，我们就必须始终准备放弃我们以前的理论框架。现在让我们尝试纠正一些观点，只要我们心中想到在最接近、最粗略的意义上的两个系统是精神结构内部的两个地方，就可能形成易被误解的观点，如"压抑"与"强行进入"两个概念在表述时

---

① 梦并非允许把心理病理学建立在心理学基础上的唯一现象。在我还没有完成的一系列短篇论文中（《论健忘的心理机制》，1898年；《论屏蔽性回忆》，1899年），我试图对许多日常心理现象进行解释，作为同一结论的有力证据。［1909年补充］这些分析，加上关于遗忘、口误和笨拙动作等一些其他论文此后以《日常生活心理病理学》结集出版（1901年）。

第七章 梦过程的心理学

就带有上述错误痕迹。我们可以说，一个潜意识意念追求转入前意识，为的是随后渗入意识。我们的意思并不是说会形成第二个处于新位置的思想，仿佛一种改写，原文在旁边继续存在；而说到渗入意识，我们也想小心地让任何概念远离地点的改换。如果我们说，一个前意识思想受压抑，于是被潜意识吸收，那我们可能被这些从领域之争的观念中借用的图景所吸引来假设，确实在一个心理场所中有一种精神构成物被消解，被另一场所中的一种新的精神构成物所代替。我们支持这些比喻，这似乎更符合实情，即一种能量投注被移到一种特定的精神构成物上，或者从后者处撤回，使得所说的结构陷入一种动因的控制，也可以不受它的支配。我们在此又用一种动态表达方式代替一种图式表达方式。我们认为的灵活性，不是指精神结构物本身，而是指它的神经分布[①]。

尽管如此，我认为合乎目的与合理的是，继续利用对两个系统的形象化比喻。如果我们记起，观念、思想和精神结构一般不得定位于神经系统的器质要素中，而可以说在它们之间，在阻抗与联结通道形成与它们相应的相关事物之处，我们就会避免对这种表现方式的任何滥用。能够成为我们内心知觉对象的一切都是视觉的，如同望远镜中通过光线的运动给定的图景。但那些系统本身不是什么心理上的事，从未对我们的心理知觉开放，我们有理由假设它们如同望远镜的透镜。在对此比喻的延续中，两个系统之间的审查相当于过渡至一个新介质时的光线折射。

迄今为止，我们讲的只是自己的心理学。是时候环顾支配当今心

---

① ［1925年补充］把与词语表达残留物的联系认定为一种前意识观念的本质特征后，这个观点就必须进一步加以阐明和修订了（《潜意识》，1915年，第7节）［正如在彼处所注明的，这一点已经在本著作初版中提及——关于"神经分布"一词的用法参见前面］。

理学的学术意见并检验它们与我们立论的关系了。按李普斯有影响的说法（《心理学中潜意识的概念》，1897年），心理学中的潜意识问题比起心理学本身的问题来几乎算不上一个心理学问题。只要心理学用文字解释来解决此问题，说"精神"就是"意识"，而"潜意识的过程"是明显的悖理，那么医生对于变态心理状态的观察就一定不可能做出任何心理学的评价。只有医生与哲学家承认潜意识精神过程是"适当而合理地表达一个确定的事实"时，两者才重合。医生所能做的无非是以耸肩来反驳"意识是精神不可或缺的特征"这种保证；如果他足够尊重哲学家的言论，就会假设，他们处理的不是相同客体，或者研究的不是同一科学。因为哪怕只对一位神经症患者的心灵生活做一次充分理解的观察，或者仅作一次梦分析，也必定让他不禁产生不可动摇的信念，即使不激发人的意识，也可能发生最错综复杂、最恰当的思维过程[①]。无疑，这些潜意识过程在对意识产生一种允许告知或观察的作用之前，医生不会得到关于这些潜意识过程的消息。但这种意识效应可能表现出一种完全偏离潜意识过程的心理特征，使得内心知觉不可能断定一个过程是另一个过程的替代物。医生必须为自己保持权利，要通过一个推理过程从意识效应深入潜意识精神过程。他以此途径获悉，意识效应只是潜意识过程的一种遥远的精神产物，而潜意识过程不仅本身没有变成意识，甚至

---

① ［1914年补充］我很高兴能够指出一名作者，他从对梦的研究中得出关于有意识活动与潜意识活动关系的相同结论。

迪普雷尔说："关于心灵的性质这个问题显然需要预先探究意识是否与心灵同一。这个预备性问题被梦做了否定答复，梦表明，心灵概念超出了意识概念，大致像一颗恒星的引力远远超出其照明范围。"（《神秘主义哲学》，1885年，第47页。）

"意识与心灵的范围大小不同，这也是一个没有完全弄清楚的事实。"（出处同上，第306页。据莫兹利引述，《心理的生理学与病理学》，1868年，第15页。）

第七章　梦过程的心理学

它的出现和操作都不能使意识察觉到它的存在。

不要高估意识的特性成为正确认识精神本源的不可或缺的前提条件。按李普斯的表达［《心理学中潜意识的概念》，1897年，第146页及以下］，潜意识必须被假设成精神生活的普遍基础。潜意识是包含意识这个较小圈子的较大圈子，一切意识都有一个潜意识准备阶段，而潜意识可以停留于此阶段，但必须被认为具备精神过程的全部价值。潜意识是真正的精神现实，其天性与外界的现实一样不为我们所知，通过意识的资料去表现潜意识与我们通过感官去和外部世界交往同样是不完全的。

如果由于把潜意识心理置于其应有的地位，有意识状态与梦生活的旧对立被贬值，就会甩掉较早的著作者们深入研究过的一系列梦问题。比如，人们可能对在梦中完成某些效能感到惊异，这些效能就不应再算在梦身上，而应算在即使日间也在工作的潜意识思维上。如果按施尔纳的说法［《梦的寿命》，1861年，第114页及以下］，梦似乎从事对身体的象征性表现，那我们就知道，这是潜意识幻想的效能，这些幻想很可能屈服于性冲动，它们不仅表现于梦中，而且也表现于癔症恐怖症与其他症状中。如果梦延续并了结日间的工作，自己曝光充满价值的联想，那我们对此只有揭去梦的伪装。这种伪装是梦的工作的产物，也是心灵深处某些隐秘力量在进行协助的标志（参见塔尔蒂尼奏鸣曲梦中的魔鬼[1]）。其智慧成就来自日间产生类似结果的相同精神力量。我们很可能倾向于高估了智力与艺术创造中的有意识特征。从一些富有创造性的

---

[1] ［据说作曲家兼小提琴家塔尔蒂尼（1692—1770年）曾经梦见，他将其灵魂出卖给魔鬼。于是，魔鬼抓起一把小提琴，用完美的技巧演奏了一曲极其美妙的奏鸣曲。据说塔尔蒂尼苏醒时立即记下了他还能记起之事，这样就产生了他那著名的《魔鬼奏鸣曲》。］

人如歌德与赫尔姆霍兹的告知中,我们倒是获悉,其创作中最重要的原始部分大都来自灵感,以几乎现成的形式出现于脑海之中。在其他一些情况下,如果需要聚精会神地发挥理智的功能,则意识参与活动是不足为怪的。但是,如果意识只参与一部分活动,而把其他活动掩盖起来,不让我们看见,那他就是在滥用自己的特权。

如果我们把梦的历史性意义作为一个独立的主题加以讨论,那是得不偿失的。例如某个领袖通过梦被促使做一次大胆的行动,行动的成果对历史有变革性的影响。但是,只有把梦当作一种神秘力量与其他更熟悉的精神力量对照,才会产生新问题。如果把梦视为各种冲动的一种表达形式,就不再产生新问题。日间有一种阻抗压在那些冲动上,那些冲动夜间会从深藏的冲动源取得增援①。在古老民族那里,对梦的尊重却是基于正确的心理预感,是出于对人的心灵中无法控制与不可摧毁的力量的尊崇。是对产生梦的欲望以及我们发现在我们的潜意识中起作用的魔鬼般的力量的崇拜。

我并非无意地说,在我们的潜意识中,我所描述的潜意识与哲学家们的潜意识不重合,与李普斯的潜意识也不重合。在彼处,它只指称意识的对立物;在有意识的过程之外还有潜意识的精神过程,是被热烈争辩并坚决捍卫的认识。李普斯的主张前进了一步,认为精神的全部内容都潜意识地存在着,其中一部分也有意识地存在着。但我们搜集梦的现象与癔症症状形成现象并不是为了证明该论点。对正常日间生活的观察就足以超越一切怀疑来确定该论点。通过对精神病例结构以及该类的首要现象即梦的分析,我们发现一个新的事实:潜意识(即精神现象)作

---

① [1911年补充]对此参见前面告知的亚历山大一世在围攻泰尔城时做的梦。

第七章　梦过程的心理学

为两个独立的系统的功能出现，在正常心灵生活中和病态生活中是一样的。那就有两种潜意识，我们发现尚未由心理学家将之区分。两者是心理学意义上的潜意识，但在我们所说的意义上，我们称为潜意识的那一个也无法有意识，而另一个前意识之所以被我们如此命名，是因为其冲动虽然也在遵守某些规则之后，或许在通过新的审查之后才会到达意识，但还是并非不顾及潜意识系统而能够到达意识。为了获得意识，冲动要经历一种不可变更的或有层次的动因（我们可以通过审查作用看出这些动因所产生的改变），这一事实能使我们做出一种空间的类比。我们已经描述了两个系统彼此的关系及其与意识的关系，我们说，前意识系统如同潜意识系统与意识之间的一面筛子。前意识系统不仅封锁通往意识的通道，还控制通往任意运动力的通道，支配精力投注能量的分布，这种投注能量的一部分作为注意力为我们所熟悉①。

区分上意识与下意识在精神神经症的较新文献中屡见不鲜，我们必须远离这种区分，因为它似乎恰恰强调精神与意识的同等地位。

在我们的阐述中，留给曾经统辖、掩盖其他一切的意识何种作用呢？无非是用来感知精神质量的一种感官的作用。根据我们示意图的基本概念，我们只能把意识知觉作为一个特殊系统的特有效能，缩写名称Cs适用于该系统。我们认为该系统在机理特征上类似于知觉系统Pcpt，因为它易于感受各种性质引起的兴奋，但是无力保持变动的踪迹，也就是没有记忆。对意识知觉的感官而言，以诸知觉系统的感官转向外界的

---

① ［1914年补充］对此参见我的《对精神分析中潜意识概念的说明》［1912年］（英文版载于《心理研究学会公报》，第26卷，第312页），其中把多义的"潜意识"一词的描述性、动力性与系统性的含义区分开来［根据弗洛伊德后来的见解，整个主题于《自我与本我》（1923年）第1章中得到探讨］。

539

精神结构本身就是外界，对意识知觉的目的论辩护就基于这种关系。动因层次原则似乎掌控结构的构造，在此再次与我们相遇。冲动的材料从两方面流向意识知觉——感官：一是从知觉系统，该系统受制于质量的冲动很可能经历新的整合，直到成为有意识的感受；二是从结构本身内部，该结构的定量过程如果在某些变化中被触及，就被感受为愉悦与痛苦的质量系列。

哲学家领悟到，即使没有意识相助，也可能有恰当的与高度复杂的思想过程，于是那些哲学家认为确定意识的功能是难事。在他们看来，意识似乎不过是完善的精神过程多余的反映。我们的意识知觉系统与诸知觉系统的类比性让我们摆脱了这种尴尬。我们看到，经由我们感官的知觉具有的后果是，把注意力投注引导到正在传导感官冲动的途径上去。知觉系统的质量兴奋给精神结构中的不同运动量充任释放兴奋的调控器。我们可以把同一种功能用于意识知觉系统的感官。这种感官感知新的质量，为驾驭并合乎目的地分配灵活的投注数量做出新贡献。借助愉悦知觉与痛苦知觉，这种感官影响平素潜意识地并通过量的移置而工作的精神结构内部的投注过程。极有可能痛苦原则首先自动调控投注的移置，但很可能意识可以对这些性质进行第二次更精细的调控。第二次调控甚至可能抗拒第一次调控并完善该结构的效能，使该结构违背其原初的素质而能够承受投注与整合，这也与免除痛苦相关。人们从神经症心理学中获悉，在结构的机能活动上，由不同感官性质的兴奋引起的种种调节过程起了巨大的作用。初级痛苦原则的自动控制和与此相连的对效能的限制因敏感的调控而打破，这些调控本身又是自动动作。我们获悉，压抑在开始时是有用的，但最后对抑制和精神控制有所损害。在记忆上比在知觉上轻松得多地完成压抑，因为记忆不能从精神的感官兴奋

第七章　梦过程的心理学

中获得更多额外精力投注。如果一个应予防御的思想没有被意识到，因为它遭受压抑，它在其他时候就只能受压抑，因为它出于其他缘故被剥夺了意识知觉。下面是我们在医疗方面解除压抑的一些有效程序。

由于意识的感官调节性影响，在可变动的数量上形成了过度投注，在目的论语境中要阐明过度投注的价值，最好莫过于通过创造新的质量系列进而创造新的调控，这种调控构成人先于动物的优先权。因为除了伴随思维过程的愉悦冲动与痛苦冲动，思维过程本身无任何性质，这些冲动的确应该作为对思维可能的干扰而受到限制。为了赋予思维过程以质量，它们在人身上因词语回忆而得到联想，这些词语回忆的质量残留物足以把意识的注意力吸引到自己身上，由意识出发把新的灵活的投注倾注到思维上。

在解剖癔症思维过程时，才能综观整个意识问题的多样性。于是，我们得到这种印象：从前意识到意识投注的过渡与一种审查相连，类似于潜意识与前意识之间的审查[1]。这种审查在某个数量界限上开始，使得低强度的思想结构逃脱审查。在某种限制下妨碍意识以及渗透至意识的所有可能的情况集中出现于精神神经症的现象范围内，全都暗示审查与意识之间密切的双边关联。我想以报告两个这样的例子来结束这些心理学探讨。

几年前，我被邀请去给一个姑娘会诊，她看上去聪明而又神情自然，但她的打扮令人诧异。一般来说，女人会考虑到衣着的每一个细节，她却穿着下垂的长筒袜，衬衫的两颗纽扣敞开着。她主诉一条腿疼，未经要求就露出小腿肚。她诉说的主要内容是：她体内有一种感

---

[1]　[在弗洛伊德以后的著作中很少说到前意识与意识知觉之间的审查。在他的《潜意识》一文（1915年）第6节中有详尽论述。]

觉，似乎有什么东西插在里面，时出时入，动来动去，让她全身颤动。有时，她全身变得僵硬。我的一名在场的同事看着我，他觉得主诉不会令人误解。让我俩觉得奇怪的是，患者的母亲在这件事上没想到什么，她必定多次置身于其孩子描述的情境中。这名姑娘自己对其话语的利害关系没概念，否则她不会把这些话语挂在嘴上。在这个例子中，审查作用可能受到了蒙蔽，使得平素在前意识中剩余的幻想在天真无邪的主诉伪装下，出现在意识中。

另一个例子：我开始对一个14岁的男孩做精神分析治疗，他患有抽搐、癔症性呕吐、头痛等。我告诉他，他闭上眼后会见到一些图景或产生一些观念，他得告诉我这些。他回答看见了一些图景。他来我这里之前的最后印象在其回忆中以视觉形象复现出来。他与他的叔叔玩跳棋，现在看见棋盘在眼前。他研究了不同的局势，有利的和不利的，还有几种大胆的下法。然后，他看见棋盘上放着一把匕首——他父亲拥有的一个物件，但男孩的幻想将它置于棋盘上。后来，一把镰刀出现在棋盘上，然后又是一把长柄大镰刀。现在出现了一名老农的形象，正在他家的远处用大镰刀割草。几天后，我获得了对这串图景的理解。令人不快的家庭状况让男孩感到困扰。他有一名严厉、暴躁的父亲，父亲与母亲不睦，他的教育手段就是威胁。父亲与温柔的母亲离异，然后再婚。一天，父亲把一名年轻女子带回家，这就是男孩的后妈。此后几天，这个14岁的男孩发病了。正是压抑着的对父亲的盛怒把这些图景组合成易懂的暗喻。这些图景的材料来自对神话的回忆。镰刀是宙斯用来阉割父亲的，长柄大镰刀与农民的图景代表克洛诺斯，这个残暴的老人吞下了他的子女，宙斯便对他实施了不孝的报复。父亲的婚事给了这个男孩一个机会，把先前因为玩弄自己的生殖器（参见玩跳棋、被禁止的招

第七章　梦过程的心理学

法、可以用来杀人的匕首）而从父亲那里听到的指责与威胁还给他。此处有久受压抑的回忆及其一直被保存在潜意识中的衍生物，以一种显然没有意义的图景，从一种迂回的道路悄悄地潜入意识。

因此，我们可以认为，研究梦的理论价值在于它对心理学有所贡献，而且增加了对精神神经症问题的了解。由于即使在我们现有的知识水平下，精神神经症的治疗仍有一定的疗效，那么全面了解精神结构的构造与效能会有多么重大的意义？我已听到有人提出疑问，这种研究对了解心灵、揭示个人隐蔽的性格特征有实际价值吗？梦中显露的潜意识冲动能体现心灵生活中真实力量的价值吗？正如受压抑的愿望引起了梦，它们有朝一日会引起别的后果，难道要低估这些愿望的道德意义吗？

我自觉无权回答这些疑问。我对于梦这方面的问题没有做进一步的考虑。我只是以为，无论如何，罗马皇帝处死一名臣仆，就因为此人梦见谋杀了皇帝，这是不对的。这名皇帝本该先关心的是此梦意味着什么，很可能并非梦所显示之事，也很可能有一个另外内容的梦的实际意义是弑君。想想柏拉图的话也还是适宜的，即善人满足于梦见恶人的真实所为。所以我认为梦中的罪恶应该得到赦免。是否该判定潜意识欲望有现实性，我没法说。当然应否认所有过渡意念与中间意念有现实性。如果面前有潜意识欲望得到了最后与最真实的表达，那必定可以说，精神现实是一种特殊的存在形式，不该与物质性现实混淆[①]。因此，人们抗拒为其梦的不道德性承担责任，似乎是大可不必的。通过评价精神结构的作用方式与理解意识与潜意识之间的关系，我们就会发现梦和想象

[①] ［此句于1914年以现有形式补充。不过在彼处说的不是"物质性"，而是"事实性"。"物质性"一词出自1919年。该段剩余部分与下一段于1914年补充。］

生活中大部分不能接受的不道德内容大多消失了。

"梦在与当下（现实）的关系上对我们表明之事，我们也想在意识中寻找，如果我们后来重新发现在分析的放大镜下看见的巨兽是纤毛虫，也就不会感到惊奇了。"（汉·萨克斯，《解梦与知人》，1912年，第569页）

就判断人的性格这一实际需求而言，行动和有意识表现出来的思想态度大多足够了。尤其应把行动视为最重要的指征，因为许多渗透至意识的冲动在它们产生行动之前就被心灵生活的现实力量抵消了。的确，它们因此在其道路上不会遭遇精神障碍，因为潜意识确信这些冲动会有其他方面的妨碍。无论如何，如果我们对于我们的美德赖以自豪生存的被践踏的土壤有所了解，总会获益。人的性格错综复杂，朝各个方向动态活动，已很难适应古代道德哲学要我们相信的那种二者择一的简单方式了①。

那梦对于认识未来的价值呢？对此当然不用考虑。如果说这些梦为我们提供了过去的知识，反而更真实些。因为在任何意义上，梦都源自往昔。梦给我们指明未来，这一古老的信念也不是毫无道理的。梦向我们展示一个欲望已经实现，却把我们引入未来。但这种由做梦者当作当下的未来，已由不可摧毁的欲望塑造成往昔的翻版。

---

① ［仅在1911年版中，此处增添了如下注释："维也纳的恩斯特·奥本海姆教授借助民俗学材料对我表明，有一类梦，民众也为此放弃对未来意义的期待，它们以完全正确的方式被追溯至睡眠期间出现的欲望冲动与需求。他最近会就这些大多被作为笑谈讲述的梦提交详细的报告。"——参见由弗洛伊德与奥本海姆共同撰写的关于《民间创作中的梦》的文章（1957年）。］